ADOBE INDESIGN CS6
标准培训教材

ACAA教育发展计划ADOBE标准培训教材

U0133857

主编 ACAA专家委员会 DDC传媒
编著 吴祖武

人民邮电出版社
北京

图书在版编目（CIP）数据

ADOBE INDESIGN CS6标准培训教材 / ACAA专家委员会，DDC传媒主编 ; 吴祖武编著. -- 北京 : 人民邮电出版社，2013.1
ISBN 978-7-115-29262-9

Ⅰ. ①A… Ⅱ. ①A… ②D… ③吴… Ⅲ. ①排版－应用软件－技术培训－教材 Ⅳ. ①TS803.23

中国版本图书馆CIP数据核字(2012)第197216号

内 容 提 要

本书全面细致地介绍了 Adobe InDesign CS6 的各项功能，包括基础知识、版面设计、文本和样式、图形图像、颜色与透明、对象与表格、印前和输出、书籍和长文档、跨媒体出版等。《ADOBE INDESIGN CS6 标准培训教材》由行业资深人士、Adobe 专家委员会成员以及参与 Adobe 中国数字艺术教育发展计划命题的专业人员编写。语言通俗易懂，内容由浅入深、循序渐进，并配以大量的图示，特别适合初学者学习，同时对有一定基础的读者也大有裨益。

《ADOBE INDESIGN CS6 标准培训教材》对参加 Adobe 中国认证专家（ACPE）和 Adobe 中国认证设计师（ACCD）的考试具有指导意义，同时可以作为高等学校美术专业计算机辅助设计课程的教材，也非常适合其他各类培训班及广大自学人员参考。

ADOBE INDESIGN CS6 标准培训教材

◆ 主　　编　ACAA 专家委员会　DDC 传媒
　 编　　著　吴祖武
　 责任编辑　赵　轩

◆ 人民邮电出版社出版发行　　北京市崇文区夕照寺街 14 号
　 邮编　100061　　电子邮件　315@ptpress.com.cn
　 网址　http://www.ptpress.com.cn
　 北京昌平百善印刷厂印刷

◆ 开本：800×1000　1/16
　 印张：23
　 字数：598 千字　　　　2013 年 1 月第 1 版
　 印数：1 – 3 500 册　　2013 年 1 月北京第 1 次印刷

ISBN 978-7-115-29262-9

定价：45.00 元

读者服务热线：(010)67132692　印装质量热线：(010)67129223

反盗版热线：(010)67171154

广告经营许可证：京崇工商广字第 0021 号

前言

秋天，藕菱飘香，稻菽低垂。往往与收获和喜悦联系在一起。

秋天，天高云淡，望断南飞雁。往往与爽朗和未来的展望联系在一起。

秋天，还是一个登高望远、鹰击长空的季节。

心绪从大自然的悠然清爽转回到现实中，在现代科技造就的世界不断同质化的趋势中，创意已经成为21世纪最为价值连城的商品。谈到创意，不能不提到两家国际创意技术先行者—Apple和Adobe，以及三维动画和工业设计的巨擘——Autodesk。

1993年8月，Apple带来了令国人惊讶的Macintosh电脑和Adobe Photoshop等优秀设计出版软件，带给人们几分秋天高爽清新的气息和斑斓的色彩。在铅与火、光与电的革命之后，一场彩色桌面出版和平面设计革命在中国悄然兴起。抑或可以冒昧地把那时标记为以现代数字技术为代表的中国创意文化产业发展版图上的一个重要的原点。

1998年5月4日，Adobe在中国设立了代表处。多年来在Adobe北京代表处的默默耕耘下，Adobe在中国的用户群不断成长，Adobe的品牌影响逐渐深入到每一个设计师的心田，它在中国幸运地拥有了一片沃土。

我们有幸在那样的启蒙年代融入到中国创意设计和职业培训的涓涓细流中……

1996年金秋，万华创力／奥华创新教育团队从北京一个叫朗秋园的地方一路走来，从秋到春，从冬到夏，弹指间见证了中国创意设计和职业教育的蓬勃发展与盎然生机。

伴随着图形、色彩、像素……我们把一代一代最新的图形图像技术和产品通过职业培训和教材的形式不断介绍到国内——从1995年国内第一本自主编著出版的《Adobe Illustrator 5.5实用指南》，第一套包括Mac OS操作系统、Photoshop图像处理、Illustrator图形处理、PageMaker桌面出版和扫描与色彩管理的全系列的“苹果电脑设计经典”教材，到目前主流的“Adobe标准培训教材”系列、“Adobe认证考试指南”系列等。

十几年来，我们从稚嫩到成熟，从学习到创新，编辑出版了上百种专业数字艺术设计类教材，影响了整整一代学生和设计师的学习和职业生活。

千禧年元月，一个值得纪念的日子，我们作为唯一一家“Adobe中国授权考试管理中心（ACECMC）”与Adobe公司正式签署战略合作协议，共同参与策划了“Adobe中国教育认证计划”。那时，中国的职业培训市场刚刚起步，方兴未艾。从此，创意产业相关的教育培训与认证成为我们21世纪发展的主旋律。

2001年7月，万华创力／奥华创新旗下的DDC传媒——一个设计师入行和设计师交流的网络社区诞生了。它是一个以网络互动为核心的综合创意交流平台，涵盖了平面设计交流、CG创作互动、主题设计赛事等众多领域，当时还主要承担了Adobe中国教育认证计划和中国商业插画师（ACAA中国数字艺术教育联盟计划的前身）培训认证在国内的推广工作，以及Adobe中国教育认证计划教材的策划及编写工作。

2001年11月，第一套“Adobe中国教育认证计划标准培训教材”正式出版，即本教材系列首次亮相面世。当时就成为市场上最为成功的数字艺术教材系列之一，也标志着我们从此与人民邮电出版社在数字艺术专业教材方向上建立了战略合作关系。在教育计划和图书市场的双重推动下，Adobe 标准培训教材长盛不衰。尤其是近几年，教育计划相关的创新教材产品不断涌现，无论是数量还是品质上都更上一层楼。

2005 年，我们联合 Adobe 等国际权威数字工具厂商，与中国顶尖美术艺术院校一起创立了“ACAA 中国数字艺术教育联盟”，旨在共同探索中国数字艺术教育改革发展的道路和方向，共同开发中国数字艺术职业教育和认证市场，共同推动中国数字艺术产业的发展和应用水平的提高。

是年秋，ACAA 教育框架下的第一个数字艺术设计职业教育项目在中央美术学院城市设计学院诞生。首届 ACAA-CAFA 数字艺术设计进修班的 37 名来自全国各地的学生成为第一批“吃螃蟹”的人。从学院放眼望去，远处规模宏大的北京新国际展览中心正在破土动工，躁动和希望漫步在田野上。迄今已有数百名 ACAA 进修生毕业，迈进职业设计师的人生道路。

2005 年 4 月，Adobe 公司斥资 34 亿美元收购 Macromedia 公司，一举改变了世界数字创意技术市场的格局，使得网络设计和动态媒体设计领域最主流的产品 Dreamweaver 和 Flash 成为 Adobe 市场战略规划中的重要的棋子，从而进一步奠定了 Adobe 的市场统治地位。次年，Adobe 与前 Macromedia 在中国的教育培训和认证体系顺利地完成了重组和整合。前 Macromedia 主流产品的加入，使我们可以提供更加全面、完整的数字艺术专业培养和认证方案，为职业技术院校提供更好的支持和服务。全新的 Adobe 中国教育认证计划更加具有活力。

2008 年 11 月，万华创力公司正式成为 Autodesk 公司的中国授权培训管理中心，承担起 ATC (Autodesk Authorized Training Center) 项目在中国推广和发展的重任。ACAA 教育职业培训认证方向成功地从平面、网络创意，发展到三维影视动画、三维建筑、工业设计等广阔天地。

继 1995 年史蒂夫 · 乔布斯创始的皮克斯动画工作室 (Pixar Animation Studios) 制作出世界上第一部全电脑制作的 3D 动画片《玩具总动员》并以 1.92 亿美元票房刷新动画电影纪录以来，3D 动画风起云涌，短短十余年迅速取代传统的二维动画制作方式和流程。

2009 年詹姆斯 · 卡梅隆 3D 立体电影《阿凡达》制作完成，并成为全球第一部票房突破 19 亿并一路到达 27 亿美元的影片，这使得 3D 技术产生历史性的突破。卡梅隆预言的 2009 年为“3D 电影元年”已然成真——3D 立体电影开始大行其道。

无论是传媒娱乐领域，还是在建筑业、制造业，三维技术正走向成熟并更为行业所重视。连同建筑设计领域所热衷的建筑信息模型（BIM）、工业制造业所瞩目的数字样机解决方案，Autodesk 技术成为传媒娱乐行业、建筑行业、制造业和相关设计行业的重要行业解决方案并在国内掀起热潮。

ACAA 正是在这样的时代浪潮下，把握教育发展脉搏、紧跟行业发展形势，与 Autodesk 联手，并肩飞跃。

2009 年 11 月，Autodesk 与中华人民共和国教育部签署《支持中国工程技术教育创新的合作备忘录》，进一步提升中国工程技术领域教学和师资水平，免费为中国数千所院校提供 Autodesk 最新软件、最新解决方案和培训。在未来 10 年中，中国将有 3000 万的学生与全球的专业人士一样使用最先进的 Autodesk 正版设计软件，促进新一代设计创新人才成长推动中国设计和创新领域的快速发展。

2010 年秋，ACAA 教育向核心职业教育合作伙伴全面开放 ACAA 综合网络教学服务平台，全方位地支持老师和教学机构开展 Adobe、Autodesk、Corel 等创意软件工具的教学工作，服务于广大学生更好地学习和掌握这些主流的创意设计工具。包括网络教学课件、专家专题讲座、在线答疑、案例解析和素材下载等。

2012 年 4 月，为完成文化部关于印发《文化部"十二五"时期文化产业倍增计划》的通知中文化创意产业人才培养和艺术职业教育的重要课题，中国艺术职业教育学会与 ACAA 中国数字艺术教育联盟签署合作备忘，启动了《数字艺术创意产业人才专业培训与评测计划》，并在北京举行签约仪式和媒体发布会。ACAA 教育强化了与创意产业的充分结合。

2012 年 8 月，ACAA 作为 Autodesk ATC 中国授权管理中心，与中国职业技术教育学会签署合作协议，以深化职业院校的合作，并为合作院校提供更多服务。ACAA 教育强化了与职业教育的充分结合。

今天，ACAA 教育脚踏实地、继往开来，积跬步以至千里，不断实践与顶尖国际厂商、优秀教育机构、专业行业组织的强强联合，为中国创意职业教育行业提供更为卓越的教育认证服务平台。

ACAA 中国教育发展计划

ACAA 数字艺术教育发展计划面向国内职业教育和培训市场，以数字技术与艺术设计相结合的核心教育理念，以远程网络教育为主要教学手段，以"双师型"的职业设计师和技术专家为主流教师团队，为职业教育市场提供业界领先的 ACAA 数字艺术教育解决方案，提供以富媒体网络技术实现的先进的网络课程资源、教学管理平台以及满足各阶段教学需求的完善而丰富的系列教材。

ACAA 数字艺术教育是一个覆盖整个创意文化产业核心需求的职业设计师入行教育和人才培养计划。

ACAA 数字艺术教育发展计划秉承数字技术与艺术设计相结合、国际厂商与国内院校相结合、学院教育与职业实践相结合的教育理念，倡导具有创造性设计思维的教育主张与潜心务实的职业主张。跟踪世界先进的设计理念和数字技术，引入国际、国内优质的教育资源，构建一个技能教育与素质教育相结合、学历教育与职业培训相结合、院校教育与终身教育相结合的开放式职业教育服务平台。为广大学子营造一个轻松学习、自由沟通和严谨治学的现代职业教育环境。为社会打造具有创造性思维的、专业实用的复合型设计人才。

远程网络教育主张

ACAA 教育从事数字艺术专业网络教育服务多年。自主研发制作了众多的 eLearning 网络课程，建立了以富媒体网络技术为基础的网络教学平台。能够帮助学生更快速地获得所需学习资源、专家帮助，及及时掌握行业动态、了解技术发展趋势，显著地增强学习体验，提高学习效率。

ACAA 教育采用以优质远程教学和全方位网络服务为核心，辅助以面授教学和辅导的战略发展策略，可以：

· 解决优秀教育计划和优质教学资源的生动、高效、低成本传播问题，并有效地保护这些教育资源的知识产权。

· 使稀缺的、不可复制的优秀教师和名师名家的知识与思想（以网络课程的形式）成为可复制、可重复使用以及可以有效传播的宝贵资源。使知识财富得以发挥更大的光和热，使教师哺育更多的莘莘学子，得到更多的回报。

· 跨越时空限制，将国际、国内知名专家学者的课程传达给任何具有网络条件的院校。使学校以最低的成本实现教学计划或者大大提高教学水平。

· 实现全方位、交互式、异地异步的在线教学辅导、答疑和服务。使随时随地进行职业教育和培训的开放教育和终身教育理念得以实现。

职业认证体系

ACAA 职业技能认证项目基于国际主流数字创意设计平台，强调专业艺术设计能力培养与数字工具技能培养并重，专业认证与专业教学紧密相联，为院校和学生提供完整的数字技能和设计水平评测基准。

专业方向（高级行业认证）	ACAA 中国数字艺术设计师认证
视觉传达 / 平面设计专业方向	平面设计师
	电子出版师
动态媒体 / 网页设计专业方向	网页设计师
	动漫设计师
三维动画 / 影视后期专业方向	视频编辑师
	三维动画师
动漫设计 / 商业插画专业方向	动漫设计师
	商业插画师
	原画设计师
室内设计 / 商业展示专业方向	室内设计师
	商业展示设计师

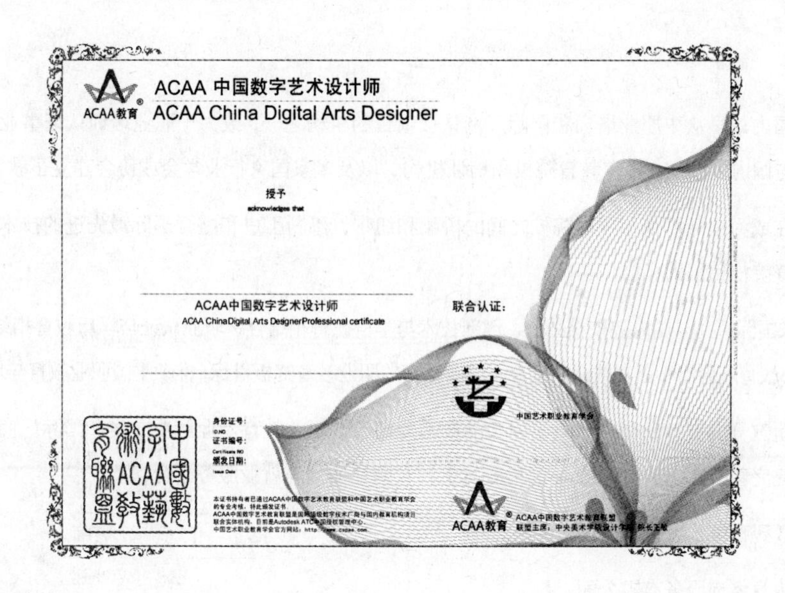

标准培训教材系列

ACAA 教育是国内最早从事数字艺术专业软件教材和图书撰写、编辑、出版的公司之一，在过去十几年的 Adobe/Autodesk 等数字创意软件标准培训教材编著出版工作中，始终坚持以严谨务实的态度开发高水平、高品质的专业培训教材。已出版了包括标准培训教材、认证考试指南、案例风暴和课堂系列在内的众多教学丛书，成为 Adobe 中国教育认证计划、Autodesk ATC 授权培训中心项目及 ACAA 教育发展计划的重要组成部分，为全国各地职业教育和培训的开展提供了强大的支持，深受合作院校师生的欢迎。

“ACAA Adobe 标准培训教材”系列适用于各个层次的学生和设计师学习需求，是掌握 Adobe 相关软件技术最标准规范、实用可靠的教材。“标准培训教材”系列迄今已历经多次重大版本升级，例如 Photoshop 从 6.0C、7.0C 到 CS、CS2、CS3、CS4、CS5、CS6 等版本。多年来的精雕细琢，使教材内容越发成熟完善。系列教材包括：

- 《ADOBE PHOTOSHOP CS6 标准培训教材》
- 《ADOBE ILLUSTRATOR CS6 标准培训教材》
- 《ADOBE INDESIGN CS6 标准培训教材》
- 《ADOBE AFTER EFFECTS CS6 标准培训教材》
- 《ADOBE PREMIERE PRO CS6 标准培训教材》
- 《ADOBE DREAMWEAVER CS6 标准培训教材》
- 《ADOBE FLASH PROFESSIONAL CS6 标准培训教材》
- 《ADOBE AUDITION CS6 标准培训教材》
- 《ADOBE FIREWORKS CS6 标准培训教材》
- 《ADOBE ACROBAT XI PRO 标准培训教材》

关于我们

ACAA 教育是国内最早从事职业培训和国际厂商认证项目的机构之一，致力于职业培训认证事业发展已有十六年以上的历史。并已经与国内超过 300 多家教育院校和培训机构，以及多家国家行业学会或协会建立了教育认证合作关系。

ACAA 教育旨在成为国际厂商和国内院校之间的桥梁和纽带，不断引进和整合国际最先进的技术产品和培训认证项目，服务于国内教育院校和培训机构。

ACAA 教育主张国际厂商与国内院校相结合、创新技术与学科教育相结合、职业认证与学历教育相结合、远程教育与面授教学相结合的核心教育理念；不断实践开放教育、终身教育的职业教育终极目标，推动中国职业教育与培训事业蓬勃发展。

ACAA 中国创新教育发展计划涵盖了以国际尖端技术为核心的职业教育专业解决方案、国际厂商与顶尖院校的测评与认证体系，并构建完善的 ACAA eLearning 远程教育资源及网络实训与就业服务平台。

北京万华创力数码科技开发有限公司

北京奥华创新信息咨询服务有限公司

地址：北京市朝阳区东四环北路 6 号 2 区 1-3-601

邮编：100016

电话：010-51303090-93

网站：http://www.acaa.cn, http//www.ddc.com.cn

（2012 年 8 月 30 日修订）

目　录

1　基础知识

2　页面设计

3 文本和样式

4 图形图像

5 颜色与透明

6 对象与表格

7 印前和输出

8 书籍和长文档

9 跨媒体出版

1

基础知识

学习要点

- 掌握面板的显示、组合、停放操作
- 了解自定义菜单和键盘快捷键
- 了解并掌握首选项、工作环境设置
- 掌握文档的基本操作
- 掌握工作区操作

1.1 Adobe InDesign 简介

Adobe InDesign 是 Adobe 公司为专业排版设计领域而开发的新一代排版软件，它是能够帮您优化设计和排版像素的多功能桌面出版应用程序。能创建用于打印、平板电脑和其他屏幕中的优质和精美的页面，能轻松调整版面，使其适应不同的页面大小、方向或设备，获得更佳的效果。Adobe InDesign 可与 Adobe Photoshop、Illustrator、Acrobat、InCopy 和 Dreamweaver 软件完美集成，为创建更丰富、更复杂的文档提供了强大的功能，能够将页面可靠地输出到多种媒体中。

Adobe InDesign CS6 可以向 Adobe Dreamweaver 输出标准的 XHTML 文件，使印刷内容可以用于网页的制作。内置的 Adobe Digital Editions XHTML 格式输出使 InDesign CS6 用户可以直接生成用于 Adobe 丰富互联网应用的动态内容，便于人们阅读和管理数字出版物。InDesign CS6 可导出在 Adobe Flash Professional 中编辑的 FLA 文件和 SWF 文件，在 Flash Player 或 Web 中立即观看。InDesign CS6 利用其复杂的设计功能和用于简化重复任务的高效、增强型效率工具，可以使您的工作比以往任何时候都更快、更卓著。

Adobe InDesign CS6 加入了许多新的特性。

自适应版面、替代版面、链接内容、内容收集器工具、InDesign 中的 PDF 表单、更丰富的语言支持、页面面板增强功能、拆分窗口、最近使用的字体、保留文本框调整选项、灰度预览、灰度 PDF 导出、关键对象对齐、Hunspell 词典增强功能、IDML 支持、复杂计算、增强的拆分列和跨列支持、导出为页面的交互式 PDF、导出为 PNG、链接对象的增强缩放功能、扩展功能集管理、交互式 HTML、链接文本中的样式映射、增强的封装支持。

1.1.1 InDesign 发展介绍

Adobe InDesign 软件把版面设计提升到了一个新的境界，将高度生产力、自由创造力与创新跨媒体支持有机地结合在一起。InDesign 作为一个面向专业排版的应用软件，有英语、法语、德语、日语和中文等十几种语言版本。经过 InDesign1.0、1.5、2.0、CS、CS2、CS3、CS4、CS5，发展到现在的 CS6 版本，它已经成为国内外平面设计师们的首选工具。

1994 年，Adobe 公司在收购 Aldus 公司的时候，主要目的是想在产品线中引入一个排版软件，而当时畅销的 PageMaker 并不是 Adobe 需要的解决方案。因为 PageMaker 的技术基础非常陈旧，从 1990 年以后，其核心代码就几乎没有被修改过，而且 PageMaker 的架构不支持与附加组件的无缝衔接，使得新功能不得不以嫁接的方式添加到软件中。专业的设计人员和高端企业在当时都舍弃 PageMaker 而选择 QuarkXPress。早在 1990 年，Aldus 公司就开始研发新一代的 PageMaker，与 Adobe 公司合并后，Adobe 公司从总部抽调工程师补充到研发小组中，开发代号定为“K2”。

1998 年秋，Adobe 公司公开演示了这个代号为 K2 的全新排版软件。1999 年 3 月 InDesign 研发正式启动。1999 年 9 月 InDesign 1.0 正式发售，不过感觉是 Adobe 公司的仓促应战之作。InDesign 1.0 的稳定性一直是难以解决的问题，但是 InDesign 的雏形已经逐渐形成了，人们也开始关注这个软件。不过此时的 1.0 版本基本上没有引起中国用户的关注。

2000 年 4 月，Adobe 公司推出了 InDesign 1.5，这是 InDesign 发展史上一个重要的里程碑。此时的 InDesign 支持 OpenType 和 Unicode，使得 InDesign 适用于多个语系。InDesign 1.5 英文版不仅在稳定性上有了很大的改善，还专门针对日本市场发布了 1.0J 日文版。但是对于中文用户来说，还是有很多不适应的地方，因为其安装程序必须在日文系统下进行，所以间接影响了中国用户对它的认识。

在随后 1 年多的时间里，Adobe 公司广泛听取了世界各地设计师的意见，于 2002 年 1 月发布了 InDesign 2.0 的英文版和日文版。InDesign 2.0 对中文的支持比 1.5 版本有了很大的改善，到了 2.0.1 版本之后基本上能够支持中文了，因为 InDesign 的核心代码已经全部重写了。1.5 版本中支持单字节的英文版核心和支持双字节的日文版核心在 2.0 版本中被合二为一，使 2.0 成为了一个名副其实的国际语言版。InDesign 2.0 是较为成熟的版本，在许多方面都已经超越了当时的 QuarkXPress 4.x。

2004 年，Adobe 公司将 InDesign 和 Photoshop、Illustrator、GoLive、Acrobat 组成为 Creative Suite 联合推出，形成了一套设计、出版的整合解决方案。Adobe 公司在推出 InDesign CS 后不久，即宣布停止开发 PageMaker，用 InDesign 取而代之。为了让 PageMaker 用户能顺利地升级到 InDesign 平台，Adobe 公司提供了一套 PageMaker Plug-in Pack(简称 PM Pack)。Adobe 公司又将 PageMaker Plug-in Pack 和 InDesign 一起销售，称为 InDesign PageMaker Edition。

2005 年 4 月，Adobe 公司发布了 Creative Suite 2。当月，Adobe 公司又收购了 Macromedia 公司，能够为客户提供更加强大的创建、管理和发布内容的跨平台解决方案。2005 年 7 月推出了中文用户期待已久的简体中文版和繁体中文版，加入了一系列针对中文排版的功能，中文用户纷纷由 PageMaker 转向 InDesign。

2007 年 3 月底，Adobe 公司发布了 Adobe Creative Suite 3 系列产品，为设计、编辑、制作以及 IT 专业人员提供了一系列强大而操作简便的工具，使人们能够进行创意探索、优化制作、提高效率。其中的 Adobe InDesign CS3 连同 Adobe InCopy CS3 和 Adobe InDesign CS3 Server，是 Adobe 提供全面印刷解决方案的基石。Adobe InDesign CS3 加入了许多新的特性；其复杂的设计功能和用于简化重复任务的高效、增强型效率工具，可以使您的工作比以往任何时候都更快、更卓著。7 月份推出了针对中文用户的 Adobe Creative Suite 3 中文版。Adobe Creative Suite 3 全面支持双字节亚洲语言，包括简体中文、繁体中文、日文和韩文。

2008 年 9 月 24 日，Adobe 公司推出业界的里程碑产品——Adobe Creative Suite 4 产品家族，通过工作流的根本性突破，消除了设计师和开发工作者之间的壁垒。新的 Creative Suite 4 产品线包含数百个创新功能，全面推进了印刷、网络、移动、交互和影音视频制作的创意过程。该产品把整个产品线的 Flash 技术提升至整合力与表现力的新高水平，InDesign CS4 是其中之一。

2010 年 4 月 12 日，Adobe 公司正式发布了 Adobe Creative Suite 5。这款具有突破性的版本为创意工作流程开启一项全新革命。它以交互性、高性能为重点，有效地改进了设计师和开发人员的工作流程，为数字化内容和营销活动带来了全新震撼效果。首度整合在线内容和数字化营销的最佳化功能，Creative Suite 5 能够运用强大的 Omniture 技术，搜集、存储与分析来自网站和其他资源的信息。Creative Suite 中还增加了全新组件 Adobe Flash Catalyst，引入了无需编写代码即可设计交互式内容的功能，可显著增强设计师与开发人员之间的协作。2010 年 5 月 19 日推出了 Adobe Creative Suite 5 中文版，包括 InDesign CS5。

2012 年 4 月 23 日 Adobe 发布了 Adobe Creative Suite 6。Adobe InDesign CS6 产品的发布具有里程碑式的意义，设计人员借助 CS6 可以管理如何及通过何种渠道——智能手机、平板电脑、台式机或是传统媒体——向最终用户发布自己的作品，同时还可以在如 iOS、Android、Windows Mobiledeng 等设备和系统上进行创造。Adobe InDesign CS6 还支持最新标准 HTML5 和 CSS3，网页专业人士可以方便地通过 Adobe Edge Preview 创作的 HTML5 动画加入到他们的 Dreamwaver 任务中去，Flash Professional CS6 用户可以通过 Flash Create JS 专业工具包将 flash 转换并传递给 HTML 5 网页。Adobe InDesign CS6 包括 5 个不同的版本：设计标准版、设计与网络高级版、制作高级版、大师典藏版和 Creative Cloud。全新的 Creative Cloud 是一种基于订阅的服务，有望成为制作、分享和发布创意的中心，其支持按月付费的方式。

1.1.2 以 InDesign 为核心的工作流程

桌面出版主要有以下几种类型的软件。

· 字处理软件——录入、编辑、检查和格式化文本，例如 Microsoft Word 和 Corel WordPerfect。

· 排版软件——将文本和图片整合在页面中，例如 Adobe InDesign、QuarkXPress、Adobe FrameMaker 和 Corel Ventura。

· 图形图像软件——图形绘制软件，例如 Adobe Illustrator、CorelDRAW；图像编辑软件，如 Adobe Photoshop、Corel Photo-Paint 和 Jasc Paint Shop Pro。

· 电子或网络发布软件——将设计作品以电子形式或网页形式发布，例如 Adobe Dreamweaver 和 Adobe Acrobat。

而选择 InDesign 就等于选择了一条完备、高效和可靠的工作流程。说它完备，是因为这条工作流程中包含了在设计时用于图像处理、图形设计和版面设计的顶级软件，它们被分派在设计的各个环节中；说它高效，是因为这条工作流程的各个环节之间无缝衔接，可以直接使用原生文件，各个软件都具有相似的界面；说它可靠，是因为这条工作流程以 PDF 和 XML 技术作为流程的基础，而 PDF 和 XML 技术已被国际标准组织（ISO）审核通过。

这条工作流程是，使用 Adobe Photoshop 创建或编辑位图图像，使用 Adobe Illustrator 创建和编辑矢量图形，然后将 PSD 格式的位图图像和 AI 格式的矢量图形送至 Adobe InDesign，与 Word 或 InCopy 的文本组装成页面。InDesign 可以直接输出成 PDF 格式，接着用 Acrobat 查看和审阅，并发布到 Web 或直接印刷输出。InDesign 输出 XHTML，再通过 Adobe Dreamweaver 以网页的方式发布到因特网或者以 SWF 的方式发布到移动设备。

1.2 工作区和首选项

首次运行 Adobe InDesign，看到的是 InDesign 基本工作区：菜单、控制面板、单列靠左的工具面板、三组停放在右侧泊槽的面板，中间是欢迎屏幕，如图 1-2-1 所示（如果出现界面与图 1-2-1 不同，可执行菜单命令“窗口 > 工作区 > 基本功能”）。Adobe InDesign 的菜单、各种面板以及窗口的大小和排列方式称为工作区。可以看到在菜单后较以前版本增加了几个控制按钮（如果显示器像素数不大于 1 024，就会分两行显示）。设计师可以根据设计排版需要自定义并保存自己的工作区。

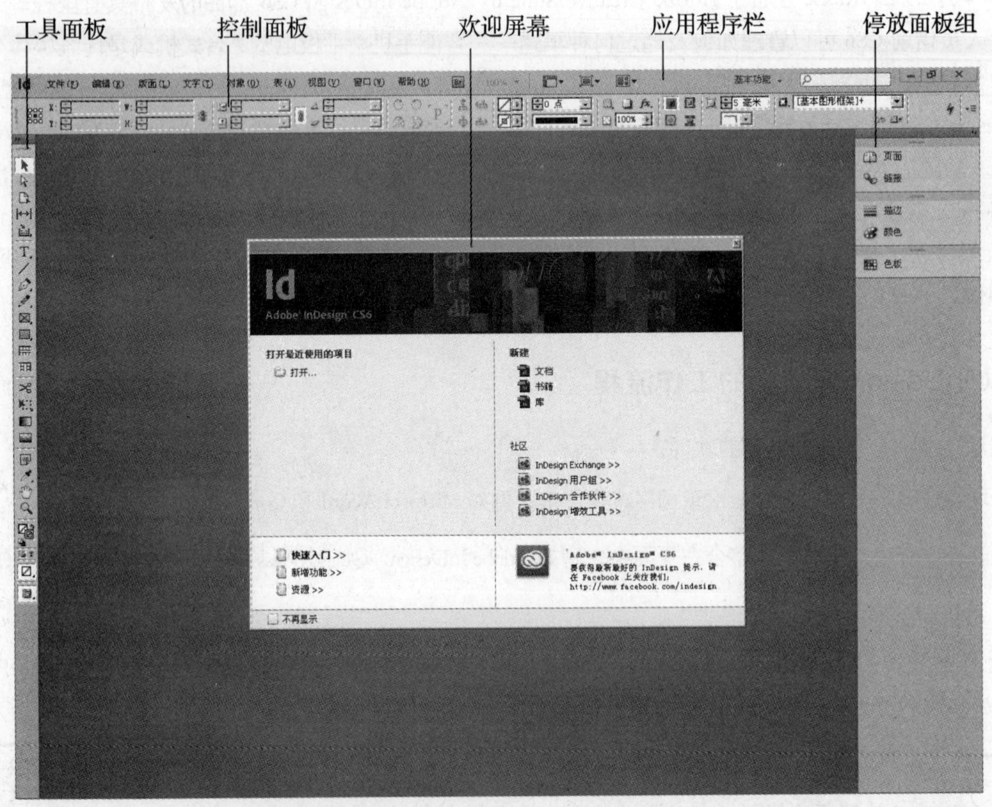

图 1-2-1

1.2.1 面板操作

面板是 InDesign 中修改和监视作品外观变化的小型工具或控制框。大多数面板集中了 InDesign 的某一方面功能，比如字符、段落和颜色等。InDesign 中面板的使用与 Adobe 公司的其他软件相似，要从群组的面板中激活某个面板，只需要单击面板的标签或从“窗口”菜单中选择对应的面板名称。拖动面板标签可以对面板实行分离、组合和连接操作。工具箱是唯一一个不能和其他面板组合的面板。

1. 面板的显示与组合

所有面板都可以在“窗口”菜单中找到。当前面有√符号时，表示面板已经在屏幕上显示；再次选择，√符号消失，表示面板关闭。面板键盘快捷键列在“窗口”菜单中面板名称的右边。大多数面板的右上角都有一个三角符号，单击它可以显示与面板功能相关的面板菜单。要将面板返回其默认大小和位置，应选择“窗口 > 工作区 > 默认工作区”命令。要调整面板的大小，应拖动其边框（Windows）或右下角（Windows 和 Mac OS）。要压缩面板中的列表，应选择面板菜单中的“小面板行”（此选项并非对所有面板都适用）。图 1-2-2 所示为“色板”面板完全显示的状态（左图）和小字号名称显示状态（右图）。

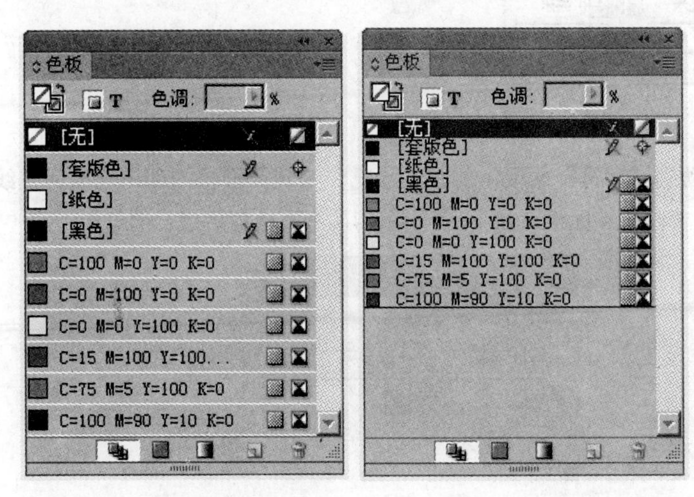

图 1-2-2

要在简化和普通面板视图之间切换，应选择面板菜单中的“显示 / 隐藏选项”（此选项并非对所有面板都适用）。如果面板处于浮动状态（没有折叠到泊槽中），就可以单击面板名称左侧的双向箭头或双击面板选项卡，在简化、普通和折叠视图之间切换。双击面板标签上双向箭头图标与从面板菜单中选择“隐藏选项”命令具有相同的功能，这样会改变面板的长度或宽度。单击面板顶部最大化按钮也可改变面板长度。图 1-2-3 所示 a 图为“字符”面板完全显示的状态；单击标签上的双向箭头可收折为 b图所示的中面板；再次单击标签上的双向箭头，可收折为如图 c所示的小面板；第三次单击标签上的双向箭头可全部收折，如d图所示。

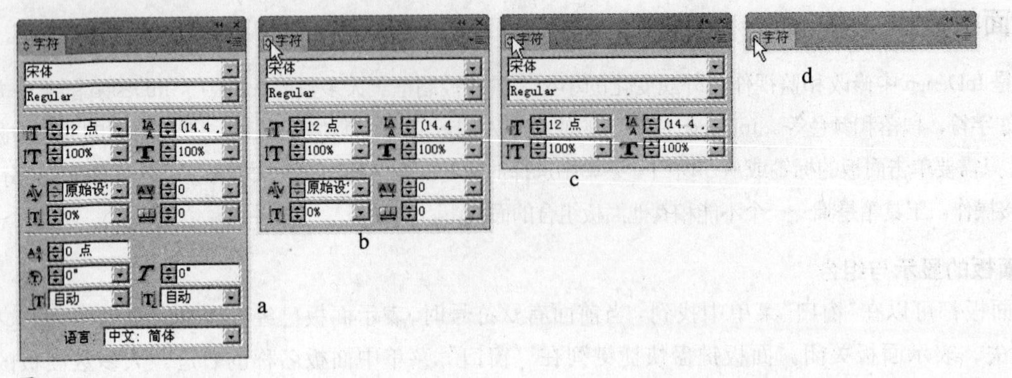

图 1-2-3

要将多个面板组合成一个面板，可将面板的选项卡拖到目标面板的选项卡位置，出现蓝色框时松开鼠标。图 1-2-4 所示为“字符”和“段落”两个面板未组合前的原始状态。

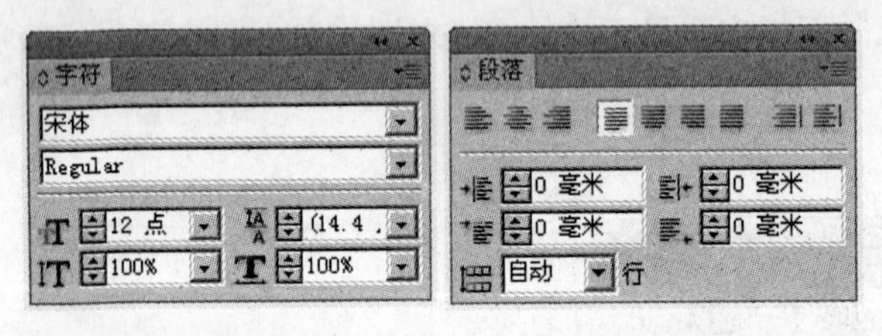

图 1-2-4

图 1-2-5 所示为将“段落”面板拖动到“字符”面板上部时的状况；“字符”面板内部出现蓝色粗线框时松开鼠标，即可组合“字符”面板和“段落”面板。图 1-2-6 所示为两个面板最后组合的结果。

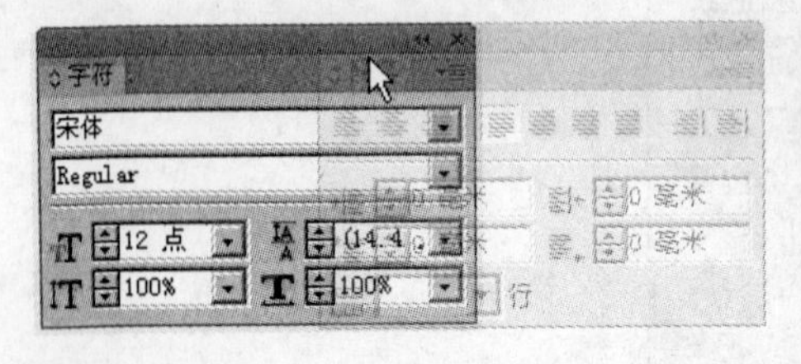

图 1-2-5　图 1-2-6

要使面板组中的某个面板单独显示，可将面板的选项卡拖离该组。如图 1-2-7 所示，单击段落面板的标签，并拖曳到面板组以外的其他位置，松开鼠标即可。

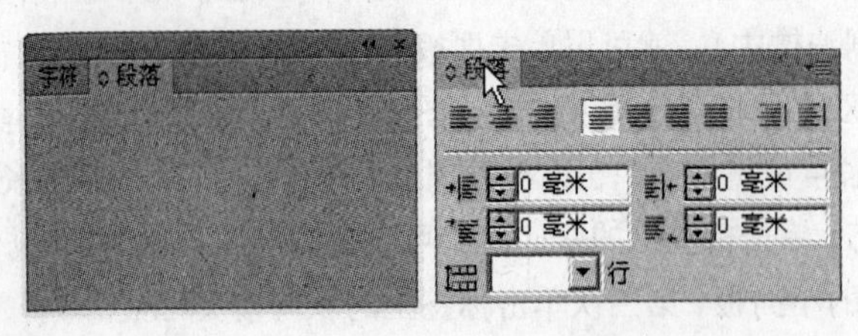

图 1-2-7

图1-2-8 所示为两个面板分离后的结果。

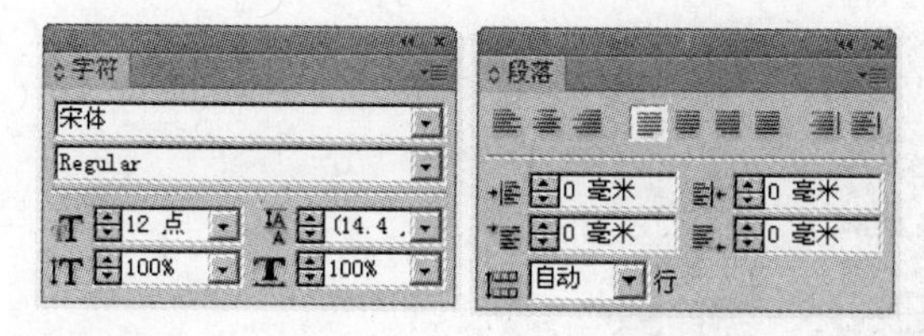

图 1-2-8

要使两个或多个面板首尾相连，可以将一个面板拖到另一个面板底部，当出现蓝色粗线框时松开鼠标即可。图 1-2-9 所示为“字符”和“段落”两个面板的原始状态。图 1-2-10 所示为将“段落”面板拖动到“字符”面板底部时的状况，“字符”面板底部出现蓝色粗线框时松开鼠标，即可将“段落”面板置于“字符”面板底部。图 1-2-11 所示为连接两个面板的最后结果（左图）。单击面板顶部的“最小化”按钮，可以将两个连接的面板收折起来，如图 1-2-11（右图）所示。

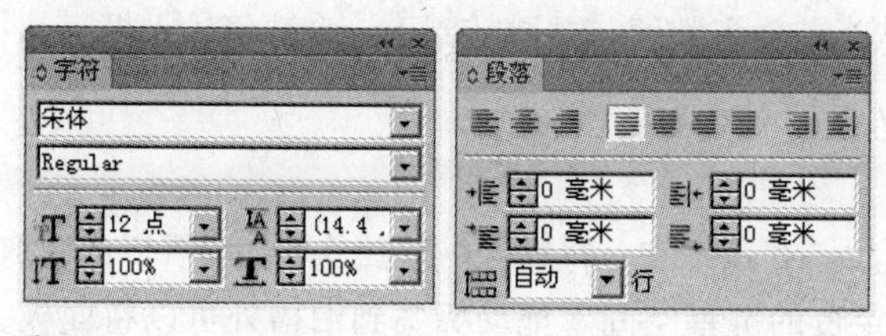

图 1-2-9

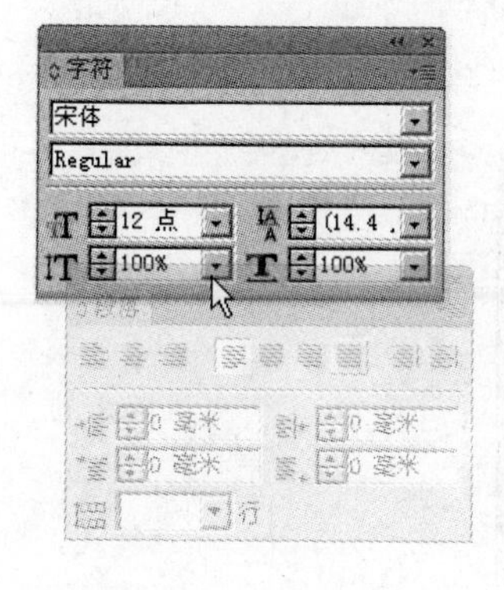

图 1-2-10

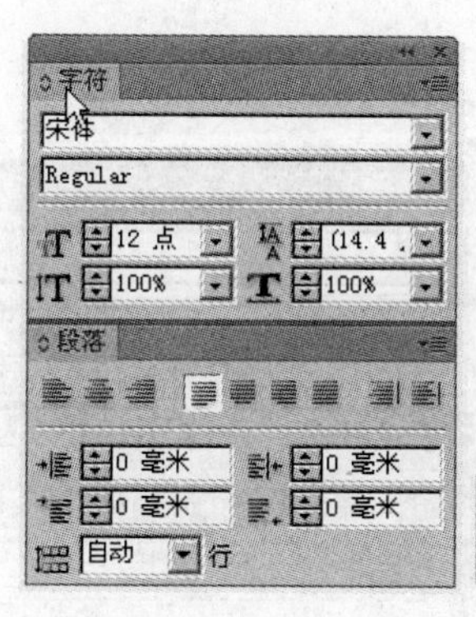

图 1-2-11

2. “控制”面板

“控制”面板是一个根据上下文而变化的面板，当用户选择不同对象或使用不同工具时，它将显示不同的选项。这些选项与“控制选择对象”面板中的选项完全相同。使用“控制”面板进行编辑可以大大提高工作效率。“控制”面板可以被嵌在视图顶部（菜单栏下）、视图底部或者浮动显示。如图 1-2-12 所示，使用“控制”面板菜单中的“停放于顶部”、“停放于底部”和“浮动”命令可以指定“控制”面板的显示方式。

当选择了对象时，“控制”面板会显示与当前选择对象相关联的面板。要打开与“控制”面板图标关联的对话框，应在单击某一“控制”面板图标的同时按住 Alt 键。

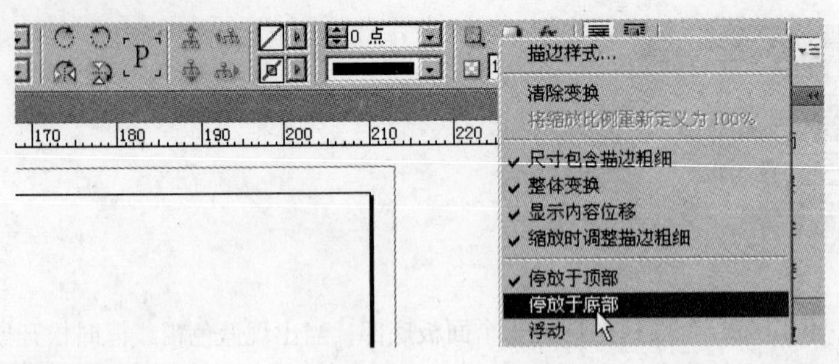

图 1-2-12

要显示工具箱和所有面板，应在非文本输入状态下，按 Tab 键。要显示除“控制”面板、命令栏和工具箱之外的所有面板，应使用快捷键 Shift+Tab。要显示泊槽内所有最前端时面板，可以使用快捷键 Ctrl+Alt+Shift+Tab。应该注意的是，使用 Tab 快捷键时，在文本输入状态下按 Tab 键，就会输入 Tab 定位符；在面板中输入数值时按 Tab 键，就会确认当前输入数值，并跳转到下一个数值输入框。

3. 面板停放

InDesign 在视图两边的泊槽用来组织和停放面板。在泊槽中，面板可以单独放置，也可以成组放置。将没有使用的面板放到泊槽中隐藏起来，可节约宝贵的屏幕空间。拖动标签到泊槽外可以将面板变为浮动状态。在泊槽中面板可以有 3 种状态：①只有图标；②图标和名称；③展开状态。这 3 种状态如图 1-2-13 所示。

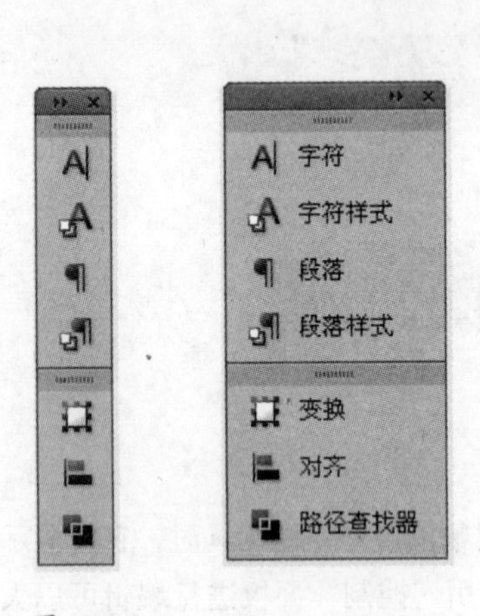

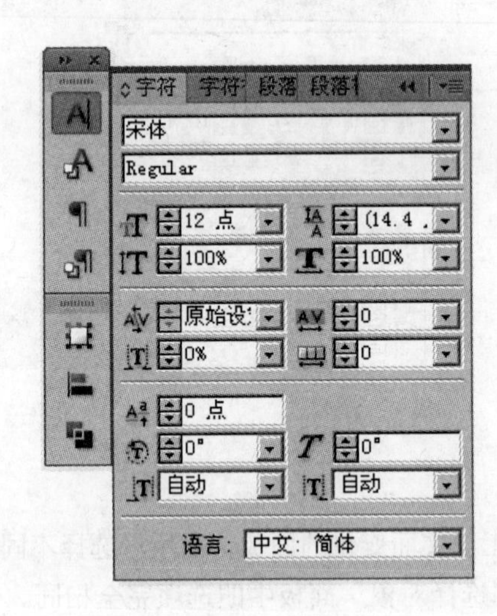

图 1-2-13

在有图标和名称的状态下，横向拉小会转为只有图标的状态。这两种状态下单击右上角的双箭头都会转为展开状态，再单击双箭头又会还原到原来的状态。在非展开状态下单击一个面板图标或名称就会向左（或右）弹出该面板组，单击另一个面板图标或名称会弹出另一个面板组，而原先的面板组会收折。在展开状态下单击面板组右上角的双箭头或单击面板组中当前调板名称，面板组就会收折。

4. 工具箱

图 1-2-14 所示为工具箱的 3 种外观，以及各种工具的名称和快捷键。

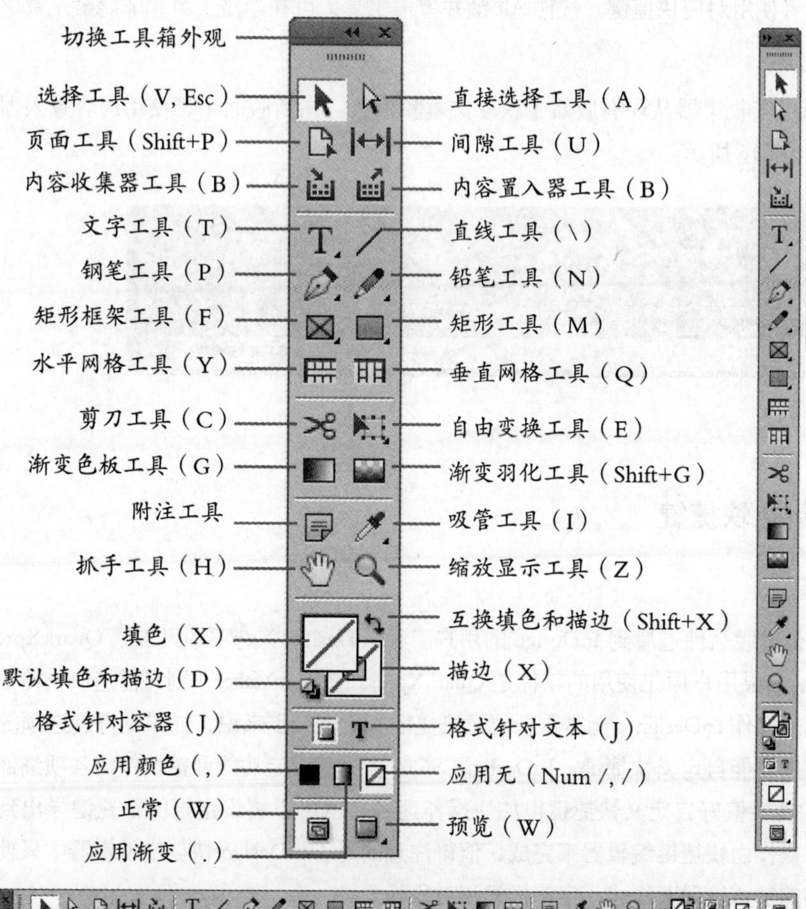

图 1-2-14

图 1-2-15 所示为工具箱中的隐藏工具。

文字工具 T
直排文字工具
路径文字工具 Shift+T
垂直路径文字工具

钢笔工具 P
添加锚点工具 =
删除锚点工具 -
转换方向点工具 Shift+C

自由变换工具 E
旋转工具 R
缩放工具 S
切变工具 O

铅笔工具 N
平滑工具
抹除工具

矩形框架工具 F
椭圆框架工具
多边形框架工具

矩形工具 M
椭圆工具 L
多边形工具

吸管工具 I
度量工具 K

图 1-2-15

工具箱中包含最常用的绘图、文本、对象创建和操作工具，通常保持打开状态的一个面板便是工具箱。工具箱不能像其他面板一样能进行组合和连接操作。当把光标移动到工具图标上稍停，便会显示出工具提示，它提示了工具的名称和快捷键，在“首选项”对话框中可以设置工具提示显示的速度。要调用工具箱中的工具，可以直接单击工具图标，或者使用对应快捷键。按住 Alt 键并单击工具，可在隐藏工具和非隐藏工具之间进行切换。

内容收集器工具：使用内容收集器从现有版面中获取文本和对象。在新版面中，使用内容置入器按你需要的顺序添加项目，如图 1-2-16 所示。

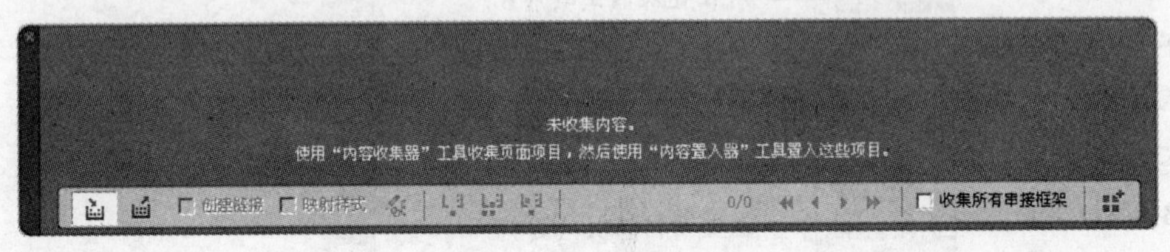

图 1-2-16

1.2.2 自定义菜单和键盘快捷键

1. 自定义键盘快捷键

InDesign 为了照顾从其他排版软件过渡到 InDesign 的用户，在 InDesign 首选项中设置了 QuarkXpress 和 PageMaker 的快捷键预设集，如果用户原先使用的软件是 QuarkXpress 或 PageMaker，则只需选取快捷键的预设集就可以根据原有的习惯来操作 InDesign，无需重新记忆快捷键。更进一步来说，如果觉得首选项的快捷键不顺手，还可以针对常用的功能自定义快捷键。InDesign CS6 的快捷键设定功能涵盖软件的各项细部功能设定，用户可以针对个人的功能偏好自定义快捷键以加快操作速度，也可以将设定好的快捷键导出到文本文件。定义和编辑快捷键的操作由快捷键编辑器来完成。值得注意的是，InDesign 快捷键编辑器中只使用大键盘上的键，而数字键盘中的键留给段落样式、字符样式和对象样式。

提示：在“键盘快捷键”对话框中，单击“显示集”按钮即可显示出当前快捷键集的所有快捷键和命令对照表。

2. 自定义菜单功能

InDesign CS6 版本具有自定义菜单功能，可以隐藏菜单命令和对其着色，这样可以避免菜单出现杂乱现象，并可突出常用的命令。

可以自定义主菜单、上下文菜单和面板菜单。右键单击某区域时，会出现上下文菜单。单击面板右上角的三角形图标时，会出现面板菜单。

操作步骤

① 选择“编辑 > 菜单”选项，打开“菜单自定义”对话框，如图 1-2-17 所示。

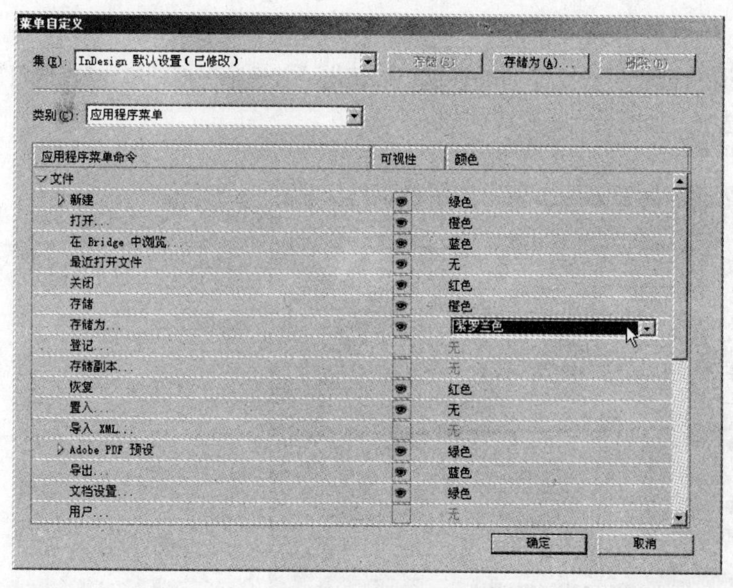

图 1-2-17

② 从“类别”下拉列表中，选择“应用程序菜单”或“上下文菜单和面板菜单”，以此确定要自定义哪些类型的菜单。单击菜单类别左边的箭头以显示子类别或菜单命令。对于每一个要自定义的命令，单击“可视性”列的眼睛图标可显示或隐藏此命令；单击“颜色”列的“无”并从菜单中选择一种颜色，可设置命令的颜色。设置好后存储自定义菜单集；要选择一个自定义菜单集，打开“菜单自定义”对话框选择一个集，然后单击“删除”按钮。图 1-2-18 所示就是自定义菜单的效果。

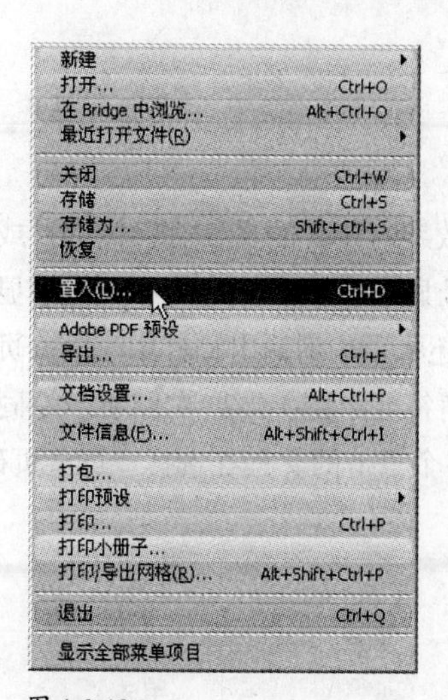

图 1-2-18

要显示隐藏的菜单项目，可在包含隐藏命令的菜单底部选择“显示全部菜单项目”命令。

注意：隐藏菜单命令只是将菜单移出视图，而不会停用任何功能。任何时候，都可通过选择菜单底部的“显示全部菜单项目”命令查看隐藏的命令。可将自定菜单包括在存储的工作区内。

1.2.3 设置首选项

执行“编辑 > 首选项 > 常规”命令或使用快捷键 Ctrl+K 就可以调出“首选项”对话框。“首选项”对话框左边是选项窗格，右边是具体选项，如图 1-2-19 所示。

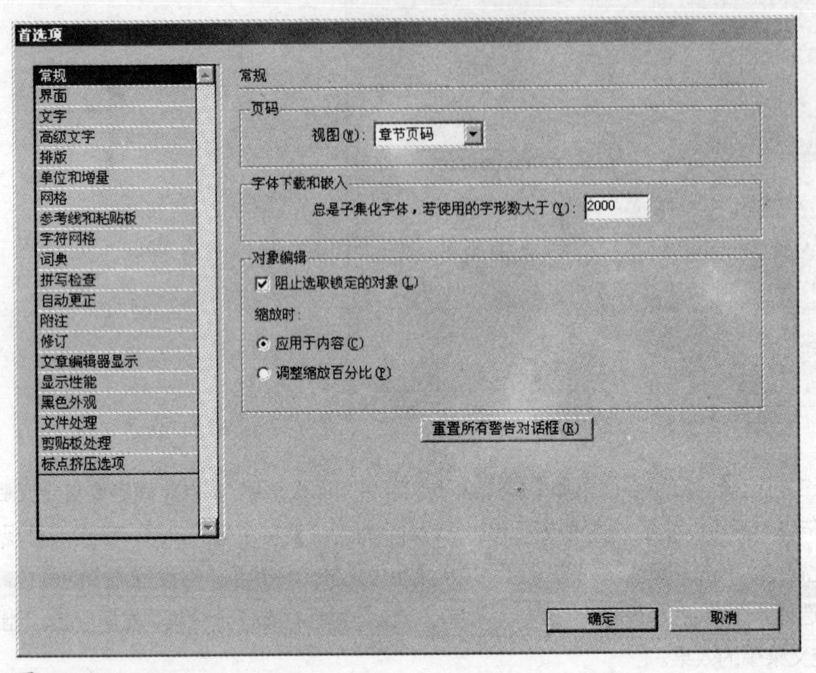

图 1-2-19

1. 常规选项

(1) 页码

“页码”面板可以显示绝对页码（从文档的第一页开始，使用连续数字对所有的页面进行标记）或章节页码（按章节标记页面，如“章节选项”对话框中所指定）。更改编号显示会影响 InDesign 文档中显示页面的方式，但是它不会改变页码在文档页面上的外观。页码编排方式还将影响到输出和打印时输入页码的方式。在 InDesign 中，在每个章节的起始页面顶部都会有一个黑三角符号。图 1-2-20 左图所示是同一个文档选择“绝对页码”选项时的效果，图 1-2-20 右图所示是一个包含多个章节的文档在选择“章节页码”时的显示效果。

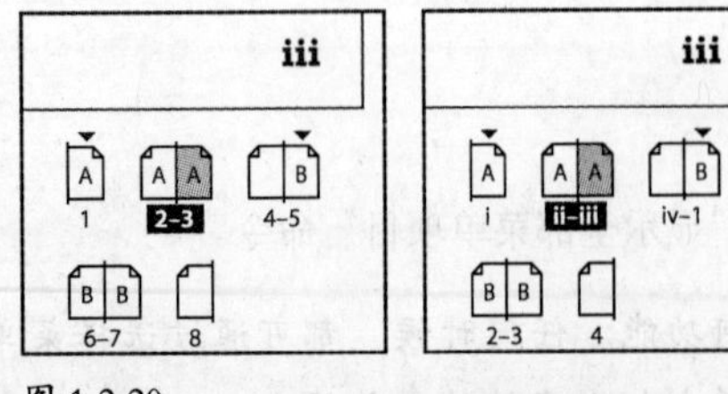

图 1-2-20

（2）字体下载和嵌入

“总是子集化字体，若使用的字形数大于”：打印或输出文档时将会把文档中使用的字体下载到打印机，当要下载的字体文件中包含的字形超过这里指定的数量时就只下载 / 嵌入子集，而不嵌入整个字体，以免增大文件体积。一个字体文件中包含的每一种字符外观称为一个字形，在 InDesign 中可以通过“字形”面板查看字体中包含的所有的字形，如图 1-2-21 所示。

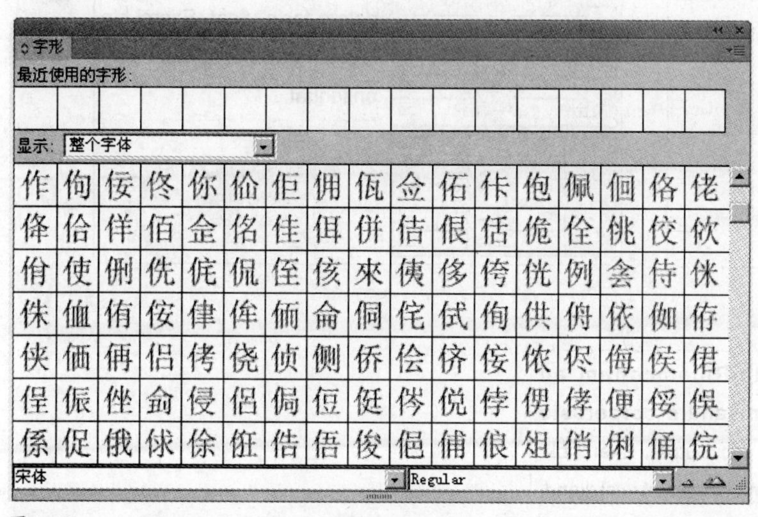

图 1-2-21

（3）阻止选取锁定的对象

选取“阻止选取锁定的对象”时锁定的对象不能被选择。

（4）缩放调整显示方式

当更改框架的缩放比例时，框架内的内容也会被缩放。例如，当你将文本框架的大小加大 1 倍时，文本大小也加大 1 倍，例如 10 点文本将增加为 20 点。

默认情况下，选择“应用于内容”单选钮，“控制”面板和“字符”面板中的“字体大小”框中将列出文本新的大小（例如“20 点”）。如果选择“调整缩放百分比”单选钮，则“字体大小”框中将显示文本的原始大小和缩放大小，例如“10 点（20）”。

“变换”面板中的缩放值代表缩放框架的水平和垂直百分比。默认情况下，选择“应用于内容”单选钮，在缩放文本后缩放值仍显示为“100%”。如果选择“调整缩放百分比”单选钮，则缩放值将反映框架的缩放情况。因而，如果将框架比例加大 1 倍，则此值将显示“200%”。

如图 1-2-22 所示，文本框中文本使用“Arial，5 点”的字体（左图），当选择“应用于内容”单选钮后，对文本框进行放大两倍的操作，“变换”面板中的缩放比例显示为“100%”，但是“字符”面板中字符大小变成了“10 点”（右图）。当选择“调整缩放百分比”单选钮时，对文本框进行放大两倍的操作，如图 1-2-23 所示；“变换”面板中的缩放比例显示为“200%”，“字符”面板中的字符大小变为了“5 点（10）”。其他面板文本框（如“行距”和“字距微调”）显示其原有值，即使它们的大小已经增加 1 倍。

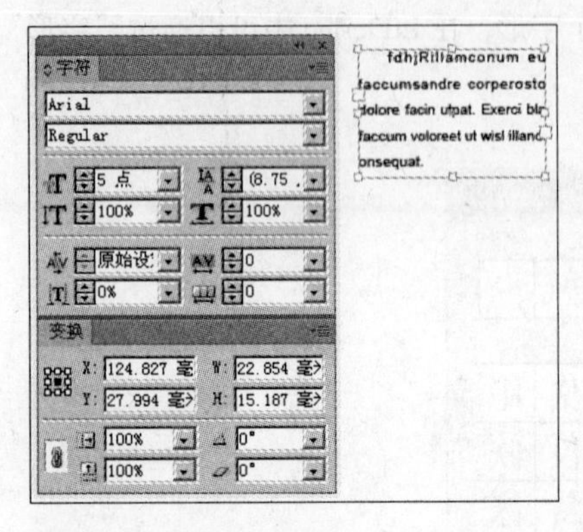

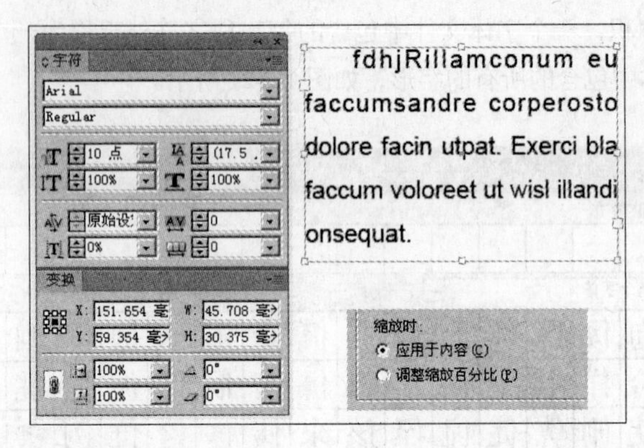

图 1-2-22

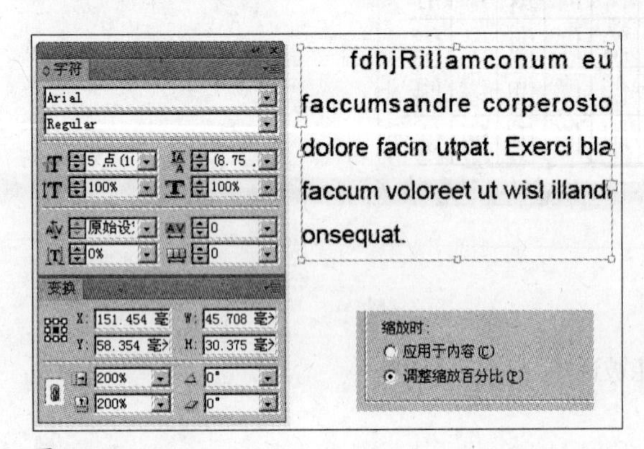

图 1-2-23

(5) 重置所有警告对话框

单击“重置所有警告对话框”按钮，用户可以在弹出的“警告”对话框中选择“不再显示”复选框，用来关闭某些警告对话框的显示。若想再次显示这些被屏蔽的对话框，应再次单击“重置所有警告对话框”按钮，在弹出的“警告”对话框中取消选择“不再显示”复选框。

2. 界面选项

(1) 工具提示

“工具提示”选项让用户控制 InDesign 是否显示工具提示，使用效果如图 1-2-24 所示。

其中可提供的选项有：“无”为不显示工具提示；“正常”为鼠标指针悬停时显示工具提示；“快速”为鼠标指针悬停很短时间即显示工具提示。

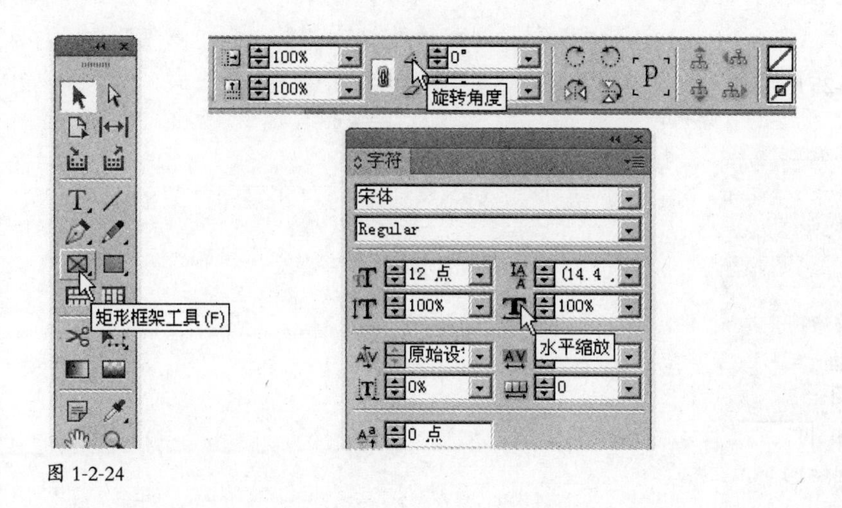

图 1-2-24

（2）光标和手势

选择“置入时显示缩览图”选项，在置入文档时光标会显示缩览图。

选择“显示变换值”选项，在创建对象、调整对象大小或旋转对象时，光标会显示 [x,y] 坐标、宽度、高度或旋转信息。

选择“启用多点触控手势”选项，可以启用多点触控鼠标手势。

（3）浮动工具面板

该选项可指定默认的工具箱外观为“双栏”、“单栏”或“单行”。

（4）面板

选择“自动折叠图标面板”选项，当光标点入页面后展开的面板会自动折叠。

选择“自动显示隐藏面板”，在按 Tab 键隐藏面板后，将鼠标指针放到文档窗口边缘可临时显示面板。

选择“以选项卡方式打开文档”，创建或打开的文档将显示为选项卡式窗口。

选择“启用浮动文档窗口停放”，可以按照选项卡窗口的形式停放每个浮动窗口。

（5）手形工具

要控制滚动文档时是否灰度显示文本和图像，可将“手形工具”滑块拖到所需的性能 / 品质级别上。

（6）即时屏幕绘制

选择一个选项以确定拖动对象时是否重新绘制图像。如果选中“立即”，则拖动时会重新绘制该图像。如果选中“永不”，则拖动图像只会移动框架，然后当释放鼠标时图像才会移动。如果选中“延迟”，则仅当暂停拖动时图像才会重新绘制。

3. 文字选项

文字选项对话框如图 1-2-25 所示。

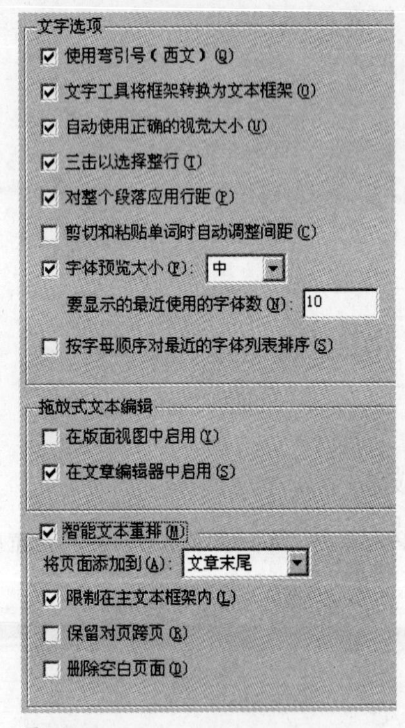

图 1-2-25

(1) 文字选项

在“使用弯引号（西文）”复选框被选择的情况下，如果用户按键盘上的引号键，InDesign 就会根据当前语言插入正确的引号，例如，英语使用 "" 和 "，法语使用 《》。

选择“文字工具将框架转换为文本框架”复选框，用文字工具就可以将框架转换为文本框架。

选择“自动使用正确的视觉大小”复选框后，使用 Adobe Multiple Master 字体时会启用字体内建的光学校正外观功能，保证字体最好的可读性。

默认情况下“三击以选择整行”复选框被选择，如果不选中它，三击就会选择整个段落。

选择“对整个段落应用行距”复选框后，修改行距时会覆盖段落中某一行使用的行距值，使整段行距统一。

选择“剪切和粘贴单词时自动调整间距”复选框粘贴文本时，InDesign 能够根据上下文自动添加或移去空格。例如，如果剪切一个单词然后将其粘贴到两个单词之间，那么 InDesign 将确保在该单词之前和之后都留有空格。如果将该单词粘贴到句子末尾，那么 InDesign 不会在句号之前添加空格。

字体预览会在“字符”面板的字体列表和“控制”面板以及“文字 > 字体”菜单中出现，在字体名称的右侧显示示例字体。要打开字体预览功能，应选择“字体预览大小”复选框，然后从旁边的下拉列表中选择预览字体的大小。要关闭字体外观，取消选择“字体预览大小”复选框即可。

（2）拖放式文本编辑

可在文章编辑器或版面视图中使用鼠标拖放文本，甚至可以将文本从“文章编辑器”拖动到版面窗口（或反之）；也可以拖动到某些对话框（如“查找 / 更改”对话框）中；从锁定或登记的文章中拖动文本，文本将会被复制，而不是被移动，还可以在拖放文本时复制文本或创建新框架。选择要移动或复制的文本，将鼠标指针置于所选文本上，直到其变成拖放图标，然后拖动该文本。拖动时，所选文本保留在原位，但将显示一条竖线，以指示释放鼠标时该文本将出现的位置。竖线会出现在鼠标指针下方的文本框架中。要将文本拖动到新位置，应将竖线置于希望文本出现的地方，然后释放鼠标。要将文本拖动到新框架中，应在开始拖动后按住 Ctrl 键（Windows）或 Command 键（Mac OS），然后先释放鼠标，再松开键盘按键。要复制文本，应在开始拖动后按住 Alt 键（Windows）或 Option 键（Mac OS），然后先释放鼠标，再松开键盘按键。

（3）智能文本重排

打开“智能文本重排”功能后，在键入和编辑文本时将自动添加或删除页面。默认情况下，当在基于主页的串接文本框架末尾键入文本时，将添加新的页面，从而允许在新文本框架中继续键入文本。

4. 高级文字选项

高级文字首选项对话框如图 1-2-26 所示。

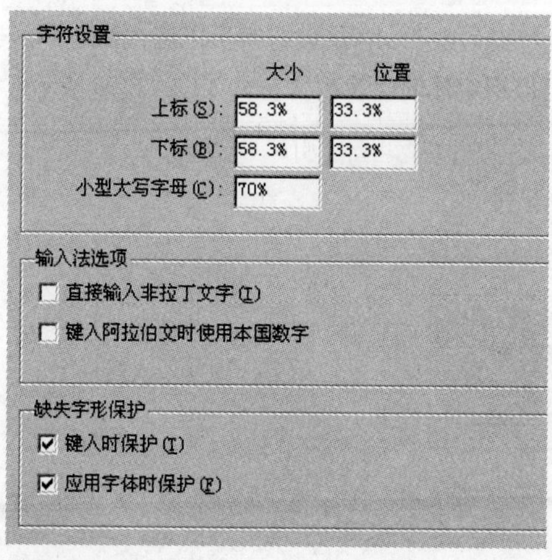

图 1-2-26

（1）字符设置

“上标”：尺寸缩小，升到正常字符大小的基线以上，快捷键为 Ctrl+Shift+ =。

“下标”：尺寸缩小，降到正常字符大小的基线以下，快捷键为 Ctrl+Shift+Alt+ =。

（2）输入法选项

“输入法选项”中有“直接输入非拉丁文字”复选框，在非拉丁语系版本中的 InDesign 都提供了此选项。选择与否的主要区别是输入的预备字符和候选字符是否出现在文本行间。选择“直接输入非拉丁文字”复选框可能会导致有些输入法不能在 InDesign 中正常输入中文。如果遇到不能在 InDesign 中正常输入中文的情况，可首先检查 Windows 默认输入文字方式和这个设置。

如图 1-2-27 所示，选择“直接输入非拉丁文字”复选框后，预备字符出现在行间（上图）；取消“直接输入非拉丁文字”复选框后，预备字符出现在单独的浮动条上（下图）。

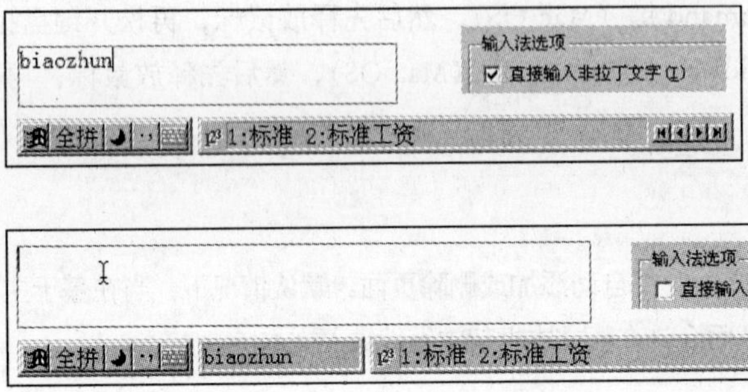

图 1-2-27

（3）缺失字形保护

当没有选择“缺失字形保护”选区中的复选框时，键入和应用字体时缺失的字形以橙色块显示。当选择了相应的复选框时，键入缺失的字形会以默认字体显示，应用字体时会发出警告，如图 1-2-28 所示。

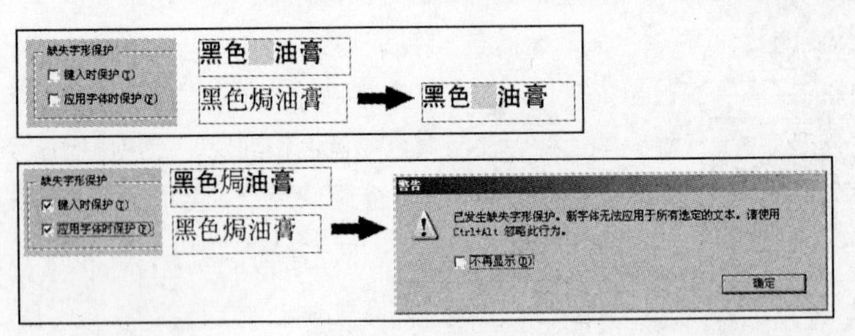

图 1-2-28

5. 排版选项

排版首选项对话框如图 1-2-29 所示。

（1）突出显示

选择“突出显示”选区中的各个复选框，会把 InDesign 发现的错误以醒目的方式显示出来，如图 1-2-3
所示。

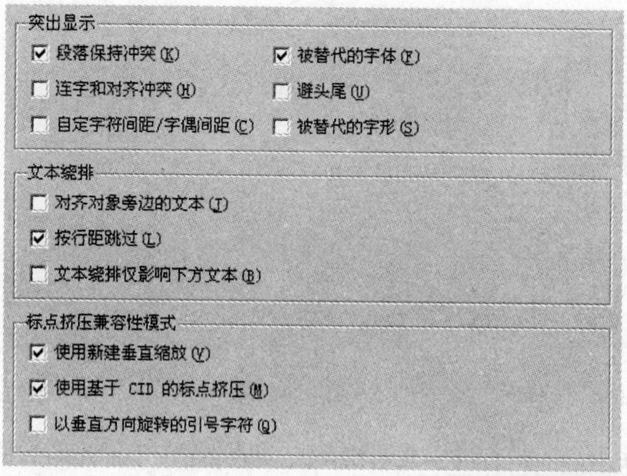

突出显示
☑ 段落保持冲突 (K)　☑ 被替代的字体 (F)
☐ 连字和对齐冲突 (H)　☐ 避头尾 (U)
☐ 自定字符间距/字偶间距 (C)　☐ 被替代的字形 (S)

文本绕排
☐ 对齐对象旁边的文本 (T)
☑ 按行距跳过 (L)
☐ 文本绕排仅影响下方文本 (B)

标点挤压兼容性模式
☑ 使用新建垂直缩放 (V)
☑ 使用基于 CID 的标点挤压 (M)
☐ 以垂直方向旋转的引号字符 (Q)

图 1-2-29

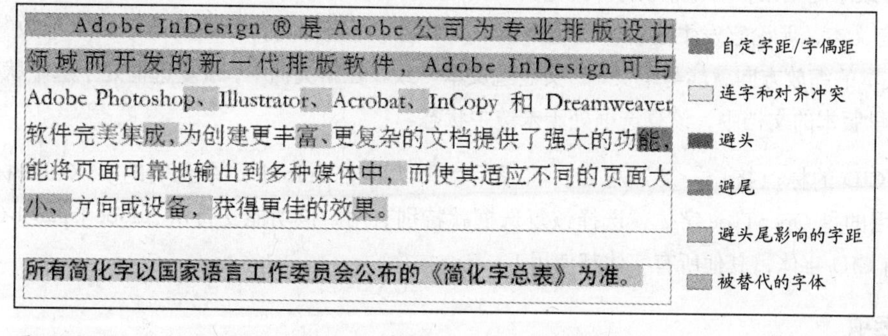

图 1-2-30

“段落保持冲突”是当不能使用“段落”面板中的“保持选项”定义的规则时，突出显示文本框的最后一行。“连字和对齐冲突”使用 3 种深浅的黄色标识出由于间距和连字符设置的组合所造成的过松或过紧的行。颜色越深，问题越严重。“被替代的字体”和被替代的“字形”复选框默认被选择，它使用粉红色表示 InDesign 中因为缺失字体而替换了字体的文本。“避头尾”将会使用灰色、蓝色和红色，标识出因应用避头避尾而改变了间距的字符、避头的字符和避尾的字符。“自定字符间距 / 字偶间距”将会用绿色高亮显示出用户调整过字距和字偶距的个别文本。

（2）文本绕排

选择“对齐对象旁边的文本”复选框，可强制文本边缘对齐。此复选框只能在文本段落非强制对齐时才能看到效果，如图 1-2-31（右图）所示。在不选择“对齐对象旁边的文本”选项时，绕排对象临近的文本参差不齐，如图 1-2-31（左图）所示。

选择“按行距跳过”复选框时，绕排文本会移动到绕排对象下一个设定行距的增量处。

选择“文本绕排仅影响下方文本”复选框时，绕排对象下面层级的文本对象将不会受影响。

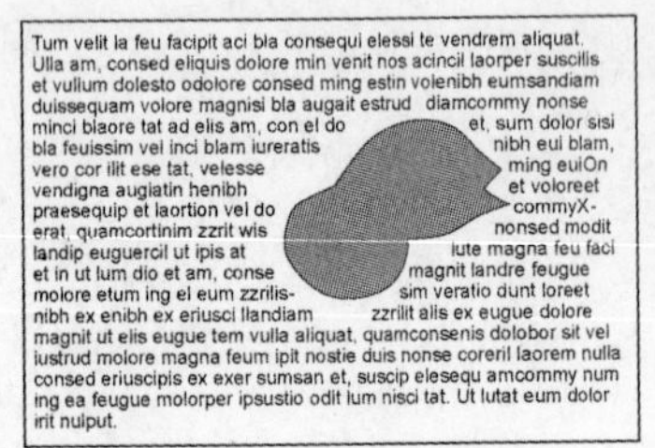

图 1-2-31

(3) 标点挤压兼容性模式

在“标点挤压兼容性模式”下，可以执行下列任一操作。

选择“使用新建垂直缩放”复选框后，将使用 InDesign CS6 垂直缩放方法。罗马字文本竖排时会旋转，而中文、日文文本则不会旋转。在 InDesign 的以前版本中，当在“字符”面板中设置了字形缩放时，“*X* 缩放”和“*Y* 缩放”属性会导致不同结果，具体情况取决于被缩放字符的排列方向。在 InDesign CS6 中，缩放以同样的方式影响行中所有文本，无论它发生过旋转还是竖直。如果文本是竖排的，“*X* 缩放”和“*Y* 缩放”将会交换，这样罗马字文本的缩放方向就能与中文、日文竖直文本一致。在新文档中，该复选框处于选中状态；但在 InDesign CS 及更早版本的文档中，该复选框处于未选中状态。

选择“使用基于 CID 的标点挤压”复选框后，将采用字体（而非 Unicode）中正确的 JISX4051 标点挤压类字形。如果使用的是 OpenType 字体，选择该复选框就特别有用。该功能支持从 Adobe Japan 1-0 到 Adobe Japan 1-6 的所有 CID 字体，其他所有字体都使用 Unicode。

6. 单位和增量选项

单位和增量首选项对话框如图 1-2-32 所示。

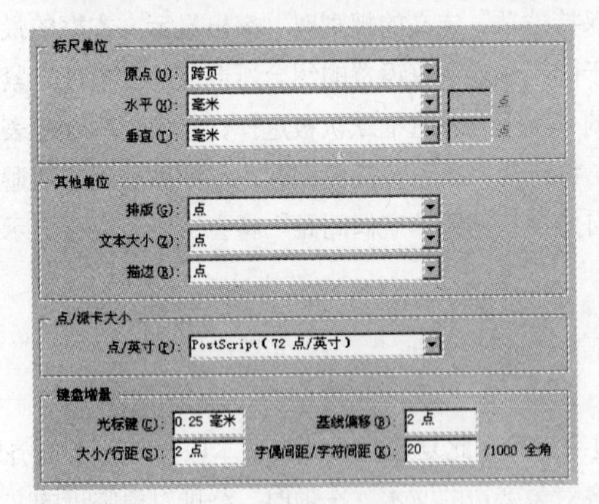

图 1-2-32

(1) 标尺单位

“标尺单位”让用户指定最习惯的测量单位，其中包括点磅（Point）、派卡（Pica）、英寸（Inches）、毫米（Milimeters）、厘米（Centimeters）、西塞罗（Ciceros）、齿（Ha）和级（Q），还能以点（Point）为基准自定义单位。

提示：1"=6p=72pt=25.4mm=2.54cm，其中 1" 即 1 inch，1 pt 即 1 point，1 p 即 1 pica，
1 级（Q）= 1 齿（H）= 0.25mm。

（2）其他单位

“排版”控制行距、偏移值的单位。“文本大小”控制文本大小的单位。“描边”控制线宽的单位。

（3）点 / 派卡大小

指定点与派卡之间的换算方式。

（4）键盘增量

“键盘增量”：让用户定义使用快捷键时变化的增量。

“光标键”：让用户定义使用快捷键调整时的增量。

“大小 / 行距”：控制在使用快捷键 Ctrl+Shift+，（逗号）或 Ctrl+Shift+。（句号）减小或增大文本大小时和在使用快捷键 Ctrl+Alt+ ↑或 Ctrl+Alt+ ↓减小或增大文本行距时的增量。

“基线偏移”：控制在使用快捷键 Ctrl+Alt+Shift+ ↓或 Ctrl+Alt+Shift+ ↑减小或增大基线偏移时的增量。

“字偶间距 / 字符间距”：控制在使用快捷键 Ctrl+Alt+ ←或 Ctrl+Alt+ →减小或增大字偶距时的增量。

7. 网格选项

网格首选项对话框如图 1-2-33 所示。

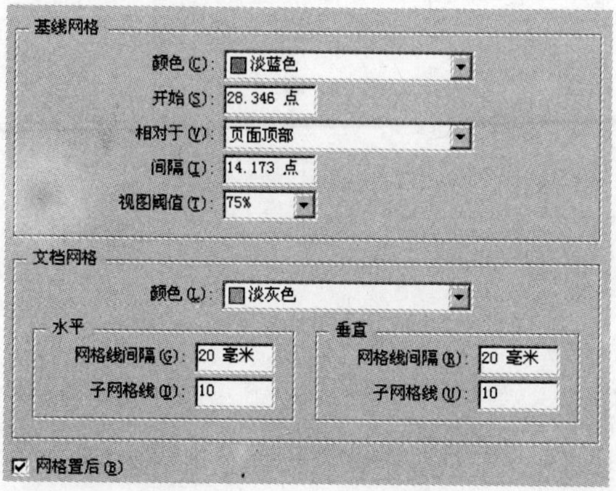

基线网格
颜色(C)：淡蓝色
开始(S)：28.346 点
相对于(V)：页面顶部
间隔(I)：14.173 点
视图阈值(T)：75%
文档网格
颜色(L)：淡灰色
水平
网格线间隔(G)：20 毫米
子网格线(D)：10
垂直
网格线间隔(R)：20 毫米
子网格线(V)：10
☑ 网格置后(B)

图 1-2-33

在“基线网格”各选项中可以设置基线网格的起始位置、颜色和网格线间距等。要显示基线网格，可执行“视图 > 网格和参考线 > 显示基线网格”命令或使用快捷键 Ctrl+Alt+'。

“开始”：定义从页面顶部到网格起始处的距离，起始默认值为 3pt，通常与页边顶部或页的顶部匹配。

“间隔”：定义网格线间的间隔距离，修改默认值 1pt，使它与正文的行距相匹配。基线网格的开始位置和增量如图 1-2-34 左图所示。

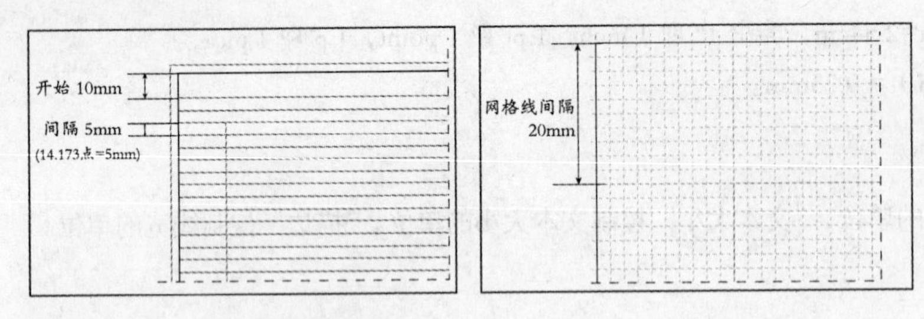

图 1-2-34

“视图阈值”：用户可输入 5% ～ 4000% 范围中的数值来改变它，当视图比例低于设置数值时，将隐藏基线网格。

“文档网格”由交叉的水平和垂直网格线组成，形成一个小方格的图案，用它可以定位对象和绘制对称的对象。要显示文档网格，可执行“视图 > 网格和参考线 > 显示文档网格”或使用快捷键 Ctrl+'。文档网格的网格线增量如图 1-2-34 右图所示。

选择“网格置后”复选框，可把网格置于对象的后面以免影响操作。

8. 参考线和粘贴板选项

参考线和粘贴板首选项对话框如图 1-2-35 所示。

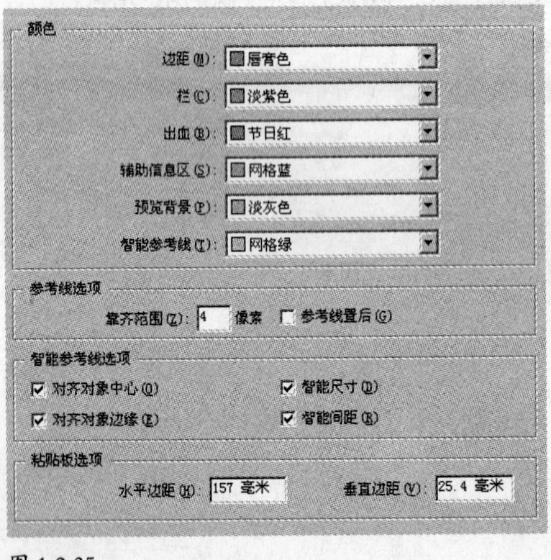

颜色
边距(M): 唇膏色
栏(C): 淡紫色
出血(B): 节日红
辅助信息区(S): 网格蓝
预览背景(P): 淡灰色
智能参考线(T): 网格绿

参考线选项
靠齐范围(Z): 4 像素 参考线置后(G)

智能参考线选项
对齐对象中心(O) 智能尺寸(D)
对齐对象边缘(E) 智能间距(K)

粘贴板选项
水平边距(H): 157 毫米 垂直边距(V): 25.4 毫米

图 1-2-35

要显示文档中的参考线，可执行“视图 > 网格和参考线 > 显示参考线”命令或使用快捷键 Ctrl+；。在参考线没有选择时将会呈现出不同的颜色以区分不同功能的辅助线。在首选项中可以修改不同类型参考线的颜色。

“靠齐范围”与“视图 > 网格和参考线 > 靠齐参考线”和“视图 > 网格和参考线 > 靠齐文档网格”两个命令相关，使网格线和参考线具有“磁性”。当对象靠近网格或参考线时，对象会自动与之对齐。字段中的数值决定拖曳对象与网格或参考线的距离为多远时会被吸附，默认值是 4 像素，可输入 2 ～ 36 范围中的数值。

在文档窗口中可以看到一个被黑色边框包围的区域，即页面。页面外围绕的空白区称为粘贴板。粘贴板用于工作或暂时存储区，但不要放置太多的对象，一些不用于出版的对象，会使文件变得很大，而且也降低了打开、关闭和保存文档的速度。InDesign 中各页都有一定宽度的粘贴板。在 InDesign 中可以自定义预览模式中粘贴板显示的颜色，并且可以设置粘贴板的值，如图 1-2-36 所示。

9. 字符网格选项

字符网格首选项对话框如图 1-2-37 所示。

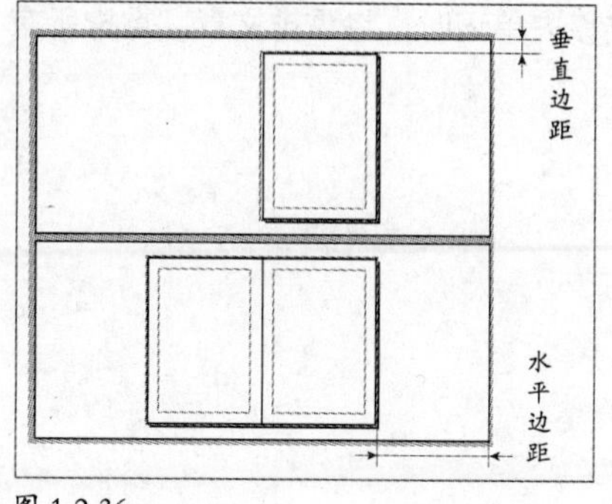

图 1-2-36

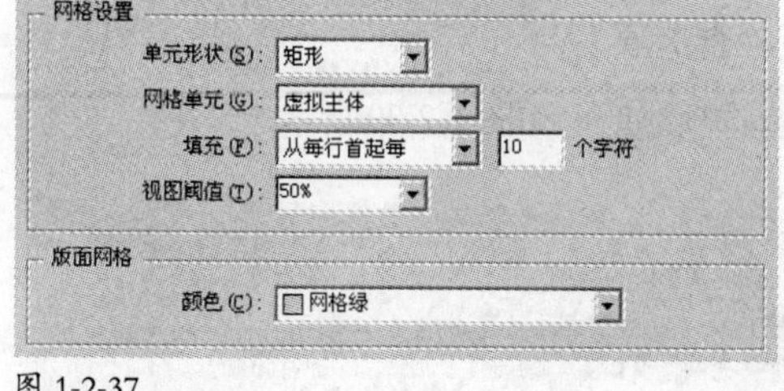

图 1-2-37

在“单元形状”中可设置网格样式单元格为“圆形”或“矩形”。

在“网格单元”中有两个选项:“虚拟主体”和“表意字”。“虚拟主体”即全角字框，用于控制两个全角字符在排列时字体幅面的宽度,使用全角字框来确定字符间的间距和行间间距。全角字框最初在传统日文植字机上使用，后来引入到电脑字体设计中。“表意字”通常在字体设计程序中设计字体结构时使用，根据字体中字符实体的平均高度和宽度，表示出字符实体（字面）实际所占的区域，在一种字体中是不会变的。图 1-2-38 所示为“虚拟主体”和“表意字”示意图。

网格文本框具有字符计数功能,可以在“填充”后的字符数文本框中输入数值,并指定是从“文本框中心”还是“行的边缘”开始计数。

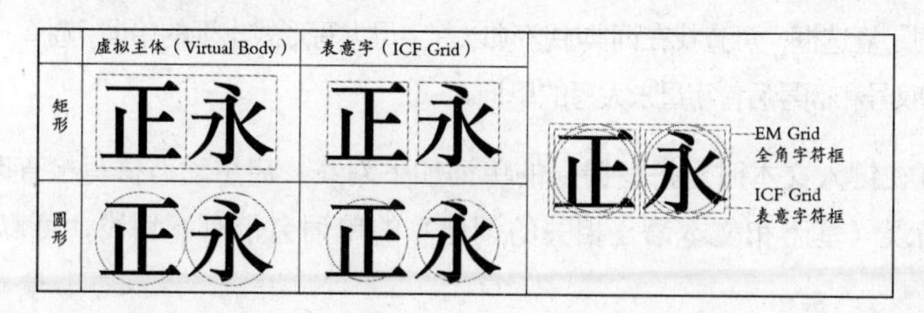

图 1-2-38

10. 词典选项

在“语言”中可选择不同的连字或拼写组件供应商的语言。

在“连字例外项”的“编排工具”下拉列表中，可以执行下列操作之一。

· 要使用存储在外部用户词典中的连字例外项列表编排文本，应选择“用户词典”。

· 要使用存储在文档内部的连字例外项列表编排文本，应选择“文档”。

· 要同时使用以上两个列表编排文本，应选择“用户词典和文档”，这是默认设置。

· 要将存储在外部用户词典中的例外项列表添加到存储在文档内部的例外项列表中，应选择“将用户词典合并到文档中”。

要在更改某些设置时重排所有文章，应选择“修改词典时重排所有文章”复选框。如果选择该复选框，则当用户更改“编排工具”设置或使用“编辑词典”命令添加或移去单词时，将重排文章。重排所有文章可能需要一些时间，这取决于文档中的文本量。

11. 拼写检查选项

拼写检查首选项对话框如图 1-2-39 所示。

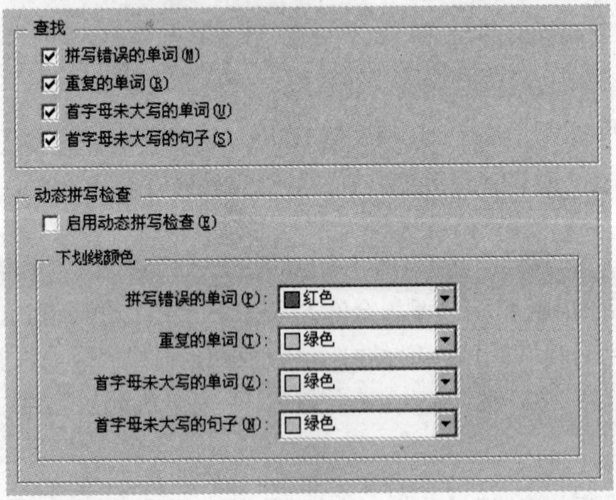

查找
☑ 拼写错误的单词 (M)
☑ 重复的单词 (R)
☑ 首字母未大写的单词 (U)
☑ 首字母未大写的句子 (S)

动态拼写检查
☐ 启用动态拼写检查 (E)

下划线颜色
拼写错误的单词 (P): 红色
重复的单词 (T): 绿色
首字母未大写的单词 (Z): 绿色
首字母未大写的句子 (N): 绿色

图 1-2-39

选择“拼写错误的单词”复选框，可查找在语言词典中没有包含的单词；选择“重复的单词”复选框，可查找重复书写的单词;选择“首字母未大写的单词”复选框，可查找在词典中必须以首字母大写形式出现的单词;选择“首字母未大写的句子”，复选框，可查找句号、感叹号和问号后首字母未大写的单词。

选择“启用动态拼写检查”复选框，可在键入文本时对拼写错误的单词加下划线。启用动态拼写检查时，可使用上下文菜单更正拼写错误。拼写错误（基于和文本语言相关的词典）的单词会带有下划线，可以指定下划线的颜色。

12. 自动更正选项

自动更正首选项对话框如图 1-2-40 所示。启用自动更正，可允许在键入时替换大写错误和常见的键入错误。在“启用自动更正”起作用前，必须创建常出现拼写错误的单词列表，并将这些单词与拼写正确的单词相关联。键入任何添加到自动更正列表的拼写错误单词时，该单词会自动替换为在该列表中输入的正确单词。

图 1-2-40

13. 附注选项

附注首选项对话框如图 1-2-41 所示。

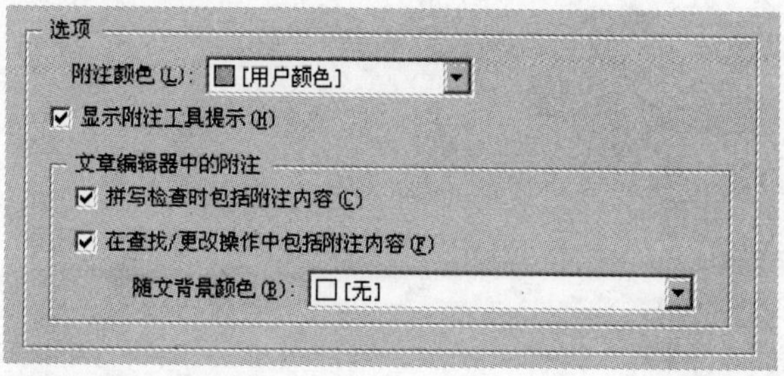

图 1-2-41

“附注”原来是 Adobe InCopy 中的功能，在 InDesign CS5 时将它集成到了 InDesign 中，方便用户添加附注。

14. 修订

InDesign CS5 开始增加了一个面板“修订”，并在首选项中增加了“修订”首选项，修订首选项对话框如图 1-2-42 所示。

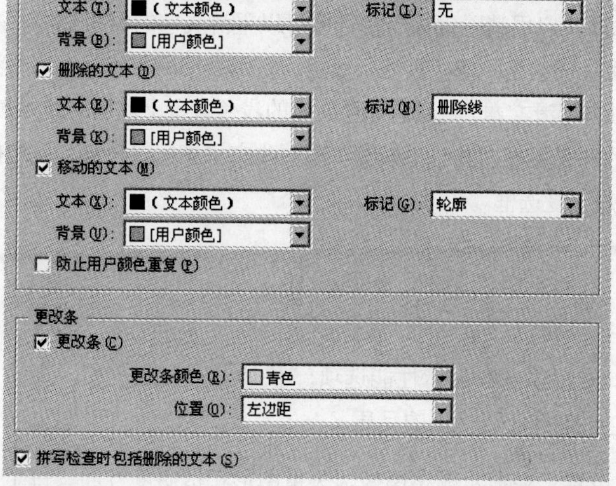

图 1-2-42

修订首选项用于设置在文章编辑器中修订文本时各种操作的标记颜色。当在“修订”面板中选择“在当前文章中进行修订”，并显示更改时，在文章编辑器中所做的修订会按修订首选项中设置的标记和颜色显示所做的更改。

15. 文章编辑器显示选项

文章编辑器显示首选项对话框如图 1-2-43 所示。

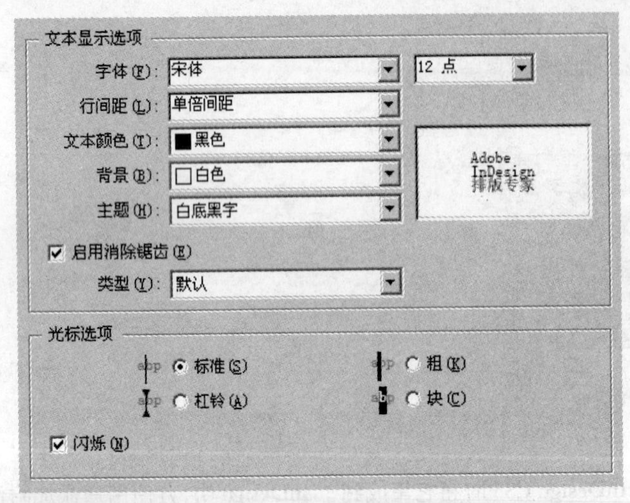

图 1-2-43

文章编辑器本来是 Adobe InCopy 中的功能，在 InDesign CS 以后的版本中将它集成到了 InDesign 中，方便用户校对文本。在这个首选项中可以定制文章编辑器中的文本和光标的显示方式。要更改文本显示的外观，应选择显示字体、大小和行间距。这些设置会影响文本在文章编辑器窗口中的显示，但不会影响在版面视图中的显示。除粗体、斜体、全部大写字母和小型大写字母外，其他的文本属性都不显示在文章编辑器中。如果显示字体不具有在版面字体中用到的字形，则该版面字体用来显示这种字形。要确定“文章编辑器”窗口的外观，应指定其他文本颜色、背景或主题。选择“启用消除锯齿”复选框可以平滑文字的锯齿边缘，并可选择消除锯齿的“类型”，如“为液晶显示器优化”、“柔化”或“默认”设置，它们将使用灰色阴影来平滑文本。“为液晶显示器优化”使用颜色而非灰色阴影来平滑文本，在具有黑色文本的浅色背景上使用时效果最佳。“柔化”使用灰色阴影，但比“默认”设置生成的外观更亮，并且更模糊。要更改文本光标的外观，应选择所需的相应选项。如果希望光标闪烁，应选择“闪烁”复选框。

16. 显示性能选项

显示性能首选项对话框如图 1-2-44 所示。

InDesign 允许平衡图形的显示品质和性能。它提供 3 个显示性能选项：“快速”、“典型”和“高品质”。这些选项只控制图形在屏幕上的显示方式，不会影响打印或输出的品质。

“显示性能”首选项中的设置属于程序默认设置。在显示栅格图像、矢量图形和透明度方面，每个显示选项都具有独立设置，可自定义这些选项的设置。

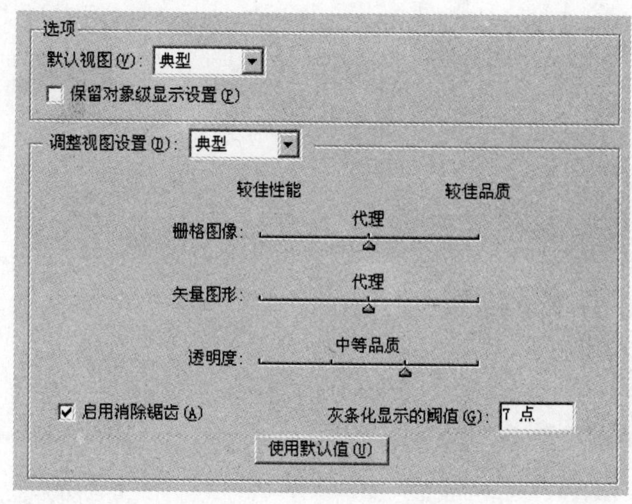

图 1-2-44

“快速”可将栅格图像或矢量图形绘制为灰色框（默认值）。如果想快速翻阅包含大量图像或透明效果的跨页,用于使用此选项。“典型”可绘制适合于识别和定位图像或矢量图形的低分辨率代理图像（默认值）。“典型”是默认选项,并且是显示可识别图像的最快捷方法。“高品质”使用高分辨率绘制栅格图像或矢量图形（默认值）。此选项提供最高的品质，但执行速度最慢，需要精细调整图像时使用此选项。

在“调整视图设置”下拉列表中，可选择要自定的显示选项。将“栅格图像”或“矢量图形”对应的滑块移动到所需的设置，主要有以下几种。

“灰度代替”会将图像绘制为灰色框。“代理”使用代理分辨率（72 点 / 英寸）绘制图像。“高分辨率”使用显示器和当前视图设置支持的最大分辨率绘制图像。

将“透明度”的滑块移动到所需的设置，主要有以下几种。

“关闭”是不显示透明效果。“低品质”是显示基本透明度（不透明模式和混合模式），且透明效果（投影和羽化）显示为低分辨率下的近似状态。“中等品质”是显示低分辨率的投影和羽化。“高品质”是显示具有更高分辨率的投影和羽化、CMYK 杂边和跨页分离。

要查看文本、描边和填色等的消除锯齿效果，应选择“启用消除锯齿”复选框。如果将文本转换为轮廓，则可以对生成的轮廓执行消除锯齿（仅限 Mac OS)。“灰条化显示的阈值”规定当视图为 100% 时，文本字体尺寸小于设定值将会以灰色矩形条显示。通常在处理长篇文档或图像较多的文档中使用它。

当用户在“视图”菜单中设置了全局显示方式,然后又对某些单独的对象应用了不同的显示方式时,在“保留对象级显示设置”选项被选择的情况下，对单独对象的设置将仍然有效。

17. 黑色外观

黑色外观首选项对话框如图 1-2-45 所示。

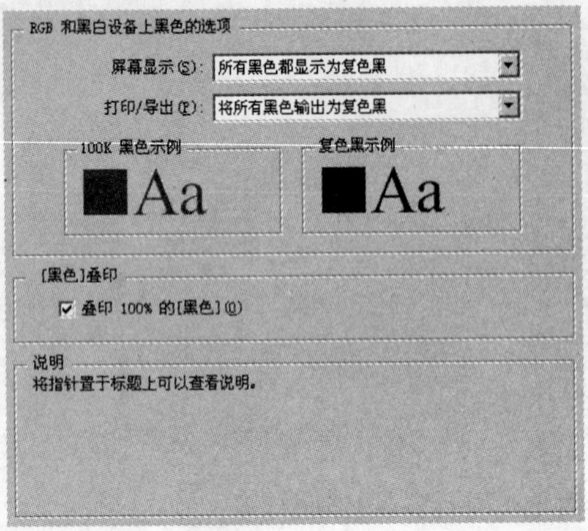

RGB 和黑白设备上黑色的选项
屏幕显示(S): 所有黑色都显示为复色黑
打印/导出(E): 将所有黑色输出为复色黑
100K 黑色示例 Aa
复色黑示例 Aa
[黑色]叠印
☑ 叠印 100% 的[黑色](O)
说明
将指针置于标题上可以查看说明。

图 1-2-45

为“屏幕显示”选择一个选项。“精确显示所有黑色”是将纯 CMYK 黑显示为深灰，使用该选项可以查看到纯黑和复色黑之间的差异；“将所有黑色显示为复色黑”是将纯 CMYK 黑显示为墨黑（RGB=000），此设置确保纯黑和复色黑在屏幕上的显示一样。

为“打印 / 导出”选择下列一个选项。“精确输出所有黑色”，是如果打印到非 Postscript 桌面打印机或者导出为 RGB 文件格式，则使用文档中的颜色数输出纯 CMYK 黑，使用该选项允许用户查看纯黑和复色黑之间的差异；“将所有黑色输出为复色黑”，是如果打印到非 Postscript 桌面打印机打印或者导出为 RGB 文件格式时，以墨黑（RGB=000）输出纯 CMYK 黑，使用该选项确保纯黑和复色黑的显示相同；“叠印 100% 的 [黑色]”对于应用了（包括描边、填充）100%[黑色] 色板的对象，采取叠印。默认情况下，InDesign 始终叠印应用了 100% 原色黑的对象，包括所有黑色描边、填色和任何大小的文本字符。打印或存储选定分色时，可以选择叠印 [黑色]。“叠印 100% 的 [黑色]”不会影响 [黑色] 的色调、未命名黑色或由于透明度设置或样式而显示为黑色的对象，它仅影响使用 100%[黑色] 色板着色的对象或文本。

提示：叠印也称为压印，是指上面的对象完全叠在下面的对象上。如 Y 色块叠印在 M 色块上，印刷结果为红色块，如图 1-2-46（右图）所示。不执行叠印时重叠部分仍然是黄色，如图 1-2-46（左图）所示。以下 3 种情况需要叠印：较小的黑色文字、细小的黑色线条和可以预见叠印后的颜色。

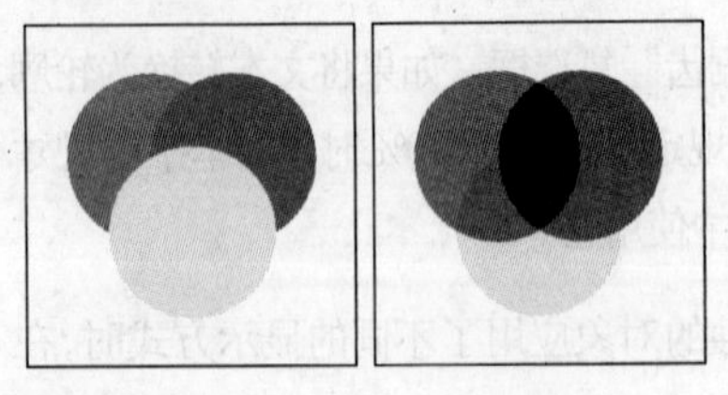

图 1-2-46

18. 文件处理

文件处理首选项对话框如图 1-2-47 所示。

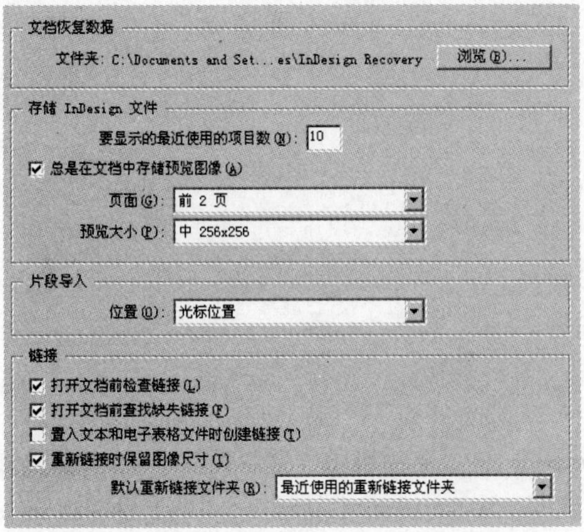

文档恢复数据
文件夹：C:\Documents and Set...es\InDesign Recovery 浏览(B)...
存储 InDesign 文件
要显示的最近使用的项目数(N)：10
☑ 总是在文档中存储预览图像(A)
页面(G)：前 2 页
预览大小(P)：中 256x256
片段导入
位置(O)：光标位置
链接
☑ 打开文档前检查链接(L)
☑ 打开文档前查找缺失链接(F)
☐ 置入文本和电子表格文件时创建链接(T)
☑ 重新链接时保留图像尺寸(I)
默认重新链接文件夹(R)：最近使用的重新链接文件夹

图 1-2-47

“文档恢复数据”：指定恢复文档的存储位置。

“总是在文档中存储预览图像”复选框可以在保存文档和模板的同时为它们保存缩略图预览，这个缩略图可以在 Adobe Bridge 和 Version Cue 文件对话框中查看。创建的文档预览仅包括第一跨页的 JPEG 图像，而模板预览则包括模板中每一页的 JPEG 图像。可以在“首选项”或“存储为”对话框中启用该选项。因为预览增加了文件的大小和存储文档所需的时间，所以可能更愿意使用“存储为”对话框来根据需要启用该选项。在“预览大小”下拉列表中可以选择预览的大小以适合个人的需要。

“片段导入”：指定片段导入时的位置。

“重新链接时保留图像尺寸”：指定重新链接图像时是否保持设置好的尺寸。

19. 剪贴板处理

(1) 剪贴板

剪贴板处理首选项对话框如图 1-2-48 所示。

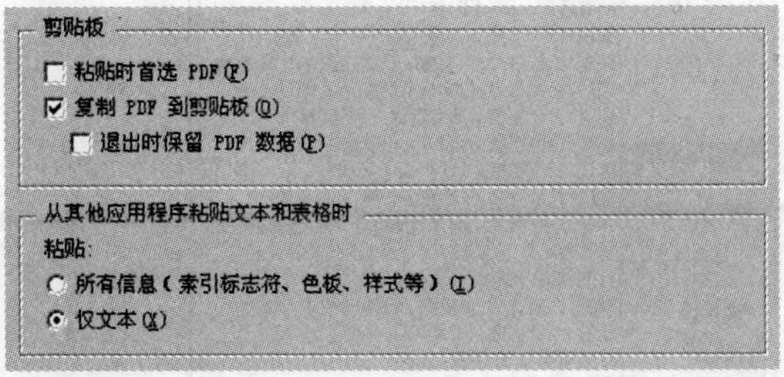

剪贴板
☐ 粘贴时首选 PDF(F)
☑ 复制 PDF 到剪贴板(Q)
☐ 退出时保留 PDF 数据(P)
从其他应用程序粘贴文本和表格时
粘贴：
○ 所有信息（索引标志符、色板、样式等）(I)
◉ 仅文本(X)

图 1-2-48

“复制 PDF 到剪贴板”：从 InDesign 中复制两个带有描边和填充的圆形粘贴到 Illustrator 中。当选择“复制 PDF 到剪贴板”复选框时，可以进行正常的粘贴，并且可以在 Illustrator 中编辑粘贴的对象；当取消选择该复选框时，则无法执行粘贴操作。图 1-2-49 所示为在 InDesign 和 Illustrator 之间复制和粘贴对象时该复选框对结果的影响。

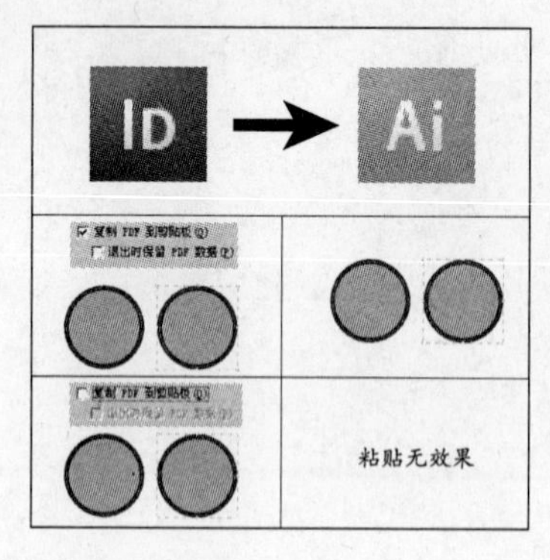

图 1-2-49

“粘贴时首选 PDF”：不选择该复选框时，从 Illustrator 8.0 或更高版本中复制矢量对象并将其粘贴到 InDesign 文档内后，此矢量对象在 InDesign 中仍然可编辑。从 Illustrator 中复制文本并将其粘贴到 InDesign 文档内，该文本的字符属性将丢失，该文本可以着色、旋转和缩放，但无法使用“文字工具”进行编辑。如果要粘贴后的文本能够编辑，应在粘贴前将光标插入到文本框中后再粘贴。可以在 InDesign 中编辑平滑的阴影，也可以使用 InDesign 的“渐变工具”或“渐变”面板编辑渐变中的颜色和渐变的类型。具有多种专色或多个复杂图案的渐变，可能在 InDesign 中显示为不可编辑的项目。如果插图包含复杂的渐变，则建议改用“置入”命令导入它。

(2) 从其他应用程序粘贴文本和表格时

当从 Word 或其他程序中复制带有格式属性的文本，到 InDesign 中粘贴时，可以选择是否保留这些文本的属性。

20. 标点挤压设置显示选项

在首选项中选择的设置将会在“段落”面板底部的“标点挤压设置”中显示，如图 1-2-50 所示。

可指定在“标点挤压设置”中出现的预设设置集。

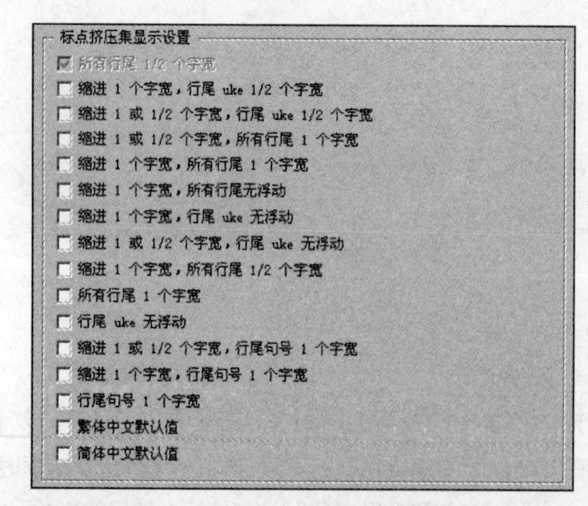

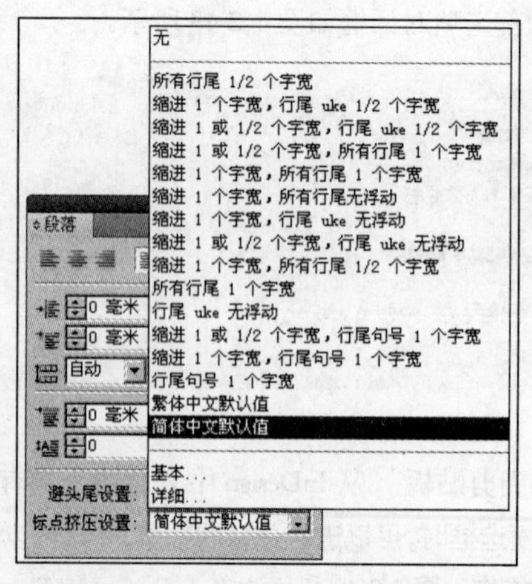

图 1-2-50

1.2.4 工作环境设置

首选项中包括面板位置、度量选项、图形和印刷样式的显示选项等设置。首选项设置指定了 InDesign 文档和对象最初的行为方式，默认设置用于所有新建文档和对象。例如，可以为所有新建文档或文本框架指定默认字体和其他属性。程序首选项和默认设置存储在 InDesign Defaults 和 InDesign Saved Data 的文件中，每次退出 InDesign 时，这两个默认文件都会进行存储。

1. 默认设置

InDesign 中的默认值分为文档默认值和程序默认值两种。文档默认值只对打开的文档有效，将会影响在这个文档中创建的对象；程序默认值一直有效，除非覆盖或修改首选项文件，否则它将会影响到以后新建的文档。如果在没有打开任何文档时更改设置，则将更改程序默认设置。如果在更改设置时已有文档打开，那么在没有选择对象时更改设置，将为新对象设置默认值，更改将只影响该文档，为文档默认设置。

大多数程序默认值都在首选项对话框中，除此以外在没有打开任何文档时，通常可以设置以下默认值。

（1）页面设置：选择菜单“文件 > 页面设置”打开“页面设置”对话框设置。

（2）版面网格：选择菜单“版面 > 版面网格”打开“版面网格”对话框设置。

（3）边距和分栏：选择菜单“版面 > 边距和分栏”打开“边距和分栏”对话框设置。

（4）字体及大小等：在“字符”面板上设置。

（5）避头尾设置、标点挤压集：在“段落”面板上选择。

（6）框架网格选项：选择菜单“对象 > 框架网格选项”打开“框架网格选项”对话框设置。

2. 工作区

InDesign 中面板众多，为了节约屏幕空间，可以将一些面板隐藏或停放在泊槽中，将各面板的位置保存起来，以便在进行不同类型工作时使用不同的工作环境，节省来回切换开关多个面板的次数。可以将当前屏幕上面板的大小和位置保存为自定义的工作区。工作区的名称将出现在“窗口 > 工作区”子菜单中。可以添加或删除工作区来编辑工作区列表。

（1）创建工作区

在设置好菜单、各面板的排列和停放后，选择“窗口 > 工作区 > 存储工作区”，键入新工作区的名称，指示是否要将面板位置和自定菜单作为工作区的一部分进行存储，然后单击“确定”按钮。

提示：由于工作区不记录默认字体等程序的默认值或文档默认值，因此创建工作区时不需要闭所有文档。

（2）切换工作区

选择“窗口 > 工作区”中的一个子菜单，当弹出提示时，单击“确定”按钮。

（3）删除工作区

执行“窗口 > 工作区 > 删除工作区”，在弹出的“删除工作区”对话框中选择想要删除的工作区名称，然后单击“删除”按钮。

1.3 文档操作

1.3.1 新建文档

这一部分主要介绍“新建文档”对话框以及对话框中涉及的纸张尺寸、单位和可新建文档的种类。执行菜单命令“文件 > 新建 > 文档”或使用快捷键 Ctrl+N，如图 1-3-1 所示，将会弹出“新建文档”对话框，如图 1-3-2 所示。

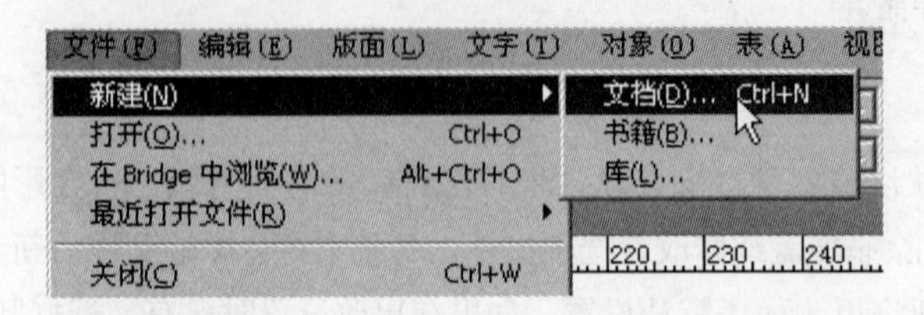

图 1-3-1

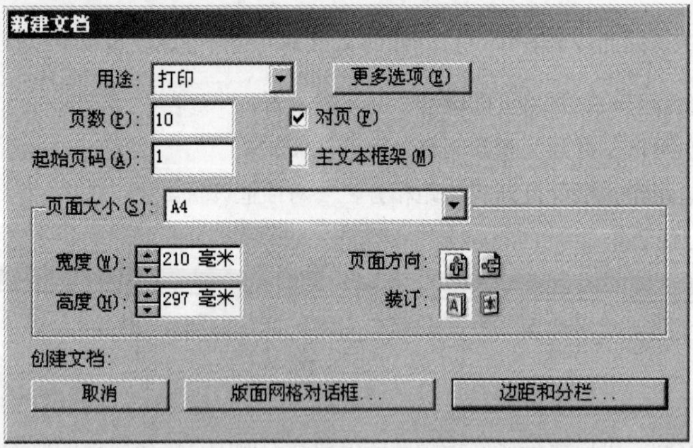

图 1-3-2

新建子菜单中的命令如下。

· 文档：可创建新的文档，弹出“新建文档”对话框。

· 书籍：可新建书籍，将会弹出对话框指定书籍存储位置。

· 库：可新建对象库，将会弹出对话框指定对象库存储位置。

“新建文档”对话框在这里指定新建文档的各项参数。

· 用途：可选择“打印”、“Web”或是“数码发布”。

· 页数：设置文档的总页数，单个 InDesign 文档最多 9999 页。

· 对页：最常见的文档分类是对页和非对页，非对页的页面显示为单独的单页页面，比如一张名片、一则广告或一条标语；对页的页面则创建出具有书脊的出版物，显示时两个页面同时显示，比如手册、简介等。

图 1-3-3 所示为选中“对页”复选框的文档（左图）和未选中“对页”复选框的文档（右图）。

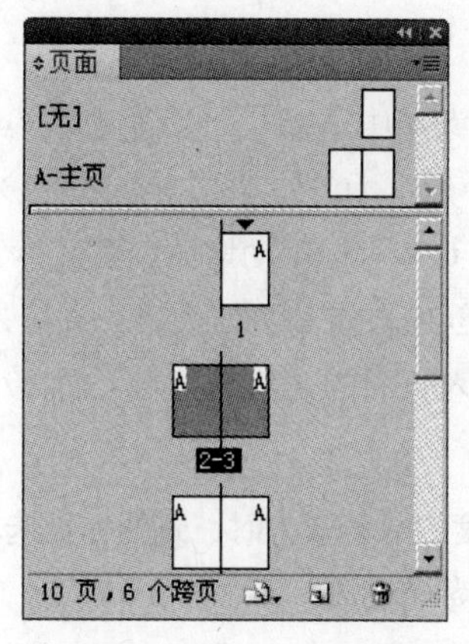

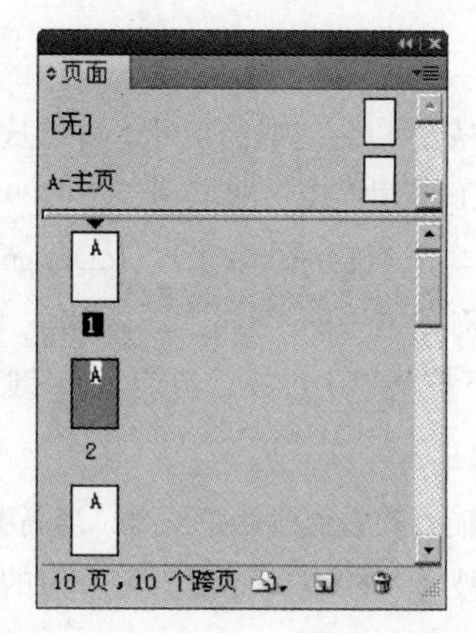

图 1-3-3

主页文本框架：选取此复选框会按照指定的分栏创建一个与版心（即边空以内的部分）大小相同的文本框。主页文本框被加在默认的 A- 主页上。使用“主页文本框”可以为长篇文档创建常规页面，InDesign 会自动在所有页面上加上一个文本框。这样一来，就不用一页一页地去建立文本框，并手工将文本导入框中。请按照下面的准则使用主页上的文本框架。

· 如果希望文档中的每个页面都包含一个与版心等大的文本框架，并要在此框架内排文或键入文本，则应选择“主页文本框架”复选框。如果文档需要更多变化，如其页面的框架数目不同或框架的长度不同，则取消选择“主页文本框架”复选框，手工在主页上创建。

· 不论是否选择“主页文本框架”复选框，都可将文本框架添加到主页上以充当占位符。可将这些空占位符框架串接在一起，来建立一个流。

· 与在文档页面上创建框架的操作相同，可将文本流入到主页文本框架中。

· 如果需要将文本键入到某文档页面的主页文本框架中，可在按住 Ctrl+Shift（Windows）或 Command+Shift（Mac OS）时单击该文档页面上的主页文本框架，然后使用“文字”工具在框架内单击，并始键入文字。

· 选择“主页文本框架”复选框不会影响在自动排文时是否添加新页面。

· 将文本置入文档页面（此文档页面是基于主页上几个串接的框架之一）上的框架时，文本将仅被排列到单击的框架中，这是因为单击框架中的图标将只覆盖该框架。但是，如果在单击主页的框架时按住 Shift 键以使文本能够自动排文，则 InDesign 将覆盖所有串接的文本框架，同时将文本排列到每个框架中并根据需要创建新页面。

· 如果主页上的文本框架（主页文本框架）为空，则将文本从文档页面置入主页文本框架，并更改文本框架选项以后，所做的更改将反映在该文档页面中，主页文本框架不受影响。

· 如果将文本置入主页文本框架中，这些更改将不会影响文档页面中已覆盖置入文本的文本框架。对主页文本框架中的填色、描边和描边粗细所做的更改，将反映在文档页面中（如果在文档页面上没有覆盖这些属性)。

页面大小：代表页面外出血和其他标记被裁掉以后的成品尺寸。可以从菜单中选择一个页面尺寸，或是键入宽度和高度的数值。InDesign CS6 最小页面尺寸为 0.0139 英寸 ×0.0139 英寸（0.353 毫米 ×0.353 毫米），最大页面尺寸为 216 英寸 ×216 英寸（5486.4 毫米 ×5486.4 毫米）。InDesign CS6 可以手动增加页面大小下拉列表中的页面类型。可以通过“新建文档”对话框中的“自定 ...”菜单，创建自定的页面大小。方法是选择“文件 > 新建 > 文档”，从“页面大小”下拉菜单中选择“自定 ...”，键入页面的名称，指定页面大小的设置，然后单击“添加”按钮。

页面方向：这些图标会随着在页面大小中输入的数值而动态调整。当高度的数值较大时，图标被选取；当宽度的数值较大时，图标被选取。单击未被选中的图标会使高度和宽度的数值交换。

装订：指定装订的方向。一般正常书籍为左装订，特殊的书籍（如古籍书）为右装订。装订方式并不影响页面中的对象，但会直接影响页边距设置和“页面”面板中的显示方式，如图 1-3-4 和图 1-3-5 所示。

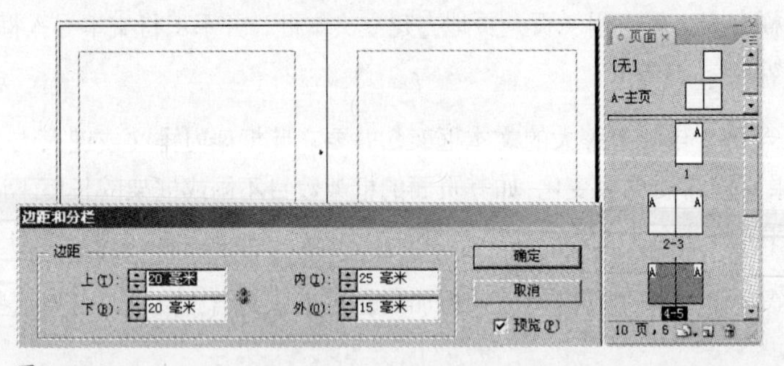

图 1-3-4

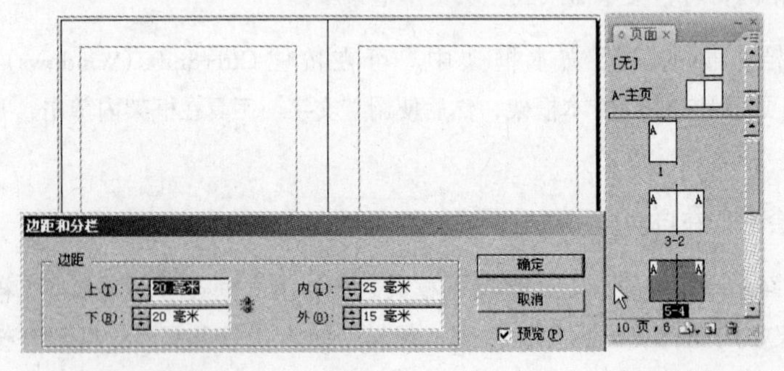

图 1-3-5

单击“更多选项”按钮，将会向下伸展对话框，图 1-3-6 所示为“新建文档”对话框的所有选项。

出血：“出血”区域用于安排超出页面尺寸之外的出血内容。在裁切带有超出成品边缘的图片或背景的作品时，因裁切误差可能会露出白边，出血正是为了避免白边出现而采取的预防措施，通常是把页面边缘的图片或背景向成品页面外扩展 3 毫米。使用 InDesign 中的“出血”区域功能，可以在页面黑色实线外的粘贴板上放置一个红色框（出血框），用来确定出血的位置。

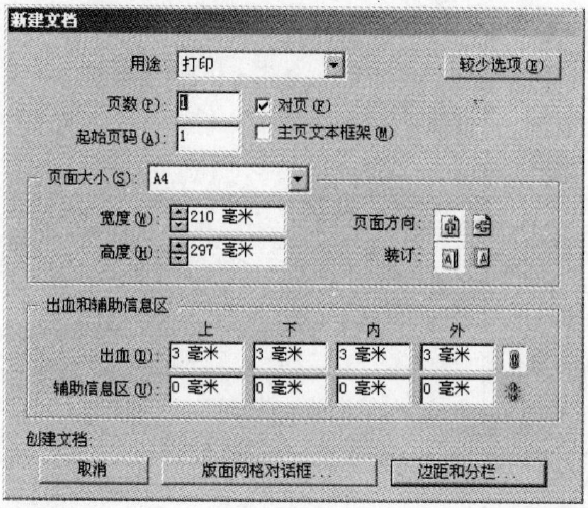

新建文档

用途：打印 较少选项(E)

页数(P)：1 ☑ 对页(F)

起始页码(A)：1 ☐ 主页文本框架(M)

页面大小(S)：A4

宽度(W)：210 毫米 页面方向：

高度(H)：297 毫米 装订：

出血和辅助信息区

上 下 内 外

出血(D)：3 毫米 3 毫米 3 毫米 3 毫米

辅助信息区(U)：0 毫米 0 毫米 0 毫米 0 毫米

创建文档：

取消 版面网格对话框... 边距和分栏...

图 1-3-6

技巧：按下“产生所有相同设置”图标（变成）可以将修改应用于与修改区域相联的所有区域。

辅助信息区：“辅助信息区”用于放置一些印刷时的标志相关信息，比如设计公司名称、输出公司名称、印刷商的说明、预留签样位置，或其他有关文档的说明。页面按成品尺寸裁切后，辅助信息区域的内容便会被丢弃。设置的标志框在黑色页面框外，使用蓝色表示。

技巧：不用打开对话框，而使用快捷键 Ctrl+Alt+N 就可以直接根据上次“新建文档”对话框中的设置来新建文档。

1.3.2 打开文档

InDesign CS6 除了可以打开 InDesign 早期版本的文档以及 PageMaker 6.5、7.0 的文档，还可以打开 QuarkXPress 3.3 或 4.1x 的文档，而且还能够转换多语言版 QuarkXPress Passport 4.x 的文档。因此，不再需要先将这些文件存储为单一语言的文件。

执行“文件 > 打开”命令或使用快捷键 Ctrl+O 调出“打开文件”对话框，可在对话框中选择打开文件的不同版本（正常、原稿和副本）。“正常”单选钮被选中时会直接打开普通文件（*.indd）的原文件；“原稿”单选钮被选择时则会打开普通文件（*.indd）的原文件；“副本”单选钮被选中时则会打开指定文件的副本。

1. 打开普通 indd 文件

① 使用快捷键 Ctrl+O，弹出如图 1-3-7 所示的“打开文件”对话框，在窗口中选择“项目文件夹 \ InDesign 文件 \ 考试大纲 .indd”文件，单击“打开”按钮。选择“正常”和“原稿”单选钮打开 indd 文件都是一样的效果。

② 打开文件后，如图 1-3-8 所示，窗口标题栏将会显示出文档的名称和当前的视图比例，打开旧版本的 InDesign 文档时会自动进行转换，并在标题栏显示“[转换]”。

图 1-3-7

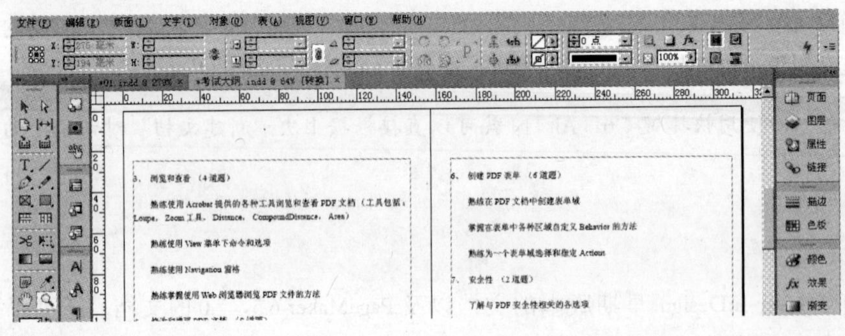

图 1-3-8

2. 打开 indt 模板文件

① 使用快捷键 Ctrl+O，打开如图 1-3-9 所示的“打开文件”对话框，在窗口中选择“项目文件夹\InDesign 文件\书籍装帧模板.indt”文件，单击“打开”按钮。

② 选择“正常”单选钮打开模板文档，将会以此模板新建文档。选择“原稿”单选钮打开模板文档，将会打开模板文档本身进行修改。无论打开 indd 还是 indt 文档，选择“副本”单选钮都是一样的效果，将会打开文档的副本，如图 1-3-10 所示。

3. 打开 indl 对象库文件

执行“文件 > 打开”命令，在“打开文件”对话框中选择“项目文件夹\InDesign 文件\花边物件库.indl”文件，单击“打开”按钮。打开“花边物件库.indl”文件后，将会出现名为“花边物件库”的浮动面板，如图 1-3-11 所示。

提示：选择“正常”、“原稿”或“副本”单选钮，打开 indl 文件都是一样的效果。

图 1-3-9

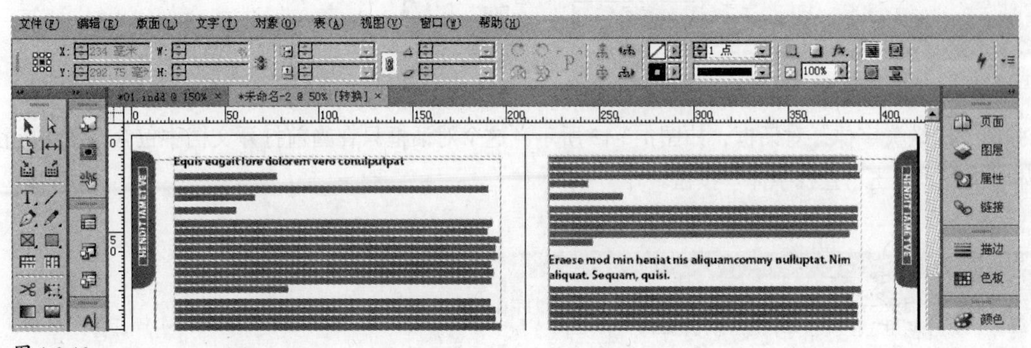

图 1-3-10

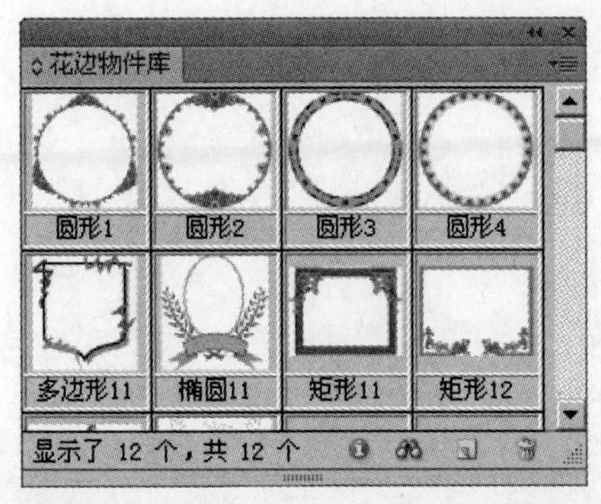

图 1-3-11

4. 处理打开文档时的提示

① 执行“文件 > 打开”命令，在“打开文件”对话框中选择“项目文件夹 \InDesign 文件 \ 打开文档提示 .indd”文件，单击“打开”按钮。

② 弹出了“配置文件或方案不匹配”对话框，如图 1-3-12 所示。这个对话框提示文档中嵌入的颜色配置与当前 InDesign 工作空间的颜色配置不匹配，将会把文档的色彩配置转化到工作空间。单击“确定”按钮，退出对话框。

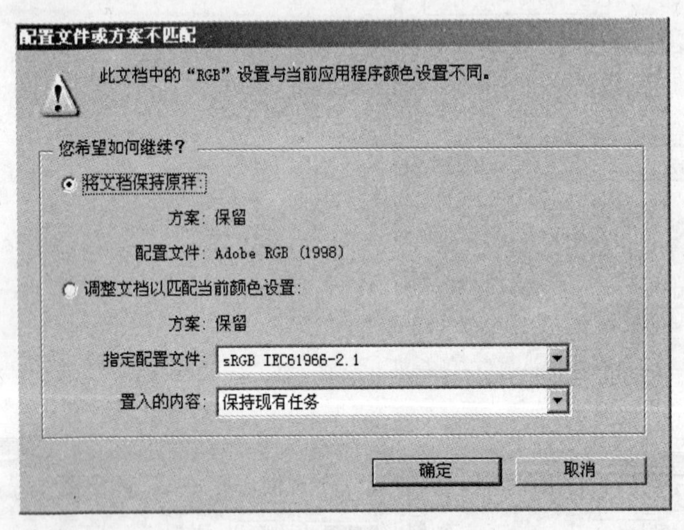

图 1-3-12

③ 弹出了“缺失字体”对话框，如图 1-3-13 所示。这个对话框只在当前打开文档中包含系统中无法使用的字体时出现，单击“查找字体”按钮。

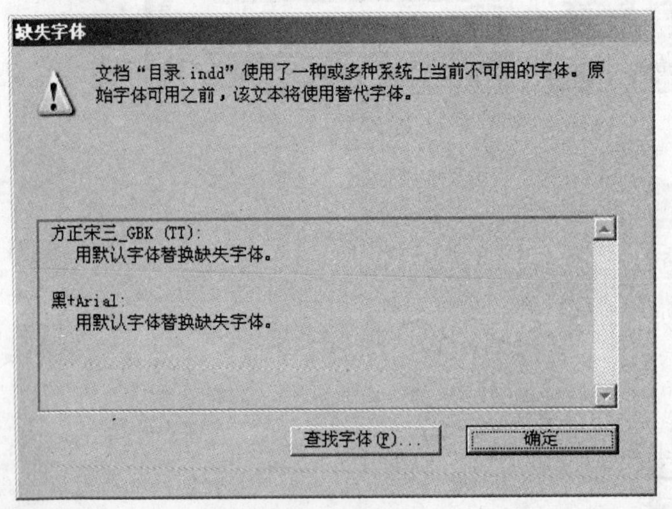

图 1-3-13

④ 弹出“查找字体”对话框，如图 1-3-14 所示。选择“文档中的字体”列表框中的“方正宋三 _GsBK (TT)”，然后在“替换为”区域的“字体系列”下拉列表中选择“方正宋三 _GBK”，“字体样式”下拉列表中选择“Regular”，然后单击“全部更改”按钮，将文档中缺失的“方正宋三 _GBK (TT)”字体替换为“方正宋三 _GBK”。另一个缺失的字体“黑 +Arial”是复合字体，如果也要用相同的复合字体替换而在替换字体列表中没有，则可先单击“完成”按钮，再新建一个相同的复合字体，然后用菜单命令“文字 > 查找字体”打开“查找字体”对话框来完成替换。

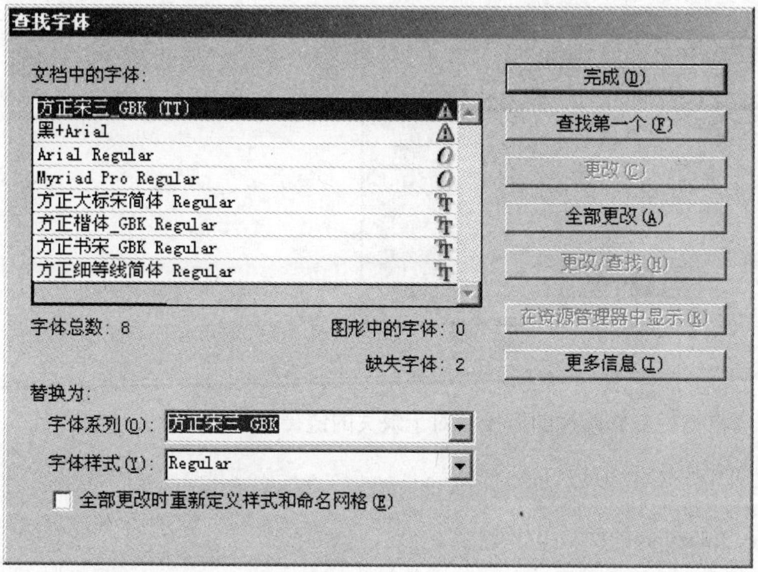

图 1-3-14

使用“查找字体”功能，可以搜索并列出整篇文档所使用的字体。然后可用系统中的其他任何可用字体替换搜索到的所有字体（导入图形中的字体除外）。在使用过程中需要注意下列事项。

· 要查找字体列表中选定字体在版面上应用的第一个实例，应单击“查找第一个”按钮。第一处使用该字体的文本将移到视图中央。如果在导入的图形中使用选定字体，或在列表中选择了多个字体，则“查找第一个”按钮不可用。

· 要选择使用了特殊字体（该字体在列表中由导入的图像图标标记）的导入图形，应单击“查找图形”按钮。该图形也移入视图。如果仅在版面中使用选定字体，或在“文档中的字体”列表框中选择了多个字体，则“查找图形”按钮不可用。

· 要查看于选定字体的细节，应单击“更多信息”按钮。如果在列表框中选择了多个字体，则信息区域为空白。如果选定图形的文件不提供于字体的信息，则这种字体可能被列为“未知”。位图图形（如 TIFF 图像）中的字体根本不会显示在列表中，因为它们并不是真实字符。

· 要替换某个字体，应从“替换为”区域中选择要使用的新字体，然后执行下列 3 种操作之一。a. 要仅更改选定字体的某个实例，应单击“更改”按钮。如果选择了多个字体，则该按钮不可用。b. 要更改该实例中的字体，然后再查找下一实例，应单击“更改 / 查找”按钮。如果选择了多个字体，则该按钮不可用。c. 要更改列表中选定字体的所有实例，应单击“全部更改”按钮。如果选择了多个字体，则该按钮不可用。

⑤ 退出“查找字体”对话框后，出现一个提示对话框，如图 1-3-15 所示，这个对话框将当前文档中链接的文档信息罗列出来。在本文档中有 6 个链接缺失，有 3 个链接文件需要更新。

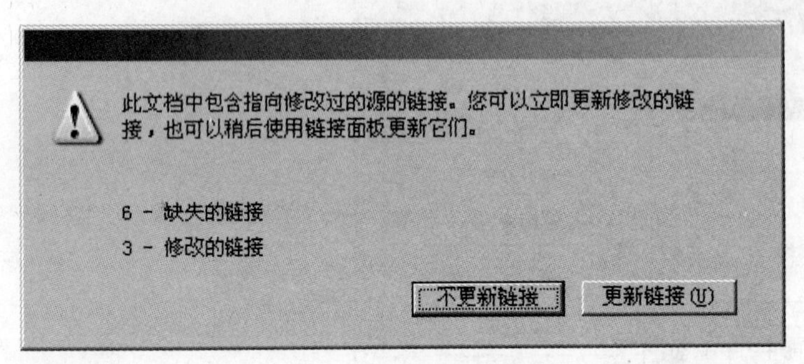

图 1-3-15

⑥ 单击“更新链接”按钮，会自动更新修改过的链接。对于缺失的链接需要在打开文档后在链接面板上重新链接。

⑦ 以上操作完成后，将会进入 InDesign 的文档操作视图。

技巧：在“链接”面板中，选择链接时按住 Ctrl 键单击可以选择不连续的多个链接。

1.3.3 转换早期版本的 InDesign 文档

转化 InDesign 旧版文档

执行“文件 > 打开”命令打开 InDesign 旧版文档，可以将文档进行转化。应注意以下事项。

建议将转化完的 InDesign CS6 文档另存为一个新文档，不要直接保存。如果在创建 InDesign 旧版文档过程中使用了第三方插件，应确认该插件的供应商是否提供了升级版本，如果没有，就要确认转化文档是否会有兼容性问题。

低版本的 InDesign 不能打开高版本的 InDesign 文档。InDesign CS6 可以将文档导出为 InDesign Markup (IDML)，供 InDesign CS5、CS4 打开。InDesign CS4 可以将文档导出为 InDesign 交换（*.inx）格式，供 InDesign CS3、CS2 打开。InDesign CS2 可以将文档输出为 InDesign 交换（*.inx）格式，供 InDesign CS 打开，但 InDesign CS 存储的 InDesign 交换格式无法在 InDesign 2.X/1.X 中打开。在转化文档时可能会弹出一个警告对话框，让用户确认是否要在用户词典中使用例外单词列表。在 InDesign 2.0 中创建的库可以用 InDesign 高版本直接打开，而在 InDesign 1.x 中创建的库则必须重新创建。

提示：InDesign Markup（IDML）格式取代了在早期版本中用于降版存储的 INX 交换格式。

1.3.4 转化 PageMaker 和 QuarkXPress 文件

InDesign 可以通过打开的方式把 QuarkXPress 或 PageMaker 的文档转化为 InDesign 文档，当打开 QuarkXPress 文档时，InDesign 会将原始文档信息转换为 InDesign 信息。这里有以下几条注意事项。

· PageMaker 的版本仅限于 6.0、6.5 和 7.0，如果是旧版本的文件，比如 4.5、5.0，就需要在 PageMaker 6.5 或 7.0 中重新打开并保存为 PageMaker 6.5 或 7.0 的文件。

· QuarkXPress 文档中如果使用了 XTensions（比如 QX-Tools），则必须在 Quark 的 XTensions Manager 中关闭它们并重新保存。

下面是两种文档转化中发生的变化。

1. 转化 PageMaker 6.5 文档

在用 InDesign 打开文档之前，需要执行下列操作。

如果 PageMaker 文件或其链接的图形位于网络服务器、软盘或可移动驱动器上，则在发生数据传输中断时可能无法按预期打开它。为防止发生数据传输问题，可先将文档及其链接复制到硬盘上，然后再用 InDesign 打开。可能需要使用 PageMaker 中的“存储为”命令来清除不必要的隐藏数据。为确保所有链接都得以保持，应将所有链接的文件都复制到存储 PageMaker 出版物所在的文件夹中，确保 InDesign 中提供了所有必要的字体，修复 PageMaker 出版物中断开的图形链接。如果转换大型 PageMaker 文档时出现了问题，可分别转换 PageMaker 文件的各部分来隔离问题。如果无法用 PageMaker 打开损坏的 PageMaker 文档，可尝试用 InDesign 打开。InDesign 可恢复 PageMaker 无法打开的大多数文档。

（1）常见 PageMaker 转换问题

· 所有主页和图层都转换为 InDesign 的主页和图层。PageMaker 中的主页转换为 InDesign 的主页，并保留包括页码和参考线在内的所有对象。为保持重项目的顺序，InDesign 在转换 PageMaker 出版物时创建了“默认”和“主页默认”个图层。“主页默认”图层包含主页项目。

· PageMaker 文档参考线放在 InDesign 的“默认”图层上。

· PageMaker 粘贴板上的所有项目出现在 InDesign 文档的第一个跨页的粘贴板上。

· PageMaker 中指定为“非打印”的所有对象都将被转换为 InDesign 的对象，并且在“属性”面板中选择了“非打印”选项。

· 除组中包含“非打印”项目外，所有编组对象仍保持编组。

（2）文本和表转换问题

· 文本转换为 InDesign 文本框架。

· PageMaker 文件中的表转换为 InDesign 的表。

· PageMaker 排式转换为 InDesign 样式。PageMaker 中的“无排式”等同于 InDesign 中的“基本段落”。不过，“基本段落”会选取某个已命名样式的属性，条件为该样式是在 PageMaker 出版物中键入任何内容之前选定的。

· InDesign 对所有段落都使用“Adobe 段落书写器”，导致某些文本重排。可以将“Adobe 单行书写器”指定给一个或多个段落来创建换行符，这非常类似于 PageMaker 的排版引擎，但可能仍会重排文本。

· InDesign 只使用基线行距。PageMaker 中的“变宽”行距及“大写字母顶部”行距将转换为 InDesign 的“基线”行距，这可能会导致文本位置变化。

· 转换后文本的首行基线可能与 InDesign 中创建的文本首行基线不同。转换后的文本“首行基线”设置为“行距”，而 InDesign 中创建的文本“首行基线”默认设置为“字母上缘”。

· InDesign 使用的连字方法与 PageMaker 不同，所以换行符也可能会不同。

· 阴影文本转换为纯文本。轮廓文本将转换成描边为 0.25 英寸且填色为“纸色”的文本。

（3）书籍、索引和目录转换问题

· InDesign 打开 PageMaker 出版物时将忽略“书单”。如果想一起打“书单”上的所有出版物，可在 PageMaker 中运行 Build Booklet 增效工具，同时针对版面选择“无”，这样，已登记的出版物就会合为一体。注意，文本块和框架将不再串接。

· PageMaker 出版物的索引条目将出现在“InDesign 索引”面板中。

· PageMaker 的目录样式将在“InDesign 目录”对话框的“样式”菜单中找到，可将目录文本转换为目录。

（4）链接和嵌入转换问题

· 文本和图形链接保留并显示在“链接”面板中。

· 如果 InDesign 找不到某个图形的原始链接，则会出现一条警告消息，询问是否使用 PageMaker 修复该链接。

· InDesign 不支持 OLE（对象链接和嵌入）。因此，当打包含 OLE 图形的文件时，这些图形将不会在 InDesign 文档中出现。

（5）颜色和陷印转换问题

· 颜色将精确转换为 InDesign 颜色。PageMaker HLS 颜色转换为 InDesign 中的 RGB 颜色，其他颜色库中的颜色将基于其 CMYK 值转换。

· 色调转换为父颜色的百分比。如果父颜色不在“色板”面板中，则会在转换过程中添加它。当选择带有某种色调的对象时，“色板”面板中的父颜色也会被选择，并且在弹出的菜单中会出现色调值。

· PageMaker 文件的颜色配置文件将直接被转换。所有 Hexachrome 颜色都将转换为 RGB 值。不符合

ICC 标准的配置文件将被默认 CMS 设置替换。

· 所有描边和线条（包括段落线）都转换为与其最相似的默认描边样式。自定描边和虚线转换为InDesign 中的自定描边和虚线。

· InDesign 不支持“图像控制”中应用于 TIFF 图像的网屏模式或网角，这些信息将被废弃。

· 在 PageMaker 的“陷印首选项”对话框中选择“自动叠印黑色描边”或“自动叠印黑色填色”(或者都选)时，这一设置将被传递给 InDesign，但在“属性”面板中将取消选择“叠印描边”或“叠印填充”。

2. 转化 QuarkXPress 文档

文本框转换为 InDesign 文本框架。要精确转换 QuarkXPress 中应用的文本绕排，应在“首选项”对话框的“排版”区选择“文本绕排仅影响下方文本”，样式将转换为 InDesign 样式。由于 QuarkXPress 使用不同的颜色配置文件，因此这些颜色配置文件在 InDesign 中被忽略。文本和图形链接保留并显示在“链接”面板中。InDesign 不支持 OLE 或 QuarkXTensions。因此，当打开包含 OLE 或 QuarkXTensions 图形的文件时，这些图形将不会在 InDesign 文档中出现。如果 QuarkXPress 文档没有转换，可检查原始文档并删除任何由 XTension 创建的对象，然后存储并再次尝试转换。所有主页和图层都转换为 InDesign 的主页和图层。所有主页对象以及 QuarkXPress 参考线都放在相应的 InDesign 主页中。除组中包含非打印项目外，所有编组对象仍保持编组。所有描边和线条（包括段落线）都将转换为与其最相似的描边样式。自定描边和虚线转换为 InDesign 中的自定描边和虚线。颜色精确转换为 InDesign 颜色，但下列情况除外。

QuarkXPress 的多油墨颜色映射为 InDesign 中的混合油墨，多油墨颜色中不包含任何一种专色的情况除外。在这种情况下，多油墨颜色改为转换成原色。QuarkXPress 4.1 颜色库中的颜色将基于其 CMYK 值转换。QuarkXPress 3.3 HSB 颜色转换为 RGB，颜色库中的颜色则基于其 CMYK 值转换。QuarkXPress 4.1 HSB 和 LAB 颜色转换为 RGB，颜色库中的颜色则基于其 RGB/CMYK 值转换。

1.3.5 保存和恢复文档

1. 保存文档

要以新的名称保存文档,可执行“文件 > 存储为”命令,在弹出的“存储为”对话框中指定位置和文件名，单击“存储”按钮。新命名的文件就成为当前打开的活动文档。存储一个文档会存储当前的版面、对源文件的引用、当前显示哪一个页面以及视图缩放级别等信息。经常存储有助于保护用户的工作不会丢失。可以将文件存储为: 常规文档（*.indd）; 文档副本，即使用另一个名称为该文档创建一个副本，同时保持原始文档为当前打开的活动文档；模板（*.indt)，通常作为未标题的文档打开。模板可以包含预设为其他文档起点的设置、文本和图形。

存储文档还会更新作为 InDesign 文档一部分的元数据（或文件信息）。此元数据包括缩略图预览、文档中使用的字体、色板和“文件信息”对话框中的所有元数据，所有这些都可以进行有效搜索。例如，可以搜索出使用了特定颜色的所有文档。可以在 Adobe Bridge 和“文件信息”对话框的“高级”面板中查看这些元数据。通过使用首选项设置，可以控制保存时是否更新预览。只要存储文档，其他元数据（如字体、颜色和链接）就会相应更新。

如果要用同一名字保存现有文档，应选择“文件 > 存储”命令。如果要将所有打开的文档以当前的位置和文件名保存，可按 Ctrl+Alt+Shift+S 组合键。在多次重复保存后，可以使用“存储为”命令减小文件体积。如果要以新的名称保存文档的副本，可选择“文件 > 存储副本”，指定位置和文件名，单击“存储”按钮，被保存的副本就不会成为活动文档。

2. 关于恢复功能

InDesign 的自动恢复功能用于在意外断电或是系统崩溃的情况下恢复前面的工作。自动恢复的数据位于临时文件中，该临时文件独立于磁盘上的原始文档文件，可以在“文件处理”首选项中修改。

通常情况下，用户并不需要考虑自动恢复数据的问题，因为存储在自动恢复文件夹中的任何文档更新都会在选择“存储”或“存储为”命令，以及正常退出 InDesign 时自动加入原始文档。自动恢复数据只有用户在意外断电或是系统崩溃无法成功保存文档时才会发生作用。尽管有这些功能，用户仍要经常保存正在操作的文件并创建备份文件，以防止意外断电或是系统崩溃等意外情况带来的损失。

3. 恢复文件

在意外断电或是系统崩溃后，应重新启动计算机并运行 InDesign，此时如果自动恢复数据存在，InDesign 就会自动显示恢复后的文档。“恢复”的字样会出现在文档窗口标题栏上的文件名后面，表明该文档中包含未被保存的、被自动恢复的变更内容。此时可执行以下操作。

若要保存恢复后的数据，应执行“文件 > 另存为”命令，指定位置和新的文件名后，单击“保存”按钮。保存后，“恢复”的字样会从标题栏消失。

4. 撤销误操作

若要撤销最近的修改，应执行“编辑 > 还原操作”命令（某些操作是不能撤销的，如滚动屏幕）。要重做刚才还原的操作，应执行“编辑 > 重复操作”命令。要撤销上次保存以来做的所有改变，应执行“文件 > 恢复”命令。在 InDesign 处理某个操作的过程中（通常可以看到进度条），如果希望中断操作，应按下 Esc 键。要关闭对话框而不应用改变，应单击“取消”按钮。

1.3.6 导出

InDesign CS6 能够导出 Adobe InDesign 标记文本、Adobe PDF、EPS、EPUB、Flash CS6 Professional（FLA）、Flash Player（SWF）、HTML、InCopy文档、InDesign Markup（IDML）、JPEG、PNG、RTF、XML、纯文本等格式的文档。

1. 导出文本

可按以后能在其他应用程序中打开的文件格式存储所有或部分 InDesign 文章，文档中的每篇文章都可导出为单独的文档。InDesign 能以多种文件格式导出文本，“导出”对话框中列出了这些格式。列出的格式由其他应用程序使用，这些格式可能保留文档中设置的多种文字规范、缩进及制表符。

使用“文字”工具，单击要导出的文章，选择“文件 > 导出”即可导出文章。

为导出的文章指定名称和位置，然后在“存储为类型”（Windows）或“格式”（Mac OS）菜单中选择文本文件格式。

如果找不到文字处理应用程序列表，则可能需要将文档以该应用程序能够导入的格式（如 RTF）存储。如果文字处理应用程序不支持任何其他 InDesign 导出格式，则使用纯文本格式。

要保留所有格式，可使用 Adobe InDesign 标记文本导出过滤器。单击“存储”按钮以所选格式导出文章。

2. 导出 JPEG

JPEG 使用标准的图像压缩机制来压缩全彩色或灰度图像，以便在屏幕上显示。使用“导出”命令可按 JPEG 格式导出页面、跨页或所选对象。

根据需要，选择要导出的对象（导出页面或跨页时，不必进行任何选择），选择“文件 > 导出”命令，然后指定位置和文件名即可。

对于“存储为类型”（Windows）或“格式”（Mac OS），应选择“JPEG”，然后单击“存储”按钮，将出现“导出 JPEG”对话框，如图 1-3-16 所示。

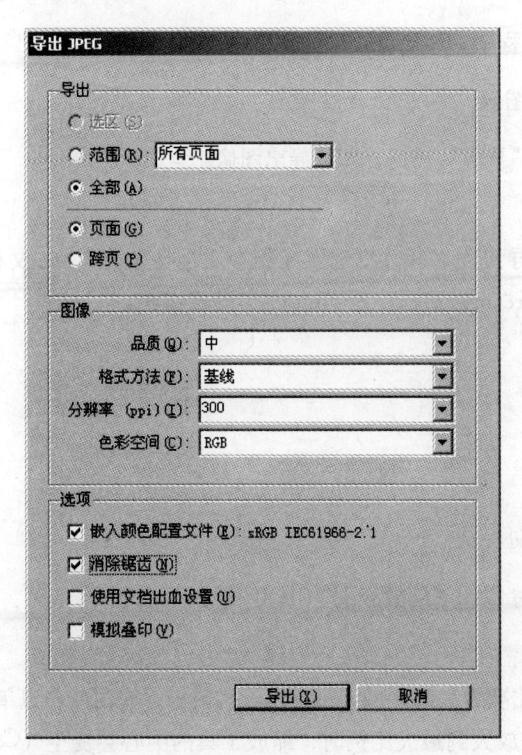

图 1-3-16

在“导出”部分中，执行下列操作之一。

· 选择“选区”单选钮可导出当前所选对象。

· 选择“范围”单选钮并输入要导出页面的页码，使用连字符分隔连续的页码，使用逗号或空格分隔多个页面或范围。

· 选择“全部”单选钮可导出文档中的所有页面。选择“跨页”复选框可将跨页中的对页作为单个 JPEG 文件导出。如果取消选择该复选框，跨页中的每一页就将作为一个单独 JPEG 文件导出。

对于图像品质，应从下列多个选项中进行选择，以确定文件压缩（较小的文件大小）和图像品质之间的平衡。

· “最大值”: 会在导出文件中包括所有可用的高分辨率图像数据，因此需要的磁盘空间最多，如果要将文件在高分辨率输出设备上打印，可选择该选项。

· “低”: 只会在导出文件中包括屏幕分辨率版本（72 dpi）的置入位图图像，如果只在屏幕上显示文件，可选择该选项。

· “中”和“高”: 选择这两个选项包含的图像数据均多于选择“低”时的情形，可使用不同压缩级别来减小文件大小。

对于“格式方法”，可选择下列选项之一。

· “连续”: 在 JPEG 图像被下载到 Web 浏览器的过程中，逐渐清晰地显示该图像。

· “基线”: 当 JPEG 图像已完全下载后，才显示该图像。

选择或键入所导出 JPEG 图像的分辨率，然后单击“导出”按钮，即可导出图像。

3. 导出供 Web 使用的内容

若要重定位 InDesign 内容以供 Web 使用，应选择导出为 XML，将选区或整个文档导出为 XML 文档，然后将导出的内容导入至 HTML 编辑器（如 Adobe Dreamweaver）为 Web 内容设置格式。

1.4 工作区操作

1.4.1 浏览和查看

在 InDesign 中执行视图浏览操作基本上是在以下几处完成。

(1) 工具箱中的“缩放显示工具 🔍”; (2) 应用程序栏的“缩放级别”; (3)“视图”菜单。

1. 放大或缩小

要进行放大操作，应选择缩放工具（🔍），然后单击要放大的区域。每单击一次鼠标，视图就会以单击点为中心向四周放大，一直放大到下一个预设百分比。放大到最大比例时，缩放工具的中心会变空（🔍）。要进行缩小操作，可同时按下 Alt 键（Windows）或 Option 键（Mac OS），然后单击要缩小的区域，每单击一次鼠标都会缩小视图。

· 要放大到下一预设百分比，可激活要查看的窗口，然后选择“视图 > 放大”命令。要将视图缩小至上一个预设百分比，应选择“视图 > 缩小”命令。

· 要设置特定缩放比例，应在应用程序栏的“缩放级”框中键入或选择级别。

· 要进行放大或缩小操作，可在使用鼠标滚轮同时按住 Alt 键（Windows）或 Option 键（Mac OS）。

· 要通过拖动进行放大，应选择缩放工具，然后在要放大的区域周围拖动。

2. 高倍缩放

使用高倍缩放可以在文档页面之间快速滚动。使用抓手工具可以缩放整个文档及在其中滚动。此功能对于长文档特别有用。

① 单击抓手工具。要启用抓手，也可以在文本模式下按住空格键或按住 Alt/Option 键。

② 当抓手处于现用状态时，单击并按住鼠标，文档将缩小，使您可以看到跨页的更多部分。红框表示视图区域。

③ 在仍然按住鼠标的情况下，拖动红框可以在文档页面之间滚动。按箭头键或使用鼠标滚轮可以更改红框的大小。

④ 释放鼠标可以放大文档的新区域。文档窗口将恢复为其原始缩放百分比，或恢复为红框的大小。

3. 使页面、跨页或粘贴版适合活动窗口的大小

· 选择“视图 > 使页面适合窗口”命令或使用快捷键 Ctrl+0。

· 选择“视图 > 使跨页适合窗口”命令或使用快捷键 Ctrl+Alt+0。

· 选择“视图 > 完整粘贴版”命令或使用快捷键 Ctrl+Alt+Shift+0。

4. 缩放至实际大小

· 双击缩放工具。

· 选择“ 视图 > 实际大小”。

· 在应用程序栏的“缩放级”框中选择缩放比例 100。

5. 滚动视图

· 从工具面板中选择“抓手工具 ”，然后在文档窗口中单击和拖动。按住 Alt 键（Windows）或 Option 键（Mac OS）并按下空格键可短暂激活抓手工具。

· 单击水平或垂直动条，或者拖动滚动框。

· 按住 PageUp 键或 PageDown 键。

· 使用鼠标滚轮或传感器上下滚动。要左右查看，可在使用鼠标滚轮或传感器的同时按住 Ctrl 键（Windows）或 Command 键（Mac OS）。

6. 跳页

要跳转到下一页，可执行以下操作之一。

· 单击文档窗口下方的“下一页（▶）”按钮。

· 选择“版面 > 下一页”命令。

要跳转到上一页，可执行以下操作之一。

· 单击文档窗口下方的“上一页（◀）”按钮。

· 选择“版面 > 上一页”命令。

要跳转到第一页，可执行以下操作之一。

· 单击文档窗口下方的“第一页（|◀）”按钮。

· 选择“版面 > 第一页”命令。

要跳转到最后一页，可执行以下操作之一。

· 单击文档窗口下方的“最后一页（▶|）”按钮。

· 选择“版面 > 最后一页”命令。

要跳转到主页，可执行以下操作之一。

· 单击文档窗口左下角的页码区域（使用快捷键 Ctrl+J 可以高亮显示这个区域）。键入主页名称的前几个字母，按键盘上的 Enter（回车）键。

· 在“页面”面板中，双击主页的图标或是双击图标下的页码。

要跳转到指定页面，可执行以下操作之一。

· 单击页码区域右侧的向下箭头，从弹出的菜单中选择一个页面。

· 单击文档窗口左下角的页码区域，或使用快捷键 Ctrl+J 高亮显示页码框。键入页码或是主页的名称，按键盘上的回车键。可以用绝对页码或是章节页码来指定页码。例如快速跳转到第一页，应首先高亮显示页码框，然后输入“+1”后回车即可。

· 执行“窗口 > 页面”命令调出“页面”面板。双击页面的图标使页面位于文档窗口中央，或是双击下面的页码使跨页位于文档窗口中央。

7. 跳转视图

· 要跳转到最近访问过的前一视图，可执行“版面 > 向后”命令。

· 要跳转到最近访问过的后一视图，可执行“版面 > 向前”命令。

InDesign 允许自定义工作环境和默认值。在不同的工作环境中，执行某项操作的难易程度不同，因此掌握环境的设置是成为高级用户必需的技能之一。查看一下 InDesign“编辑 > 首选项”菜单中各选项的对话框，不难发现，对话框中的选项都十分丰富，而且很多选项都十分专业。

8. 拆分窗口

执行“窗口 > 排列 > 拆分窗口”命令，可将同一文档并排显示在二个窗口，以便于查看两个并排版面，比较其外观和版面风格并帮助确保一致性。例如可实时查看主页对象在页面中状态，以便于调整主页对象。

执行“窗口 > 排列 > 取消拆分窗口”命令，可取消拆分窗口。

1.4.2 标尺

1. 显示或隐藏标尺

执行“视图 > 显示标尺”命令显示标尺，或使用快捷键 Ctrl+R。

2. 改变标尺原点

原点是水平标尺与竖直标尺相交的位置。默认情况下，原点位于每个跨页第一页的左上角。这意味着原点的默认位置相对于跨页来说总是一样的，但相对于粘贴板来说可能会不一样。“控制”面板、“信息”面板和“变换”面板中 x 和 y 的坐标值是相对于原点的。用户可以移动原点来测量距离、创建新的测量参考点或拼贴页面。原点除了可以在跨页第一页的左上角，也可以将其定位到书脊装订线的位置，或是指定跨页上每个页面都有自己的原点。

如果要移动原点，可将它从水平和垂直标尺交界处拖到希望的位置。当移动原点后，在所有的跨页上，它都移到同样的相对位置。例如，如果将原点移到跨页中第二页的左上角，则文档中所有跨页的原点位置都将与第二页的位置相同。

如果要重置原点，应双击水平标尺与垂直标尺相交的位置。如果要锁定或解锁原点，应用右键单击标尺上的原点，从上下文菜单中选择“锁定零点”命令。

在标尺上单击右键，在弹出的菜单中可以选择原点的 3 种模式，或者在“首选项”对话框中“标尺单位”部分的“原点”处选择。

- 跨页：将标尺原点设在每个跨页的左上角。
- 页面：将标尺原点设在每个页面的左上角，水平标尺起始于跨页中各个页面的零点。
- 书脊：将多页跨页的标尺原点设置在最左侧页面的左上角，以及装订书脊的顶部。水平标尺从最左侧的页面度量到装订书脊，并从装订书脊度量到最右侧的页面。

注意：选择“书脊”模式的原点时，不能用从标尺交界处拖动的方法来重新定位原点。

3. 标尺和度量单位

可以随时更改屏幕标尺的度量单位以及用于面板和对话框中的度量单位，或者在输入值时临时覆盖当前的度量单位，如图 1-4-1 所示，在标尺上单击鼠标右键也可以设定标尺单位。

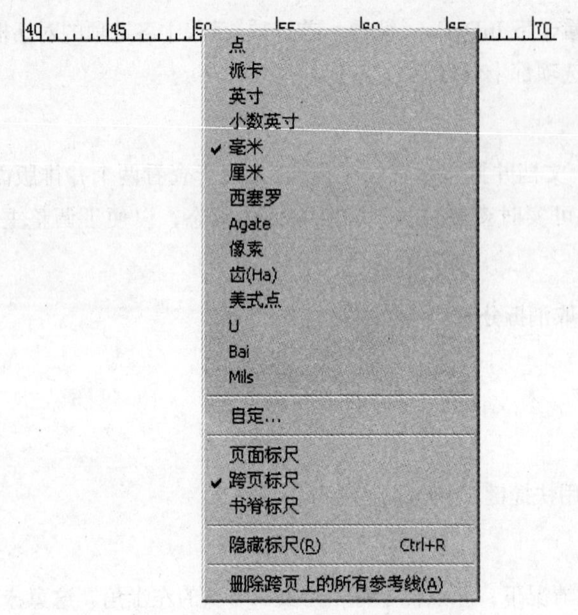

图 1-4-1

可以为水平和垂直标尺设置不同的度量系统。为水平标尺选择的系统用于管理制表符、边距、缩进和其他度量。每个跨页都有自己的垂直标尺，但是所有的垂直标尺都使用在“单位和增量”首选项对话框中指定的设置。更改了标尺度量单位不会移动参考线、网格和对象，但是当标尺的刻度线更改时，对象可能无法与新刻度线对齐。

2 页面设计

学习要点

· 掌握版面设置、页面设置
· 掌握基线网格、文档网格、版面网格、框架网格
· 掌握参考线及其操作
· 掌握页面的基本操作
· 掌握主页的基本操作
· 掌握图层的基本操作
· 掌握页码和章节的设置
· 了解并掌握文本变量

2.1 页面设置

2.1.1 版面规划

印刷成品幅面中，图文和空白部分的总和叫版面，包括版心、书眉、中缝、页码及页边。要在限定的空间内将这些性质不同的内容组织为和谐的整体，使各个部分既有关联又层次分明，就有必要对版面做基本的功能分区。首先要在版面中规划出排印文本和图片的范围，即版心。版心通常是指书刊版面上文字（一般不包括书眉、中缝和页码）占据的最大范围。版心是版面内容的主体，版心的面积和在版面上的位置，对版面美观、阅读方便和纸张合理利用，都有明显的影响。图片有时可以超出版心，但文字必须排印在这一范围内，因为版心提供了一个有利于阅读的“视场”。其次，版心还可以纵向分割划分为若干区域，这些区域称为“栏”。栏的划分及其宽度限制了每行文本的长度,因此需要根据正文字符的规格来定义版心的尺寸。

白边有助于阅读，避免版面紊乱，也有利于稳定视线，还有助于翻页，如图 2-1-1 所示。天头指版心上方的白边，地脚指版心下方的白边，订口为版心内侧的白边，切口指版心外侧的白边。

通常情况下，设计书籍时首先要确定单个页面的宽度和高度，即我们常说的开本，而版心的大小需要通盘考虑整本书后才能确定。

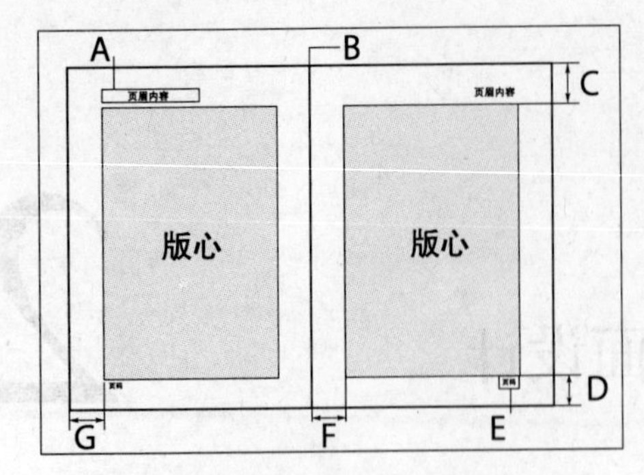

A: 页眉 B: 书脊 C: 天头 D: 地脚 E: 页脚 F: 订口 G: 切口

图 2-1-1

1. 西文版心定义方法

首先确定纸张尺寸，然后根据正文大小、行距、分栏等，以及客户要求来定义页边，定义了页边也就确定了版心。根据设计的需要确定分栏情况，分栏的栏间间距与正文的大小和行距应有关联。确定了分栏就定义了正文的样式。接下来，根据正文的样式定义其他样式。标题和说明文本的字符规定和行距应该与正文保持一定的比率。

如图 2-1-2 所示，在“边距和分栏”对话框中可以设置文档的页边和版心的分栏。

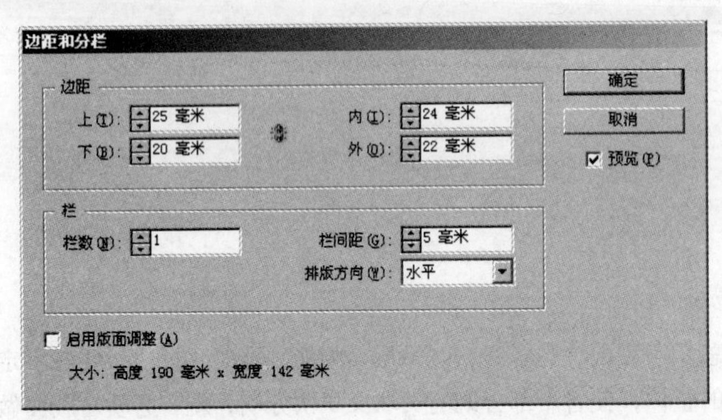

图 2-1-2

在“边距”选区中可分别设置页面的“上”、“下”、“内”和“外”页边距。

在“分栏”选区中可设置页面纵向分栏的数量和栏与栏之间的间距——“栏间距”。在“排版方向”中可设置本文档默认的文本书写方向为“水平”或“垂直”，这将影响页面分栏的方向和文档基线网格的方向。单击“确定”按钮后将会改变文档。

如果使用“ 边距和分栏”命令来对现有版面进行更改时，希望页面上的对象随着页面大小的变化而自动调整，选择“启用版面调整”选项。使用“ 版面调整”，将基于栏参考线、页边距和页面边缘的新的相对位置根据需要对文本和图形框架进行移动和调整大小。

2. 中文版心定义

首先确定纸张尺寸方法，然后确定正文样式（包括大小和行距）。正文通常作为版面设计中的基准文本，正文的大小和行距之间应有比例关系，考虑可读性和美观性。中文排版中行距通常是字符大小的 1.5 ～ 2 倍。根据正文大小、行距以及纵向分栏情况确定行数，行数确定后就确定了版心的高度。接着，根据正文的大小和横向分栏情况确定每一行的字数，横向分栏的栏间间距与正文大小应该有关联，并且还应该考虑分栏中的每一栏文本的总宽度应该比栏间间距宽，确定每一行的字数就确定了版心的宽度。以上便是基于正文样式属性定义版心和页边，接下来根据正文样式属性定义其他样式的属性。

2.1.2 页面构成

每个文档或跨页都有粘贴板和参考线，这将在“正常视图”模式下显示。要切换到正常视图，可以单击“工具”面板中的“正常视图模式”图标。在任何预览模式下显示文档时，“粘贴板”都将被一个灰色背景取代，可以更改预览背景和参考线的颜色。默认情况下，一个页面是由两条栏参考线定义的单栏，一条栏参考线在左页边，另一条在右页边。更改分栏数会以新的分栏代替所有现存的分栏，新设分栏是等宽的。如果希望创建不等宽的分栏，可以拖动栏参考线。也可以为个别的文本框设置分栏，通过选取文本框，设置“文本框选项”对话框中“分栏”的选项来实现。文本框分栏仅存在于个别的文本框，而不是页面本身。图 2-1-3 所示为页面构造图。

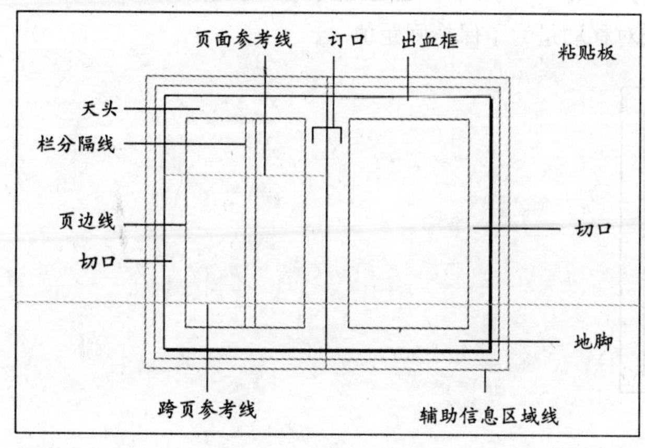

图 2-1-3

在文档窗口中，页面的结构性区域由以下颜色标出。

- 黑线描述跨页中各个页面的大小。较淡的投影用于区分跨页和它的粘贴板，不能更改这些线条的颜色。
- 唇膏色线是边距参考线。
- 淡紫色线是栏参考线。
- 绿框和线是版面网格。
- 页面边缘周围的红线显示出血区域。

· 页面周围的蓝线显示辅助信息区。

· 带有不同颜色的线是标尺参考线。选中标尺参考线时显示的颜色将为选定图层的颜色。

· 栏参考线显示在边距参考线之前。当栏参考线恰好位于边距参考线之前时，它将盖住边距参考线。

2.1.3 更改页面参数设置

新建页面时设置的参数，都可以在页面设计过程中的任意时候进行更改。

1. 更改文档设置

选择“文件 > 页面设置”命令，更改“页面设置”对话框中的选项会影响到文档中的每一页。如果在页面上加入了对象后再更改页面尺寸或是方向，可以使用“启用版面调整”功能来减少重新安排现有对象的时间。

2. 更改页边与分栏设置

选择“版面 > 边距和分栏”命令，弹出“边距和分栏”对话框，更改“边距和分栏”对话框中的选项仅会更改在“页面”面板中选取的页面或主页（目标页面）。

当页面上多于一栏时，在中间的栏参考线会成对出现。当选择工具箱中的“选择工具”拖动页面中某一条栏参考线时，成对的栏参考线会一起移动，如图 2-1-4 所示。通过拖曳栏参考线，可以创建不等宽栏。两条栏参考线之间的距离是指定的栏间距，成对移动是为了保持间距值。

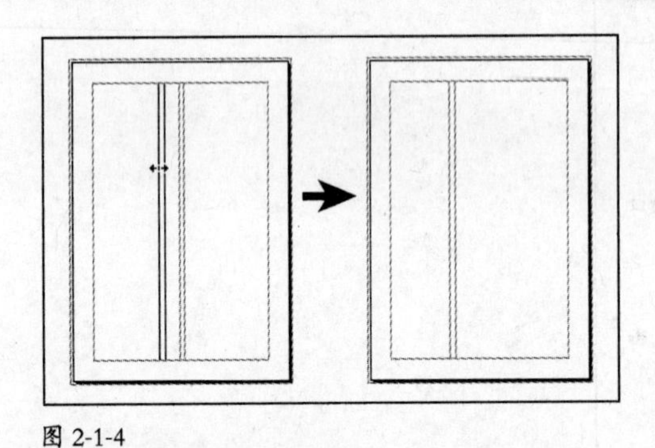

图 2-1-4

3. 更改版面网格设置

选择“版面 > 版面网格”命令，可更改版面网络设置。在更改版面网格设置时，应注意以下几点。

· 要为具有版面网格的文档指定应用程序默认设置，应在未打开任何文档的情况下选择“版面 > 版面网格”命令，然后修改设置。这些设置将应用到此后创建的新文档中。

· 更改“版面网格”对话框中的设置可能会影响“边距和分栏”对话框中的设置，反之亦然。例如，当在“版面网格”对话框中更改栏数时，新的栏设置将反映到“边距和分栏”设置中。但是，如果“边距和段落”的值不能被“版面网格”中指定的字数或行数整除，则“版面网格”或“栏边距参考线”中可能会出现间隙。要想在版面网格周围不显示任何多余空间，应打开“版面网格”对话框，然后单击“确定”按钮，网格将被调整到字符网格框架大小。

· “命名网格”面板中显示的“版面网格”选项将受到当前页面所应用的“版面网格”设置中的网格属性的影响。如果在一个文档的不同页面中使用了不同的版面网格，“版面网格”设置的内容就将根据选定的页面发生更改。

2.2 网格

InDesign 提供了用于将多个段落根据其罗马字基线进行对齐的基线网格、用于将对象与正文文本大小的单元格对齐的版面网格和用于对齐对象的文档网格。基线网格或文档网格通常用在不使用版面网格的文档中。

当网格可见时，可以观察到下列特征。

· 基线网格覆盖整个跨页；文档网格覆盖整个粘贴板；版面网格显示在跨页内的指定区域内。

· 基线网格和文档网格显示在每个跨页上，并且不能指定给任何主页。

· 文档网格可以显示在所有参考线、图层和对象之前或之后，但是不能指定给任何图层。文档基线网格的方向与“边距和分栏”对话框中设置的栏的方向相同。

· 版面网格可以指定给主页或文档页面。一个文档内可以包括多个版面网格设置，但不能将其指定给图层。

· 版面网格显示在最底部的图层中。无法直接在版面网格中键入文本。版面网格的主要用途在于根据正文文本区域的网格大小来设置页边距，该区域是以字符网格方块的数目定义的。版面网格还能够将对象与页面上的特定字符位置靠齐。

· 框架网格用于将设置应用到文本，并具有与版面网格、基线网格或文档网格不同的属性。有关框架网格的更多信息，请参见框架网格与纯文本框架的区别。

2.2.1 基线网格

使用“网格首选项”可以设置整个文档的基线网格。

选择“编辑 > 首选项 > 网格”（Windows）或“InDesign> 首选项 > 网格”（Mac OS）命令，可打开“网格首选项”对话框，如图 2-2-1 所示。

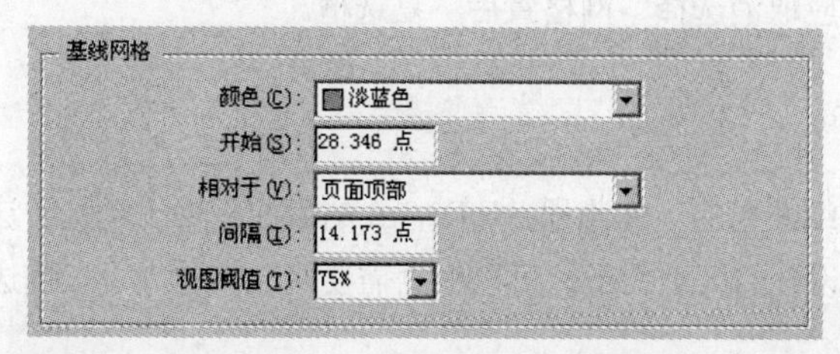

图 2-2-1

通过在“颜色”下拉列表中选择一种颜色来指定基线网格颜色。还可以在“颜色”下拉列表中选择“自定”。

在“开始”文本框中键入一个值，可使网格从页面顶部或页面的上边距偏移，具体取决于在“相对于”下拉列表中选择的选项。如果将垂直标尺对齐此网格时有困难，可尝试以零值开始。

在“间隔”文本框中键入一个值可设定网格线之间的间距。在大多数情况下，键入等于正文文本行距的值，以便文本行能恰好对齐此网格。

在“视图阈值”中键入一个值，可以指定合适的放大倍数（在此倍数以下，网格将不显示），然后单击“确定”按钮。增加视图阈值可防止在较低的放大倍数下网格线过于密集。

可以使用“文本框架选项”设置框架的基线网格。

2.2.2 文档网格

选择“编辑 > 首选项 > 网格”（Windows）或“InDesign> 首选项 > 网格”（Mac OS）命令，可打开如图 2-2-2 所示的对话框。

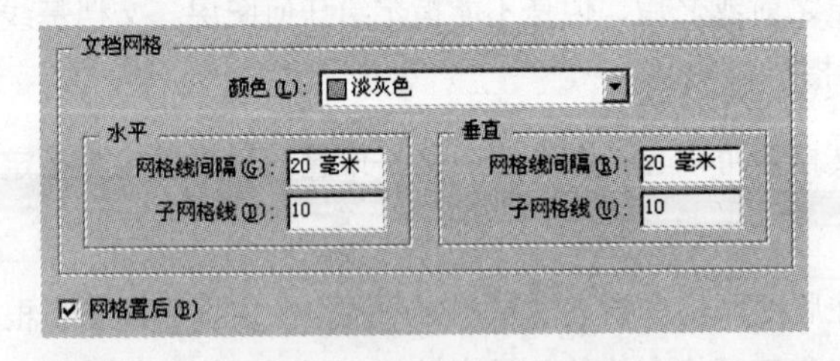

图 2-2-2

通过在“颜色”下拉列表中选择一种颜色来指定文档网格颜色。还可在“颜色”下拉列表中选择“自定”。

要设置水平网格间距，应为“文档网格”部分的“水平”部分中的“网格线间隔”指定一个值，然后为每个网格线之间的“子网格线”指定一个值。

要设置垂直网格间距，应为“文档网格”部分的“垂直”部分中的“网格线间隔”指定一个值，然后为每个网格线之间的“子网格线”指定一个值。

执行以下操作之一，然后单击“确定”按钮。

- 要将文档和基线网格置于其他所有对象之后，应确保已选择“网格置后”复选框。
- 要将文档和基线网格置于其他所有对象之前，应取消选择“网格置后”复选框。

2.2.3 版面网格

杂志的美编人员非常习惯使用基于页面、有版式纸效果的工作流程，InDesign 的版面网格正是基于这种工作方式的。InDesign 的版面网格与传统版式纸页面设计的区别在于，可以根据需要修改字体大小、描边宽度、页面数和其他元素，以创建自定版面。

如图 2-2-3 所示，使用版面网格进行初期版面规划时可使用占位文本和占位图片，当图片和文本内容准备好后直接填入框内即可完成整个版面。

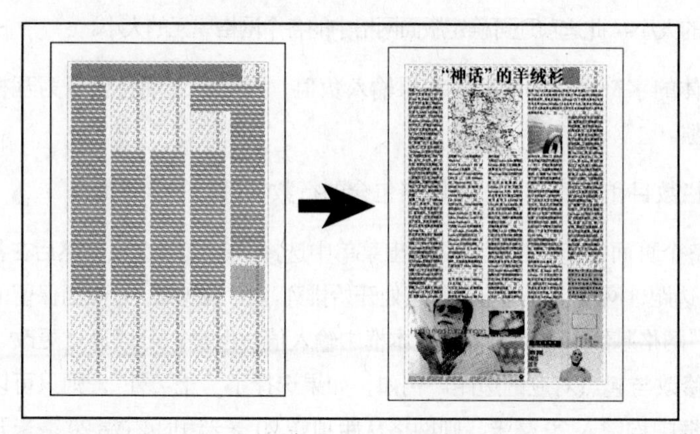

图 2-2-3

版面网格特别适用于 CJK（中、日、韩）方块字的编排，将版心中的网格作为基准，有利于 CJK 排版中的字符齐行、字数统计和行数安排。在杂志和报纸进行排版之前，要对字数与行数进行安排，以及对版面进行规划。整齐划一的网格，可以用做定位图片和文本的参考。

在“版面网格”对话框中可以通过设置字体、字体大小、字间距、行间距、字符数和行数等参数来相应地确定页边。在版面网格的基础上使用网格文本框和图片框，将会设计出格式化的杂志、报纸等出版物，更加方便快捷。图 2-2-4 所示为“版面网格”对话框，其中各项设置含义如下。

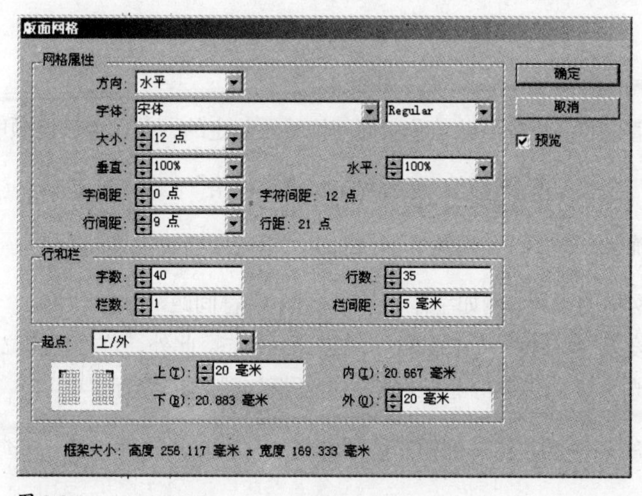

图 2-2-4

“网格属性”选区中可设置版面网格的属性。

· “方向”用于选择版面网格文章文本书写的方向。版面网格中的每一个方格可看成一个虚拟的空白字符（即基准字符），在对话框中可设置它的字体和大小等属性。选择“水平”可以使文本从左向右水平排列，选择“垂直”可以使文本从上向下垂直排列。

· “字体”用于选择基准字符的字体系列和字体样式。选定的字体将成为“框架网格”的默认设置。此外，如果在“首选项”的“字符网格”中将网格设置为了“表意字（ICF）”,则网格将根据所选字体的 ICF 框显示。

· “大小”用来指定版面网格中基准字符的大小。此选项还可确定版面网格中的各个网格单元的大小。

· “字间距”用来指定网格中基准字体的字符之间的距离。如果输入负值，则网格之间将显示为互相重叠；输入正值时，网格之间将出现空白间隙。

· “行和栏”用来指定版面网格的分栏数目和栏间距，以及网格包含的行数和每行的字符数。

· “起点”用来设定字符网格相对于整个页面的起始位置。从弹出菜单中选择“起点”选项，然后在各个文本框中设置“上”、“下”、“内”和“外”边距，网格将从选定的起点处开始排列。在“起点”另一侧保留的所有空间都将成为边距。因此，不能在构成“网格基线”起点之外的文本框中输入值，但是，可以通过更改“网格属性”和“行和栏”选区中的选项值来修改与起点对应的边距。例如，如果选择了“上 / 外”，则只可以修改“上”和“外”页边。如果在每个文本框中均键入 20 毫米，则网格从距顶端 20 毫米和距右端 20 毫米开始排列网格。而且,当选择“完全居中”并添加行或字符时,将从中央根据设置的字符数或行数来创建版面网格。

2.2.4 框架网格

1. 创建框架网格

选择“水平网格工具”或“垂直网格工具”，拖动工具，确定所创建框架网格的高度和宽度。在拖动工具的同时按住 Shift 键，就可以创建正方形框架网格。

在“命名网格”面板中设置的网格格式属性,将应用于使用这些工具创建的框架网格。可以在“框架网格”对话框中更改框架网格设置。

2. 框架网格属性

框架网格的默认字符属性是由文档默认值、应用程序默认值和版面网格设置确定的，并且遵循该顺序。

· 要为所有新建文档设置默认框架网格，应关闭所有文档，然后双击“框架网格”工具。

· 要为当前文档设置默认框架网格，应确保未选中任何对象，然后双击“框架网格”工具。

使用“框架网格”对话框可以更改框架网格的设置，例如字体、字符大小、字符间距、行数和字数。“文本框架选项”对话框中的栏数值与“框架网格设置”对话框中的栏数处于动态交互状态。此外,“首行基线位置”和“忽略文本绕排”选项只能在“文本框架选项”中设置。“框架网格”对话框如图 2-2-5 所示。

在“字体”下拉列表中选择字体系列和字体样式，框架网格中的单元格将根据这些字体设置，在此将这里设置的虚拟字体称为“基准字符”。

在“行间距”下拉列表中指定网格间距，这个值被用作从首行中网格的底部（或左边）到下一行中网格的顶部（或右边）之间的距离。

在“字数统计”下拉列表中选择一个选项，以确定框架网格尺寸和字数统计的显示位置。通常框架网格的字数统计显示在网格的底部，可以显示字符数、行数、单元格总数和实际字符数的值。

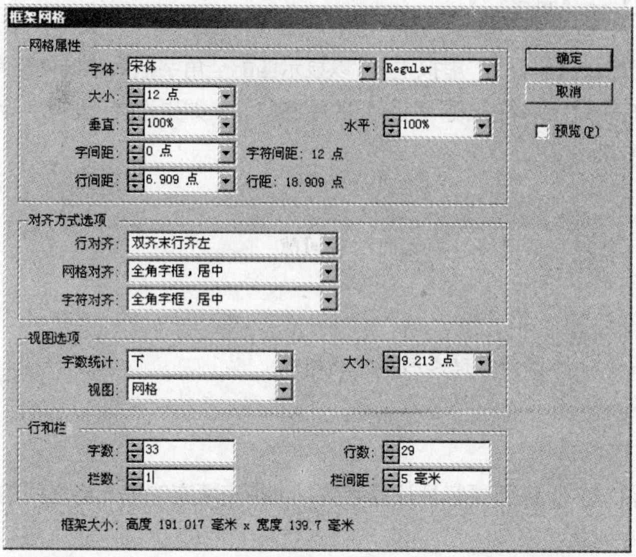

框架网格

网格属性

字体：宋体 Regular

大小：12 点

垂直：100% 水平：100%

字间距：0 点 字符间距：12 点

行间距：6.909 点 行距：18.909 点

对齐方式选项

行对齐：双齐末行齐左

网格对齐：全角字框，居中

字符对齐：全角字框，居中

视图选项

字数统计：下 大小：9.213 点

视图：网格

行和栏

字数：33 行数：29

栏数：1 栏间距：5 毫米

框架大小：高度 191.017 毫米 x 宽度 139.7 毫米

确定

取消

预览(P)

图 2-2-5

在“视图”下拉列表中选择一个选项，可以指定框架的显示方式。“网格”显示包含网格和行的框架网格；“N/Z 视图”显示为有对角线的框架，但插入文本后将不显示对角线；“对齐方式视图”显示仅包含行的框架网格。“对齐方式”显示框架的行对齐方式。“N/Z 网格”的显示情况即为“N/Z 视图”与“网格”的组合。

注意：如果在未选中框架网格中任何对象的情况下，在“框架网格”对话框中进行了一些更改，这些设置将成为该框架网格的默认设置。

2.2.5 字符网格

可以更改版面和框架网格的外观。例如，可以指定单元形状，并更改视图阈值。还可以使用首选项指定版面网格的颜色。框架网格的颜色取决于置入图层的颜色。

选择“编辑 > 首选项 > 字符网格”（Windows）或“InDesign> 首选项 > 字符网格”（Mac OS）命令，可打开如图 2-2-6 所示的对话框。

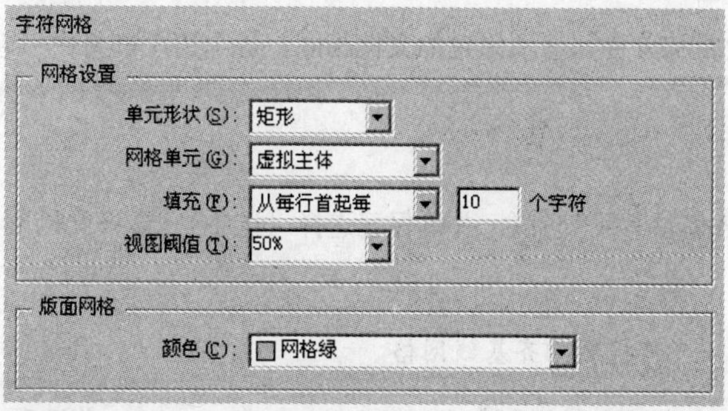

字符网格

网格设置

单元形状(S)：矩形

网格单元(G)：虚拟主体

填充(F)：从每行首起每 10 个字符

视图阈值(T)：50%

版面网格

颜色(C)：网格绿

图 2-2-6

在“单元形状”下拉列表中指定“矩形”或“圆形”。

从“网格单元”下拉列表中指定网格单元的设置。设置“虚拟主体”以显示匹配全角字框大小的网格单元，并将“表意字”设置为显示与网格中字符集的“表意字字符外观”相匹配的网格单元。如果选择“表意字”网格，显示就会与全角字框网格不同，如图 2-2-7 所示。

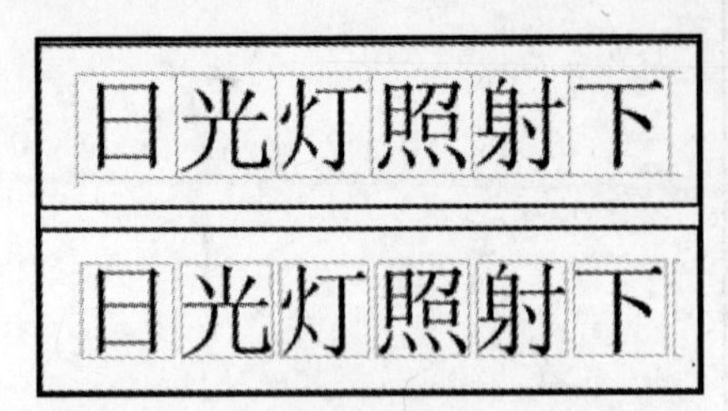

全角字框网格，框之间没有间隙

表意字网格，框之间有一些间隙

图 2-2-7

可设置“从文本框角起”或者“从每行首起”，以便更容易计算字数。可指定填充的单元格之间的单元格数目。如果输入 5，则填充所有的第 5 个单元格。

在“视图阈值”下拉列表中指定合适的放大倍数（在此倍数之下，网格将不显示）。这可以防止网格线在较低的放大倍数下彼此距离过近。

在“颜色”下拉列表中，可指定版面网格颜色。要更改颜色设置，应从下拉列表的颜色集中选择颜色，或选择“颜色”下拉列表中的“自定”。也可以双击“颜色”弹出框，并使用系统拾色器。

注：还可以使用“框架网格”对话框来确定显示在框架网格旁边的网格字数的位置。

2.2.6 网格操作

1. 显示或隐藏网格

要显示或隐藏基线网格，应选择“视图 > 网格和参考线 > 显示 / 隐藏基线网格”命令。

要显示或隐藏文档网格，应选择“视图 > 网格和参考线 > 显示 / 隐藏文档网格”命令。

要显示或隐藏版面网格，应选择“视图 > 网格和参考线 > 显示 / 隐藏版面网格”命令。

要显示或隐藏框架网格，应选择“视图 > 网格和参考线 > 显示 / 隐藏框架网格”命令。

如果隐藏“版面网格”，则外观将与使用“边距和分栏”选项创建的文档相同，各个边距都将由“起点”设置中的值确定。

2. 靠齐文档网格

要将对象靠齐文档网格，应选择“视图 > 网格和参考线”命令，并确保已选择（选中）“靠齐文档网格”。如果尚未选择，就单击它。

注：“靠齐参考线”命令既可控制靠齐参考线，又可控制靠齐基线网格。

要指定靠齐范围，应选择“编辑 > 首选项 > 参考线和粘贴板”（Windows）或“InDesign> 首选项 > 参考线和粘贴板”(Mac OS),为“靠齐范围”键入一个值,并单击“确定”按钮。“靠齐范围”值始终以像素为单位。

要将对象靠齐网格,应将对象拖向网格,直到对象的一个或多个边缘位于网格的靠齐范围内。

3. 将对象置入版面网格中

在设置版面网格后置入文本、图形或样本文本。为版面网格设计页面时,注意以下原则。

可以在文档中置入文本框架、框架网格和图形框架,还可以将文本或图形置入占位符框。

不能直接在版面网格中输入文本,可使用“水平网格”工具或“垂直网格”工具创建框架网格并输入文本。在“网格格式”面板中选择“版面网格”时,创建的框架网格将使用该版面网格的字符和间距属性。

4. 靠齐版面网格中的对象

在版面网格中拖动对象时,对象的一角将与网格 4 个角点中的一个靠齐。还可以靠齐网格网眼的 9 个特殊位置(4 个角点、4 个中点和网格中心点)中的一个,方法是在按住 Ctrl 键(Windows)或 Command 键(Mac OS)时拖动鼠标,如图 2-2-8 所示。

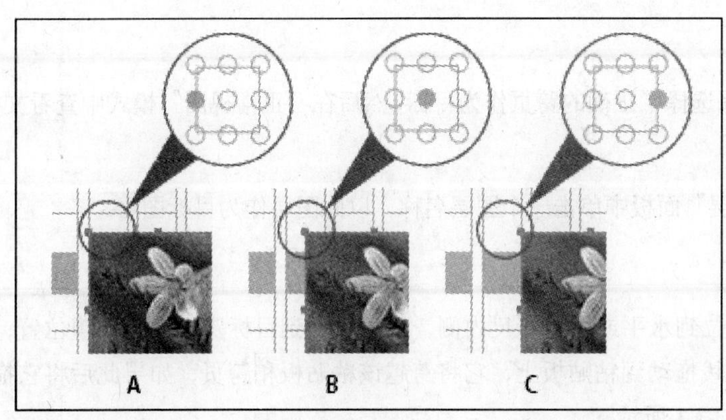

图 2-2-8

5. 更改版面网格设置

更改版面网格设置时,可执行下列任一操作。

· 要更改一个跨页或页面的版面网格设置,可移动到要更改的跨页或在“页面”面板中选择该跨页或页面。

· 要更改多个页面的版面网格设置,可在“页面”面板中选择这些页面,或选择控制要更改页面的主页。

可以在各个页面上设置版面网格设置,这样一个文档就可以包含多个不同的版面网格。

方法是选择“版面 > 版面网格”命令,然后更改设置,单击“确定”按钮。

2.3 参考线

2.3.1 参考线分类

参考线是用于版面布局时精确定位的辅助对象，使用常规打印命令不能打印出参考线。参考线可以被选择，并具有和 InDesign 中绘制对象类似的位置属性。常见参考线类型如下。

· 页边线：文档四周限定页边距的不可打印线条。页边线设定的每个文档页面和主页都可以不一样。

· 栏参考线：可出现在文档页面或主页中，通常成对出现，对与对之间有固定间距，即“栏间距”。

· 标尺参考线：也是不可以直接打印的线条，InDesign 中的标尺参考线有页面参考线和跨页参考线两种。页面参考线仅在创建该参考线的页面上显示，跨页参考线则可跨越所有的页面和多页跨页的粘贴板。从标尺上拖出的参考线默认是页面参考线，拖动时按住 Ctrl 键可以拖出跨页参考线。标尺参考线与网格的区别在于标尺参考线可以在页面或粘贴板上自由定位。标尺参考线与所在的图层一同显示或隐藏。新的标尺参考线始终显示在目标跨页上。例如，如果文档窗口中有若干个跨页可见，并且将新的参考线拖动到窗口中时，则该新参考线将仅在目标跨页上可见。

2.3.2 创建标尺参考线

应确保标尺和参考线都可见，并确保选择了正确的跨页作为目标，然后在“正常视图”模式中查看文档，而不是“预览”模式。

如果文档包含多个图层，应在“图层”面板中单击一个图层名称，以此图层作为目标图层。

执行以下操作之一。

· 要创建页面参考线，应将指针定位到水平或垂直标尺内侧，然后拖动到目标跨页上的期望位置，拖动时在光标后有数值显示。如果将参考线拖动到粘贴板上，它将跨越该粘贴板和跨页；如果此后将它拖动到页面上，它就变为页面参考线，如图 2-3-1 所示。

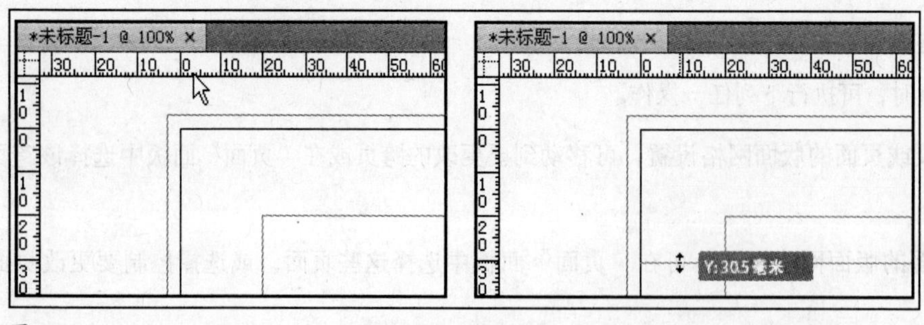

图 2-3-1

· 要创建跨页参考线，可从水平或垂直标尺拖动，将指针保留在粘贴板内，但将参考线定位到目标跨页上的期望位置，如图 2-3-2 所示。

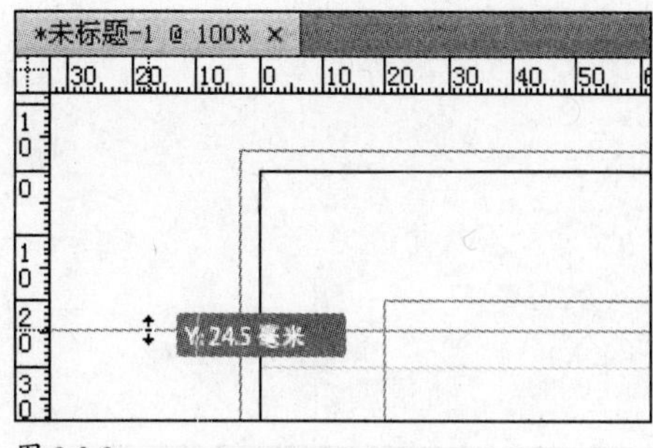

图 2-3-2

· 要在粘贴板不可见时（例如在放大的情况下）创建跨页参考线，应在按住 Ctrl 键（Windows）或 Command 键（Mac OS）的同时从水平或垂直标尺拖动到目标跨页。

· 要在不进行拖动的情况下创建跨页参考线，应双击水平或垂直标尺上的特定位置。如果要将参考线与最近的刻度线对齐，应在双击标尺时按住 Shift 键。

· 要同时创建垂直和水平参考线，应按住 Ctrl 键（Windows）或 Command 键（Mac OS），并从目标跨页的标尺交叉点拖动到期望位置。

2.3.3 控制参考线

1. 数字精确定位参考线

(1) 使用任何工具在水平或垂直标尺上单击，然后拖动参考线，在光标后会显示参考线的位置。在参考线被选择时，“变换”面板中的 *x* 坐标或 *y* 坐标会显示参考线的位置。

(2) 在“变换”面板中输入具体数值，并按 Enter 键或 Tab 键确定输入后，参考线会移动到与输入数值相对应的位置。这个特性可以精确控制参考线的位置。

(3) 选择标尺参考线后，双击工具箱中的“选择工具”，将会弹出“移动”对话框，在对话框中可以精确地指定参考线的移动数值。

如图 2-3-3 所示，使用“变换”面板和“移动”对话框，可以精确地指定参考线的位置和移动距离。

2. 靠齐标尺刻度

按住 Shift 键拖动标尺参考线，将吸附水平和竖直标尺的刻度移动，此时光标是白色空心双向箭头，如图 2-3-4 所示。如果松开 Shift 键，则可以任意拖动标尺参考线。

3. 复制和粘贴参考线

如果需要在两个应用了不同主页的文档页面的相同位置放置标尺参考线，可以使用下面的方法。

(1) 使用“选择工具”或“直接选择工具”选择需要的标尺参考线，执行“编辑 > 复制”命令或快捷建 Ctrl+C。

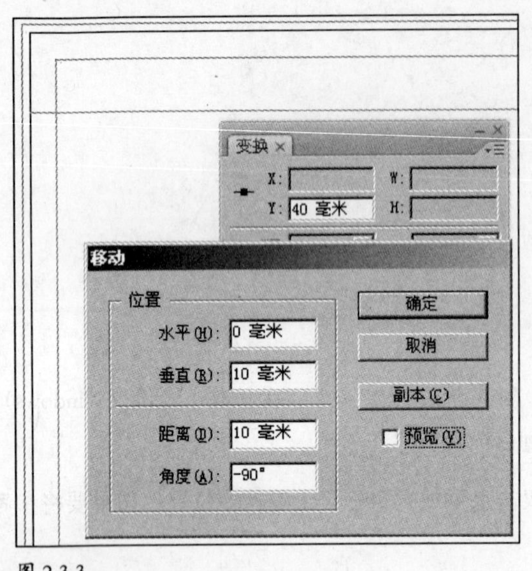

图 2-3-3

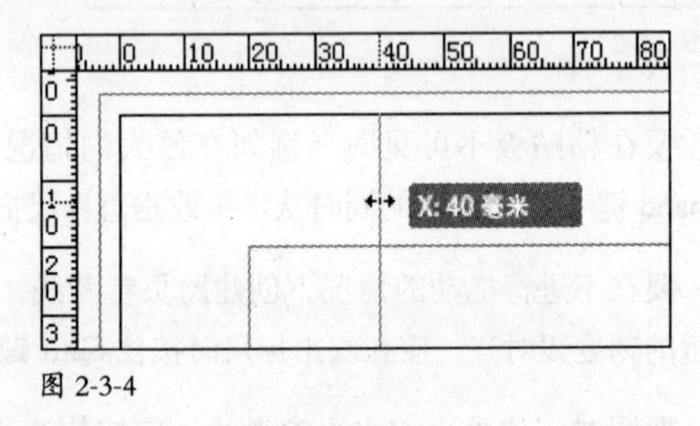

图 2-3-4

(2) 切换到目标跨页（可以在不同的文档），执行“编辑 > 粘贴”命令或快捷键 Ctrl+V，将标尺参考线按照源页面中的位置设定粘贴到目标跨页的相同位置。需要注意的是，应确保源页面和目标页面的尺寸一样，否则粘贴的标尺参考线将不会在需要的位置出现。

4. 使用“多重复制”命令

在设计过程中需要创建具有固定偏移距离的标尺参考线，那么应使用“多重复制”命令。

(1) 选择参考线。

(2) 执行“编辑 > 多重复制”命令，在打开的“多重复制”对话框中指定复制的数量和偏移的距离，如图 2-3-5 所示。

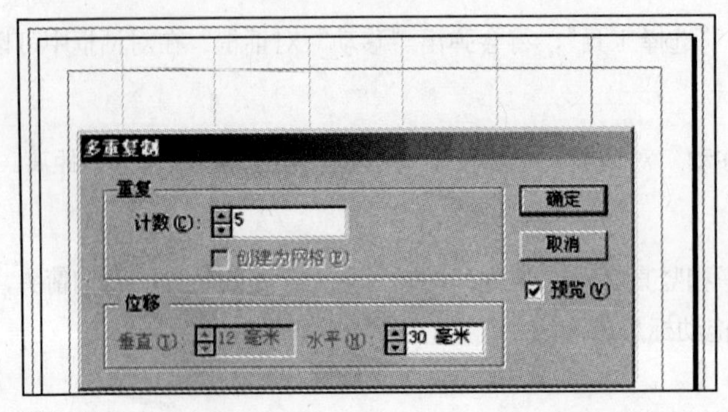

图 2-3-5

5. 使用“对齐”面板

(1) 通过拖动或按住 Shift 键并多次单击参考线来选择多条标尺参考线。

(2) 使用“对齐”面板中底部的对齐和分布按钮，还可以指定标尺参考线间的间距大小，如图 2-3-6 所示。

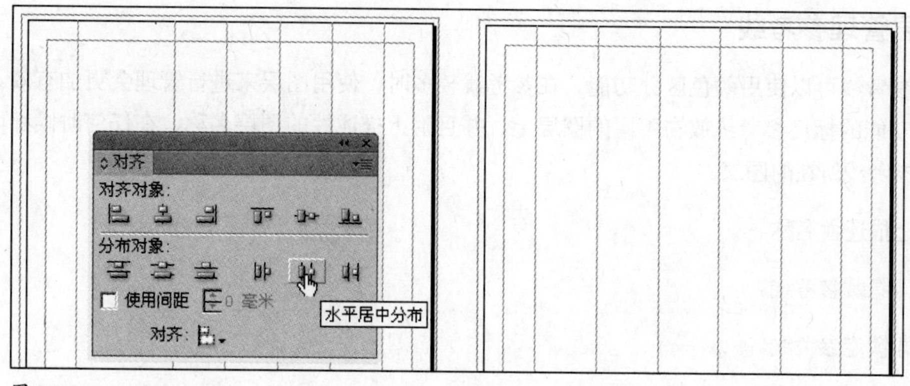

图 2-3-6

2.3.4 着色参考线

通常不同的标尺参考线具有不同功能，在 InDesign 中可以使用不同的颜色进行区分。

（1）选择需要改变颜色的参考线。

（2）执行“版面 > 标尺参考线”命令，在弹出的对话框中指定标尺参考线的颜色。在没有选择任何参考线时，修改这个对话框中的设置将会影响后面创建出来的标尺参考线的颜色。

图 2-3-7 所示为标尺参考线改色前（左图）和标尺参考线改色后（右图）的效果。视图阈值：视图显示标尺参考线的最小临界值。视图比例小于此值时将隐藏参考线。

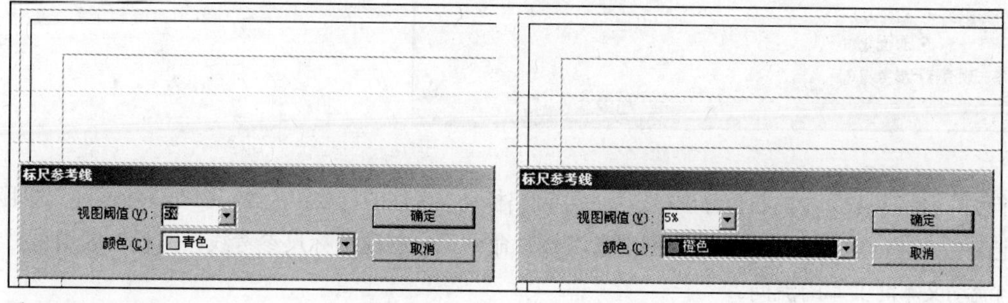

图 2-3-7

2.3.5 锁定参考线

使用标尺参考线时为了避免不小心将参考线选择和移动，可以选择将它锁定。

（1）要锁定全部标尺参考线，可以执行“视图 > 网格和参考线 > 锁定参考线”命令或快捷键 Ctrl+Alt+；。

（2）如果只需要锁定特定的标尺参考线，可以先选择需要锁定的标尺参考线，然后执行“对象 > 锁定位置”命令。这样可以将标尺参考线的位置锁定，以防止意外的移动，但是，锁定位置后仍然可以选择参考线，并更改参考线颜色。

（3）锁定标尺参考线所在图层也是一个好方法。

2.3.6 使用图层管理参考线

文档中的标尺参考线可以使用颜色区分功能。在参考线较多时，使用图层来进行管理会更加有效。使用图层可以将不同功能的标尺参考线放在不同的图层上，并且附上描述性的图层名称，在任何时候都可以方便地显示和锁定参考线所在的图层。

(1) 为图层附上描述性名称。

(2) 隐藏图层即隐藏参考线。

(3) 锁定图层即锁定参考线。

(4) 在图层间移动参考线。

2.3.7 使用"创建参考线"命令

使用"创建参考线"命令可以很快地用交叉的标尺参考线创建出基于页面或版心的网格，如图 2-3-8 所示。

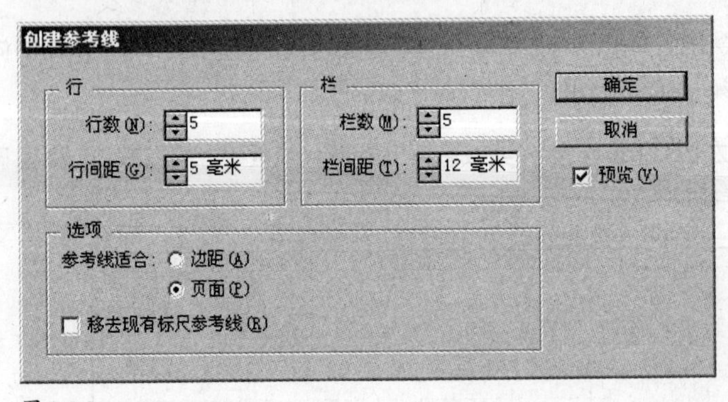

图 2-3-8

(1)"行数"和"栏数"中的数值分别指定页面中网格标尺参考线的行数和栏数。在 InDesign 的"边距和分栏"中设定的栏数会创建栏参考线，而"创建参考线"命令只会创建出标尺参考线，两者的区别是栏参考线将会影响流动文本时文本的流向。

(2)"参考线适合"可以让创建的标尺参考线将页面或版心区域进行等分。

(3) 选择"移去现有标尺参考线"复选框后，将删除页面中存在的标尺参考线。如果需要保留部分标尺参考线，可将它们放到新图层上并隐藏。

(4)"创建参考线"命令创建出的都是页面标尺参考线。

2.3.8 存储参考线

可以将常用的标尺参考线的排列方式保存下来，以便下次使用，其存储方法如下。

(1) 执行"文件 > 新建 > 库"命令，新建一对象库。

(2) 选择页面上需要保存的标尺参考线，单击对象库面板右上角的浮动菜单图标，在弹出的菜单中选择“添加项目”命令。

(3) 如果需要在当前页面中放入保存在对象库中的标尺参考线，应首先在对象库面板中选择包含标尺参考线的项目，然后在库面板菜单中选择“置入项目”命令，将选择的参考线置入到页面中，如图 2-3-9 所示。

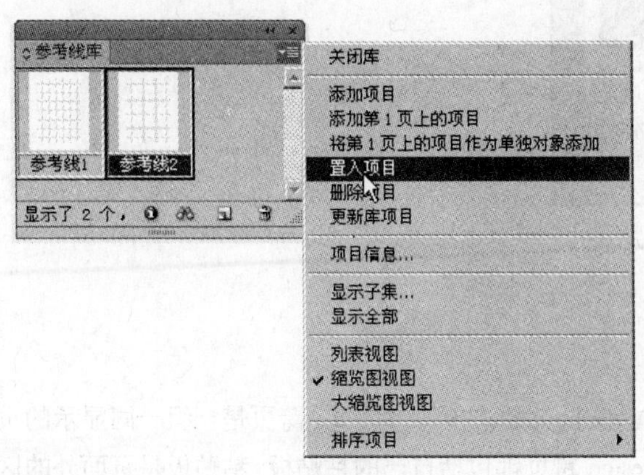

图 2-3-9

2.3.9　全选标尺参考线的快捷键

确定要选择的所有标尺参考线都在可见的非锁定图层上。使用快捷键 Ctrl+Alt+G 可以选择所有的标尺参考线，然后可以对所有标尺参考线进行删除、改色和锁定位置等相关操作，但是在隐藏图层和锁定图层上的标尺参考线将不会被选择。当在文档页面中编辑时，使用此快捷键不能选择主页中的标尺参考线。

2.3.10　标尺参考线的堆叠关系

默认情况下，标尺参考线显示在所有其他的参考线和对象之前。这样，某些标尺参考线可能会妨碍用户看到一些对象，如描边宽度较窄的直线。可以通过更改“参考线置后”首选项，使标尺参考线显示在所有其他对象的前面或后面。但是，无论如何设置“参考线置后”，对象和标尺参考线都始终位于间距和栏参考线的前面，如图 2-3-10 所示。此外，虽然将参考线置于不同的图层可以以结构化的方式来进行组织，但这不会影响它们的视觉排列顺序。“参考线置后”首选项会将所有的标尺参考线作为相对于页面的单个组进行堆叠。

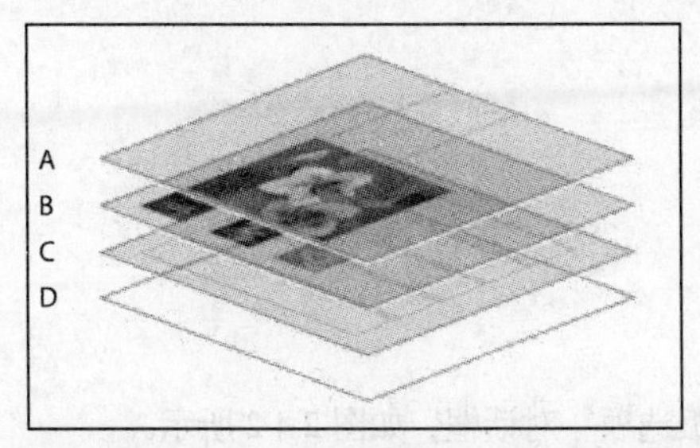

A：标尺参考线 B：页面对象 C：页边线和栏参考线 D：页面
图 2-3-10

如果想改变标尺参考线与页面对象之间的堆叠顺序，可以在“编辑 > 首选项 > 参考线和粘贴板”中选择“参考线置后”选项，图 2-3-11 所示为“参考线前置”（左图）和“参考线置后”（右图）的不同效果。

图 2-3-11

2.4 页面和跨页

在“文件 > 页面设置”对话框中选择“对页”选项时，文档页面将排列为跨页。跨页是一组一同显示的页面，例如在打开书籍或杂志时看到的两个页面。每个 InDesign 跨页都包括自己的粘贴板。粘贴板是页面外的区域，您可以在该区域存储还没有放置到页面上的对象。每个跨页的粘贴板都可提供用以容纳对象出血或扩展到页面边缘外的空间。

2.4.1 页面面板

“页面”面板如图 2-4-1 所示，它主要提供了页面、跨页（可同时看到的一组连续页面）和主页（为其他页面或跨页提供自动格式的页面或跨页）的相关信息和控制方法。

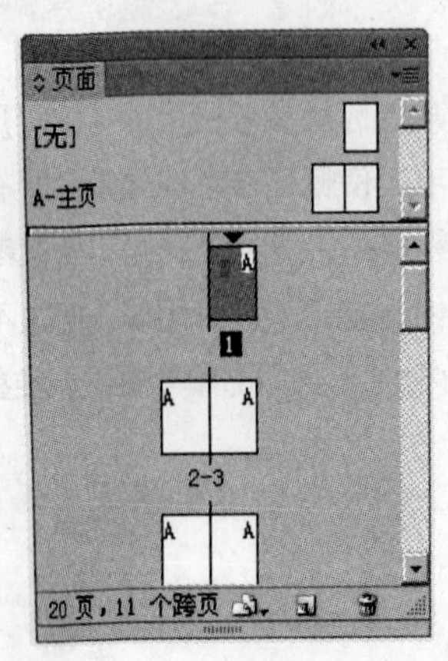

图 2-4-1

如果要更改页面和跨页的显示，可以按以下步骤操作。

⑴ 在“页面”面板的菜单中选择“面板选项”，打开“面板选项”对话框，如图 2-4-2 所示。

⑵ 要设置页面图标的大小，选择“页面”选区的“大小”下拉列表中的选项。

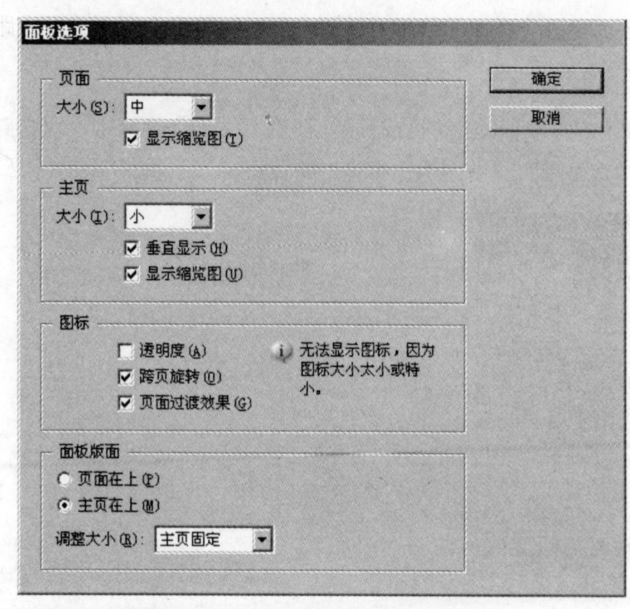

图 2-4-2

(3) 要让页面图标垂直排为一列，可确认在“页面”选区中选中“垂直显示”复选框。要让页面图标按水平方向成行显示，可取消选择“垂直显示”复选框。

(4) 要设置主页图标的大小，可选择“主页”选区的“大小”下拉列表中的选项。

(5) 要让主页图标垂直排为一列，可确认在“主页”选区中选中“垂直显示”复选框。要让主页图标按水平方向成行显示，应取消选择“垂直显示”复选框。

(6) 在“面板版面”选区，执行以下操作之一。

· 选择“页面在上”单选钮，使页面图标部分在主页图标部分的上方。

· 选择“主页在上”单选钮，使主页图标部分在页面图标部分的上方。

(7) 要控制当调整面板大小时“页面”面板如何改变，可在“面板版面”选区的“调整大小”下拉列表中选择下列选项之一，然后单击“确定”按钮。

· 同时调整面板页面和主页部分的大小，可选择“按比例”。

· 保持页面部分的大小而让“主页”部分随着改变，可选择“页面固定”。

· 保持主页部分的大小而让“页面”部分随着改变，可选择“主页固定”。

2.4.2 目标跨页和选择跨页

目标跨页指的是当选择“粘贴”时被复制的对象将要被放置到的跨页，或者当从“物件库”面板菜单中选择“置入项目”时物件库对象将要被置入的跨页。目标跨页居中显示在文档窗口中，在任一时刻都只有一个跨页页面可以作为目标跨页。缩放视图可以显示多个跨页，此时页码框中显示的页码数值表示当前目标跨页。

当选择一个或多个跨页时，可一次性操作执行多个页面的修改，例如，同时调整多个页面的页边距和辅助线、应用主页或删除页面。

指定目标跨页的方法是修改跨页或粘贴板上的对象；双击跨页或粘贴板；在“页面”面板中，双击跨页图标或图标下的页码，如图 2-4-3 所示，左图为选中单页，右图为选中整个跨页。

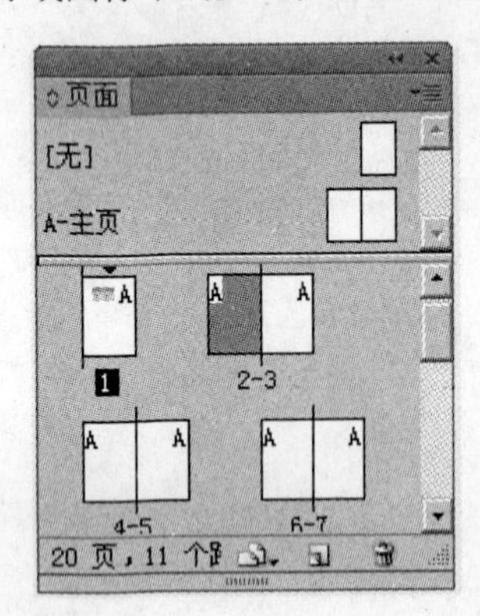

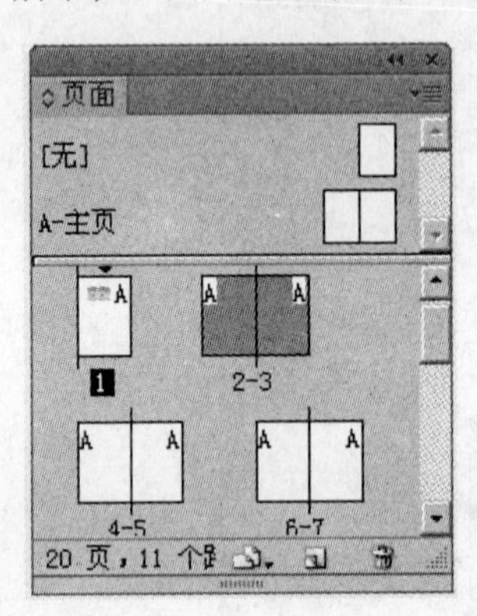

图 2-4-3

指定选择页面或跨页的方法是：单击一个页面图标来选择跨页中的一个页面；单击页码可选择跨页的两个页面；按住 Shift 键单击页面或跨页可选择多页，按住 Ctrl 键可选择多个不相邻的页面。

提示：在“页面”面板中目标跨页的页码为反白显示，所选择跨页的页面图标变蓝。

2.4.3 页面操作

1. 创建多页面的跨页

如果希望同时看到不止两页的内容，可以创建一个多页跨页，在上面增加页面，做成风琴折或者开门折。

(1) 首先单击“页面”面板菜单中的“允许文档页面随机排布”，去掉前面的钩，如图 2-4-4 所示。

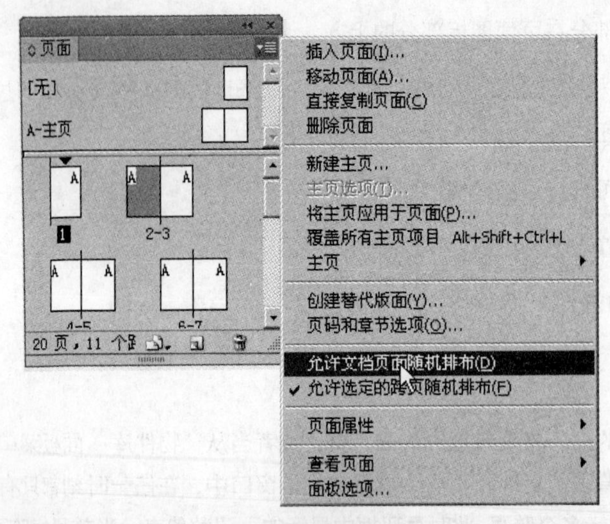

图 2-4-4

(2)在“页面”面板上将第 2 ～ 3 页拖放到第 1 页右边，当在第 1 页右边出现中右括号“]”形状时松开鼠标，第 2 ～ 3 页就排在第 1 页右边了，如图 2-4-5 所示。

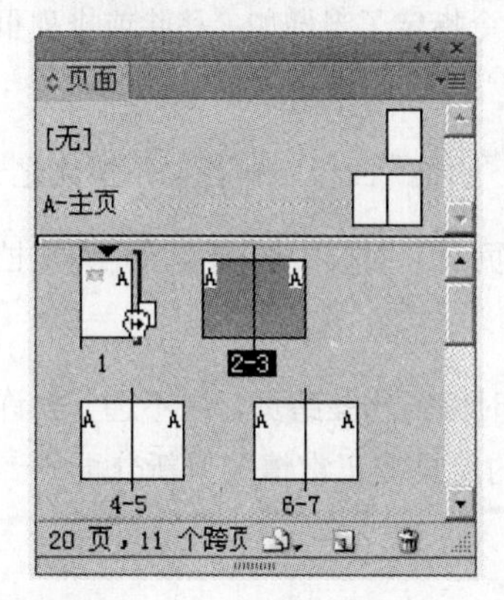
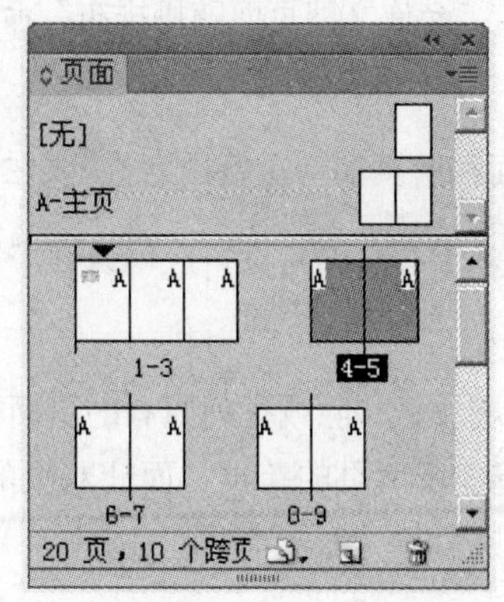

图 2-4-5

(3) 再将第 6 页拖放到第 5 页右边，当在第 5 页右边出现中右括号“]”形状时松开鼠标，第 6 页就排在第 5 页右边了，如图 2-4-6 所示。

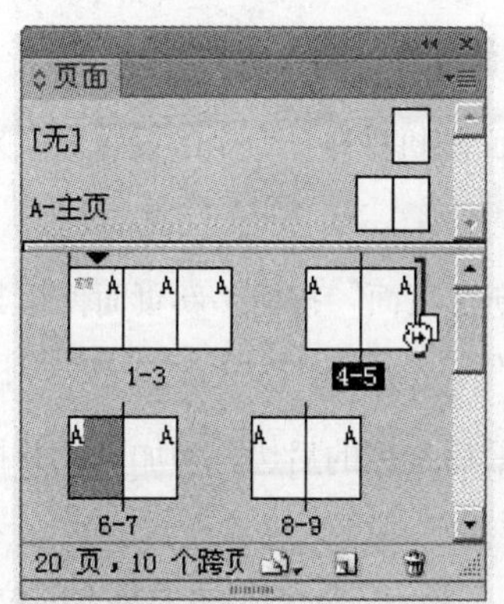
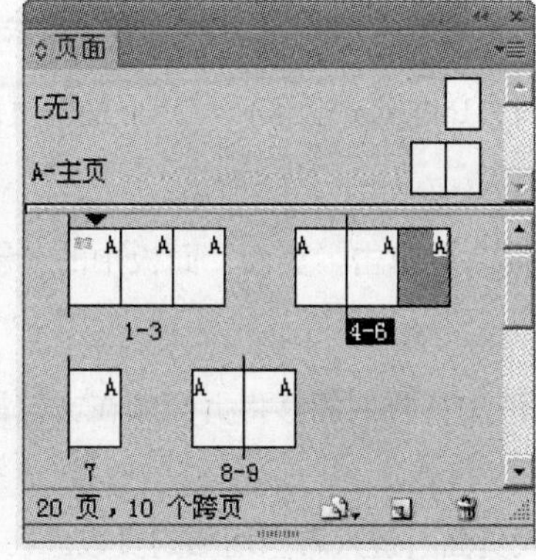

图 2-4-6

(4) 用同样的方法可以将剩下的页面排好。对于主页只要在“页面”面板上选择主页跨页，然后选择面板菜单“主页选项”打开“主页选项”对话框，在“页数”中填入“3”，单击“确定”按钮即可。

2. 删除多页面跨页

在“页面”面板的菜单上勾选“允许文档页面随机排布”，会弹出一个警告对话框，单击“否”按钮即可在“页面”面板上将页面恢复到原来的排布，如图 2-4-7 所示。

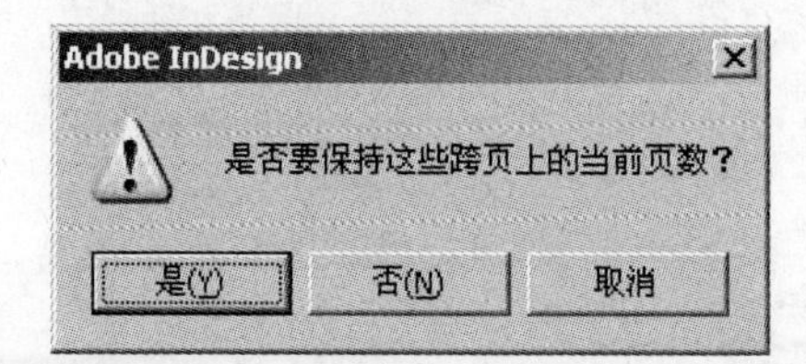

图 2-4-7

3. 控制跨页分页

通常情况下，可以很容易地创建多于两页的跨页，不过，大多数的文档只使用两页的跨页。确认文档只包含双面跨页可以防止意料之外的分页。“允许文档页面随机排布”命令指定了当增加、移除或排列页面时页面和跨页如何重新排列。

要指定当增加、移除或排列页面时页面和跨页如何重新排列，需要在“页面”面板中执行以下操作之一。

· 要保留所有的双页跨页，防止创建多于两页的跨页，应确认在“页面”面板中选取了“允许文档页面随机排布”选项，这是默认的设置。

· 要允许创建多于两页的跨页，并在增加、移除或排列原有的页面时保留这些跨页，应不选“允许文档页面随机排布”选项。InDesign 会保留多于两页的跨页，而让双页的跨页按正常情况重新分页。

4. 增加、排列和复制页面及跨页

(1) 增加页面

利用“页面”面板，可以随意地排列、复制和重新组合页面及跨页。在增加或移除页面时，记住下面的指导方针。

· 当增加、排列、复制或删除页面时，这些页面上的文本框的续接会被保留。

· 当增加、排列、复制或删除页面时，InDesign 会依照“允许文档页面随机排布”命令的设置方式来重新排列页面。

· 要在选择页面或跨页之后增加页面，应单击“页面”面板中的“新建页面”按钮，新页面使用与当前活动页面相同的主页。

执行“文件 > 页面设置”命令可以添加页数，能够将页面加在文档最后一页的后边，增加页面并指定新页面选项，具体步骤如下所述。

在“页面”面板的菜单中选择“插入页面”，键入希望增加的页数。在“插入”处，选择页面插入的位置，或在菜单的右侧键入页码。 在“主页”处，选择要应用的主页。

(2) 排列页面

在“页面”面板中，拖动一个页面图标到文档中新的位置。在拖动时，竖线表明当放手时页面会在何处出现，如图 2-4-8 所示。当黑色竖线碰到一个跨页时，正在拖动的页面会扩展该跨页，否则，文档页面会重新排列，以符合在“文件 > 文档设置”对话框中的“对页”的设置。

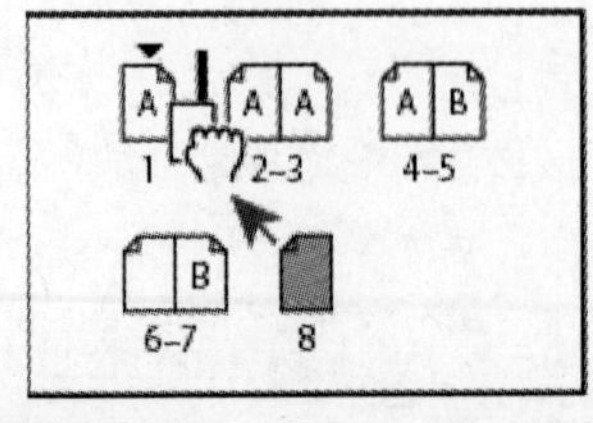

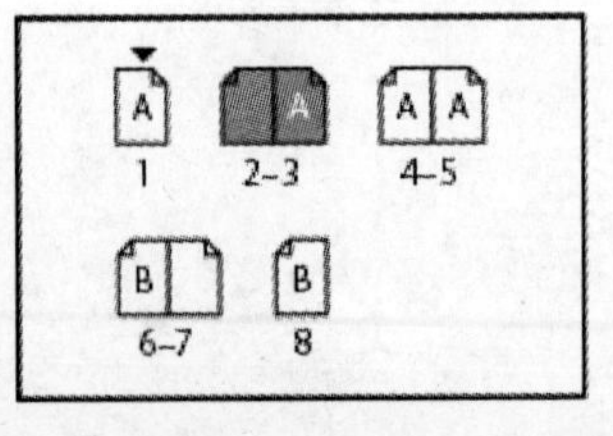

图 2-4-8

(3) 复制页面或跨页

要复制页面或跨页，可在“页面”面板中执行以下操作。

· 将跨页下方的页码拖曳到面板底部的“新建”按钮下，新跨页将会出现在文档的结尾。

· 选择一个页面或跨页，从“页面”面板菜单中选择“直接复制页面”或“直接复制跨页”，新页面或跨页将会出现在文档的结尾。

· 在拖动页面图标或跨页下的页码范围到新位置的同时按下 Alt 键。

注意：复制页面和跨页时，页面上的对象也会被复制。从被复制的跨页到其他跨页的文本续接被破坏，但被复制的跨页中的文本续接会保持不变，与原始跨页中的文本一样。

(4) 移除页面

从跨页中移除一页但保留其在文档中的方法如下所述。

选择跨页，并在“页面”面板菜单中取消选择“允许选定跨页随机排布”。

在“页面”面板中，从跨页中将页面拖出，直到竖线不与任何其他页面接触。

(5) 删除页面

将页面或跨页从文档中删除的方法如下所述。

· 在“页面”面板中将单个或多个页面，或者页码拖曳到面板底部的垃圾箱图标上。

· 在“页面”面板选取一个或多个页面图标，然后单击“垃圾箱”按钮。

· 在“页面”面板选取一个或多个页面图标，从面板菜单中选择“删除页面”或“删除跨页”选项。

5. 多种页面大小

可以在一个文档中为多个页面定义不同的页面大小。当您要在一个文件中实现相关的设计时，此功能尤为有用。例如，您可以在同一文档中包含名片、明信片、信笺和信封页面。在创建杂志中的拉页版面时，使用多种页面大小也很有用。

使用“页面”工具选择要调整大小的主页或页面，然后使用“控制”面板更改设置，如图 2-4-9 所示。

6. 创建自定页面大小

可以通过“新建文档”对话框中的“页面大小”菜单创建自定的页面大小。

(1) 选择“文件 > 新建 > 文档”命令。

(2) 从“页面大小”菜单中选择“自定 ...”。(3) 键入页面大小的名称，指定页面大小的设置，然后单击“添加”按钮。

InDesign 早期版本中用来创建自定页面大小的“NewDocSizes.txt”文件已无法在 InDesign CS5 以上版本中使用。

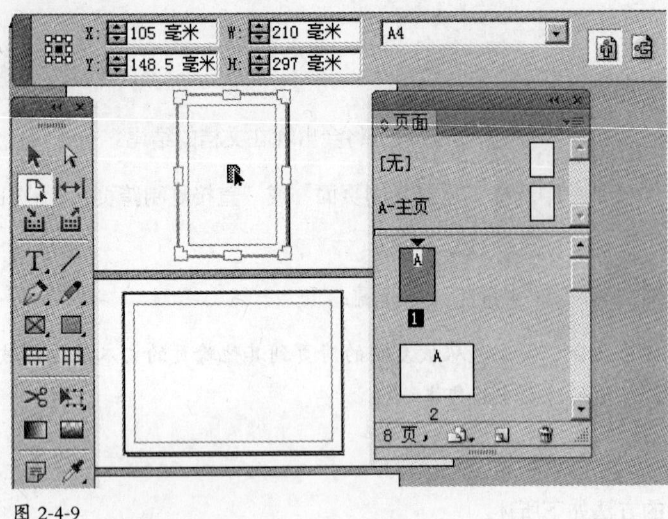

图 2-4-9

2.5 主页

主页类似于一个可以快速应用到许多页面的背景。主页上的对象将显示在应用该主页的所有页面上，显示在文档页面中的主页项目的周围带有点线边框，对主页进行的更改将自动应用到关联的页面。主页通常包含重复的徽标、页码、页眉和页脚。主页还可以包含空的文本框架或图形框架，以作为文档页面上的占位符。主页项目在文档页面上无法被选定，除非该主页项目被覆盖。在 InDesign 中主页与主页间还可以具有嵌套应用关系。

2.5.1 主页操作提示

进行主页操作时的提示和原则如下。

· 可以创建多个主页并将其依次应用到包含典型内容的示例页面，以对不同的设计思路进行比较。

· 要快速对新文档进行排版，可以将一组主页存储到文档模板中，同时存储段落和字符样式、颜色库以及其他样式和预设。

· 如果您更改了主页上的分栏或边距设置，或应用了具有不同的分栏和边距设置的新主页，就可以强制页面上的对象自动调整为新版面。

· 可以在主页上串接文本框架，但是仅可以在单个跨页内串接。要在多个跨页间进行自动排文，应改为在文档页面上串接文本框架。

· 主页不能包含用以进行页码编排的章节。在主页上插入的自动页码将显示应用该主页的文档中每一章节的正确页码。

· 主页可以具有多个图层，就像文档中的页面一样，单个图层上的对象在该图层内有自己的排列顺序，主页图层上的对象将显示在文档页面中同一图层的对象之后。

· 如果要使主页项目显示在文档页面上的对象之前，应为主页上的对象指定一个更高的图层。较高图层上的主页项目会显示在较低图层上的所有对象之前。合并所有图层会将主页项目移动到文档页面对象之后。

· 主页还可以包含空的文本框架或图形框架，以作为文档页面上的占位符。主页项目在文档页面上无法被选定，除非该主页项目被覆盖。

2.5.2 创建主页

可以从头开始创建新的主页，也可以利用现有主页或跨页进行创建。当将主页应用于其他页面之后，对源主页所做的任何更改都会自动反映到所有基于它的主页和文档页面中。通过细致规划，这可以为修改文档中的多个页面提供一个简便的途径。

1. 创建主页并指定选项

创建主页并指定选项的方法如下。

（1）在面板菜单中选择“新建主页”，打开“新建主页”对话框。

（2）指定“前缀”、“名称”、“基于主页”和“页面数量”选项，单击“确定”按钮。

2. 从现有页面或跨页创建新的主页

从“页面”面板的页面部分将整个跨页拖至主页部分，原始页面或跨页上的任何对象都成为新主页的一部分，如图 2-5-1 所示。如果原始页面使用了主页，新主页便基于原始页面的主页。

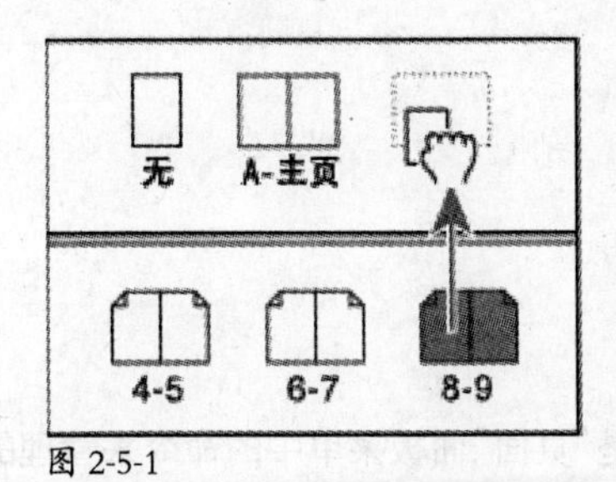

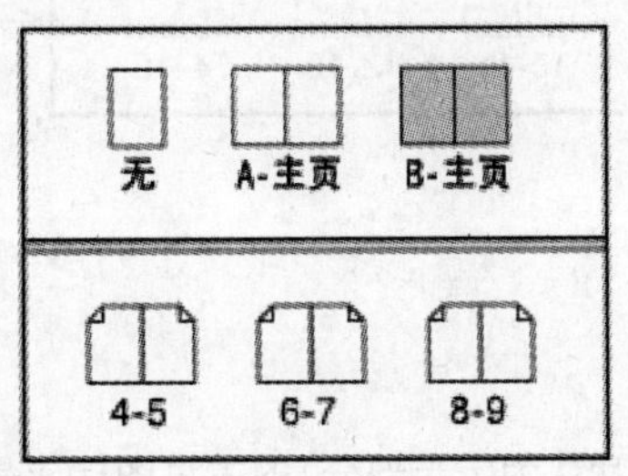

图 2-5-1

2.5.3 基于其他主页的主页

可以在同一文档中创建基于其他主页并随之更新的主页。例如，如果文档中有 10 章，每章的主页之间只有细微的差别，就可以让这些主页都基于一个包括这 10 章中相同布局和对象的主页。这样的话，要修改设计方案只需要在一个主页（即父主页）上修改，而不用逐个修改，如图 2-5-2 所示，这是保持统一而又有变化的设计方案能够快速更新的有效方式。基于父主页的主页称为子主页。

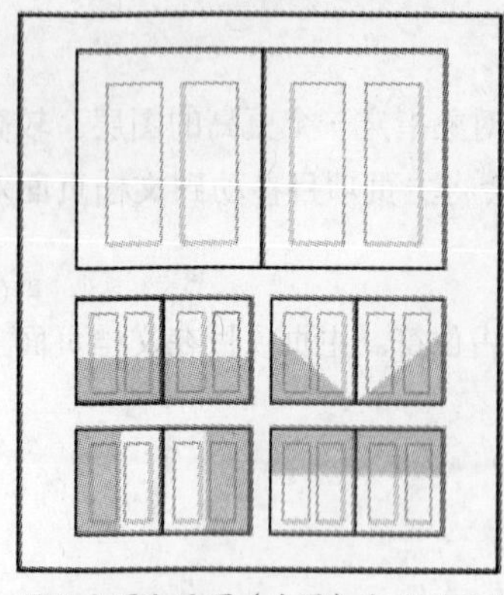

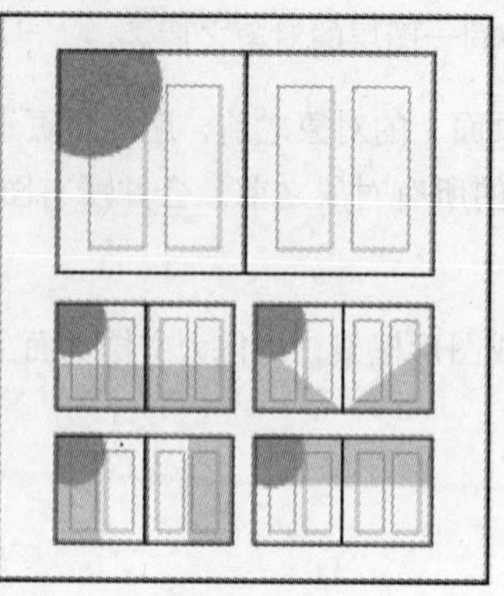

原始主页和子页（左图）当父主页被修改时，子主页会自动更新（右图）

图 2-5-2

提示：可以在子主页上覆盖父主页的对象以产生变化，如同在文档页面上覆盖主页对象一样。

使一个主页基于其他主页

在“页面”面板的主页部分，执行下列操作之一。

· 选取主页，从“页面”面板中选择“[主页名称]主页选项”。在“基于主页”处，选择另外一个主页，单击“确定”按钮。

· 选取希望作为基准的主页名称，并将其拖到另一个主页的名称之上。如图 2-5-3 所示，B- 主页基于 A- 主页。

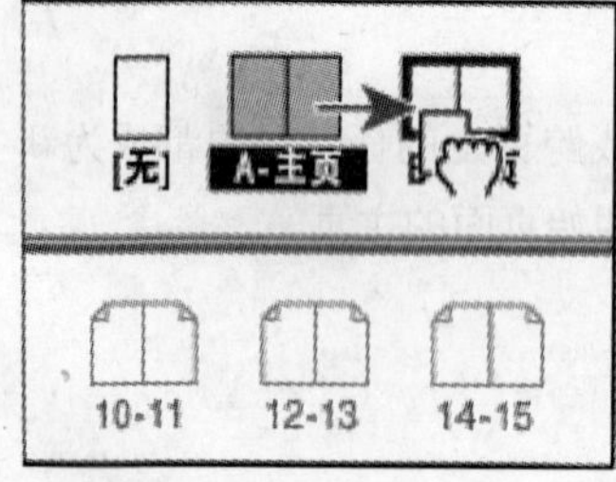

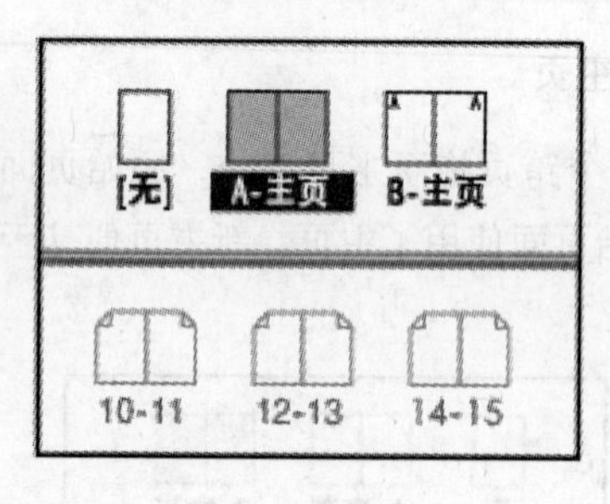

图 2-5-3

2.5.4 应用主页

主页是通过“页面”面板主页部分（默认为上半部分）的主页图标或是“页面”面板菜单中的命令来管理的。每个主页有一个名称和前缀，出现在使用该主页的页面图标之上。如图 2-5-4 所示，将 A- 主页应用于左页（左图），将 A- 主页应用于整个跨页（右图）。

1. 应用主页到文档页面或跨页

要应用主页到文档页面或跨页，可以执行下列操作之一。

· 要应用主页到单个页面，可在“页面”面板中将主页图标拖到页面图标上。当黑色的方框包围所需要的页面时，释放鼠标。

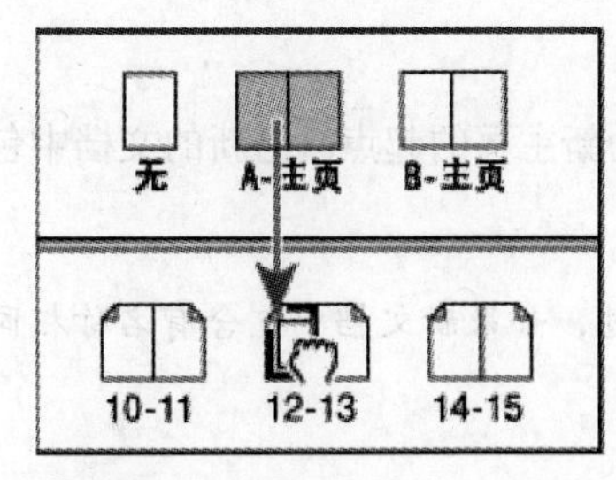

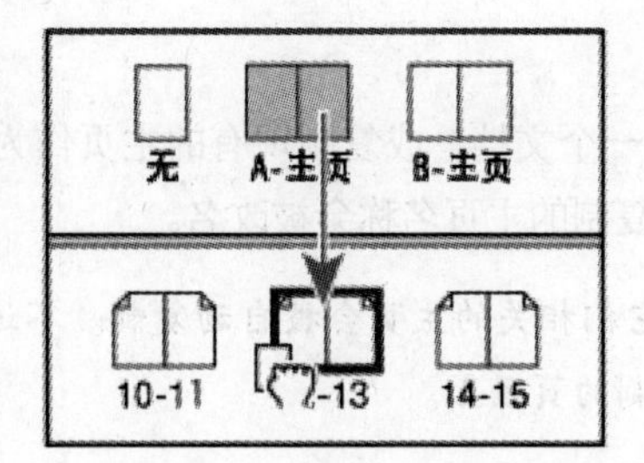

图 2-5-4

· 要应用主页到跨页，可在“页面”面板中将主页图标拖到跨页的一角。当黑色的方框包围所需要的跨页的所有页面时，释放鼠标。

提示：如果在特定的页面上覆盖了主页项目，可以重新应用该主页。

2. 应用主页到多个页面

应用主页到多个页面的方法如下所述。

(1)（可选）在“页面”面板中选择希望应用新主页的多个页面。

(2) 执行下列操作之一。

· 如果选取了多个页面，就应在单击主页时按 Alt 键。

· 如果没有选取页面，则 在“页面”面板菜单中选择“将主页应用于页面”，确认在“于页面”选项中的页面范围是当初所希望的，然后单击“确定”按钮。可以一次对多个页面应用主页。例如，可以输入“5,7−9,13−16”将主页应用于 5、7 ～ 9 和 13 ～ 16 页。

2.5.5 编辑主页

可以随时编辑主页的布局，所做的修改会自动反映在所有应用了该主页的页面上；也可以编辑主页的选项来改变主页的名称或前缀，将主页基于另一个主页或改变主跨页中的页数。

提示：如果在特定的页面上覆盖或分离了主页对象，该对象可能不会在修改主页时自动更新。

1. 编辑现有主页的选项

(1) 在“页面”面板上单击主页的名称选取主页。

(2) 在“页面”面板的菜单中选择“[主页名称] 主页选项”。

2. 编辑主页的布局

(1) 在“页面”面板中，双击希望编辑的主页图标，或从文档窗口下方的页面文本框中选取主页，主跨页出现在文档窗口中。

(2) 修改主页，InDesign 会自动更新使用该主页的所有页面。

2.5.6 复制主页

可以将主页从一个文档复制到另一个文档，或复制现有的主页作为新主页的起点。当新的文档中包含与所复制的主页名称相同的主页，被复制的主页名称会被改名。

注意：当在文档间复制页面时，它们相关的主页会被自动复制。不过，如果新文档中包含有名称相同的主页，新文档中的主页就会应用到复制的页面上。

1. 创建主页的复制

在“页面”面板中，执行下列操作之一。

- 拖动主页的名称到面板下方的“新建页面”按钮上。
- 选择主页的名称，在“页面”面板的菜单中选择“直接复制主页跨页 [主页名称]”命令。

2. 复制主页到其他文档

复制主页到其他文档的方法如下。

(1) 打开希望添加主页的文档，然后打开希望复制主页的文档。

(2) 在“页面”面板中，单击并拖动主页到其他文档窗口中。

2.5.7 移除和删除主页

当从页面上移除主页时，它的布局不再被采用，可以移除未用到的主页以避免混淆。

1. 从文档页面中移除主页

采用与应用其他主页相同的步骤，从“页面”面板的主页部分将主页“无”应用到页面。

2. 从文档中删除主页

从文档中删除主页的方法如下。

在“页面”面板上，选取一个或多个主页图标。要选取所有未用到的主页，可在“页面”面板菜单中选择“选取未使用的主页”。执行下列操作之一。

- 拖动选定的主页图标到面板底部的删除图标上。
- 单击面板底部的删除按钮。
- 从“页面”面板菜单中选择“删除主页跨页 [主页名称]”命令。

2.5.8 分离主页对象

1. 覆盖和分离对象

有时希望特定的页面与主页仅有微小的不同，在这种情况下，不需要在页面上重新创建主页的布局，或是创建一个新的主页，而是可以自定义任何主页的对象或对象的属性，页面上的其他主页就会继续随主页而更新。

有以下两种方式来自定义页面上的主页项目。

· 覆盖主页对象：可以有选择地覆盖一个或多个主页对象的属性，而不断开页面与主页的联系。没有被覆盖的属性，如颜色或大小，会继续随主页更新。覆盖可以在以后被移除，以使对象重新与主页一致。可以覆盖的主页对象属性包括笔画、填充、框的内容和任何变换（如旋转、缩放或斜切）。

· 将对象从主页分离：在文档页面上，可以将对象从它的主页分离。当执行此操作时，对象被复制到文档页面，它与主页的联系被断开，被分离的对象不会随主页更新。

（1）覆盖主页对象

当查看跨页时，在选取任何主页对象的同时按快捷键 Ctrl+Shift。

按需要单击对象，该对象现在可以像其他页面对象一样被选取，但它与主页的联系还会保持。

（2）覆盖所有主页项目

选定一个跨页，然后在“页面”面板菜单中选择“覆盖所有主页项目”。现在可以选取并修改任意的主页项目。

（3）从主页分离对象

当查看跨页时，在选取任何主页对象的同时按快捷键 Ctrl+Shift。

从“页面”面板菜单中选择“分离来自主页的选区”。

（4）将跨页中所有被覆盖的主页对象分离

转到包含希望从主页分离且已被覆盖的主页对象的跨页（不要转到包含原始项目的主页）。

从“页面”面板菜单中选择“分离所有来自主页的对象”。如果该命令不可用，就说明该跨页上没有被覆盖的对象。

2. 重新应用主页对象

如果覆盖了主页对象，可以将它们恢复到与主页一致，这样一来，对象的属性恢复到在相应主页上时的状态，当编辑主页时会随之更新；也可以从选取的对象或是跨页所有的对象中移除覆盖，但不能一次针对整个文档。

如果分离了主页对象，便不能将它们恢复到主页，不过可以删除被分离的对象，然后重新应用主页。

（1）从一个或多个对象中移除覆盖

在文档跨页中，选取原本是主页对象的对象。

在“页面”面板中，将跨页定为目标，从面板菜单中选择“移去选中的本地覆盖”。

(2) 从跨页中移除全部的主页覆盖

将希望移除所有主页覆盖的跨页定为目标。

选择“编辑 > 取消全选”命令，确保没有对象被选中。

在“页面”面板菜单中选择“移去全部本地覆盖”。

3. 重新应用主页

重新应用主页与应用主页是一样的。

2.5.9 多视图

可以为同一文档或其他的 InDesign 文档打开附加的窗口。通过附加窗口，可以执行下列操作。

· 同时比较不同的跨页，特别是不相邻的跨页。

· 显示同一页面的不同放大部分，因而可以在局部工作的同时看到所做的变化如何影响到整个布局。

· 通过在一个窗口显示主页，在另外的窗口显示基于主页的页面来观察编辑主页对页面上的不同部分的影响。

· 当重新打开文档时，只有最后用过的窗口会出现。

· 要为同一个文档创建一个新的窗口，可选择“窗口 > 排列 > 新建窗口”命令。

(1) 要自动排列窗口，可执行下列操作

· 选择“窗口 > 排列 > 层叠”命令将所有窗口层叠排列，窗口与窗口之间略微错开。

· 选择“窗口 > 排列 > 水平或垂直平铺”命令，无重叠地平均显示所有的窗口。

(2) 要激活一个窗口，可执行下列操作

· 单击窗口的标题栏。

· 在“窗口”菜单中选择文档的名称，一个文档的多个窗口是按它们创建时的顺序编号的。

· 如果要关闭所有的活动窗口，应按下快捷键 Shift+Ctrl+W。

· 如果要关闭所有打开的窗口，应按下快捷键 Shift+Ctrl+Alt+W。

2.6 图层

每个文档都至少包含一个已命名的图层。通过使用多个图层，可以创建和编辑文档中的特定区域或各种内容，而不会影响其他区域或其他种类的内容。例如，如果文档因包含了许多大型图形而打印速度缓慢，就可以为文档中的文本单独使用一个图层，这样，在需要对文本进行校对时，就可以隐藏所有其他的图层，而快速地仅将文本图层打印出来。还可以使用图层来为同一个版面显示不同的设计思路，或者为不同的区域显示不同版本的广告。

可以将图层想象为层层叠加在一起的透明纸。如果图层上没有对象，就可以透过它看到它后面的图层上的任何对象。图 2-6-1 所示为图层示意图。

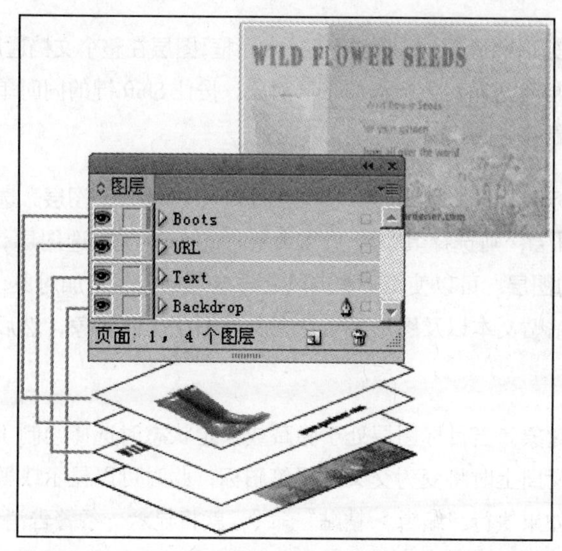

图 2-6-1

InDesign CS6 的“图层”面板类似于 Illustrator 的“图层”面板。每个图层都有一个明显的三角形，可以展开该三角形来显示活动跨页图层上的对象及其堆叠顺序。

可以通过拖动列表中的项目，更改对象的堆叠顺序。使用“图层”面板，还可以显示或隐藏、锁定或解锁各个页面项目，并可以将它们添加到组或从组中删除。

2.6.1 使用图层的场合

在以下几种情况下最好使用图层。

· 提高刷新速度——具有高分辨率背景的项目（例如纹理）需要花很长时间刷新屏幕，因此当设计其他元素时可以隐藏背景图层，在查看背景与其他元素是否协调时再显示出来。

· 展示同一设计的多个版本——一个文档需要制作几种版本时，可以将变化的内容放在单独的层，根据需要显示层。

· 管理打印——隐藏的层将不会被打印。如果因为某种原因需要限制对象的打印输出，最好的方法便是把它放到一个图层上并隐藏起来。

· 管理多种语言版本——同个出版物被译成几种语言的不同版本。根据版面可以将所有共同的对象放在某个图层上，然后为每种语言创建不同的图层。这样如果需要改变共同对象只需要修改一次即可。

· 防止意外选择——包含许多重叠对象、图文绕排和组合对象的复杂设计，例如，页面背景是由复杂的路径构成的，在处理其他对象时为避免意外地选择背景，可以把背景放到新图层上，然后锁定或隐藏该层。

2.6.2 常用图层操作提示

按住 Alt 键单击“图层”面板底部的“新建图层”按钮，将会显示“新建图层”对话框；图层在整个文档通用，不区分文档页面和主页页面；图层具有堆叠顺序，上层不透明对象会挡住下层对象；按住 Shift 键的同时单击可以选择多个图层，然后可以一起对它们进行复制和删除等后续操作。

任何置入或粘贴的文本或图形新对象将被置于目标图层上，即“图层”面板中显示钢笔图标的图层。选择图层作为目标也会同时选择它。如果选择了多个图层，则选择其中一个作为目标不会更改所选图层；但选择所选图层之外的图层作为目标将取消选择其他的图层。可以使用下列方法之一向目标图层添加对象：使用“文字工具”或绘制工具来创建新对象。置入或粘贴文本以及图形后再选择其他图层上的对象，然后将其移动到新图层。

用户无法在隐藏或锁定的图层上绘制或置入新对象。当目标图层处于隐藏或锁定状态时选择绘制工具或“文字工具”以及置入文件后，指针定位在文档窗口上时将变为交叉的铅笔图标，此时可以显示或解锁目标图层，或者选择将可见、解锁的图层作为目标。如果执行“编辑 > 粘贴”命令，就将显示一条警告消息，让用户选择是显示还是解锁该目标图层。

指定图层颜色是为了便于区分不同选定对象的图层。对于包含选定对象的每个图层，“图层”面板都将以该图层的颜色来显示一个点。在页面上，每个对象的选择手柄、装订框、文本端口、文本绕排边界（如果使用）、框架边线（包括空图形框架所显示的 ×）和隐含的字符都将显示其图层的颜色。如果框架的边线是隐藏的，则取消选择的框架不显示图层的颜色。

在图层间移动对象时，先选择要移动的对象，此时“图层”面板对应的图层名称后会出现一个点，把这个点拖动到其他图层上就可以移动对象。要把对象移动到锁定图层上，应在拖动点的同时按住 Ctrl 键；要把对象复制到其他图层上，应在拖动点的同时按住 Alt 键；要把对象复制到锁定图层上，应在拖动点的同时按住 Ctrl+Alt 键。按住 Alt 键单击图层名称可选择该图层中的所有对象。

可以随时隐藏或显示任何图层。隐藏的图层不能编辑，图层上的内容也不会显示在屏幕上，打印时也不显示。当用户要执行下列操作之一时，隐藏图层可能很有用：隐藏文档中不出现在最终文档中的部分；隐藏文档的备用版本；简化文档的显示，从而更为方便地编辑文档的其余部分；防止打印某个图层；如果图层中包含高分辨率图像，可加快屏幕刷新速度。

可以通过合并图层来减少文档中的图层数量，而不会删除任何对象。合并图层时，来自所有选定图层中的对象将被移动到目标图层。在合并的图层中，只有目标图层会保留在文档中，其他的选定图层将被删除。也可以通过合并所有图层来拼合一个文档。如果合并同时包含页面对象和主页项目的图层，则主页项目将移动到生成的合并图层的后面。

2.6.3 图层选项对话框

“图层选项”对话框如图 2-6-2 所示。

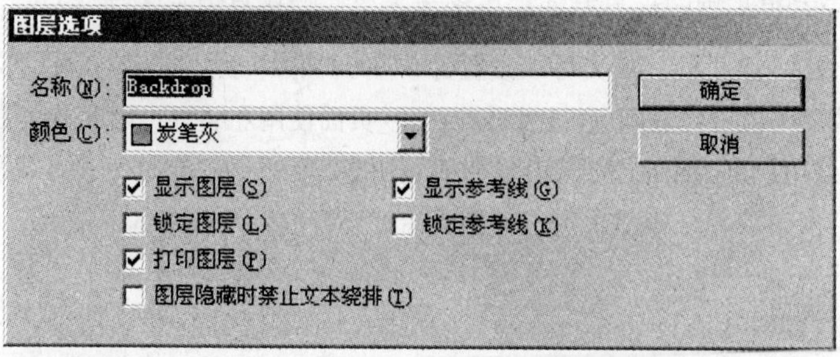

图层选项

名称(N): Backdrop　确定

颜色(C): 炭笔灰　取消

☑ 显示图层(S)　☑ 显示参考线(G)

☐ 锁定图层(L)　☐ 锁定参考线(K)

☑ 打印图层(P)

☐ 图层隐藏时禁止文本绕排(T)

图 2-6-2

“图层选项”对话框中各选项含义介绍如下。

· 名称：在“图层”面板中图层显示的名称。

· 颜色：选择一种图层颜色，这个颜色将影响该图层上每个对象的选择手柄、装订框、文本端口、文本绕排边界（如果使用）、框架边线（包括空图形框架所显示的“×”）和隐含字符的显示。

· 显示图层：选择这一选项可以使图层可见并能够打印。选择此项与在“图层”面板中使眼睛图标可见的作用是一样的。

· 显示参考线：选择此项使参考线在该图层可见，但这并不会影响文档中其他地方的参考线。

· 锁定图层：选择此项可防止图层上的任何对象被改动。选择此项与在“图层”面板中使画叉的铅笔图标可见的作用是一样的。

· 锁定参考线：选择此项以防止图层上的所有参考线被改动。

· 打印图层：选择此选项可允许图层被打印。当打印或导出至 PDF 时，可以决定是否打印隐藏图层和非打印图层。

· 图层隐藏时禁止文本绕排：如果希望带有文本绕排对象的层被隐藏时，其他图层的文本还能恢复绕排前的正常排版，则选取此项。

在“图层”面板的弹出菜单中选择“粘贴时记住图层”，会影响从别处粘贴过来的对象如何与现有的图层相互作用。

如果“粘贴时记住图层”命令被选中，则从不同图层中剪切或复制对象再粘贴到新的页面或位置时，会保持原先所在的图层。如果第二个文档中没有与第一个文档中同样的图层，InDesign 会在第二个文档的图层列表中添加对象所在的同名图层，并将对象贴到该图层。

如果“粘贴时记住图层”命令未被选择，则从不同的图层中剪切或复制的对象会被直接粘贴到目标图层上。

2.7 页码和章节

在页面上添加自动页码可以指定页码的位置和外观。因为页码标记自动更新，所以在文档内增加、移除或排列页面时，它所显示的页码总会是正确的。页码标记可以与文本一样设置格式和样式。

一个单一的 InDesign 文档可以包含 9 999 个页面，最大可以设置为 9 999。例如，建立一个 30 页的文档，文档第一页的页码设置为 9 959，这样的页码也不会有问题。默认情况下，页面使用左装订，因此首页右起，页码为 1，奇数页总是出现在右边；如果使用“页码和章节选项”将首页页码更改为偶数，首页便成为偶数页。默认情况下，页码使用阿拉伯数字（1，2，3……）；当然也可以使用大写或小写的罗马数字（i，ii，iii……）、英文字母（a，b，c……）或中文数字（一,二,三……）。

2.7.1 添加自动页码

添加自动页码的方法如下。

（1）执行下列操作可指定页码标记出现的位置。

· 如果希望页码出现在基于某一主页的所有页面上，应在“页面”面板中双击该主页。

· 如果希望页码只出现在特定的页面，则在“页面”面板中双击页面。

（2）在主页或页面上希望出现页码的位置绘制一个文本框，这个文本框要能容下最长的页码和其他希望与页码同时出现的文字。

（3）当新的文本框中出现闪烁的插入点时，执行下列操作之一。

· 键入希望和页码一同出现的文字，如文档的名称。

· 使用“插入章节标记”插入自定义的章节标记文本。

（4）选择“文字 > 插入特殊字符 > 标志符 > 当前页码”命令。如果自动页码在主页上，就会显示为主页的前缀；在文档页面上，会显示为实际页码；在粘贴板上，会显示为“PB”。

2.7.2 改变页码的格式

改变页码的格式的方法如下所述。

（1）选择“版面 > 页码和章节选项”命令。

（2）在“样式”处选择一个新的页码格式，单击“确定”按钮。

更改页码和章节选项

可以将内容分为不同的章节来分别编排页码。例如，一本书的前 10 页使用罗马数字，其他的部分使用阿拉伯数字，但页码是从 1 算起。为了提供多种页码编排的方式，可以在个别的文档里或是在一本书的不同文档里设置命名的章节。

默认情况下，一本书的页码是连续排列的。通过“页码和章节选项”，可以在指定的页面重新编排页码、更改页码的样式，以及为页码添加前缀和章节标志。

2.7.3 定义章节页码

创建文档所必需的所有页面（或全书的所有文档），然后使用“页面”面板将页面范围定义为章节。

可以用一个章节标志来自动标记章节页面，也可以用唯一的前缀来作为每一章节的标记，作为自动页码、目录项、交叉引用、索引项或其他自动编码的一部分。如果要在第20页开始一个新章节，并指定“A-”作为章节前缀，则先在“页面”面板上选择第20页，再选择“页面”面板菜单“页码和章节选项”打开“新建章节”对话框，如图2-7-1所示。选中“开始新章节”、“编排页码时包含前缀”复选框，将“起始页码”设置为1，“章节前缀”设置为“A-”。

单击“确定”按钮后效果如图2-7-2所示，在目录或索引中生成的页码会显示为“A-20”。

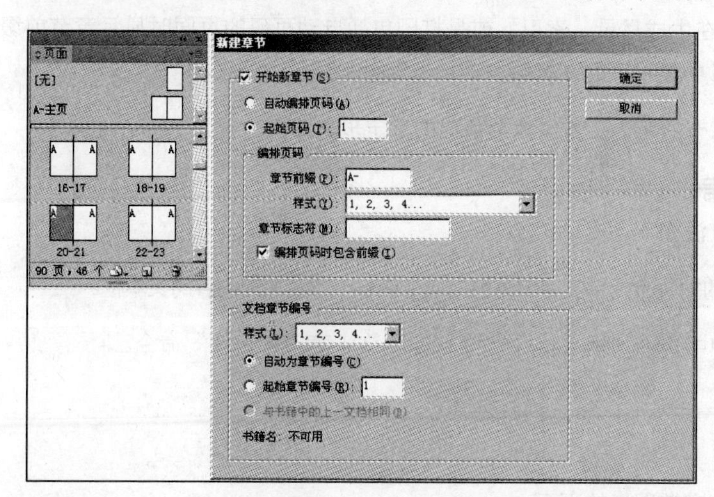

图 2-7-1

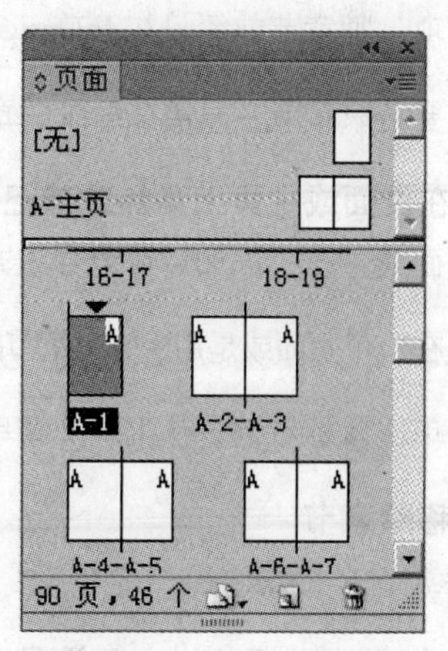

图 2-7-2

1. 定义章节页码

定义章节页码的方法如下所述。

(1) 在“页面”面板中，选取希望定义的章节的第一页。

(2) 执行下列操作之一。

· 选择“版面 > 页码和章节选项”命令。

· 在“页面”面板菜单中选择“页码和章节选项”。

(3) 如果要更改的页码选项不是从第一页开始的，则应确认“开始新章节”被选取，这个选项将被选取的页面标记为新章节的起始。

（4）如有必要，可指定下列选项，然后单击“确定”按钮。

· 如果希望这一章节的页码沿续前一节的编排方式，则选取“自动页码编排”。选取这一选项后，当在本章节第一页之前增加页面时，这一章节的页码会自动更新。

· 选择“页码开始于”，确认本章节的第一页是一个指定的数字，而不管它在文档中的实际位置，键入相应的数字来重新编排页码，该章节中剩余的页码会相应编排。如果在“样式”下拉列表中选择了样式为非阿拉伯数字，则在这里仍然需要键入阿拉伯数字。

· 选取“章节前缀”，键入章节的标记。如果有必要，可键入空格或标点，比如“A-16”或“A 16”。章节标记长度限制为 8 个英文字符，它不能为空，不能为纯空格，应使用全角或半角空格。

· 从“样式”菜单中选择一种页码样式，样式仅会应用在本章节的所有页面中。

· 选取“章节标志符”，键入可以自动插入到页面的标记。

· 选择“编排页码时包含前缀”，在生成目录、索引，或是打印包括自动页码的页面时显示章节前缀。若不选此项，则章节前缀只在 InDesign 中显示，而在打印的文档、索引和目录中隐藏。

（5）要结束章节，只需在后续的章节的第一页重复章节页码的设定步骤即可。

2. 在页面或主页上添加章节记号

在页面或主页上添加章节记号的方法如下。

（1）在一个页面或是用于一个章节的主页上，用文字工具拖出一个能容下章节标记内容的文本框。

（2）单击鼠标右键，从上下文菜单中选择“插入特殊字符 > 标志符 > 章节标记符”命令。

3. 移除章节

移除章节的方法如下。

（1）在“页面”面板中，选取带有章节图标的页面。

（2）在“页面”面板菜单中选择“页码和章节选项”。

（3）取消“开始新章节”的选项，然后单击“确定”按钮。

当光标准确定位在任何章节图标上方时，会出现一个工具提示，显示出起始页码或是章节前缀。

提示：如果在“查找 / 替换”对话框中键入自动页码特殊符号，则跳转页码也会被查找或替换。

2.7.4 为文章跳转增加自动页码

可以很容易地创建和编辑在其他页面继续的文章跳转行，如标有“下转第 42 页”的行。使用跳转行页码，可以在移动或重排文章的串接文本框架时自动更新包含文章的下一个或上一个串接文本框架的页面页码。

通常跳转页码应当放在与它所跟踪的文章分开的文本框中。这样一来，即使文章的文本重新排列，跳转页码也会保持位置。

如果在页码之前出现了不希望出现的字符(例如,跳转行为下转 A16 页,而不是下转第 16 页),这是因为在“页码和章节选项”中包括了章节前缀，移除或编辑前缀即可。

提示：如果跳转页码与当前页码相同，则应确认将跳转页码文本框和文本框相重叠，以及续接的文本框在不同页面上。

添加自动跳转页码的方法如下。

(1) 使用文字工具在现有的、包含希望跟踪文章的文本框之上或之下拖出一个新的文本框。

(2) 用选取工具，定位新的文本框，使它与包含希望跟踪文章的文本框重叠。

(3) 在新文本框活动的文本插入点，键入类似“下转第　页”或“上接第　页”的字样，然后执行下列操作之一。

· 要加入“上接”的页码，应选择“文字 > 插入特殊字符 > 标志符 > 上接页码”命令。也可以在文本框上单击鼠标右键，从出现的上下文菜单中，选择“插入特殊字符 > 标志符 > 上接页码”命令。

· 要加入“下转”的页码，应选择“文字 > 插入特殊字符 > 标志符 > 下转页码”命令。也可以在文本框上单击鼠标右键，从出现的上下文菜单中，选择“ 插入特殊字符 > 标志符 > 下转页码”命令。

(4)（可选）选择“对象 > 编组”命令，这可以保证同时移动文章和跳转行。

(5) 如果有必要，可以重复上一步骤以增加更多的跳转行。为了加深读者对创建页码的理解，下面我们来做一个练习。

① 打开文件,双击“页面”面板中的“A- 主页”图标,进入 A 主页编辑,在要添加页码的位置,画一个文本框，如图 2-7-3 所示。

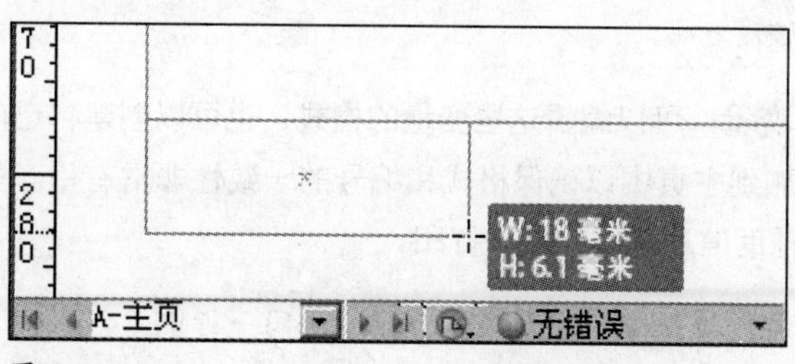

图 2-7-3

② 选择菜单命令“文字 > 插入特殊字符 > 标志符 > 当前页码”，在主页上将显示该主页前缀，如 A 主页显示“A”。对“A”字做文字属性调整，就是页码的文字属性，如图 2-7-4 所示。

③ 如果文档设置是对页，就需要在主页的左右页都添加自动页码，如图 2-7-5 所示。

④ 切换到第 2 页，放在主页上的文本框显示了出来，并且 A 字符变为了 2，如图 2-7-6 所示。

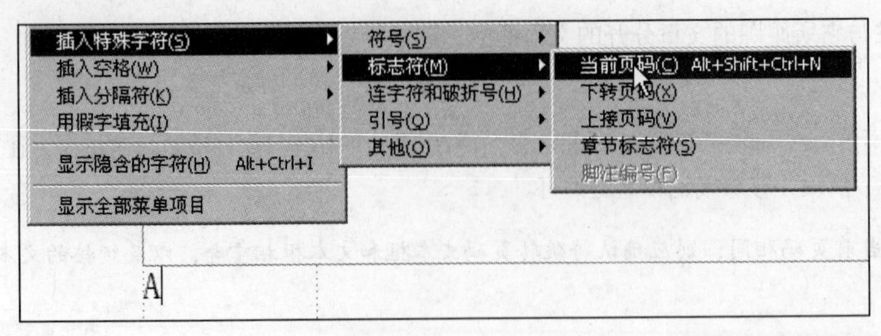

图 2-7-4

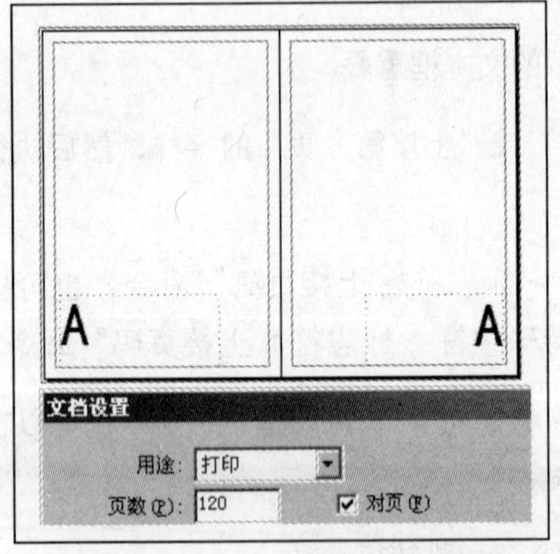

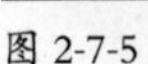
图 2-7-5

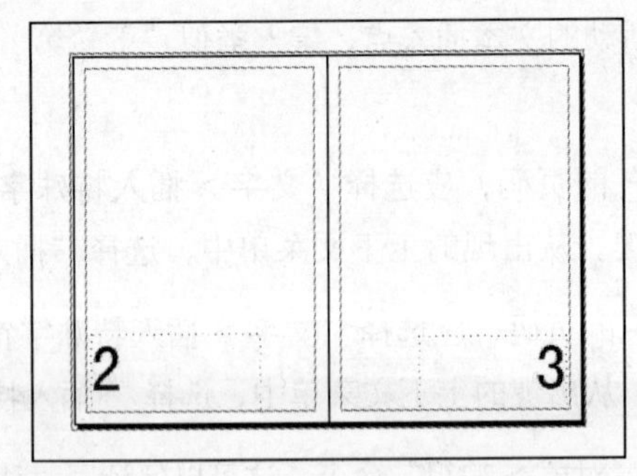

图 2-7-6

2.8 文本变量

文本变量是插入在文档中并且根据上下文发生变化的项目。例如，“最后页码”变量显示文档中最后一页的页码。如果添加或删除了页面，该变量会相应更新。

InDesign 包括几个可以插入在文档中的预设文本变量。可以编辑这些变量的格式，也可以创建自己的变量。某些变量（如“标题”和“章节编号”）对于添加到主页中以确保格式和编号的一致性非常有用。另一些变量（如“创建日期”和“文件名”）对于添加到辅助信息区域以便于打印。

注：向一个变量中添加太多文本可能导致文本溢流或被压缩。变量文本只能位于同一行中。

2.8.1 创建文本变量

创建变量时可用的选项取决于您指定的变量类型。例如，如果您选择“章节编号”类型，则可以指定显示在此编号之前和之后的文本，还可以指定编号样式。可以基于同一变量类型创建多个不同的变量。例如，可以创建一个变量来显示“Chapter 1”，而创建另一个变量来显示“Ch. 1.”。

同样，如果选择“标题”类型，则可以指定将哪一个样式用作页眉的基础，还可以选择用于删除句尾标点和更改大小写的选项。

如果要创建用于所有新建文档的文本变量，应关闭所有文档。否则，创建的文本变量将只在当前文档中显示。

选择“文字 > 文本变量 > 定义”命令，弹出“文本变量”对话框，如图 2-8-1 所示。

单击“新建”按钮，或选择某个现有变量并单击“编辑”按钮。

为变量键入名称，例如“全部章节”或“文章标题”。

从“类型”选项中选择一个变量类型，指定该类型的选项，然后单击“确定”按钮。

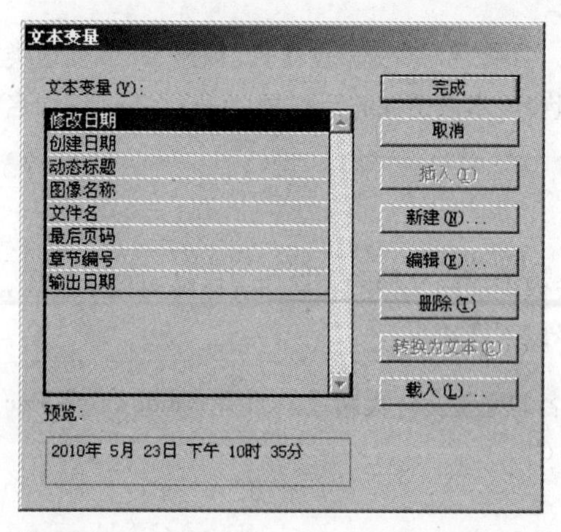

图 2-8-1

可用的选项取决于您选择的变量类型。

文本前 / 文本后:对于所有变量类型（“自定文本”除外），都可以指定可添加到变量前或变量后的文本。例如，您可以在“最后页码”变量前添加“/ 共”，并且在该变量后添加“页”，以实现“/ 共 12 页”的效果。也可以将文本粘贴至这些框中，但制表符和自动页码等特殊字符将被删除。要插入特殊字符，应单击文本框右侧的三角形。

样式: 对于所有编号变量类型，都可以指定编号样式。如果选择了 [当前编号样式]，变量就会使用在文档的“页码和章节选项”对话框中选定的相同编号样式。

2.8.2 变量类型

1. 创建日期、修改日期和输出日期

“创建日期”会插入文档首次存储时的日期或时间；“修改日期”会插入文档上次存储到磁盘时的日期或时间；“输出日期”会插入文档开始某一打印作业、导出为 PDF 或打包文档时的日期或时间。可以在日期之前或之后插入文本，并且可以修改所有日期变量的日期格式。

日期格式：可以直接将日期格式键入到“日期格式”框中，也可以通过单击框右侧的三角形来选择格式选项。例如，日期格式“MM/dd/yy”会显示为12/22/07。通过将格式更改为“MMM. d, yyyy”，日期会显示为“Dec. 22, 2007”。

日期变量使用应用于文本的语言。例如，“创建日期”可能会以西班牙语显示为“01 diciembre 2007”或者以德语显示为“01 Dezember 2007”。

2. 动态标题

“动态标题”变量会在应用了指定样式的文本的页面上插入第一个或最后一个匹配项。如果该页面上的文本未使用指定的样式，则使用上一页中的文本。

3. 图像名称

在从元数据生成自动题注时，“图像名称”变量非常有用。“图像名称”变量包含“元数据题注”变量类型。如果包含该变量的文本框架与某个图像相邻或成组，则该变量会显示该图像的元数据。可以编辑“图像名称”变量以确定要使用哪个元数据字段。

4. 文件名

此变量用于将当前文件的名称插入到文档中。它通常会被添加到文档的辅助信息区域以便于打印，或用于页眉和页脚。除了“文本前”和“文本后”，还可以选择以下选项。

- 包括完整文件夹路径：选择此选项可以包括带有文件名的完整文件夹路径。使用Windows或Mac OS的标准路径命名惯例。

- 包括文件扩展名：选择此选项可包括文件扩展名。

“文件名”变量会在您使用新名称存储文件或将文件存储到新位置时进行更新。路径和扩展名不会显示在文档中，直至其被存储。

5. 最后页码

“最后页码”类型用于使用常见的“第3页/共12页”格式将文档的总页数添加到页眉和页脚中。在这种情况下，数字12就是由“最后页码”生成的，它会在添加或删除页面时自动更新。可以在最后页码之前或之后插入文本，并可以指定页码样式。从“范围”菜单中，选择一个选项可以确定章节或文档中的最后页码是否已被使用。

注意：“最后页码”变量不会对文档中的页数进行计数。

6. 章节编号

用“章节编号”类型创建的变量会插入章节编号。可以在章节编号之前或之后插入文本，并可以指定编号样式。

如果文档中的章节编号被设置为从书籍中上一个文档继续，则可能需要更新书籍编号以显示相应的章节编号。

7. 自定文本

此变量通常用于插入占位符文本或可能需要快速更改的文本字符串。例如，如果你正在工作的项目使用一个公司的代号，则可以为此代号创建一个自定文本变量。当真正的公司名称可用时，只需更改此变量即可更新所有代号。

要在文本变量中插入特殊字符，应单击文本框右侧的三角形。

2.8.3 创建用于标题和页脚的变量

默认情况下，“动态标题”变量会插入具有指定样式的文本（在页面中）的第一个匹配项。

如果您还没有设置内容的样式，就应为要在页眉中显示的文本创建段落样式或字符样式（例如大标题或小标题样式）并应用这些样式。

选择“文字 > 文本变量 > 定义”命令，在“文本变量”对话框中单击“新建”按钮，弹出“新建文本变量”对话框，如图 2-8-2 所示。

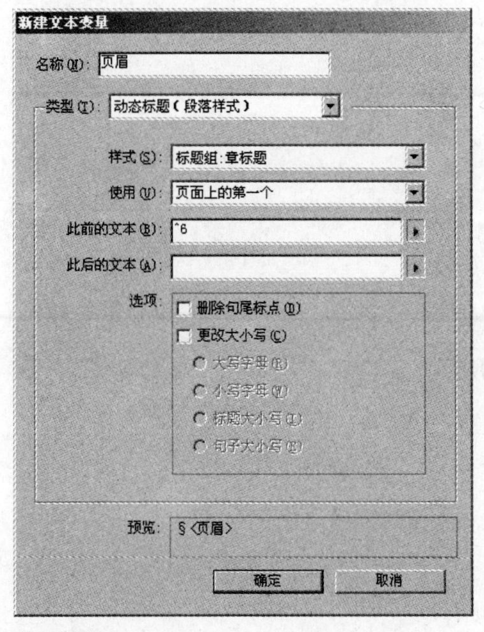

图 2-8-2

在“名称”文本框中输入变量的名称。

从“类型”下拉列表中，选择“动态标题（段落样式）”或“动态标题（字符样式）”。

指定以下选项。

- 样式：选择要显示在页眉或页脚中的文本的样式。
- 使用：确定需要的是样式在页面上的第一个匹配项还是最后一个匹配项。例如，在同一页面上可能有 3 个标题。“页面上第一个”将被定义为页面起始的第一个段落，而不是同一页面中接近页面末尾的段落。如果页面上没有此样式的匹配项，就使用所应用样式的前一个匹配项。如果文档中没有先前的匹配项，则此变量将为空。

· 删除句尾标点：如果选中此复选框，变量在显示文本时就会减去任何句尾标点（句号、冒号、感叹号和问号）。

· 更改大小写：选择此复选框可以更改显示在页眉或页脚中的文本的大小写。例如，你可能希望在页脚使用句子大小写，即使页面中的标题以标题大小写的形式显示。

单击“确定”按钮，然后单击“文本变量”对话框中的“完成”按钮。

现在就可以将变量插入到您在主页上创建的页眉或页脚中。在主页页眉上画一个文本框，选择菜单命令“文字 > 文本变量 > 插入变量”，选择要插入的变量，如图 2-8-3 所示。

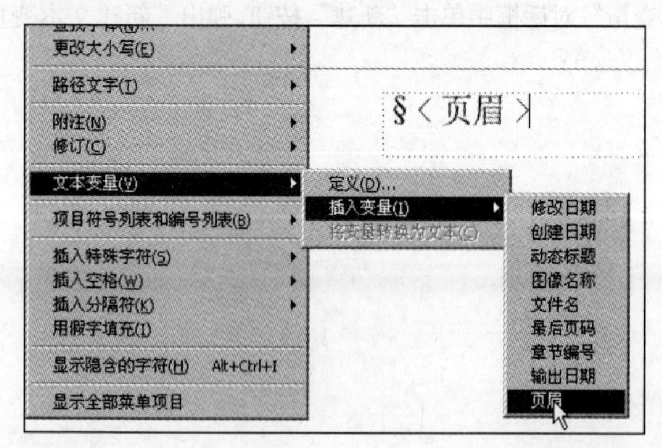

图 2-8-3

到文档页面看页眉就显示了当前页的标题，如图 2-8-4 所示。

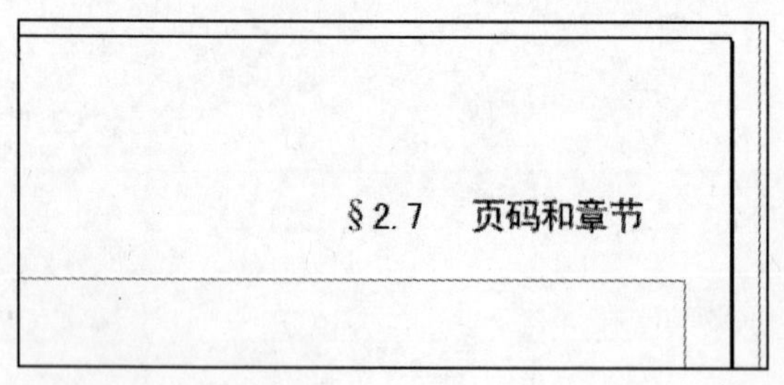

图 2-8-4

2.8.4 管理文本变量

1. 删除文本变量

如果要删除插入在文档中的文本变量的一个实例，则只需要选择此变量并按 Backspace 或 Delete 键即可。也可以删除变量本身。执行此操作时，可以决定如何替换插入在文档中的变量。

（1）选择“文字 > 文本变量 > 定义”命令。

（2）选择变量，然后单击“删除”按钮。

（3）指定如何通过指定其他变量来替换此变量，将变量实例转换为文本或完全删除变量实例。

2. 将文本变量转换为文本

要转换单个实例，应在文档窗口中选择此文本变量，然后选择“文字 > 文本变量 > 将变量转换为文本”命令。

要转换文档中文本变量的所有实例,应选择“文字 > 文本变量 > 定义”命令,选择此变量,然后单击“转换为文本”。

3. 从其他文档导入文本变量

（1）选择“文字 > 文本变量 > 定义”命令，打开“文本变量”对话框。

（2）单击“载入”按钮，然后双击包含要导入变量的文档。

（3）在“载入文本变量”对话框中，确保选中要导入的变量。如果任何现有变量与其中一个导入的变量同名，则在“与现有文本变量冲突”下选择下列选项之一，然后单击“确定”按钮。

· 使用传入定义：用载入的变量覆盖现有变量，并将它的新属性应用于当前文档中使用旧变量的所有文本。传入变量和现有变量的定义都显示在“载入文本变量”对话框的底部，以便您可以看到它们的区别。

· 自动重命名：重命名载入的变量。

（4）单击“完成”按钮，然后单击“确定”按钮。

文本和样式 3

学习要点

- 掌握文本置入、串接等基本操作
- 了解特殊字符
- 掌握字符样式的设置
- 了解吸管工具的使用
- 掌握段落样式的设置
- 了解文本和布局
- 了解 OpenType 和字形
- 了解文章编辑器
- 了解并掌握脚注

3.1 创建文本

Adobe InDesign 中的所有文本都放置在称为文本框架的容器内。有两种类型的文本框架：框架网格和纯文本框架。框架网格是亚洲语言排版特有的文本框架类型，其中字符的全角字框和间距都显示为网格；纯文本框架是不显示任何网格的空文本框架。使用 InDesign 的文字工具不仅可以在文档中的任意位置插入垂直或水平的文本，而且还可以在图形内部或者路径上创建文本。

3.1.1 文字工具

InDesign 中的文字工具有“文字工具”、“直排文字工具”、“路径文字工具”和“垂直路径文字工具”4 种。与 Illustrator 不同的是，InDesign 中的文字工具和直排文字工具只能通过单击并拖动鼠标绘制出文本框后，在文本框中输入文本，而不能创建“点文本”，即通过单击创建文本。

1. 创建横排文本

① 在工具箱中选择文字工具后，在文档窗口中单击并拖曳鼠标，绘制出文本框，如图 3-1-1 所示。

② 文本框中出现闪烁的输入光标。用键盘输入文本，输入的文本将会出现在文本框中，如图 3-1-2 所示。

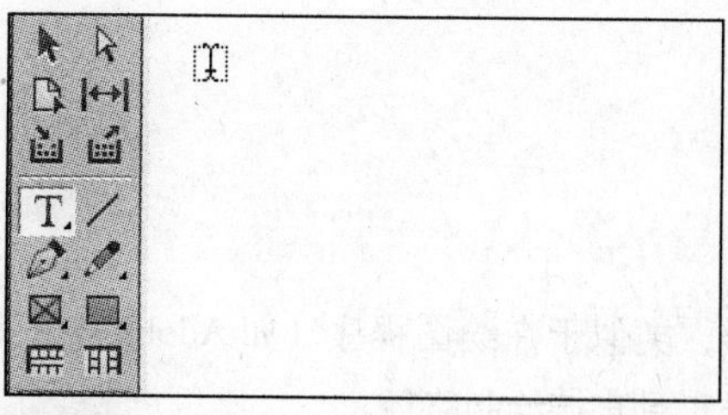

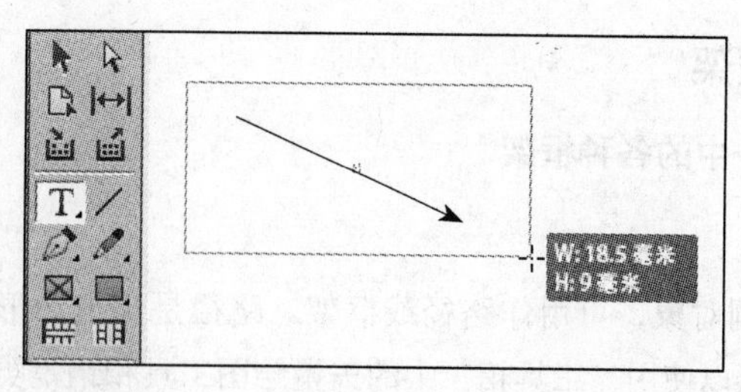

图 3-1-1

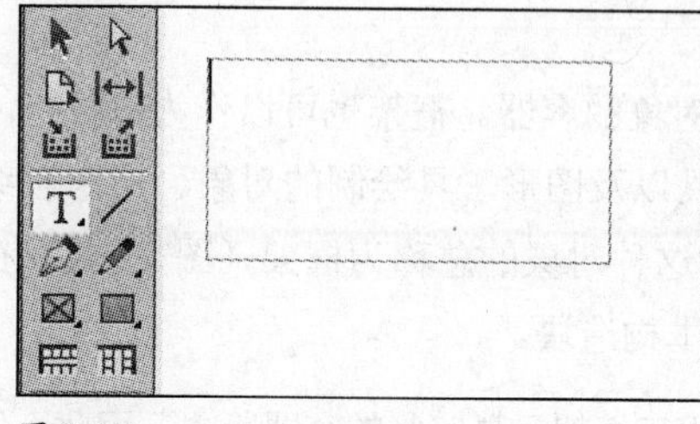

图 3-1-2

2. 创建竖排文本

① 使用工具箱中的椭圆工具绘制一个圆，然后用垂直文字工具单击圆的内部。

② 出现闪烁的输入光标后，输入文本。录入的文本将在圆形内部垂直排列。但是，当输入的文本为英文时，InDesign 会自动将英文旋转 90˚ 显示，如图 3-1-3 所示。

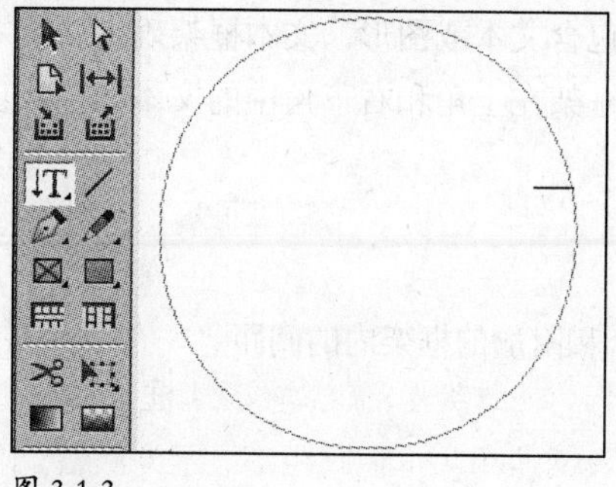

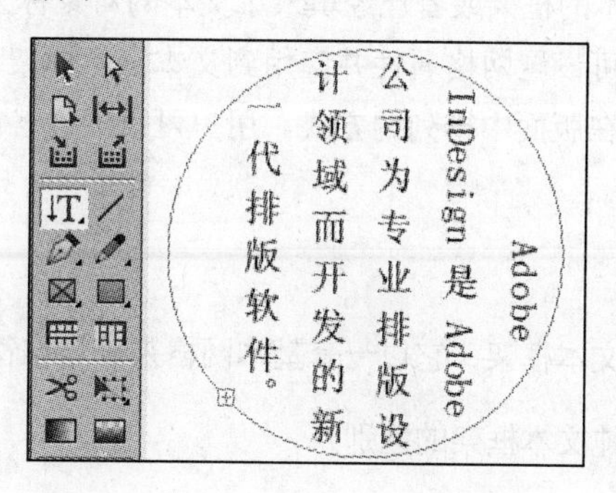

图 3-1-3

3. 创建路径文本

① 使用工具箱中的多边形工具绘制一个五角星，然后用路径文字工具单击五角星的路径。

② 出现闪烁的输入光标后，输入文本。录入的文本将沿着五角星轮廓线排列，如图 3-1-4 所示。

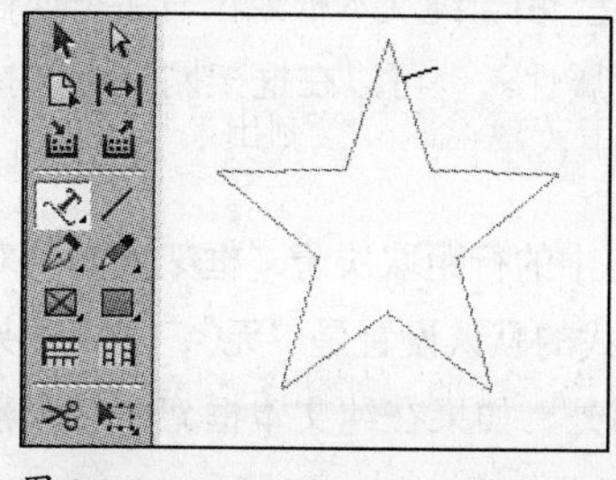

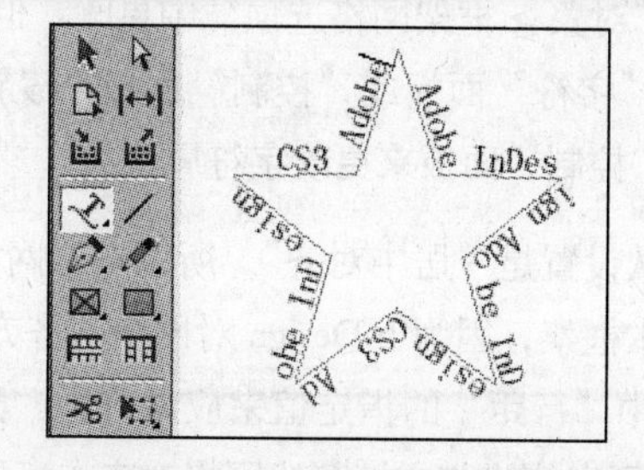

图 3-1-4

3.1.2 文本框架

1. InDesign 中的各种框架

（1）路径

在文档中绘制对象，可用作路径或框架。路径是矢量图形，类似于在绘图程序（如 Adobe Illustrator）中创建的图形。可以使用“工具箱”中的矢量绘图工具和钢笔类工具直接绘制路径。

（2）框架

框架与路径一样，唯一的区别在于框架可以作为文本或其他对象的容器。框架也可以作为占位符（不包含任何内容的容器）。用图文框工具绘制的对象或者用钢笔工具以及图形工具绘制的对象，用来容纳图片或文本。在没有指定（通过对象菜单）内容或置入内容时，对这种对象的总称为框架（图文框），在显示时，框内有个叉。作为容器和占位符时，框架是文档版面的基本构造块。

将内容直接置入或者粘贴到路径内部，路径可以转化为框架。由于框架只是路径的容器版本，因此，任何可以对路径执行的操作都可以对框架执行，如为其填色、描边，或者使用“钢笔”类工具编辑框架本身的形状。路径和框架相互转化的灵活性使用户可以轻松更改自己的设计，并为用户提供了多种设计选择。

（3）文本框

指定了内容为文本的框架或者已经填入了文本的对象称为“文本框”，它分为普通文本框和网格文本框这两类，网格文本框可设置网格属性并应用到文本上。框架可以包含文本或图形，文本框架确定了文本要占用的区域以及文本在版面中排列的方式。用户可以通过各文本框架左上角和右下角中的文本入口和出口来识别文本框架。

（4）框架网格

框架网格是一种文本框架，它以一套基本网格来确定字符大小和附加的框架内的间距。

（5）框架网格与纯文本框架的区别

框架网格的功能和外观与纯文本框架基本相同，但前者包含网格，两者的差异和特征如下。

· 框架网格包含字符属性设置。这些预设字符属性会应用于置入的文本。而纯文本框架没有字符属性设置，文本在置入后，会采用“字符”面板中当前选定的字符属性。

· 框架网格的字符属性可以在“对象 > 框架网格选项”中更改。但是，由于纯文本框架没有字符属性，因此需要选择置入文本，然后使用“字符”面板或“控制”面板来设置属性。也可以在框架网格中选择置入文本，然后使用“字符”面板或“控制”面板来更改字符属性。

· 因为框架网格对齐方式的默认设置是“居中对齐”，所以框架网格中的行距取决于“框架网格”对话框中的“行间距”设置。对于纯文本框架，因为 InDesign 对网格对齐方式的默认设置是“无”，所以如果未做任何设置，就根据“字符”面板中“行距”的指定值来应用行距。另外，如果在纯文本框架中将段落的网格对齐方式设置为“居中对齐”，则字符将与文档基线网格对齐。

· 可以将框架网格的字符属性存储为网格样式，然后根据需要应用于框架网格。

· 框架网格的格子由网格的字符属性（字符大小、字符间距和行间距）确定。

· 置入文章时，相同的网格属性会应用于每个串接的框架网格。

· 默认情况下，在框架网格底部会显示出框架网格的字数统计。也可在“信息”面板中查看文本框架和框架网格的字数统计。

（6）图片框（裁切路径）

图片框是用来容纳图片的图文框，或者指定了内容为图片的图文框。图片框裁切图片通过用户更改框的大小来裁切，框是可见的。图形框架可以充当框架和背景，并可以对图形进行裁切或蒙版。充当空占位符时，图形框架会显示一个十字条。

（7）剪切路径

剪切路径将决定图片哪些地方可见，哪些地方不可见。在 Photoshop 中称为剪切路径（旧称剪贴路径、剪辑路径）。

2. 创建文本框的方法

Adobe InDesign 中的文本框架类似于 Quark XPress 中的文本框和 Adobe PageMaker 中的文本块。文本框架可以直接分栏，并且独立于页面栏数，例如，一个两栏的文本框架可以位于 4 栏页面上。

当一个文本框无法容纳所有文本时，其中的文本流会流动到与该框架续接的其他框中。多个文本框间文本流的连接关系称为“串接”或“续接”。流经一个或多个串接文本框的文本称为一篇“文章”。

与图形框架一样，可以对文本框架进行移动、调整大小和更改等操作。选择文本框架时所使用的工具决定了可以进行的更改类型，如下所示。

· 使用“文字（T）”工具可以在框架中输入或编辑文本。

· 使用“选择（▸）”工具可以执行常规的布局任务，如对框架进行定位和大小调整。

· 使用“直接选择（▹）”工具可以改变框架的形状。

· 使用“水平网格”工具或“垂直网格”工具，可以创建框架网格。

· 使用“横排文字”工具，可以为横排文本创建纯文本框架；使用“直排文字”工具，可以为直排文本创建纯文本框架。

使用以上工具还可以编辑框架中的现有文本，也可将文本框架连接到其他文本框架，以使一个框架中的文本可以排列到另一框架中，以这种方式连接的框架就处于串接状态。在一个或多个串接的框架中排列的文本称为文章。置入（导入）文字处理文件时，该文件将作为单个文章导入文档，而不考虑它可能占用的框架数目。如果重复使用同一类型的文本框架，则可以创建一个包含文本框架外观属性（如描边和填充颜色）、文本框架选项以及文本绕排的对象样式。下列几种方法都可以创建文本框。

· 选择文字工具（T）绘制一个文本框，绘制时按住 Shift 键可强制绘制出正方形文本框。松开鼠标后，光标将在文本框中变为输入光标。

· 使用文字工具（T）在空的图片框或路径上单击，都会把它们转化为文本框。所以可以使用 InDesign 的绘图工具创建富有创意的文本框外形。

· 直接在页面上粘贴文本，InDesign 会自动创建一个能容下文本的文本框。

· 使用选择工具（↖）或直接选择工具（↖）选中某个文本框，然后使用“置入”命令置入或替换文本框的内容。

· 使用“置入”命令，并在加载文本时（▤）绘制文本框。使用“置入”命令可以最好地控制文本载入后的外观，因为它提供了置入选项。如果希望使用默认的文本框网格格式化置入的文本，应选中“应用网格样式”。

· 从允许拖曳的字处理程序中将选中的文本拖到 InDesign 中。

3. 文本框架选项

选中文本框架，执行“对象 > 文本框架选项”命令后，将弹出“文本框架选项”对话框，如图 3-1-5 所示。在该对话框中可更改文本框的相关设置，如框架中的栏数、框架内文本的垂直对齐方式或内边距。

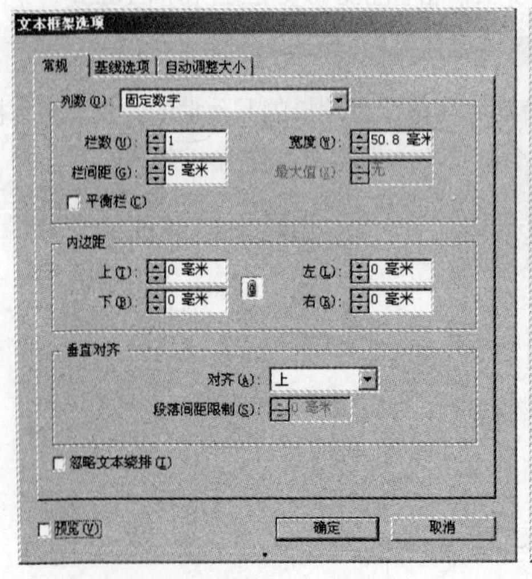

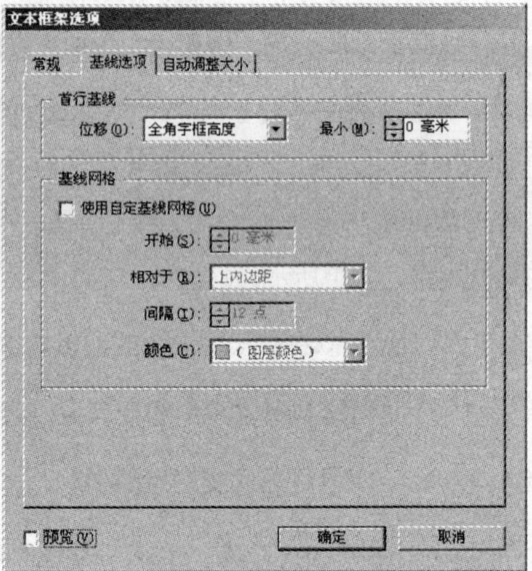

图 3-1-5

(1) 常规

在“列数”选区中可以设置栏模式、栏数、栏间距和栏宽，其中修改栏宽可能会更改文本框的尺寸。栏模式选择“固定宽度”，可以在调整框架大小时保持栏宽不变。选中该复选框后，在调整框架大小时可以更改栏数，但不能更改栏宽。栏模式选择“弹性宽度”，最大值设置才有效。选择“平衡栏”复选框可以自动在多栏文本框架中平衡跨栏的文本，可以将多栏文本框架底部的文本均匀分布。

“内边距”是指文本框边线与框中文本边缘之间的间距。可以在“上”、“左”、“下”和“右”选项设置距离。

如果所选的框架不是矩形，则“上”、“左”、“下”和“右”选项都会变暗，此时应改用“内边距”选项。

“垂直对齐”选区可以控制文本框中的文本在纵向上以何种方式填满文本框，可以沿着框架的纵轴对齐或分布其中的文本行，还可以垂直撑满文本，这样无论各行的行距和段落间距值如何，行间距都能保持均一。只有选择了在“对齐”下拉列表中选择“强制对齐”,“段间间距限制”选项才可用,这个选项可控制段间间距，对于中文排版纵向排齐非常有用。

“忽略文本绕排”可使当前文本框不受文本绕排所影响。

（2）基线选项

“首行基线”选区中“位移”下拉列表的选项如下。

· 字母上缘：字体中“d”字符的高度降到文本框架的上内陷之下。

· 大写字母高度：大写字母的顶部触及文本框架的上内陷。

· 行距：以文本的行距值作为文本首行基线和框架的上内陷之间的距离。

· X 高度：字体中“x”字符的高度降到框架的上内陷之下。

· 固定：指定文本首行基线和框架的上内陷之间的距离。

在某些情况下，可能需要对框架而不是整个文档使用基线网格，此时可选择“基线网格”选区中的“使用自定基线网格”复选框。对于“开始”，可以键入一个值以从页面顶部、页面的上边距、框架顶部或框架的上内边距移动网格。对于“间隔”，可以键入一个值作为网格线之间的间距。在大多数情况下，应键入等于正文文本行距的值，以便文本行能恰好对齐网格。对于“颜色”，可以为网格线选择一种颜色，或选择“图层颜色”，以便与显示文本框架的图层使用相同的颜色。

（3）自动调整大小

InDesign CS6 版本增加了“自动调整大小”选项卡，如图 3-1-6。

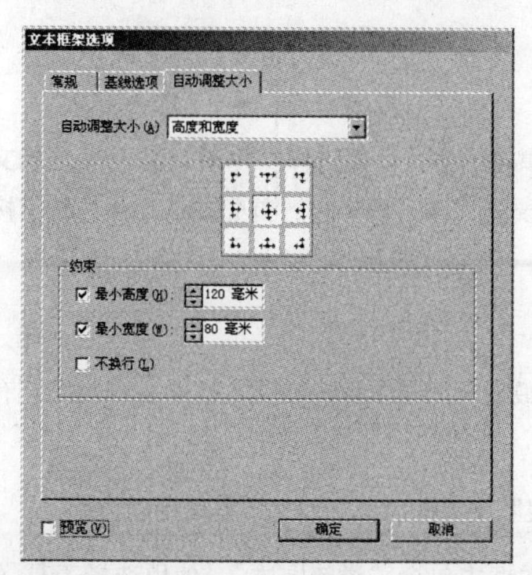

图 3-1-6

设成自动调整大小，文本框将随着标题、标注或其他可变内容的增加而放大，或随着可变内容的减少而缩小。

3.1.3 流入和串接文本

框架中的文本可独立于其他框架，也可在多个框架之间连续排文。要在多个框架之间连续排文，首先必须将框架串接起来。串接的框架可位于同一页或跨页，也可位于文档的其他页。每个文本框架都包含一个入口和一个出口，这些端口用来与其他文本框架进行连接。空的入端口或出端口分别表示文章的开头或结尾。端口中的箭头表示该框架连接到另一框架。

1. 流入文本

当鼠标指针变为已加载文本的光标（ ）时，用户便可以在页面上或页面间流入文本。当把光标移动到文本框上时，光标将会变为（ ）形状，表明此时单击鼠标后文本将会流入光标下的文本框中。当页面上没有文本框时，用户可以在载入文本时绘制，或者用鼠标在页面上单击，InDesign 将会在从单击处到最近的栏边线或页边线之间创建文本框，并填上载入的文本。把文本载入文本框或页面时有以下 3 种控制方式。

- 手动文本排文（ ）：一次一个框架地添加文本。流入文本需要用户自己单击文本框底端的文本框出口，重新载入文本图标后才能继续排文。

- 半自动排文（ ）：单击时要按住 Alt 键（Windows）或 Option 键（Mac OS）。工作方式与手动文本排文相似，不同的是填满某个文本框后，不需要单击文本框出口，光标一直保持文本加载状态，直到所有文本都排列到文档中为止。

- 自动排文（ ）：按住 Shift 键并单击，在文本流入过程中自动添加页面和框架，直到所有文本都排列到文档中为止。

提示：在文本载入状态时，如果想取消置入文本操作，应到工具箱中选择除手形和放大镜以外的其他工具。

2. 串接文本框

文本在多个文本框间保持连接的关系称为串接。要查看串接的方式可以选择“视图 > 其他 > 显示文本串接”命令。串接可以跨页，但是不能在不同文档间进行。要想详细了解串接，首先要认识 4 种和串接相关的符号，如下所示。

(1) 每个文本框都包含一个“入口”和一个“出口”。

(2) 空的出口图标代表这个文本框是文章仅有的一个或最后一个文本框，在文本框中文章末尾还有一个不可见的非打印字符“#”。

(3) 在“入口”或“出口”图标中出现一个三角箭头，表明文本框已和其他文本框串接。

(4) 出口图标中出现一个红色加号（+），表明当前文本框中包含“溢流文本”。使用选择工具（ ）

单击文本框的出口，此时光标变为已加载文本的光标。移动光标到需要连接的文本框上方，此时光标变为链接光标（🔗），单击便可把两个文本框串接起来。

注意：使用复制和粘贴文本流中的某个文本框将不会与原文本流保持串接关系。

① 取消串接

要取消串接可以单击文本框的出口或入口，并连接到其他文本框。双击文本框的出口也可以断开文本框间的串接关系。

② 在串接中插入文本框

使用选择工具单击文本框的出口，移动光标到需要添加的文本框上方单击或绘制一个新文本框，InDesign 会自动把这个文本框添加到串接中。

③ 在串接中删除文本框

使用选择工具选择要删除的文本框，按下键盘上 Delete 键即可，其他文本框的串接将不受影响。如果删除了文本流中的最后一个文本框，多余的文本就将变为溢流文本。

3. 使用占位文本

在版面设计初期，文本资料还未准备好时，可以在选中文本框时，在文字菜单或上下文相关菜单中选择“用假字填充”命令，可用占位文本填充整个文本框。占位文本是可以定制的，用户可以在 InDesign 安装目录下创建一个名为“Placeholder.txt”的纯文本文件，并将期望占位的文本写在该文件中。

为了加深读者对这部分知识的理解，下面我们做一个练习。

① 在 InDesign 中创建一个 1 页大 16 开的文档。将页面分为 4 栏，栏间间距为 5 毫米，如图 3-1-7 所示。

② 绘制一个与版心等大的文本框填入占位文本，如图 3-1-8 所示。

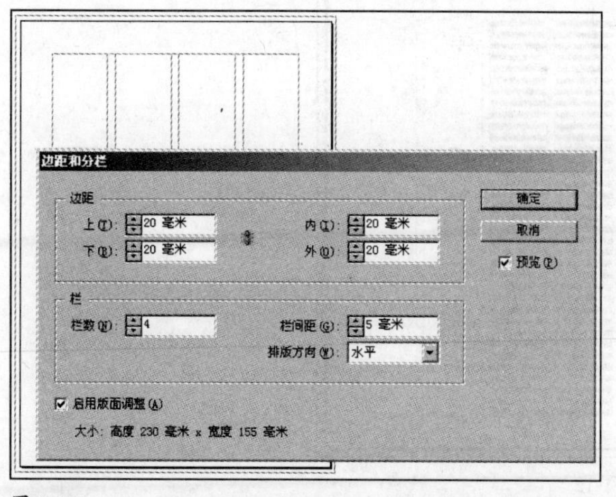

图 3-1-7

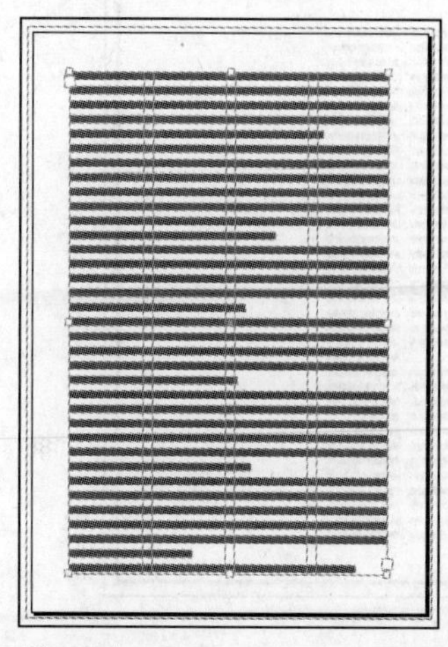

图 3-1-8

③ 将文本框缩小为 1 栏宽，此时因为文本框缩小，不能容下所有的文本，即产生了溢流文本。文本框右下角出口处出现红色加号，如图 3-1-9 所示。

④ 单击文本框右下角出口处的红色加号，光标变为加载文本的状态。在第二栏顶部单击并向下拖曳绘制出第二个文本框，如图 3-1-10 所示。

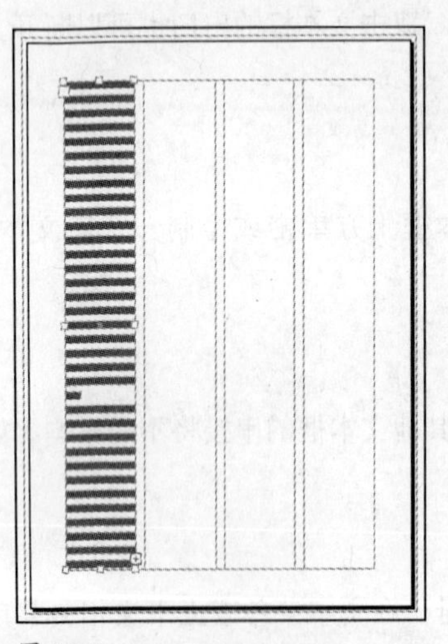
图 3-1-9

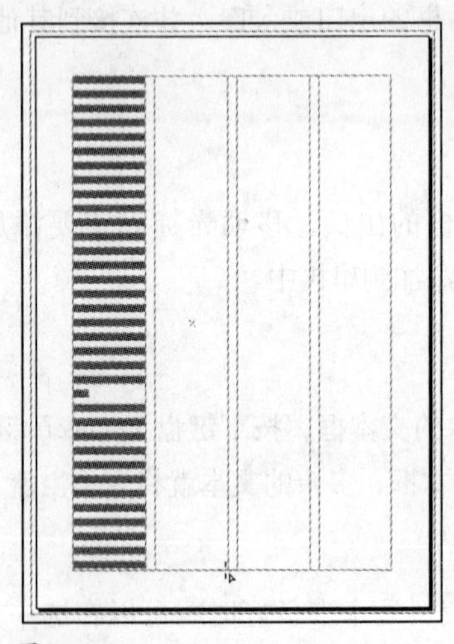
图 3-1-10

⑤ 松开鼠标时第二个文本框被文本填满。执行“视图 > 其他 > 显示文本续接”命令，可以看到第一个文本框和第二个文本框之间有续接关系，如图 3-1-11 所示。

⑥ 单击第二栏文本框右下角出口处的红色加号。光标变为加载文本的状态，按住 Alt 键，光标变为半自动排文的状态，此时在第三栏顶部单击，如图 3-1-12 所示。

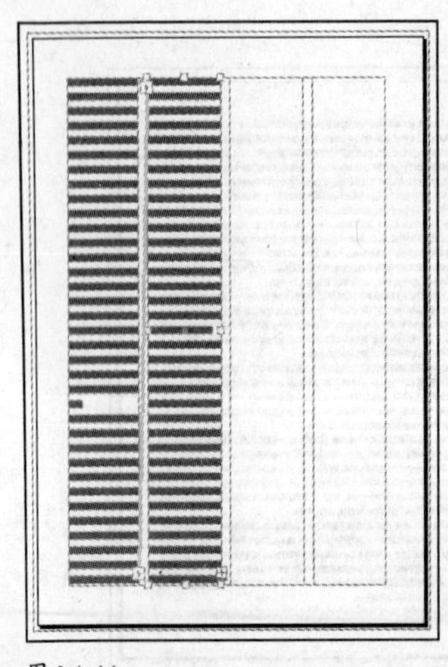
图 3-1-11

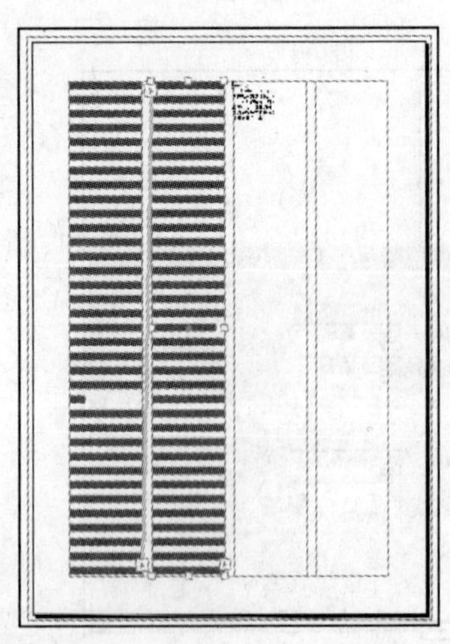
图 3-1-12

⑦ 松开鼠标时，将会创建出一个第三栏等宽的文本框，并且填入了前两个文本框的溢流文本。此时光标仍然是载入文本的状态，如图 3-1-13 所示。

⑧ 单击工具箱中黑色箭头取消载入文本状态。选择第二栏文本框，按下键盘上的 Delete 键，删除第二栏文本框。此时第一栏和第三栏文本框之间仍然保留续接关系，如图 3-1-14 所示。

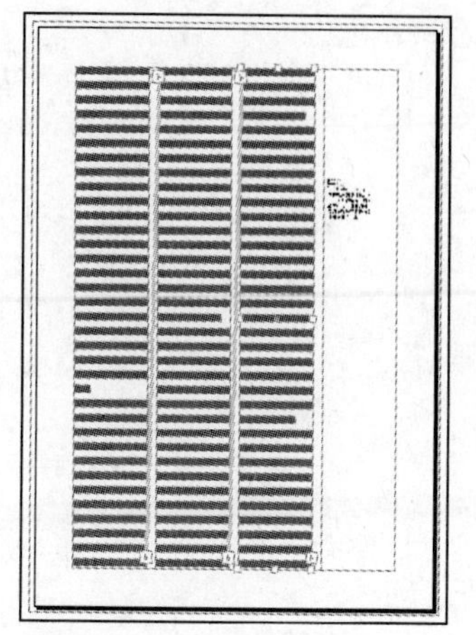

图 3-1-13

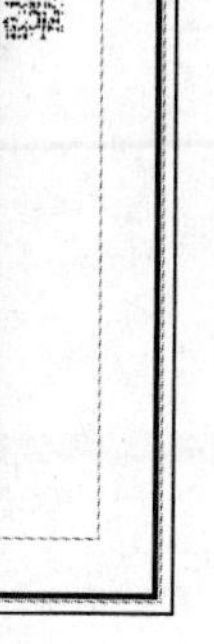

图 3-1-14

3.1.4 置入和导出文本

InDesign 可以从文本文件中导入大多数字符和段落格式的属性，却忽略大多数页面的布局信息，如边距和分栏设置（可在 InDesign 中设置它们）。需要特别注意下列事项。

· 一般情况下，InDesign 能够导入文字处理应用程序中指定的所有格式信息，但不支持的文字处理功能的信息除外。

· InDesign 可将导入的样式添加到其文档样式列表中，导入的样式名称旁将出现一个磁盘图标。

· 在“置入”对话框中选择了“显示导入选项”时，导入文件时将显示导入选项。如果取消选择“显示导入选项”，则 InDesign 将使用最后一次用于相似文档类型的导入选项。设置的选项一直有效，直至更改它们。

· 如果 InDesign 不能按照文件类型或文件扩展名找到可识别文件的过滤器，则会出现一条警告信息。为了能够在 Windows 中取得最佳效果，应对要导入的文件类型使用标准扩展名（如 .doc、.txt、.rtf 或 .xls）。

1. Microsoft Word 和 RTF 导入选项

在置入 Microsoft Word 文件或 RTF 文件时如果选择“显示导入选项”，则会弹出“Microsoft Word 导入选项”对话框，如图 3-1-15 所示，可以从下边的选项中进行选择。指定完导入选项，单击“存储预设”按钮，键入预设的名称，并单击“确定”按钮。下次导入 Word 样式时，可从“预设”下拉列表中选择创建的预设。如果希望所选的预设用作将来导入 Word 文档的默认值，应单击“设置为默认值”按钮。

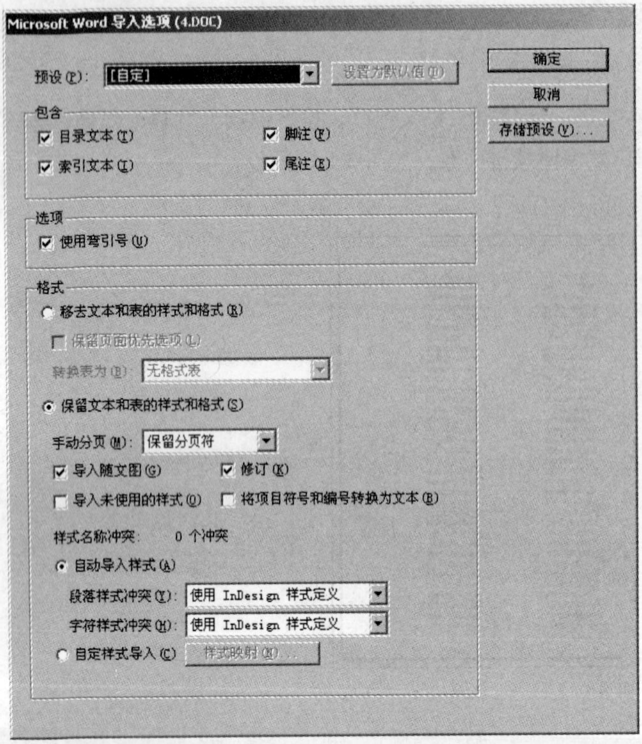

Microsoft Word 导入选项 (4.DOC)

预设(P): [自定] 设置为默认值(D)

确定

取消

存储预设(V)...

包含

目录文本(T)　脚注(F)

索引文本(I)　尾注(E)

选项

使用弯引号(U)

格式

移去文本和表的样式和格式(R)

保留页面优先选项(L)

转换表为(B): 无格式表

保留文本和表的样式和格式(S)

手动分页(M): 保留分页符

导入随文图(G)　修订(K)

导入未使用的样式(O)　将项目符号和编号转换为文本(B)

样式名称冲突: 0 个冲突

自动导入样式(A)

段落样式冲突(Y): 使用 InDesign 样式定义

字符样式冲突(H): 使用 InDesign 样式定义

自定样式导入(C) 样式映射(M)...

图 3-1-15

(1) 包含

选择“目录文本”复选框将把 Word 文档中的目录作为文本的一部分导入到文章中，目录中的条目将被作为纯文本导入。选择“索引文本”复选框将把 Word 文档中的索引作为文本的一部分导入到文章中，这些条目将会作为纯文本导入。选择“脚注”复选框将把 Word 文档中的脚注导入为 InDesign 脚注，导入的脚注和引用文本将被保留，但会根据文档的脚注设置重新排列。选择“尾注”复选框将把 Word 文档中的尾注作为文本的一部分导入到文章的末尾。

(2) 选项

选择“使用弯引号”复选框将确保导入的文本包含中文左右引号(“”)和撇号(’)，而不包含英文直引号("")和撇号 (')。

(3) 格式

如果选择了“移去文本和表的样式和格式”单选钮，将移去导入文本（包括表中的文本）的格式，并且不导入段落样式和随文图形。选择“保留页面优先选项”复选框可以保持应用到段落中的部分字符的格式，取消选择该复选框可移去所有格式。选择“移去文本和表的样式和格式”单选钮时，Word 文档中的表将被转换为哪种形式，可选择“无格式表”或“无格式的定位符分隔”两个选项。

选择“保留文本和表的样式和格式”单选钮，将在 InDesign 文档中保留 Word 文档中的格式。可使用“格式”选区中的其他选项来确定保留样式和格式的方式。

“手动分页”下拉列表用来确定 Word 文件中的分页在 InDesign 中格式化的方式。选择“保留分页符”可使用与 Word 文档中相同的分页符，还可以选择“转换为分栏符”或“不换行”。

选择“导入随文图”复选框可以在 InDesign 中保留 Word 文档的随文图形。

选择“导入未使用的样式”复选框，将导入 Word 文档中的所有样式，即使未应用于文本的样式也将被导入。

选择“自动导入样式”单选钮将把 Word 文档中的样式导入到 InDesign 文档中。如果“样式名称冲突”旁出现黄色警告三角形，则表明 Word 文档的一个或多个段落或字符样式与 InDesign 样式同名。这些样式名称冲突的解决方法是从“段落样式冲突”和“字符样式冲突”菜单中选择一个选项。

2. 文本文件导入选项

如果在置入文本文件时选择“显示导入选项”，则会弹出“文本导入选项”对话框，如图 3-1-16 所示。

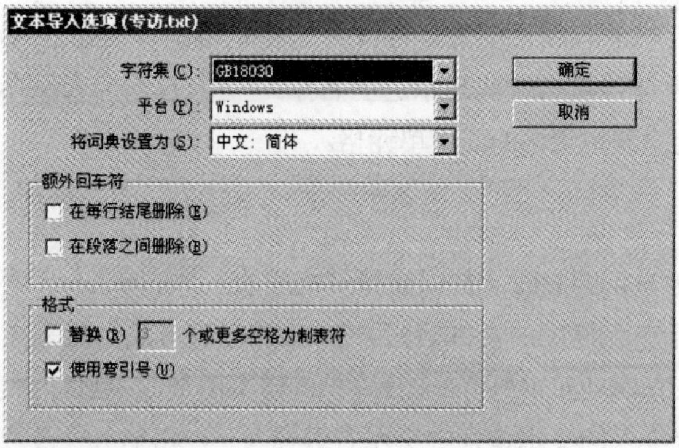

图 3-1-16

“字符集”下拉列表可指定用于创建文本文件的计算机语言字符集，可选择 GB2312、GB18030、ANSI、Unicode 或 ShiftJIS，默认选项是与 InDesign 的默认语言对应的字符集。“平台”下拉列表可指定文件是在 Windows 还是在 Mac OS 中创建。“将词典设置为”下拉列表可为导入的文本指定使用的词典。

“额外回车符”选区可指定 InDesign 导入额外段落回车符的方式。可以选择“在每行结尾删除”或“在段落之间删除”复选框。

“替换”复选框用于将定位符替换指定数目的空格。

“使用弯引号”复选框确保导入的文本包含中文左右引号（“”）和撇号（’），而不包含英文直引号（""）和撇号（'）。

3. Microsoft Excel 导入选项

导入 Microsoft Excel 文件时，可以在“Microsoft Excel 导入选项”对话框中进行各种设置，如图 3-1-17 所示。

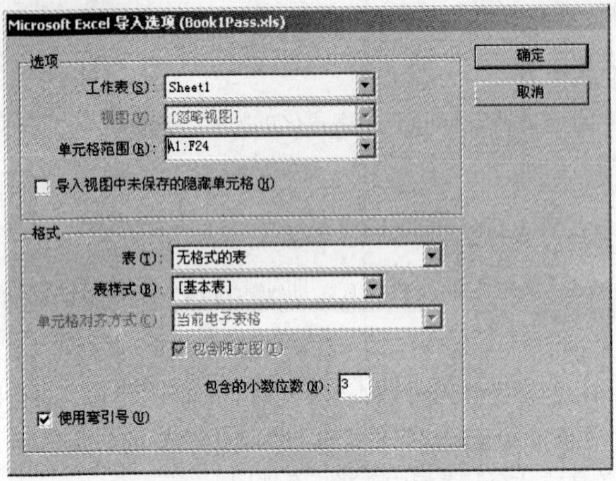

图 3-1-17

（1）选项

“工作表”下拉列表指定要导入的工作表。“视图”下拉列表指定是导入任何存储的自定或个人视图，还是忽略这些视图。“单元格范围”下拉列表指定单元格的范围，使用冒号（:）来指定范围（例如 A1:G15）。如果工作表中存在指定的范围，则在“单元格范围”下拉列表中将显示这些名称。“导入视图中未保存的隐藏单元格”复选框包括格式化为 Excel 电子表格中的隐藏单元格的任何单元格。

（2）格式

“表”用来指定电子表格信息在 InDesign 文档中显示的方式。如果选择“格式表”，则 InDesign 就尝试保留 Excel 中用到的相同格式，但可能不会保留每个单元格中的文本格式。“单元格对齐方式”用来指定导入文档的单元格对齐方式。“包含随文图”复选框在 InDesign 中保留 Excel 文档的随文图形。“包含的小数位数”用来指定小数位数。“使用弯引号”复选框确保导入的文本包含中文左右引号（“”）和单引号（’），而不包含英文直引号（""）和撇号（'）。

3.2 特殊字符

InDesign 中有 3 类特殊字符：分隔符、特殊字符和空格字符，如图 3-2-1 所示。这 3 类特殊字符都可以从文字菜单的子菜单中选择。除分隔符和部分空格字符以外的其他特殊字符都可以在“字形”面板中找到，“字形”面板将在后续章节中讲解。

在编辑文本时，如果能看到像空格、段落结尾、索引标记和文章结尾等非打印字符（隐含的字符），就会对排版有所帮助，图 3-2-2 所示为非打印字符隐藏（左图）及可见（右图）的状态。这些特殊字符只在文档窗口和文章编辑器中可见，它们不会被打印出来或者在输出的 PDF 文件和 XML 文件中出现。执行“文字 > 显示隐含的字符”命令后，菜单命令旁会出现对勾。要隐藏隐含的字符，再次选择该命令即可。

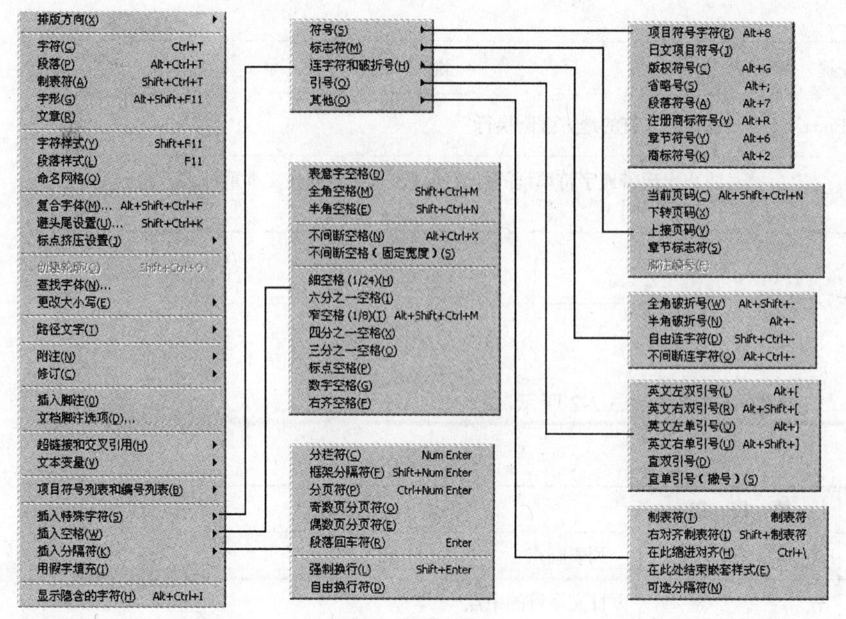

图 3-2-1

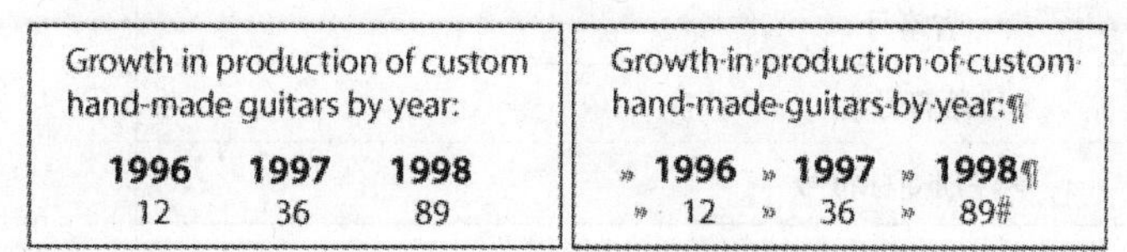

图 3-2-2

3.2.1 分隔符

分隔符中的命令、快捷键和说明如表 3-2-1 所示。

表 3-2-1

命　令	快 捷 键	说　明
分栏符（⌄）	Num Enter	将分隔符后的文本排入下一栏。如果当前文本框只有一栏，文本就转到下一个续接的文本框
框架分隔符（⌄⌄）	Shift+Num Enter	不管当前文本框的设置，将分隔符后的文本排入下一个续接的文本框
分页符（●）	Ctrl+Num Enter	将分隔符后的文本排入下一个页面上与当前文本框续接的文本框
奇数页分页符（⌄）	—	将分隔符后的文本排入下一个奇数页面上与当前文本框续接的文本框
偶数页分页符（⌄）	—	将分隔符后的文本排入下一个偶数页面上与当前文本框续接的文本框
段落回车符（¶）	Enter	插入一个段落回车符，在分隔符处分段，与按 Enter 键或 Return 键的效果相同

续表

命　令	快 捷 键	说　　明
强制换行（ ¬ ）	Shift+Enter	在插入字符的地方强制换行
自由换行符（ ¦ ）	—	防止出现带连字符单词的排版问题，这些单词在文本重排之后显示在一行的中间

3.2.2 特殊字符

1. 符号

常用特殊字符类命令、快捷键和说明如表 3-2-2 所示。

表 3-2-2

命　令	快 捷 键	说　　明
项目符号字符	Alt+8	• 列表圆点
日文项目符号	—	· 日文字符的中点
版权符号	Alt+G	© 版权所有符号
省略号	Alt+;	……省略号
段落符号	Alt+7	¶ 段落符号
注册商标符号	Alt+R	® 注册商标符号
章节符号	Alt+6	§ 小节符号
商标符号	Alt+2	™ 商标符号

2. 标志符

用于章节、页码类标志符如表 3-2-3 所示。

表 3-2-3

命　令	快 捷 键	说　　明
当前页码	Alt+Shift+Ctrl+N	插入当前页面的页码。如果自动页码出现在主页上，它将显示该主页前缀。在文档页面上，自动页码将显示页码。在粘贴板上，它显示 PB。默认情况下，使用阿拉伯数字作为页码
下转页码	—	插入包含文章的下一个框架的页面的页码。在创建“下转……”跳转行时使用此字符。通常跳转行页码应当与其所跟踪的文章位于不同的文本框架中
上接页码	—	插入包含文章的上一个框架页面的页码。在创建“上接……”跳转行时使用此字符
章节标志符	—	在 Numbering & Section Options 对话框中键入一个标签，InDesign 将把该标签插入到页面上章节标志符字符所在的位置
脚注编号	—	可添加意外删除了脚注文本开头的脚注编号

3. 连字符和破折号

连字符和破折号类命令、快捷键和说明如表 3-2-4 所示。

表 3-2-4

命　令	快 捷 键	说　明
全角破折号	Alt+Shift+-	——全角破折号
半角破折号	Alt+-	—半角破折号
自由连字符	Ctrl+Shift+-	可以手动或自动进行连字，也可以结合使用这两种方法。最安全的手动连字方法是插入自由连字符，该字符不可见，除非需要在行末断开单词
不间断连字符	Ctrl+Alt+-	通过使用不间断连字符，可防止某些单词断开。使用不间断空格，还可以防止断开多个单词

4. 引号

引号类命令、快捷键和说明如表 3-2-5 所示。

表 3-2-5

命　令	快 捷 键	说　明
英文左双引号	Alt+[	“左双引号
英文右双引号	Alt+Shift+[	”右双引号
英文左单引号	Alt+]	‘左单引号
英文右单引号	Alt+Shift+]	’右单引号
直双引号	—	"直双引号
直单引号（撇号）	—	'直单引号

5. 其他

缩进类命令、快捷键和说明如表 3-2-6 所示。

表 3-2-6

命　令	快捷键	说　明
制表符	—	制表符将文本定位在文本框中特定的水平位置
右对齐制表符	—	在右缩进一侧添加右对齐制表符，有效简化了将通栏的文本调整为表格样式的准备工作。右对齐制表符与常规制表符稍有不同
在此缩进对齐	Ctrl+\	可以使用“在此缩进对齐”特殊字符、独立于段落的左缩进值来缩进段落中的行
在此处结束嵌套样式	—	使用“在此处结束嵌套样式”字符，将插入字符处作为嵌套样式的结束位置
可选分隔符	—	用于将多个直排内横排分隔开来

3.2.3 空格字符

空格字符命令、快捷键和说明如表 3-2-7 所示。

表 3-2-7

命　令	快 捷 键	说　明
表意字空格（·）	—	该空格的宽度等于 1 个全角空格，与其他全角字符一起时会绕排到下一行
全角空格（⌒）	Ctrl+Shift+M	宽度等于文字大小（与大写字母 M 宽度相同）
半角空格（⌒）	Ctrl+Shift+N	长空格的一半，与大写字母 N 的宽度相同
不间断空格（^）	Alt+Ctrl+X	与按下空格键时的宽度相同，可防止在出现空格字符的地方换行
不间断空格（固定宽度）（^）	—	不间断空格（固定宽度）字符的宽度与上下文无关，始终保持不变
细空格（1/24）（●）	—	长空格宽度的 1/24，用来对齐表中的元素和在可能彼此交叠的对象之间插入小间隙
六分之一空格	—	宽度为全角空格的 1/6
窄空格（1/8）（¦）	Alt+Shift+Ctrl+M	宽度为全角空格的 1/8，与小写字母 t 宽度相同
四分之一空格	—	宽度为全角空格的 1/4
三分之一空格	—	宽度为全角空格的 1/3
标点空格（!）	—	与英文字体中的感叹号、句号或分号宽度相同
数字空格（:）	—	与字体中数字的宽度（一般按 0）相同，在财务报表中对齐数字
右齐空格（⌒）	—	将大小可变的空格添加到强制对齐的段落的最后一行

3.3 格式化字符

InDesign 中对字符属性的编辑和修改可以在如图 3-3-1 所示的 3 个地方完成。

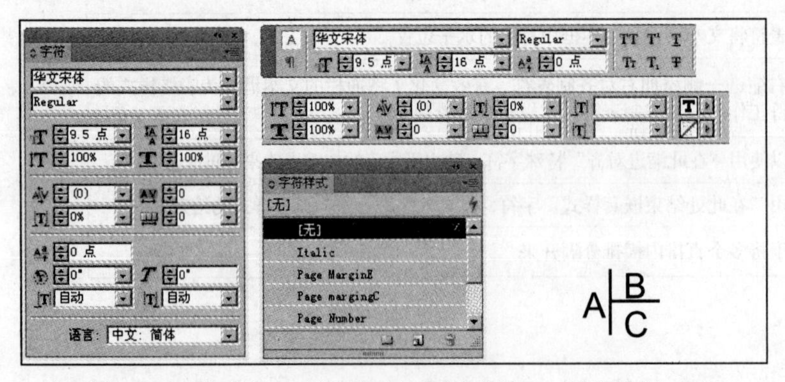

A:“字符”面板和面板菜单 B:“控制”面板和面板菜单 C:“字符样式”面板

图 3-3-1

下面将以“字符样式”面板为线索，对照“字符”面板和面板菜单来学习字符属性的修改。

注意下列设置文本格式的方法。

· 要设置字符样式，可以使用“文字”工具来选择字符，然后选择格式选项。或通过单击放置插入点，然后选择样式选项，之后再开始键入。

· 要设置段落格式，不必选择整个段落，只需选择任一单词或字符，或者将插入点放置到段落中即可，还可以选择一定范围段落中的文本，然后选择段落样式选项。

· 要为当前文本中所有要创建的文本框架设置默认样式，应确保插入点处于非现用状态且未选中任何内容，然后指定文本样式选项。

· 选择一个框架，以便对其中的所有文本应用样式。该框架如果是串接的组成部分，就无法通过这种方法修改框中文本的格式。

· 使用段落样式和字符样式可以快速一致地设置文本格式。

3.3.1 选择字符

1. 选择字符

在文本输入状态可以自由地选择单个字符、单词、整行或整段，方法如下所示。

· 单击：插入光标。

· 双击：选中单词。可以选择相同类型的连续字符。

· 三击：选中整行。如果取消选择“三击以选择整行”首选项，则单击 3 次将选择整个段落。

· 四击：如果选择“三击以选择整行”选项，则在段落的任意位置单击 4 次可选择整个段落。

· 五击：如果选择“三击以选择整行”选项，则在段落的任意位置单击 5 次可选择整篇文章。

· 通过拖动可选中一系列字符；将 I 形光标拖曳以选择该页面上的字符、单词或整个文本块。

· 三击段落中的任意位置可选中整个段落，如果修改了首选项选项，就可能选中整行。

· 在文章的任何位置，执行“编辑 > 全选”命令可选中整个文章，或使用快捷键 Ctrl+A。

· 在一行的任意位置单击，定位输入光标，使用 Ctrl+Shift+/ 可选中整行，选中整行通常用来修正行间距的问题。

2. 取消选择

取消选择的方法如下所示。

· 单击粘贴板或文档窗口中的空白处。

· 在工具箱中切换工具。

· 选择“编辑 > 全部取消选择”命令。

3.3.2 字符样式选项

字符样式的常规选项如图 3-3-2 所示，它是“字符”面板和面板菜单中不具备的。

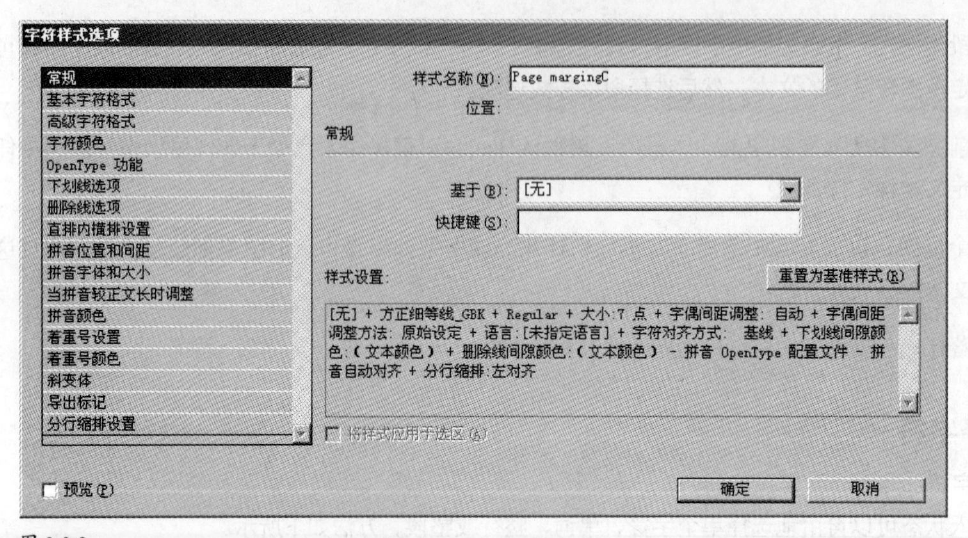

图 3-3-2

“基于”: 是否基于另一种样式来建立。对于大多数的文档设计来讲，主要是设计共享某些属性的样式层次结构。例如，标题和小标题经常使用相同的字体。用户可以通过创建一个基本的父样式，轻松建立相似样式间的链接。当编辑父样式时，在子样式中出现的对应属性也随之改变。更改了子样式的格式后，如果打算重来，则单击“重置为基准样式”按钮。此举将使子样式的格式恢复到和它所基于的样式完全一样的情况。接下来，用户可以指定新的格式。同样，如果更改了子样式的“基于”样式，则子样式定义会更新，以便匹配它的新父样式。

“快捷键”: 指定快捷键。要添加快捷键按键，应将插入点放在“快捷键”输入框中，并确保 NumLock 键已打开。然后，按住 Shift 键、Alt 键或 Ctrl 键的任意组合（Windows）或者 Shift 键、Option 键和 Command 键的任意组合(Mac OS),并按数字小键盘上的数字。不能使用字母或非小键盘数字定义样式快捷键。

“样式设置”: 显示当前字符样式中的设置。

3.3.3 字体系列、字体样式和大小

图 3-3-3 所示为字体系列、字体样式和大小对照图。

1. 字体系列和字体样式

一种字体是具有同样粗细、宽度和样式的一组字符。另一种字体，是在不改变其风格特征的前提下，有可能在以下三方面产生种种变化: 字幅、黑度、直斜。

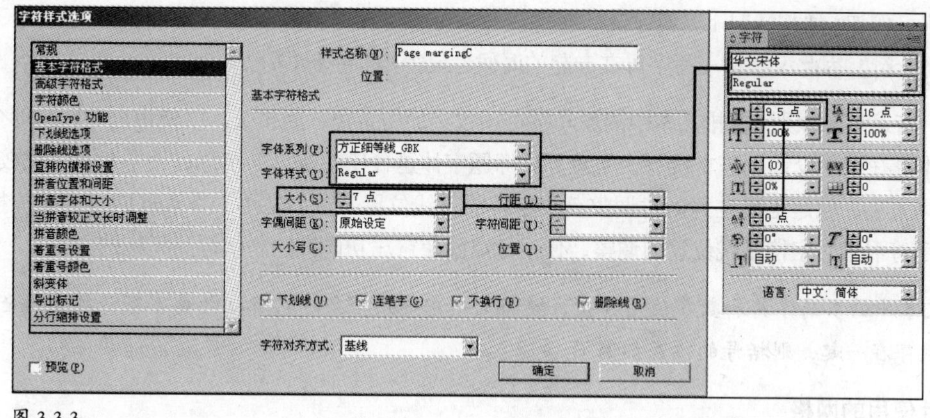

图 3-3-3

“字体系列”是具有相同整体外观的字体所形成的集合。具有代表性的西文字体大都包含综合字幅、黑度、直斜变化而设计的多款变体，犹如若干成员组成的“家族”，因此称其整体为一个“字体系列”。同一字体系列中的各种变体称为一种“字体样式”。字体系列的设置取决于字体制造商。对中文或日文字体而言，字体样式的名称通常由粗细种类来决定。例如，日文字体 Kozuka-Mincho Std（小冢明朝 - 标准）具有 6 种粗细：ExtraLight、Light、Regular、Medium、Bold 和 Heavy，在 InDesign 中可以从“字体样式”列表中进行选择。显示的字体样式名称取决于字体制造商。对罗马字体而言，“Roman”和“Regular”是该系列的基本字体（根据字体系列的不同，名称会存在差异），此外还有一些附加字体样式，如粗体、斜体和粗斜体。

2. 罗马字符

罗马字符的字母分为大写和小写，两者都是以小写 x 下端平行线（基线）为基准的，西文排版时通常都以基线作为排版的基准。小写 x 上端平行线称为 x 高度线，所有字母都会出现在由基线和 x 高度线所夹的空白空间中，这一部分称为字符的主体部分。有些字母笔画向上延伸或向下延伸，前者称为上行部分，后者称为下行部分。

3. 全角字符和半角字符

全角的英文和汉字都有一个假想的正方形框（全角字符框），设计时都是根据这个框一一设计出来的。半角字符每个字符的幅面不相同，在横排文章中连续使用时不会出现间隔过大的情况，使得阅读顺畅。但是，竖排时半角字符会旋转，造成阅读的困难。

罗马字符中的字符数相比 CJK 字符来说数量较少，在设计字体时可以将各种字符的组合情况一一罗列出来。CJK 字符在设计时将每个字符放在同样大小的假想的正方形外框（全角字符框）中。照此纵横排列效果都非常不错，但是，在遇到数字和罗马字符时，由于外框大小相同就会显得零散，因此最好使用半角字符。

混用全角字符和半角字符时，会出现两个问题：(1) 一篇文章中会出现两种设计英文（全角和半角）；(2) 罗马字符是使用上行线、大写字母线、基线、x 高度线和下行线这 5 条辅助线来进行设计的，很难与基于方块的汉字统一起来。例如：通常情况下，汉字的大小和大写字母的高度差不多，但是下行的小写字符的下行部分可能会影响下一行，因此汉字和小写字母在一起的时候会显得小写字母很小。

实际使用中，有这样的原则：横排文本中的罗马字符和数字使用半角，竖排文本中使用全角，尽管全角字符和半角字符本身在字形设计上基本没有太大差异。标题字体这种比较醒目的字体，用半角英文比较小，可能需要改变字体大小，但是也要注意同时调整英文字符的基线位置。可以使用 InDesign 的复合字体控制罗马字符和 CJK 字符混排时字符基线位置的调整，使用标点间距挤压功能来控制字符间间距的大小。

注意：横排文本中的罗马字符和数字使用半角，竖排文本中使用全角。只有括号类字符必须使用全角。如果半角括号与数字在一起，则括号的位置都偏下。

4. 汉字设计使用的网格

全角字符框控制两个全角字符在排列时字体幅面的宽度，使用全角字符框来确定字符间的间距和行间间距。最初在传统日文植字机上使用，后来引入到电脑字体设计中。

表意字框（ICF 框、字面框）通常在设计字体结构时使用，根据字体中字符实体的平均高度和宽度，表示出字符实体实际所占的区域，在一种字体中是不会变的。传统版面网格纸张为其网格使用 90% 的表意字框，如果希望将对象对齐表意字框，以使相邻文本的黑色部分与对象边界匹配，则应使用表意字框版面网格。InDesign 是世界上第一个将排版和字体设计如此紧密结合的软件。在后边的字符编辑选项中会多次遇到与这两种框相关的设置。

与全角字符框类似，对于半角字符（数字和罗马字符）有半角字符框，它的宽度为全角字符框的一半，但是 InDesign 中不使用半角字符框作为版面设计中对齐的基准。当罗马字符单独排版时使用基线网格。

5. 复合字体

很多时候在要出版的刊物中，经常会出现中文与英文、阿拉伯数字夹杂的情况。为了让它们之间很协调或者很凸显，就会为它们设置不同的字体。可是大篇幅文字中的英文和数字是跳着出现的，逐一查找变换字体是一个非常繁琐的操作，使用 InDesign 的复合字体功能可以快速高效地解决这个问题。

复合字体可以将不同字体的组成部分（汉字、假名、全角标点、全角符号、罗马字和半角数字）混合在一起，作为一种虚拟字体来使用。例如中文用黑体，英文用 Arial，设置生成一种新的字体组合，中文和英文字体之间的基线可以进行微调整。另外还可设置各个部分的字符在大小和位置方面的搭配，例如实现全角中文与全角英文，半角英文与半角中文字体之间的搭配使用，达到更好的效果。通常中文字体中自带的英文不太美观，所以，为了版面更加美观，在设计时应用复合字体是很有必要的。

除此以外，还可以指定特定字符使用其他的字形。当复合字体设定完成后，其名称将显示在字体列表的开头，仅需选取复合字体名称，就可以完成对所有字体的指定工作。设定完成的复合字体包含在文件之中，输出时无需复制复合字体，复合字体也可导入其他文件或供 Illustrator 使用。

（1）创建复合字体

① 执行“文字 > 复合字体”命令。

② 单击“新建”按钮,输入复合字体的名称,单击“确定”按钮。如果在此之前,已经有新建的复合字体,则可以在这个字符的基础之上进行设置。

③ 按照字符分类选择字体，如图 3-3-4 所示。

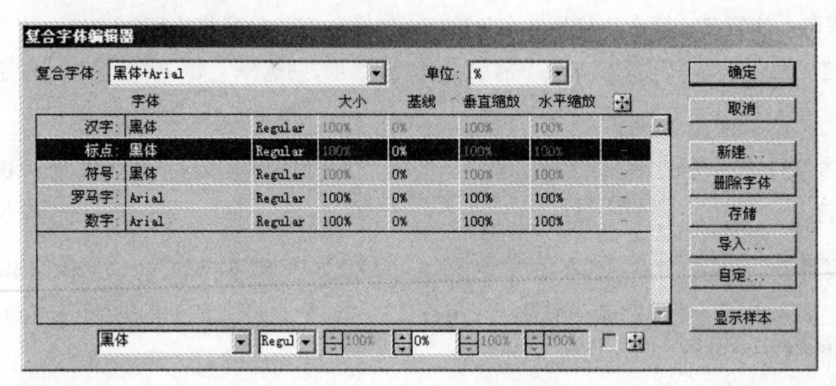

图 3-3-4

· “汉字”: 构成复合字体基础的字体。其他字体类别的大小和基线，都是根据在此指定的大小和基线而设置的。不能编辑汉字的大小、基线、垂直缩放或水平缩放。

· “标点”: 指定用于标点的字体。不能编辑标点的大小、垂直缩放或水平缩放。

· “符号”:指定用于符号、全角数字和全角字母的字体。不能编辑符号的大小、垂直缩放或水平缩放。

· “罗马字”: 指定用于半角罗马字的字体，通常是罗马字体。

· “数字”: 指定用于半角数字的字体，通常是罗马字体。

单击“显示样本”按钮可以显示样本编辑窗口，然后单击右侧的按钮，可以对指示表意字框、全角字框和基线等的彩线选择“显示”或“隐藏”。此外，还可以通过“横排文本”和“直排文本”选项切换样本文本的文本方向，使其以水平或垂直方式显示。

(2) 在复合字体中对个别字符进行字体设置

可以通过在复合字体中设置“自定”，以字符为单位设置字体。

① 在“复合字体编辑器”对话框中单击“自定”按钮，显示如图 3-3-5 所示的“自定集编辑器”对话框。

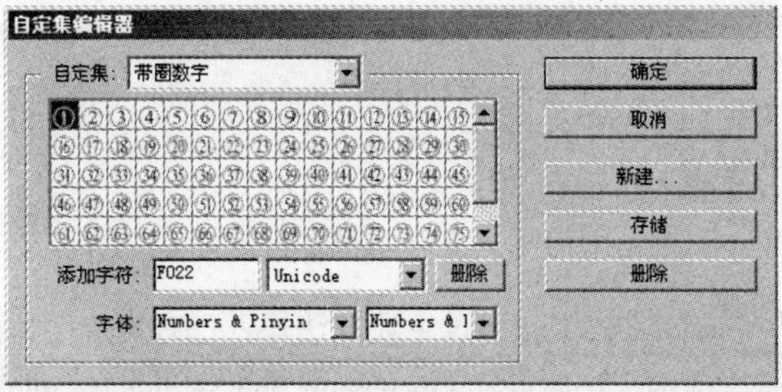

图 3-3-5

② 执行下列操作之一。

· 如果存在现有字符集，则选择该字符集。

· 单击“新建”按钮,输入字符集的名称,从“基于”下拉列表中选择“自定集”,然后单击“确定”按钮。提供以下基本字符集: 平假名、片假名、标点、符号、全角数字、半角数字和单字节补字 0 ～ 11。使用这些基本字符集可以轻松创建满足要求的字符集。如果不需要“基于”选项,则选择“无”,然后单击“确定”按钮。

③ 如果选择了某个基本字符集，则该集中存储的字符将显示在“自定集编辑器”对话框中。如果选择了“无”，则不显示任何字符。

④ 使用“字体”指定要用于“自定集”的字体。如果在此指定了日文字体,则不能在“复合字体编辑器”对话框中选择非日文字体。如果指定了罗马字体，则无法应用日文字体。如果将“单字节补字”指定为基本字符集，则应选择要使用的单字节补字。

⑤ 要直接添加字形，应从弹出的下拉列表中选择“直接输入”，在文本框中输入字符，然后单击“添加”按钮。也可以从输入法中将字符直接复制并粘贴到对话框中。

⑥ 要输入代码，首先在弹出菜单中指定编码类型(如 Unicode)，输入代码或连字代码范围(8 169 ～ 8 174)，然后单击“添加”按钮。

⑦ 要删除不再需要的字符，应选择要删除的字符。此时，“添加”按钮将变成“删除”按钮，单击该按钮即可删除选定字符。

⑧ 如果创建了多个自定集,则可从“自定集”弹出菜单中选择编辑的字符集。单击对话框右侧的“删除”按钮，就可以删除不再需要的字符集。

⑨ 编辑完成后，单击“存储”按钮以存储字符，然后单击“确定”按钮。

⑩ 将显示在“复合字体编辑器”对话框中设置的自定集，以便设置复合字体。

注意:当一种复合字体中包含多个自定字符时，底部的集将优先于上面的所有集。MM（MultipleMaster）字体不在“复合字体编辑器”对话框中显示。Multiple Master 字体是可自定的 Type 1 字体，其字体特性是依据变量设计轴（例如粗细、宽度、样式和视觉大小）而描述的。某些 Multiple Master 字体包括视觉大小，让用户能够使用经特别设计的、可在特定大小获得最佳可读性的字体。

(3) 导入复合字体

①单击“复合字体”对话框中的“导入”按钮。

②选择带有复合字体的 InDesign 文档，单击“打开”按钮即可导入复合字体。

复合字体在系统中以两种形式存在: 一种形式是在 indd 文档中，通过上述方法输入已有复合字体信息的文件中包含的字体; 另一种形式是当打开了包含复合字体的文档时，在 Documents and Settings/（Windows

用户名）/Application Data/Adobe/InDesign/Version 8.0-J/zh_CN/Composite Font 目录下会出现复合字体文件，将这里的复合字体文件，例如图 3-3-6 所示的“黑体 +Arial”复合字体，复制到 Illustrator CS6 相应的目录 Documents and Settings/（Windows 用户名）/Application Data/Adobe/Adobe Illustrator CS6 Settings/Composite Fonts 下，再次运行 Illustrator CS6 即可在 Illustrator CS6 中使用该复合字体。InDesign CS6 的复合字体与 Illustrator CS6 和 Adobe InDesign CS 或更高版本通用。

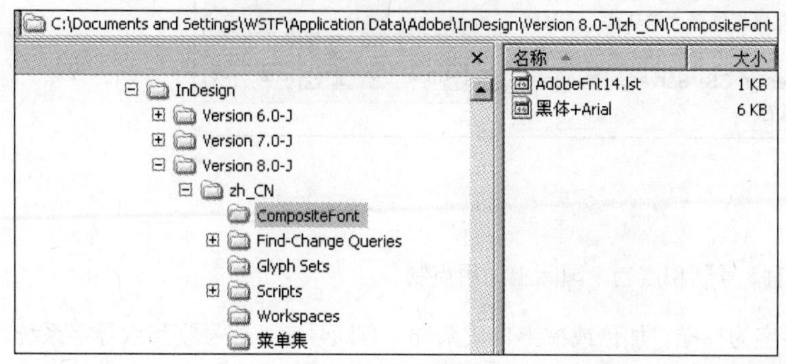

图 3-3-6

（4）修改字体和字符的大小

① 切换到文字工具，选择文本框中的文本，打开“字符”面板，从面板顶部的字体族列表中选择“黑体”，如图 3-3-7 所示。

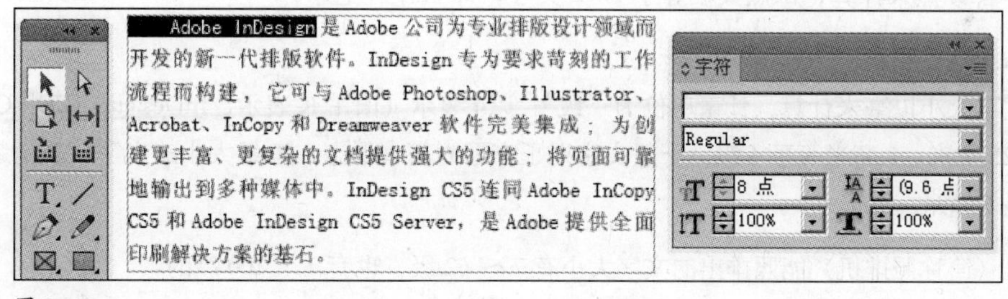

图 3-3-7

② 切换到选择工具，选择文本框。“字符”面板顶部的字体族列表显示为空白，表明当前选择的文本框中包含多种字体，如图 3-3-8 所示。

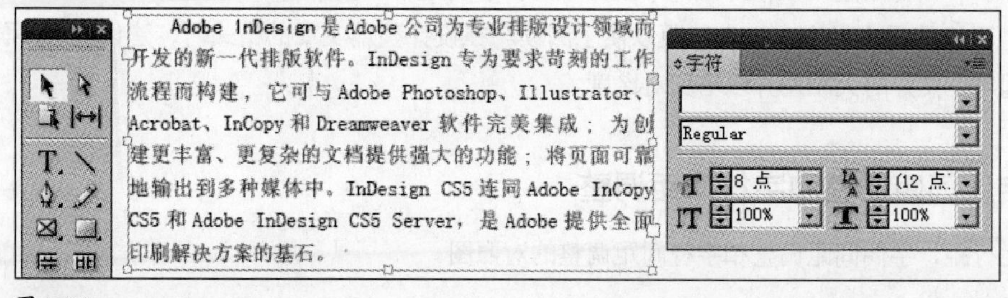

图 3-3-8

③ 在字体族列表中选择“黑体 +Arial”，文本框中的所有文本都应用了“黑体 +Arial”复合字体，如图 3-3-9 所示。

图 3-3-9

6. 活字大小

我国活字大小的规格单位有两种：号制和点制。国际上通用点制。

号制是以互不成倍数的 3 种活字为标准，加倍或减半自成系统，有四号字、五号字和六号字系统。四号比五号大，六号比五号小。例如五号字系统：小特号字为 4 倍五号字，二号字为 2 倍五号字。为适应各种印刷品的需要，又增加了比原号数稍小的小五号、小四号和小二号等种类。

点制又称磅，是由英文“Point”翻译而来的，缩写为 P，通过以计量单位“点”为专用尺度，来计量字的大小。1985 年 6 月，文化部出版事业管理局为了革新印刷技术，提高印刷质量，提出了活字及字模规格化的决定。规定每一点（1p）等于 0.35 毫米，误差不超过 0.005 毫米，如五号字为 10.5 点，即 3.675 毫米。外文活字大小都以点来计算，每点大小等于 1/72 英寸，即 0.5146 毫米。

7. 照排字大小

照相排字中的文字大小以毫米计算，计量单位为“级”，以 J 表示（旧用 K 表示，InDesign 中使用 Q 表示），每一级等于 0.25 毫米，1 毫米等于 4 级。一般文字以正方形为基本形态。20 级大小的文字，就是这个文字的字面各边都是 5 毫米。

一般照相排字机（简称照排机）能照排出的文字大小有 7 ～ 62 级，也有 7 ～ 100 级的。

8. 选择字体大小

杂志的正文最低使用 6 ～ 7pt，通常用 8 ～ 9pt，对于高龄阅读者来说至少应该为 10pt。用于长距离阅读的设计（例如封面的标题）至少应该在 17 ～ 23 pt 以上，低于这个值就不容易看清楚。地图中的普通文本使用 5pt，最低使用 3pt（低于这个没法印刷），地图在设计的时候要以原来两倍大小进行设计。大量的大号文本给人压迫感，建议使用小号文本加大行距以便于阅读。在设计整篇文章的格式时，建议增大不同级别文本间（例如标题与正文）的大小差异以增加对比度。

3.3.4 行距、字偶间距调整和字符间距调整

图 3-3-10 所示为行距、字偶间距调整和字符间距调整的对照图。

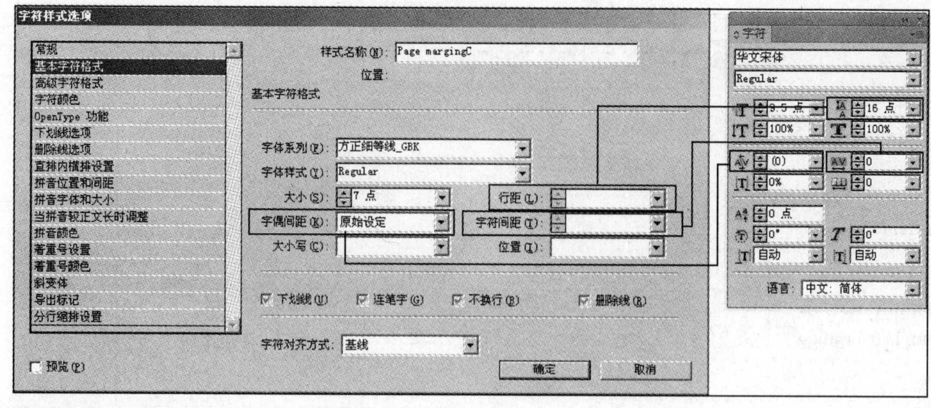

图 3-3-10

1. 行距

相邻行文字间的垂直间距称为行距。测量行距就是计算一行文本的基线到上一行文本的基线的距离，如图 3-3-11 所示。基线是一条无形的线，多数字母（不含字母下缘）的底部均以它为准对齐。

西文的行距是上下两行文本基线间的距离

图 3-3-11

默认的“自动行距”选项按文字大小的 120% 设置行距（例如，10 点文字的行距为 12 点）。当使用自动行距时，InDesign 会在“字符”面板的“行距”菜单中，将行距值显示在圆括号中。

默认情况下，行距是字符属性，这意味着可以在同一段落内应用多个行距值。一行文字中的最大行距值决定该行的行距。不过，可以通过选择首选项，将行距应用到整个段落（而非段落内的文本）。该设置不影响现有框架中的行距。可以以 0.001 点的增量键入 0 ～ 5 000 点间的行距值。

自动行距以当前字体大小为基准，可以在“间距调整”对话框中进行设置。可以在“首选项”中指定是否应用到整个段落。

CJK 字符的行距包括全角字框的高度和行间距，如图 3-3-12 所示。

在“控制”面板或“字符”面板的“行距”中可以设置行距。默认情况下，它会设置为“自动”。设置“自动行距”后，在“字符”面板的“行距”中，行距值将显示在圆括号中。对文本框架和框架网格中的文本而言，该“自动”值会有所不同。“自动行距”值可以在“段落”面板的“字符间距调整”菜单项中进行设置。对 InDesign 文本框架中的文本而言，自动行距值的默认设置是所设置字体大小的 175%。对框架网格中的文本而言，该值为 100%，以允许通过网格对齐在网格中展开文本行。对于 CJK 字符可以选择行距模式，请见本章后续小节。

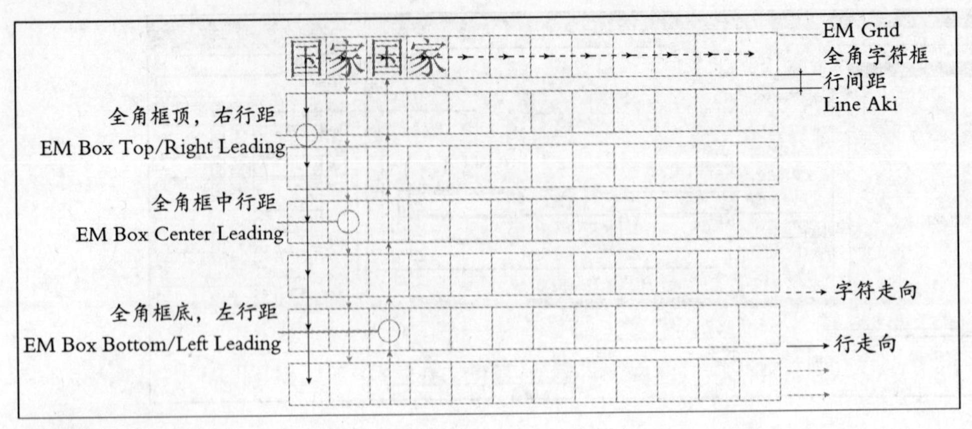

图 3-3-12

当网格对齐设置为“无”时，可以使用“字符”面板中的“行距”值设置文本框架中的文本行距。当网格对齐设置为“无”以外的值时，将依据基线网格设置应用行距。

注意：当复制置于框架网格中的文本并将其粘贴到文本框架中时，该文本在粘贴时将保持框架网格属性不变，所以“行距”中的“自动”将设置为100%。当发生这种情形时，即使将“字符对齐方式”设置为“无”，如果行距设置为“自动”，则也会挤压行间距，因为此时是以100%的字体大小值作为行距。如果发生上述情况，就应为“行距”设置一个具体值，而不是采用自动设置。

要为框架网格中的文本设置“行距”，应使用“框架网格设置”对话框中的“行间距”，而不是普通行距值。框架网格中文本的行距值是“行距”值和网格大小（字体大小）之和。换句话说，如果网格大小是10点，行间距是8点，则实际的行距值为“18点”。

注意：对于置入框架网格的文本，网格字符对齐将默认设置为“居中对齐”。此时，以本网格的中心到下一网格的中心之间的距离作为行距值。当网格字符对齐设置为“无”时，将以在本网格中指定的位置为起点应用行距。当网格字符间距调整设置为“无”时，将根据在“字符”面板的“行距”中设置的值应用行距。

框架网格中的行距则比较复杂。对于置入的文本，实际的行距值将根据“字体大小”、“行距”值和“段落”面板中的“强制行数”的设置而变化。

2. 字偶间距调整和字符间距调整

字偶间距调整是调整特定字符对之间间距的过程。字符间距调整是加宽或紧缩文本块的过程。

可以使用原始设定或视觉方式自动进行字偶间距调整。原始设定方式针对特定的字符对（字偶）预先设定间距调整值（大多数字体都已包含）。字偶间距调整包含有关特定字母对间距的信息，包括LA、P.、To、Tr、Ta、Tu、Te、Ty、Wa、WA、We、Wo、Ya和Yo等。图3-3-13所示为不同的字符之间字体内字偶对间的间距不同。默认情况下，InDesign使用原始设定，这样，当导入或键入文本时，系统会自动对特定字符对进行字偶间距调整。要禁用原始设定，应选择“0”。

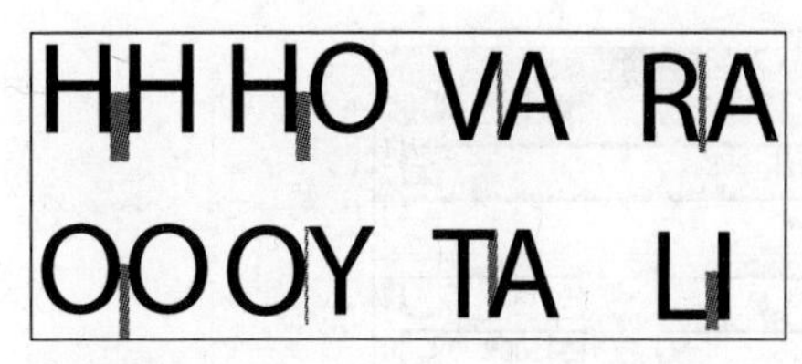

图 3-3-13

原始设定的字偶间距调整与“字符”面板的“OpenType 功能”中的“使用等比设定”不同。原始设定的字偶间距调整是基于成对出现的特定字符对之间的间距信息来进行紧缩的。原始设定的字偶间距调整量以字符的等比宽度为基础，因此，如果处理的是带有“等比设定”功能的 OpenType 字体，那么当选择原始设定的字偶间距调整时，也会应用“使用等比设定”。一般说来，原始设定是针对罗马字体的功能。

视觉字偶间距调整是根据相邻字符的形状调整它们之间的间距。在 InDesign 中，视觉字偶间距调整是以罗马字形式为基础设计的。该功能可以用于中文字体，但必须始终检查操作的结果。某些字体中包含完整的字偶间距调整规范。不过，如果某一字体仅包含极少的内建字偶间距甚至根本没有，或者是同一行的一个或多个单词使用了两种不同的字型或大小，则可能需要对文档中的罗马字文本使用视觉字偶间距调整选项。

还可以使用手动字偶间距调整，该选项是调整两个字母间距的理想工具。字符间距调整和手动字偶间距调整都具有累积性，因此，可以先调整单个字母对的字距，然后在不影响字母对相对字偶间距调整的情况下紧缩或放宽文本块。图 3-3-14 所示为不同字符间距调整的效果。

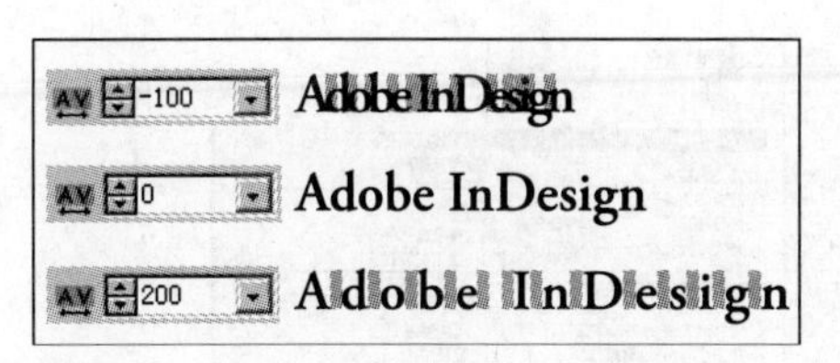

图 3-3-14

单词的字偶间距调整不同于“字符间距调整”对话框中的“单词间距”选项，单词的字偶间距调整仅更改特定单词的第一个字符与该字符前空格的距离微调值。可以对选定文本应用字偶间距调整、字符间距调整（或两者）。字偶和字符间距调整均以 1/1 000em（全角字宽，以当前文字大小为基础的相对度量单位）度量。字偶和字符间距调整严格地与当前文字大小成比例。

当单击鼠标在两个字母间置入插入点时，InDesign 会在“控制”面板和“字符”面板中显示字偶间距调整值,如图 3-3-15 所示。原始设定和视觉字偶间距调整值（或定义的字符对字偶间距调整）显示在圆括号中。类似地，如果选择一个单词或一段文本，则 InDesign 会在“控制”面板和“字符”面板中显示字符间距调整值，如图 3-3-16 所示。

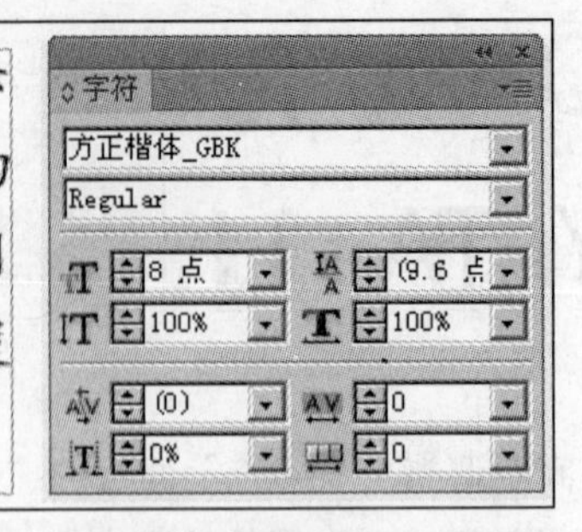

图 3-3-15

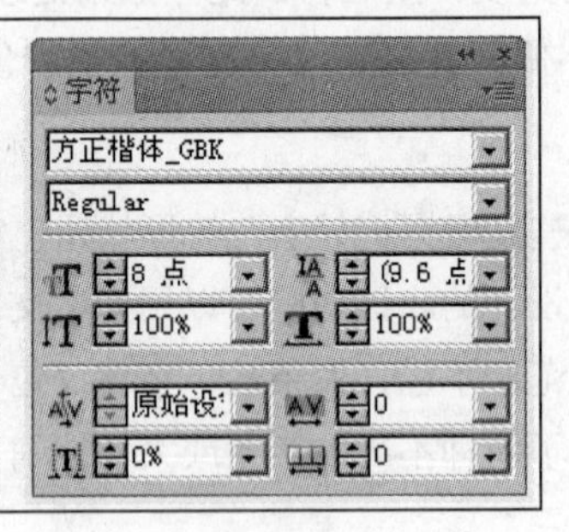

图 3-3-16

3.3.5 大写和位置

图 3-3-17 所示为大写和位置的对照图。

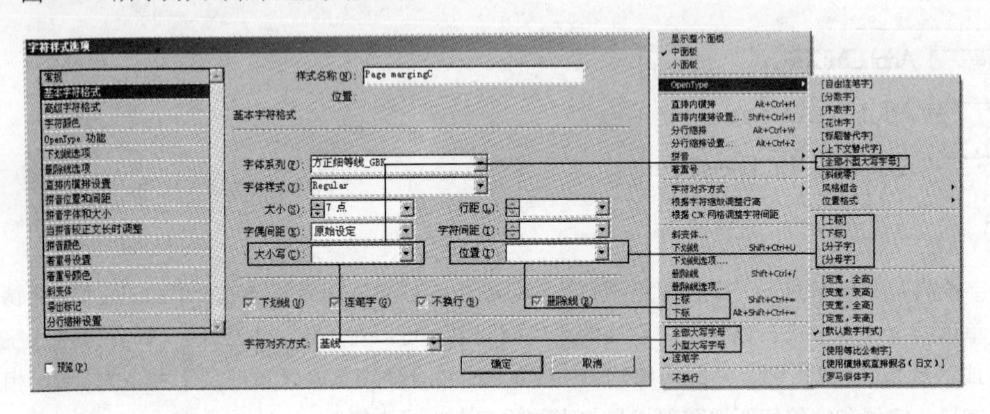

图 3-3-17

1. 大写

大写是罗马字符特有的，可以对字符使用全部大写、小型大写和 OpenType 小型大写。小型大写是指小写字符大小的大写字符外观。小型大写的大小可以在“首选项”中设定。“更改大小写”命令与“全部大写字母”格式的不同之处在于，它实际上更改的是基础字符，而不只是更改格式外观。

注意：对文本应用“小型大写字母”或“全部大写字母”时不会更改大小写，仅更改外观。

2. 位置

上标和下标可以在“首选项”中定制。

3.3.6 下划线、连笔字、不换行和删除线

图 3-3-18 所示为下划线、连字、不换行和删除线的对照图。

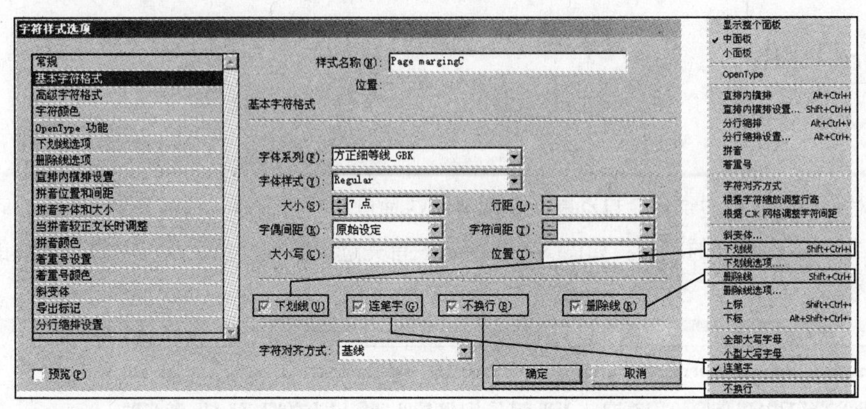

图 3-3-18

1. 下划线和删除线

下划线和删除线是常用的两种装饰样式。两者的区别在于下划线在文本的下层，而删除线在文本的上层，如图 3-3-19 所示。下划线和删除线的默认粗细取决于文字的大小。但是，可以通过更改位移、粗细、文字、颜色、间隙颜色和叠印，创建自定下划线和删除线选项。

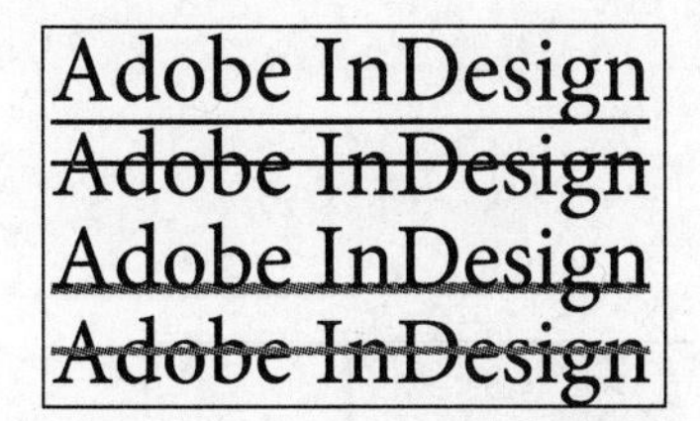

图 3-3-19

如果想在大小不同的字符下创建平整的下划线，或是创建特殊效果（如背景突出显示）时，创建自定下划线就显得特别有用。下划线的快捷键是 Ctrl+Shift+U，删除线的快捷键是 Ctrl+Shift+/。

2. 连笔字

连笔字是指把多个字符合并为一个字型。英文中常见的连笔字有 ff、fi、fl、ffl 和 ffi。大多数字体都包含连笔字字型，但是要插入会非常麻烦，而且插入后还不便于修改，可能会在拼写检查时报错。InDesign 只需要从“字符”面板菜单中选中“连笔字”即可，连笔字的字符不会合并为一个字符，用户可以任意修改，

并且不会导致拼写检查程序产生单词标记错误。使用 OpenType 字体时，如果在“控制”面板菜单或“字符”面板菜单中选择“连笔字”，则 InDesign 会生成该字体中定义的任一标准连笔字，具体情况取决于字体设计程序。不过，某些字体包含更多花饰和可选连笔字（选择“自由连笔字”命令后即可生成）。图 3-3-20 所示为连笔字前（上排）和连笔字后（下排）的效果。

This office fjord halfb

This office fjord halfb

图 3-3-20

3. 不换行

InDesign 自动排文时，到了边框边缘时会自动断行，但有时这种自动断行会错误地断开单词。用户可以使用“不换行”命令来指定不能断开的单词，如图 3-3-21 所示，首先选中单词，然后从“字符”面板的菜单中选择“不换行”命令。

VoloreetRos erat am velis diat volor sim irit alit lam ad te facip eum quisit iureetuer ing ero dolorpe rcipsum modipismolor sumsandre miniat. Ut atet niam, [illegible] [illegible] non ulla facing ea consequat alisisc illandr ercinciduis eriuscin eu feugait, susto dio er at. Onsed temdel euisisit, velis dolor sisiscin verat iniamco mulpute vel do commy nullaor iure diam, quatue elisci bla faci ea augait, velissis nulla alisit venisl dolore magnisi.	VoloreetRos erat am velis diat volor sim irit alit lam ad te facip eum quisit iureetuer ing ero dolorpe rcipsum modipismolor sumsandre miniat. Ut atet niam, [illegible] non ulla facing ea consequat alisisc illandr ercinciduis eriuscin eu feugait, susto dio er at. Onsed temdel euisisit, velis dolor sisiscin verat iniamco mulpute vel do commy nullaor iure diam, quatue elisci bla faci ea augait, velissis nulla alisit venisl dolore magnisi

图 3-3-21

3.3.7 字符对齐

图 3-3-22 所示为字符对齐的对照图。

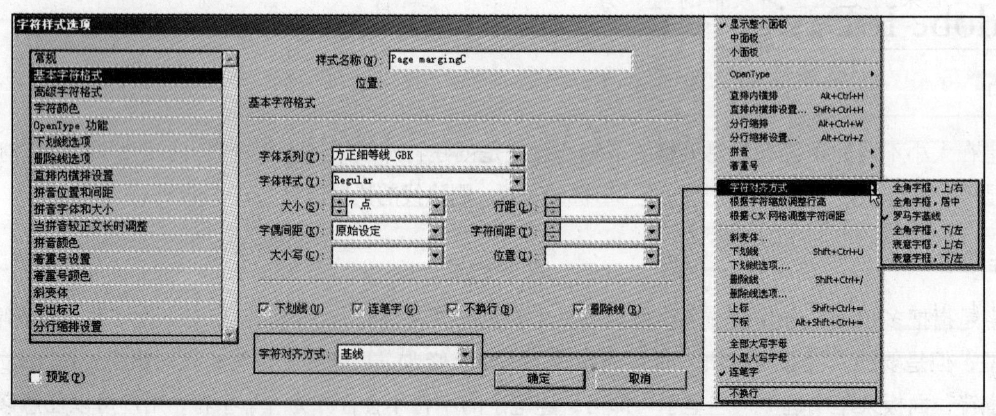

图 3-3-22

一行文本中包含多种大小的字符时，用户可以指定文本如何与最大的字符对齐。提供的选择有罗马字符基线、全角字符外框顶、全角字符外框居中、全角字符外框底、ICF 框顶和 ICF 框底。ICF 框是指文本可被放置的虚拟框。

3.3.8 缩放、基线偏移和倾斜

图 3-3-23 所示为缩放、基线偏移和倾斜的对照图。

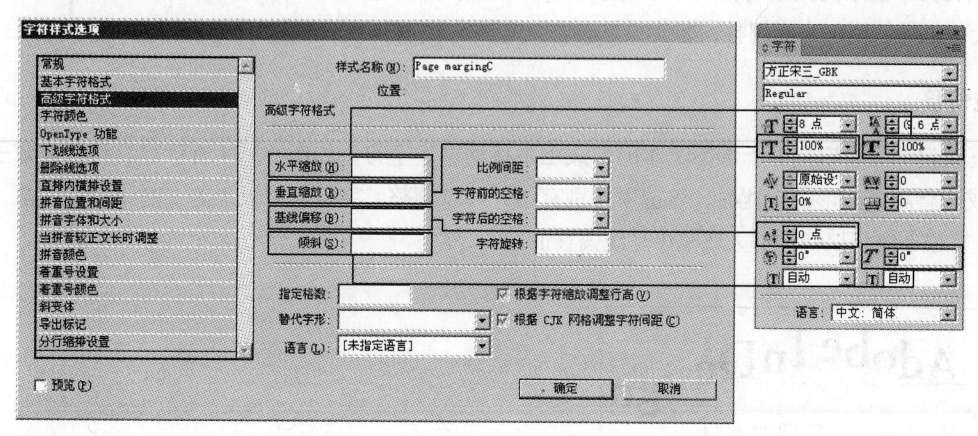

图 3-3-23

1. 水平缩放和垂直缩放

InDesign 的“水平缩放”选项可以让用户根据字符的原始宽度和高度通过挤压或扩展来人为创建缩小的或扩大的文本；“垂直缩放”选项可以垂直地缩小或放大字体。无缩放字符的比例值为 100%。某些字体系列中包含真正的“加宽字体”，该字体在水平方向的延展要大于普通字体样式。缩放会导致文字变形，因此使用专门设计的紧缩字体或加宽字体（如果有的话）会更为合适。

使用“选择”工具，按住 Ctrl 键（Windows）或 Command 键（MacOS），然后拖动文本框架的一角，可通过调整文本框架大小来缩放文本。使用“缩放时调整文本属性”首选项，可决定在缩放文本框架时更改在面板中的显示方式。例如，假设将含 12 点文字的文本框架放大了一倍。如果在执行放大操作时该选项处于打开状态，则“控制”面板或“字符”面板中的值将显示为 24 点文字，而“变换”面板中的缩放值仍为 100%。如果在执行放大操作时该选项处于关闭状态，则“变换”面板会显示 200% 的缩放比例，而“控制”面板或“字符”面板中的文本则显示为 12 点。其他面板文本框（如“行距”和“字距微调”）显示其原有值，即使它们的大小已经增加一倍也是如此。

应该避免过度地缩放。在大多数情况下，如果需要放大或缩小文本，就应当调整字体尺寸；如果需要稍微挤压或扩展一个范围内的文本，则最好使用 InDesign 的字偶间距调整和字符间距调整控制，因为这样不影响字体。当使用字符间距调整时，只是字符间的空间变化了。

在使用过程中应注意下列事项。

· 如果在“缩放时调整文本属性”选项处于打开状态时编辑文本或调整框架的大小，那么即使文本移到另一个框架中也会被缩放。如果该选项处于关闭状态，当编辑操作使文本移到另一框架中之后，该文本就不会再缩放。

· “缩放时调整文本属性”选项仅应用于在该选项打开后缩放的文本框架，而不会应用于现有文本框架。要调整现有框架的文本属性，应使用“变换”面板菜单中的“缩放文本属性”命令。

· 调整成组文本框架的大小时，文本不会被缩放。不过，如果缩放的是成组文本框架的大小，那么文本属性也不会根据缩放比例有所调整，即使“首选项”设置处于打开状态也是如此。

2. 基线偏移

使用“基线偏移”可以相对于周围文本的基线上下移动选定字符，如图 3-3-24 所示。手动创建分子和分母的数字或调整随文图形的位置时，该选项特别有用。可以调整“字符”面板上的“基线偏移”值，使用 Shift+Alt+ ↑或↓键可以快速增大或减小基线偏移值。

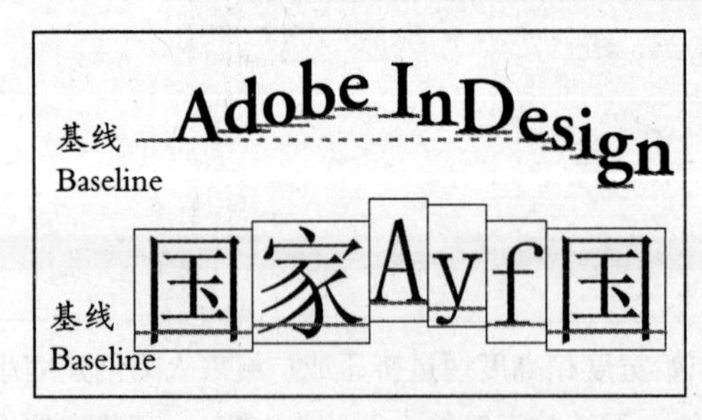

图 3-3-24

3. 倾斜

InDesign 的倾斜功能可以对所选择的文字设置任意角度的倾斜（正值表示文字向右倾斜，负值表示文字向左倾斜），弥补了中文字库中无斜体字的缺憾。另外，“字符”面板菜单中的“斜变体”命令，提供了更加丰富的中文字符倾斜控制。

3.3.9 比例间距、字符前 / 后挤压间距、字符旋转

图 3-3-25 所示为比例间距、字符前 / 后挤压间距、字符旋转对照图。

1. 比例间距

对字符应用“比例间距”时，会在不缩放字符的前提下，在字符前后挤压空格间距，如图 3-3-26 所示。0% 代表不压缩，100% 代表将间距压缩为 0。使用“比例间距”可以很方便地控制 CJK 字符间的间距。与“字偶间距调整”和“字符间距调整”不同的是，“比例间距”是在“字偶间距调整”和“字符间距调整”设置为 0 的基础上进行比例间距。

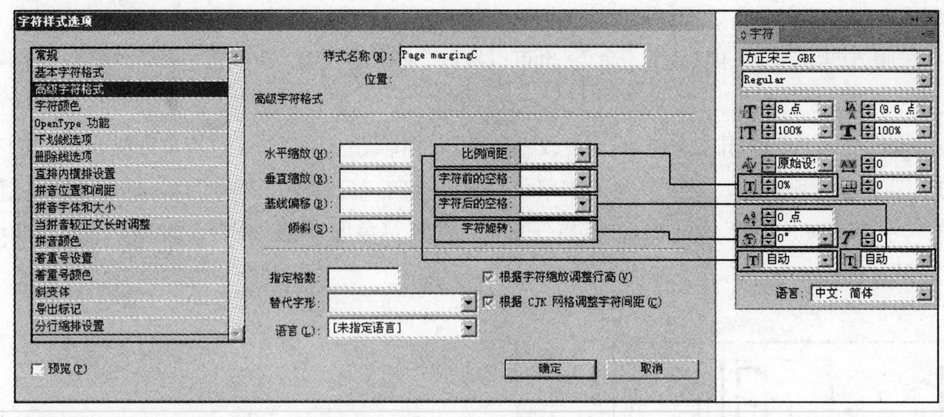

图 3-3-25

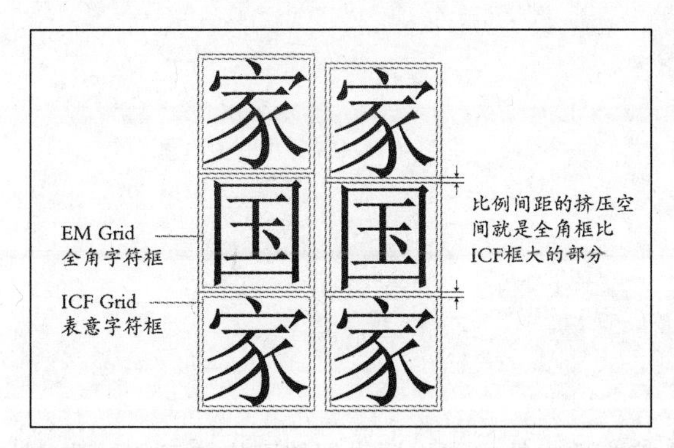

图 3-3-26

2. 字符前 / 后挤压间距

字符前 / 后挤压间距是以当前文本为基础，在字符前后插入空白，如图 3-3-27 所示。当该行设置为两端对齐时，则不调整该空格。插入的空格是以一个全角空格为单位的。

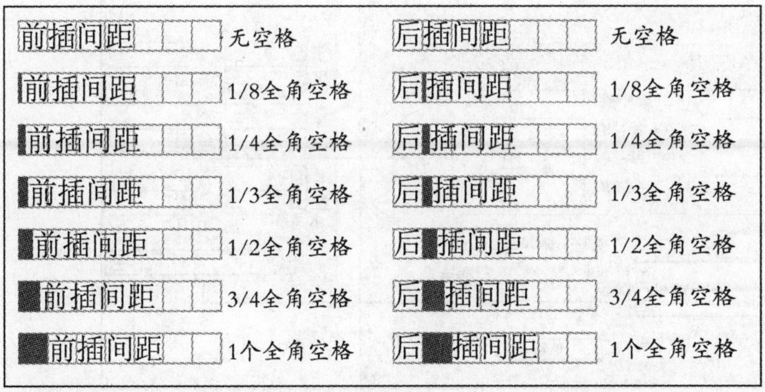

前插间距	无空格	后插间距	无空格
前插间距	1/8全角空格	后插间距	1/8全角空格
前插间距	1/4全角空格	后插间距	1/4全角空格
前插间距	1/3全角空格	后插间距	1/3全角空格
前插间距	1/2全角空格	后插间距	1/2全角空格
前插间距	3/4全角空格	后插间距	3/4全角空格
前插间距	1个全角空格	后插间距	1个全角空格

图 3-3-27

3. 字符旋转

执行“文字 > 排版方向 > 水平”或“垂直”命令，也可以执行“文字 > 文章”命令以显示“文章”面板将“排版方向”选择为“水平”或“垂直”。如果更改文本框架中的文本方向，则直排文本框架将转换为横排文本框架，横排文本框架将转换为直排文本框架。更改文本框架的排版方向将导致整篇文章被更改，所有与选中框架串接的框架都将受到影响。要更改框架中单个字符的方向，应使用“直排内横排”功能，或使用“字符”面板中的“字符旋转”功能。InDesign 支持任意字符的任意角度旋转，图 3-3-28 所示为指定负数值使字符向右旋转（顺时针）。

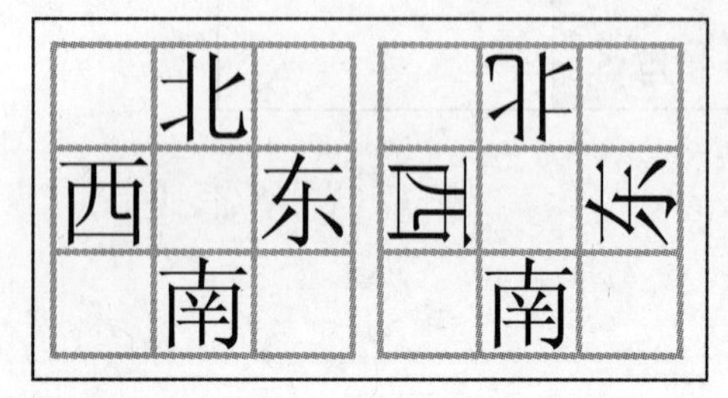

图 3-3-28

3.3.10 网格指定格数和语言

图 3-3-29 所示为网格指定格数和语言的对照图。

1. 网格指定格数

使用网格指定格数（以前称为字模距）可以直接为选中的文本设置占据的网格单元数，默认为 0，是指每个字符占据一个格子。例如，如果选择了 3 个输入的字符，并且将指定格数设置为 5，那么这 3 个字符将在网格中均匀地分布在 5 个字符的空间中。图 3-3-30 所示为使用的实际效果。请在框架网格中使用“网格指定格数”功能，它在文本框架中可能无法正常发挥作用。

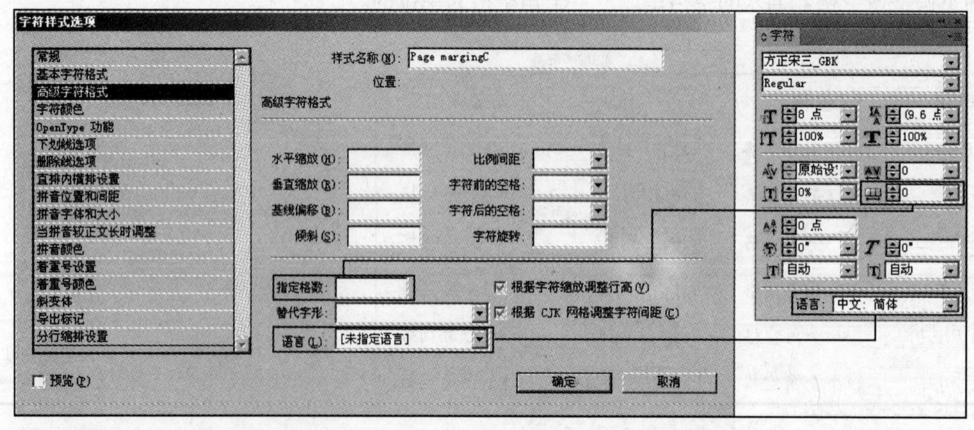

图 3-3-29

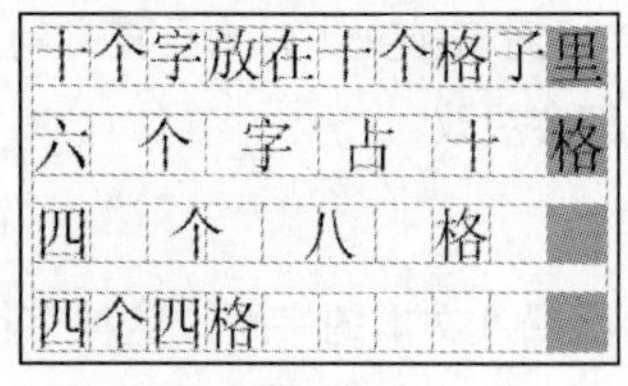

图 3-3-30

2. 语言和词典

InDesign CS6 采用 Unicode 作为文字编码处理的核心，只要用户的系统支持相关语系的输入法，并且安装了符合 Unicode 编码的字体，使用 InDesign CS6，就可以进行各国语言的编排。

InDesign CS6 配备多国 Proximity 词典进行拼写和连字符检查，用户可以为文本指定语言，以方便拼写检查和生成连字符。应用方法非常简单，只需要选中文本后在“字符”面板底部选择适当的语言即可。

一个词典不可能包含所有的基础词语，常用字典中通常无法找到工业词语和专业名词。如果用户为 InDesign 购买了第三方词典，则需要把它们放到 Documents and Settings/（windows 用户目录）/Application Data/Adobe/Linguistics/Dictionaries 目录下，并在“首选项”对话框中选中它。另外，如何断字或添加连字符在不同词典中会有区别，选择不同词典对同一个单词的处理可能不同。用户可以为同一个词语指定不同的词典，这样让不同的词典来处理词语的拼写和连字符。字典文件的改变只包含在字典文件中，而不是在打开的文档中。

3.3.11 调整字符行高和调整 CJK 网格字符间距

图 3-3-31 所示为调整字符行高和调整 CJK 网格字符间距的对照图。

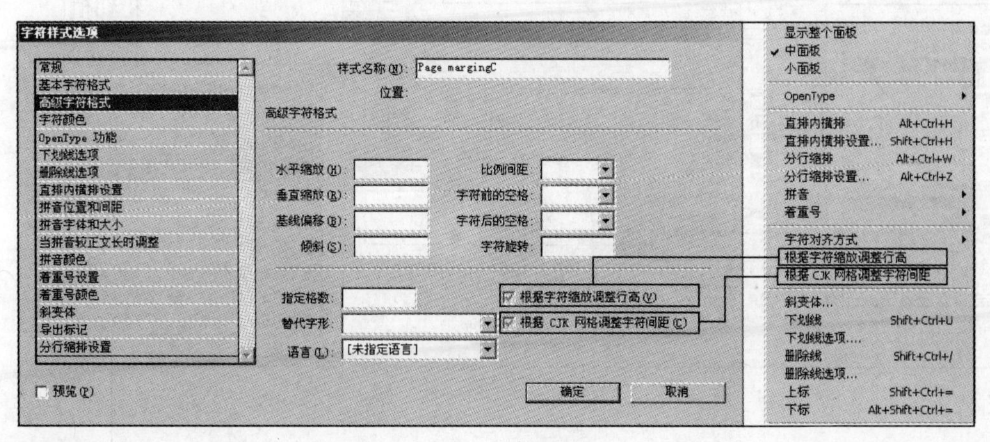

图 3-3-31

1. 根据字符比例调整行高

行高可随机进行调整。作为字符属性，该功能是针对每个字符而设置的，但行高会应用于包含所设置字符的整行文本中。如果将某框架网格中的文本方向更改为与其相反的方向（对横排文本，为垂直方向；对直排文本，则为水平方向），则默认情况下，无论该网格的大小如何，行高都会更改。

2. 根据 CJK 网格调整字符间距

一种压缩字符间距的方法是首先为框架网格自身指定行间距，然后调整置入文本的字距。这种字符压缩方法专用于使用“根据 CJK 网格调整字符间距”功能（位于“字符”面板菜单或“控制”面板）的中文、韩文或日文，也称为网格字距调整。日文字体中的某些字符比全角字框小，将这样的字符置入框架网格中后，将产生较大的字符间距。以此方式为网格自身设置“比例间距”非常方便，因为它允许使用标点挤压，这样，字符便能在网格中正确对齐。该设置可存储为网格主页样式。

“框架网格设置”对话框中的“字间距”默认设置为“0”。在自动印刷样式中，该字距被称为“Beta”。“标点挤压”将此项设置为负值，则依据所设置的值，右侧网格会与左侧网格重叠。输入网格的字符将根据每个网格的中心对齐，因而会压缩每个字符的间距。此外，调整为比最大宽度小的字符形式，会根据“行间距比例间距”的值按比例进行适当更改，具体情况取决于“标点挤压”设置。

在 InDesign 中该功能为默认启用。要禁用该功能，应在“字符”菜单或面板中选择“根据 CJK 网格调整字符间距”，然后取消选中项目名称左侧的复选框。

此选项只对“网格文本框”选项中的“字间距”选项有效，对“字符”面板中设置的“字符间距调整”无效。

3.3.12 字符颜色与描边

图 3-3-32 所示为字符颜色与描边的对照图。

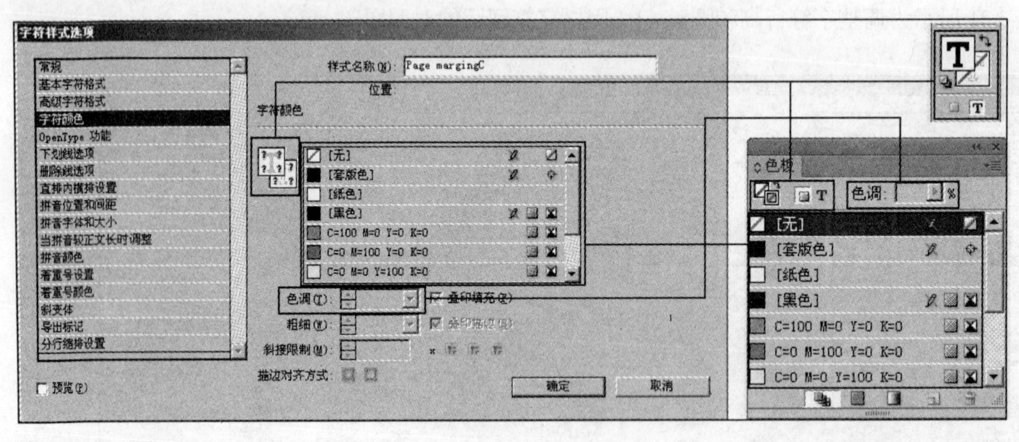

图 3-3-32

要对框架内的文本应用颜色更改，应使用“文字”工具选择文本。要对某框架内的全部文本应用颜色更改，应使用“选择”工具选择该框架。在对文本（而非容器）应用颜色时，务必选择“工具”面板或“色板”面板中的“格式针对文本”图标。

3.3.13 叠印和宽度

图 3-3-33 所示为叠印和宽度的对照图。

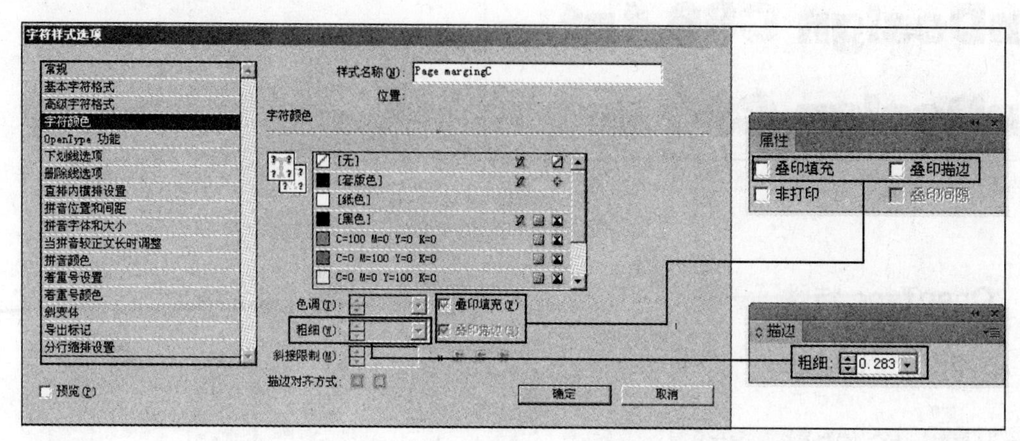

图 3-3-33

1. 叠印填充 / 描边

如果没有使用“透明度”面板更改图片的透明度，则图片中的填色和描边将显示为不透明，因为顶层颜色会挖空（或切掉）下面重叠的区域。可以使用“属性”面板中的“叠印填充”和“叠印描边”复选框防止挖空。设置两个复选框后，可以在屏幕上预览叠印效果。图 3-3-34 所示为叠印填充色示意图，图 3-3-35 所示为叠印描边色示意图。

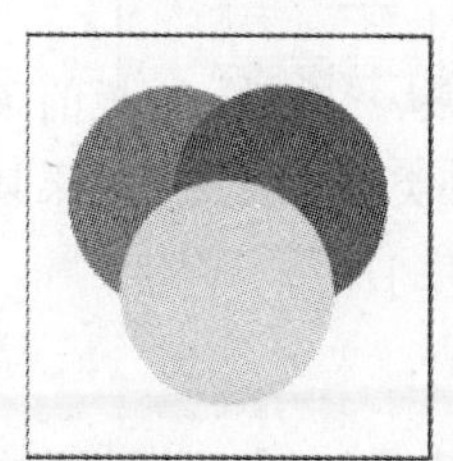
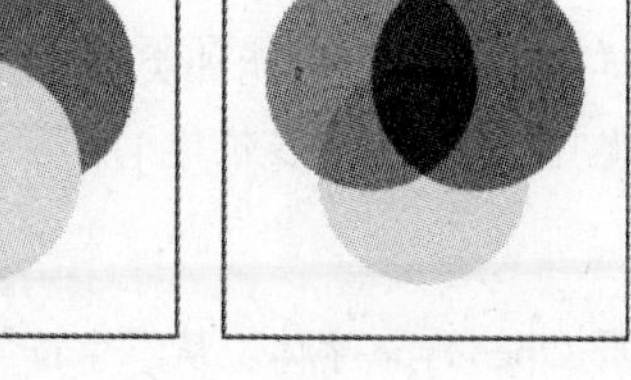

图 3-3-34

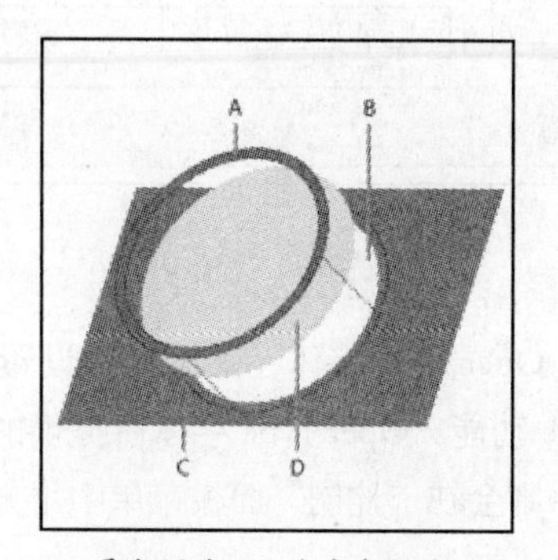

A: 叠印区域 B: 去底色区域

C: 背景色 D: 前景色

图 3-3-35

2. 描边宽度

在 InDesign 中可为选中的任意字符添加描边属性，特别是文本或其他对象的描边和填充可以是渐变色。图 3-3-36 所示为文本使用不同宽度的描边。

InDesign CS6 0.5pt

InDesign CS6 1pt

InDesign CS6 2pt

图 3-3-36

3.3.14 OpenType 特性

图 3-3-37 所示为 OpenType 特性的对照图。

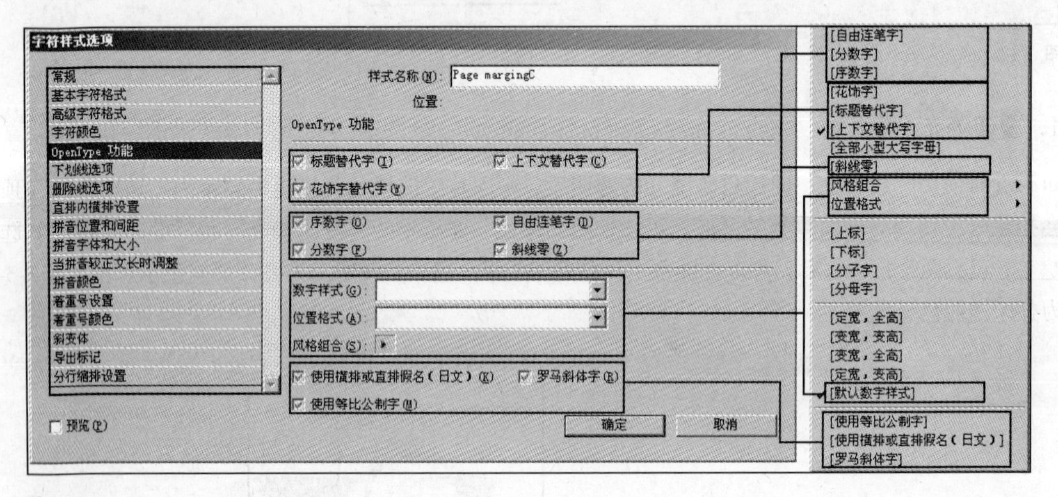

图 3-3-37

如果文本采用的是 OpenType 字体，则可以在设置文本格式或定义样式时，从“控制”面板的菜单中选择特定的 OpenType 功能。OpenType 字体所提供的字体样式的数量和功能种类差异很大。如果某项 OpenType 功能不可用，则会在“控制”面板菜单中用方括号将其括起（如 [花饰字]）。

应用 OpenType 字体属性

选择文本，在“字符”面板或“控制”面板中，确保选择了 OpenType 字体。从“字符”面板菜单中选择“OpenType”，然后选择一种 OpenType 属性，如“自由连笔字”或“分数字”。

3.3.15 下划线和删除线

图 3-3-38 所示为下划线的设置对话框。

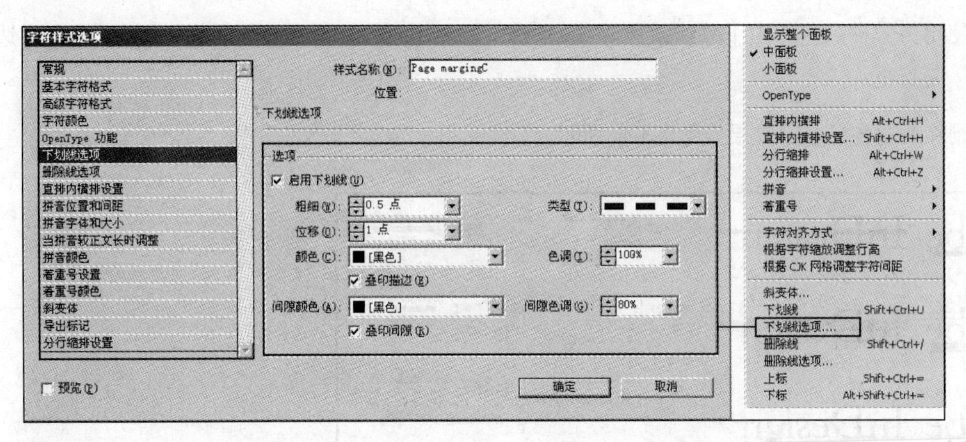

图 3-3-38

图 3-3-39 所示为删除线的设置对话框。

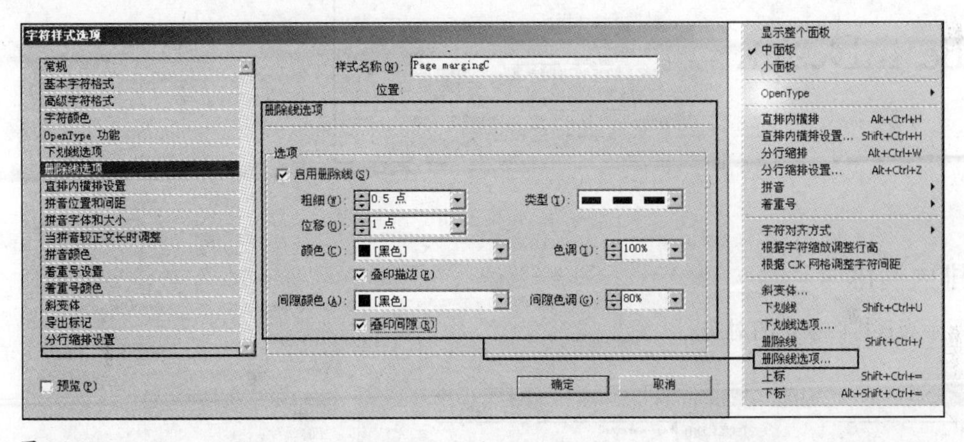

图 3-3-39

下划线和删除线的应用如下所示。

· 选择“启用下划线”或“启用删除线”复选框，在当前文本中启用下划线或删除线。

· 在“粗细”中选择一种粗细或键入一个值，以确定下划线或删除线的线条粗细。

· 在“类型”中指定下划线或删除线的类型。

· 在“位移”中确定线条的垂直位置。位移从基线算起。正值将使下划线移到基线的上方，负值将使删除线移到基线的下方。

· 如果要确保在印刷时描边不会使下层油墨挖空，则应选择“叠印描边”复选框。

· 选择颜色和色调。如果指定了实线以外的线条类型，则应设置“间隙颜色”或“间隙色调”，以更改虚线、点或线之间区域的外观。

· 如果要使用另一种颜色印出下划线或删除线，且希望避免出现打印套准错误，则应选择“叠印描边”或“叠印间隙”复选框。

下划线和删除线的各种应用效果如图 3-3-40 所示。

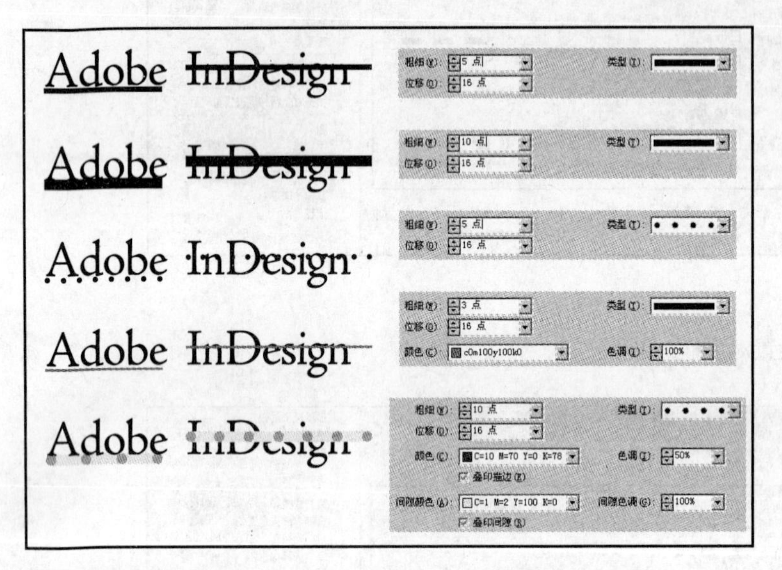

图 3-3-40

3.3.16 直排内横排

图 3-3-41 所示为直排内横排的对照图。

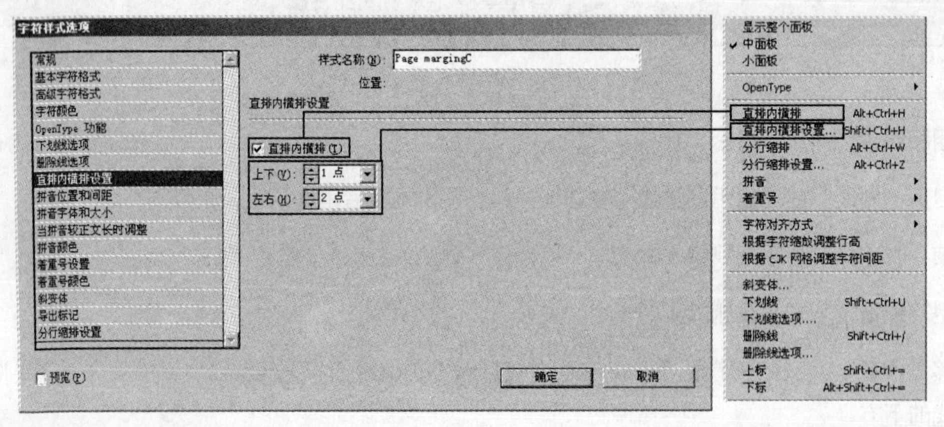

图 3-3-41

繁体中文中使用“直排内横排”（又称为“纵中横”或“直中横”）选项的地区称为折题，是指在竖排文本中将选中字符进行横排，并调整上下左右的偏移。该选项通过旋转文本，可使直排文本框架中的半角字符（例如数字、日期和短的外语单词）更易于阅读。如图 3-3-42 所示，左图为没有应用直排内横排，而右图为应用了直排内横排。打开“直排内横排”选项后，可以在上、下、左、右 4 个方向上移动文本。

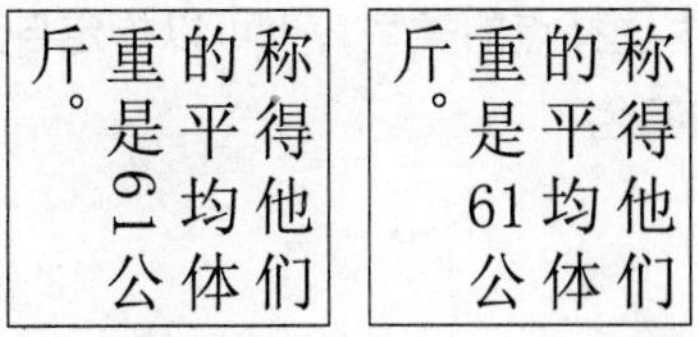

称得他们的平均体重是61公斤。　称得他们的平均体重是61公斤。

图 3-3-42

3.3.17 拼音

图 3-3-43 所示为拼音的对照图。

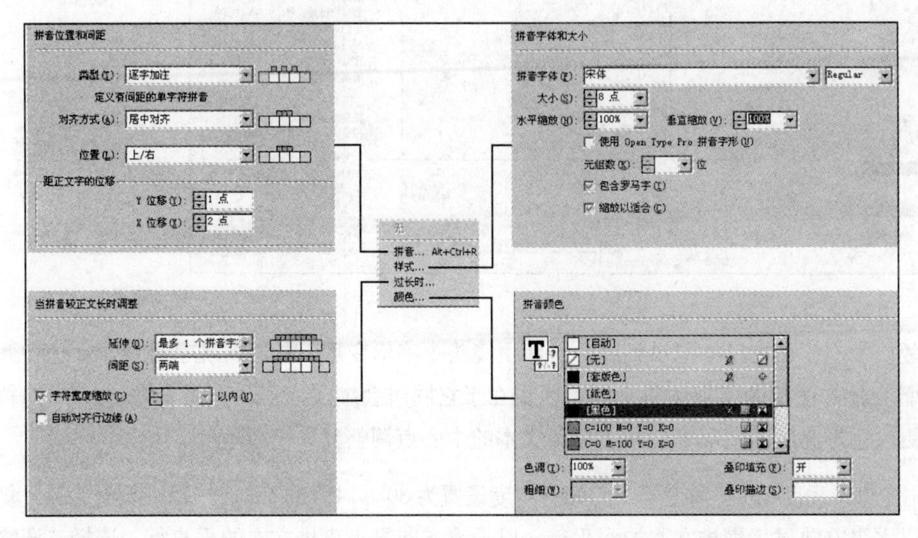

图 3-3-43

中文的“拼音”用于标注汉字的发音。同样，日文的拼音（更多地称为“注音”）用于显示日文汉字的读音。InDesign CS6 提供完善的日文注音功能和有限的中文拼音功能。可以调整“拼音”设置，以指定拼音的位置、大小或颜色。此外，当拼音长度超过正文时，可以指定拼音分布范围，还可以将“自动直排内横排”应用于拼音中。

3.3.18 着重号

图 3-3-44 所示为着重号的对照图。

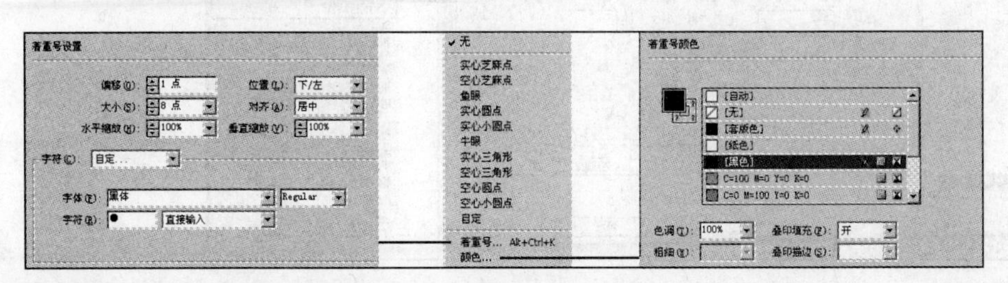

图 3-3-44

着重号指附加在要强调的文本上的点。既可以从现有着重号形式中选择点的类型，也可以指定自定的着重号字符。此外，还可以通过调整着重号设置来指定其位置、缩放和颜色。

3.3.19 斜变体

图 3-3-45 所示为斜变体的对照图。

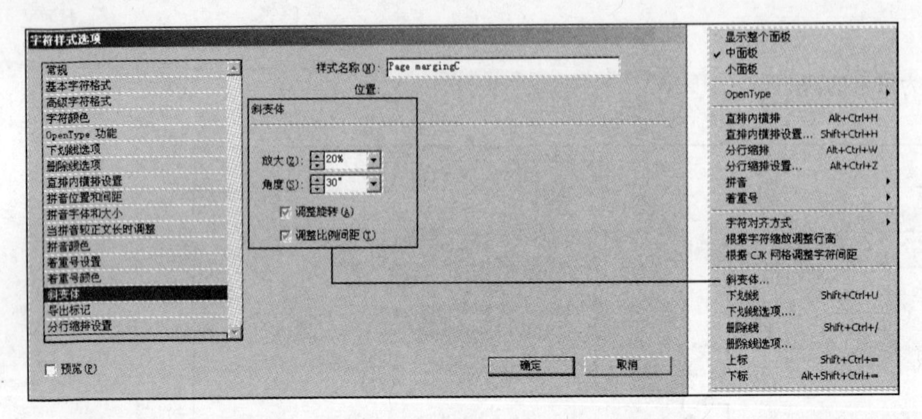

图 3-3-45

在传统照相排版技术中，在将字符记录到胶片时使用镜头令字形变形，从而实现字符倾斜。这种倾斜样式称为斜变体。斜变体与简单的字形倾斜不同，区别在于它同时会缩放字形。利用 InDesign 中的斜变体功能，可以在不更改字形高度的情况下，从要倾斜文本的中心点调整其大小或角度。

在“放大”中指定倾斜程度；在“角度”中将倾斜角度设置为 30°、45° 或 60°。选择“调整旋转”复选框来旋转字形，并以水平方向显示横排文本的水平行，以垂直方向显示直排文本的垂直行。选择“调整比例间距”复选框以应用“指定格数”。

3.3.20 分行缩排

图 3-3-46 所示为分行缩排的对照图。

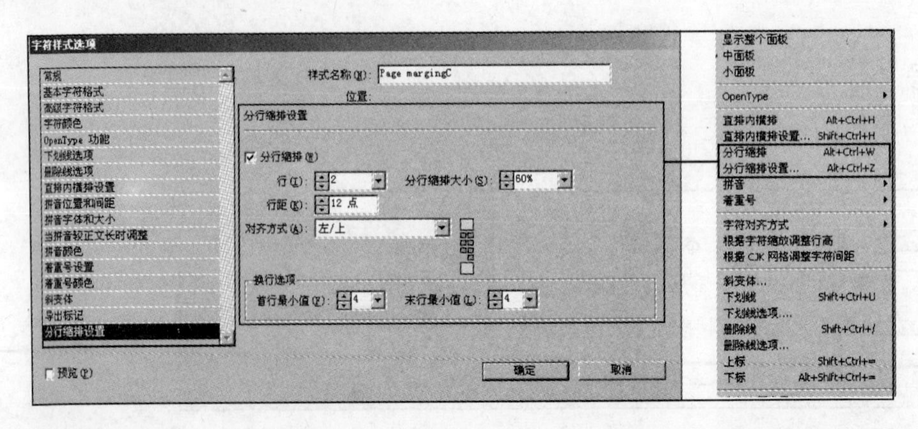

图 3-3-46

“字符”面板菜单中的“分行缩排”选项可以将选中的多个字符水平或竖直地堆叠成一行或多行，而宽度却只有指定数量的正常字符宽，具体效果如图 3-3-47 所示。

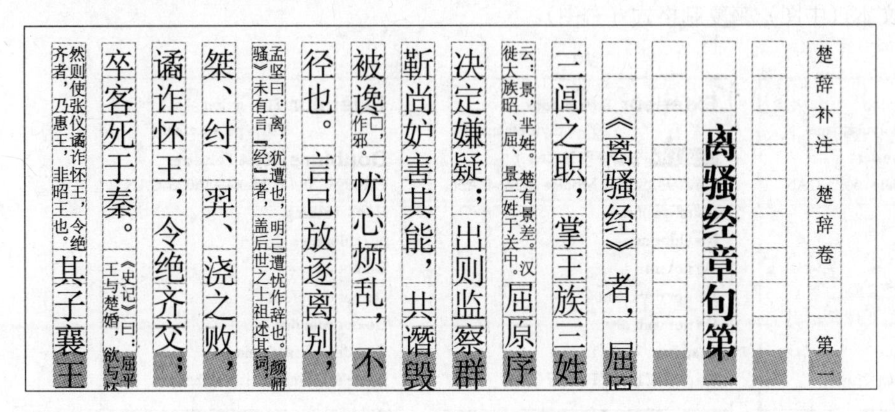

图 3-3-47

“字符”面板菜单中的“分行缩排设置”提供了以下一些设置选项。

“行”：指定堆叠为多少行。“行距”：决定行间的间距。“分行编排大小”：指定单个分行缩排字符缩放的比例（采用正文文本大小的百分比的形式）。“对齐方式”：指定应用后的字符的对齐方式。要对齐分行缩排字符，应从“对齐方式”下拉列表中选择“左上”、“居中”、“右下”、“双齐末行左上”、“双齐末行居中”、“双齐末行右下”或“强制双齐”。例如，在垂直框架网格中选择“左上”，则分行缩排字符的开头将与框架顶部对齐。此外，如果设置了“自动”，则将根据分行缩排大小或正文文本自动进行字距调整。对齐代理会显示分行缩排文本相对于正文文本的显示情况。“换行选项”：指定在开始新的一行时换行符前后所需的最少字符数。

3.4　吸管工具

使用“吸管”工具可以从置入的图片或对象上吸取颜色属性并应用到选中的对象上，免去了在面板中重复设置的麻烦。

可以使用“吸管”工具来复制字符、段落、填充和笔画的属性，然后将这些属性应用到其他文字上。系统默认情况下，“吸管”工具会复制文字选区的所有属性。

要自定义希望通过“吸管”工具复制的属性，使用“吸管”工具选项对话框。

1. 复制文字属性到未选取的文本

(1) 用“吸管”工具（）单击希望从中复制属性的文本（文本可以位于其他打开的 InDesign 文档）。“吸管”工具会翻转方向，并显示为吸满状态（），表明已经吸入了所复制的属性。当将吸管置于文本之上时，吸满的吸管旁边会出现 I 形符号（）。

（2）用“吸管”工具选取希望改变的文本，被选的文本会接受用吸管吸入的属性。只要吸管显示为吸满的状态,便可以选取更多的文本来应用吸入的格式。如图 3-4-1 所示,用吸管在带格式的文本上单击(左图)，然后拖过未格式化的文本（中图）来复制格式（右图）。

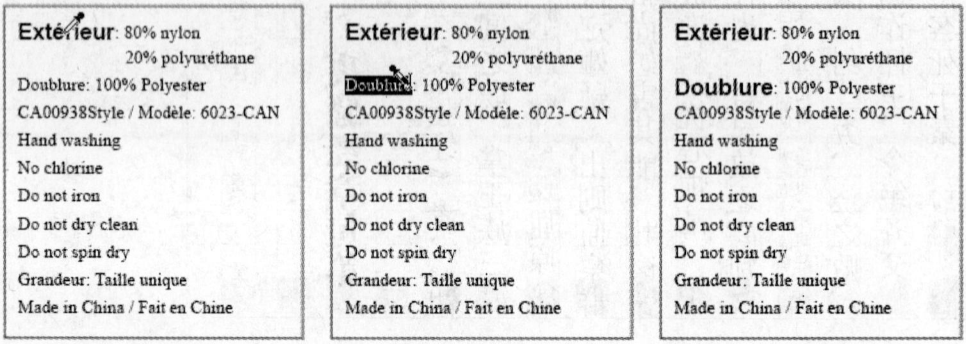

Extérieur: 80% nylon
20% polyuréthane
Doublure: 100% Polyester
CA00938Style / Modèle: 6023-CAN
Hand washing
No chlorine
Do not iron
Do not dry clean
Do not spin dry
Grandeur: Taille unique
Made in China / Fait en Chine

Extérieur: 80% nylon
20% polyuréthane
Doublure: 100% Polyester
CA00938Style / Modèle: 6023-CAN
Hand washing
No chlorine
Do not iron
Do not dry clean
Do not spin dry
Grandeur: Taille unique
Made in China / Fait en Chine

Extérieur: 80% nylon
20% polyuréthane
Doublure: 100% Polyester
CA00938Style / Modèle: 6023-CAN
Hand washing
No chlorine
Do not iron
Do not dry clean
Do not spin dry
Grandeur: Taille unique
Made in China / Fait en Chine

图 3-4-1

（3）要取消“吸管”工具，只需单击其他工具即可。

注意：使用“吸管”工具从一个文档复制段落样式到另一个样式时，如果段落样式的名称相同，但属性设置不同，则任何的差别都会显示为对目标样式的本地覆盖。

2. 复制文字属性到已选取的文本

（1）使用文字工具（T）或路径文字工具（$\nearrow$）选取希望粘贴属性的文本。要复制格式的文本必须与希望改变属性的文本在同一个 InDesign 文档之中。

（2）使用“吸管”工具单击希望从中复制属性的文本，“吸管”工具就会翻转方向，并显示为吸满状态（$\searrow$），表明已经吸入了所复制的属性。这些属性将被应用到前一步所选取的文本中。如图 3-4-2 所示，文字属性被复制到选中的文本中。

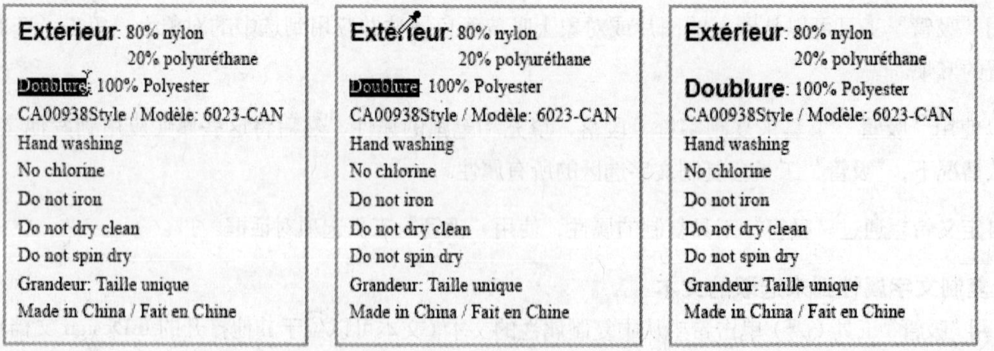

Extérieur: 80% nylon
20% polyuréthane
Doublure: 100% Polyester
CA00938Style / Modèle: 6023-CAN
Hand washing
No chlorine
Do not iron
Do not dry clean
Do not spin dry
Grandeur: Taille unique
Made in China / Fait en Chine

Extérieur: 80% nylon
20% polyuréthane
Doublure: 100% Polyester
CA00938Style / Modèle: 6023-CAN
Hand washing
No chlorine
Do not iron
Do not dry clean
Do not spin dry
Grandeur: Taille unique
Made in China / Fait en Chine

Extérieur: 80% nylon
20% polyuréthane
Doublure: 100% Polyester
CA00938Style / Modèle: 6023-CAN
Hand washing
No chlorine
Do not iron
Do not dry clean
Do not spin dry
Grandeur: Taille unique
Made in China / Fait en Chine

图 3-4-2

3. 当吸管吸满时吸取新的属性

(1) 在“吸管”工具（）吸满时按 Alt 键,吸管会转变方向并显示为空吸管,表明可以去吸取新的属性。

(2) 单击希望从中复制属性的对象，然后将新的属性应用到另一个对象上。

4. 改变受“吸管”工具影响的文本属性

(1) 在工具箱中，双击“吸管”工具。

(2) 在“吸管选项”对话框的上方选择“字符设置”或“段落设置”。

(3) 选取希望用“吸管”工具复制的属性，然后单击“确定”按钮。

注意：要在不改变“吸管选项”对话框中设置的情况下只复制或应用段落属性，应在单击文本时按下 Shift 键。

3.5 格式化段落

3.5.1 比较字符样式和段落样式

字符样式是通过一个步骤就可以应用于文本的一系列字符格式属性的集合。段落样式包括字符和段落格式属性，可应用于一个段落，也可应用于某范围内的段落。段落样式比字符样式多了以下这些选项。

缩进和间距，制表符，段落线，保持选项，连字，字距调整，跨栏，首字下沉和嵌套样式，GREP 样式，项目符号和编号，自动直排内横排设置，日文排版设置，网格设置。

提示：在 InDesign 的字符样式中，用户可以仅仅指定要使用的字体、大小和颜色等，而其他未设置的属性则依循原有段落样式的设定，也就是“只设定字体名称，不设定字符大小”的字符样式。这样的设计可以大幅增加字符样式的使用弹性，同时也可以简化字符样式的数量，也就是说，可以在任何大小的标题上使用同一组字符样式。当文字内容套用字符样式或是直接自定义文字的字符样式之后，InDesign 会自动将更动过样式的文字内容“保护”起来，不管对文字内容进行任何操作（例如：重新套用其他的段落样式），都不会更改之前所做的设定，除非确定要清除自定义的字符样式（按住 Alt+ 单击段落样式）或是要清除所有字符样式（按住 Shift+Alt+ 单击段落样式）。

3.5.2 常规选项

常规选项如图 3-5-1 所示，与字符样式相比，段落样式多了一个“下一样式”下拉列表。即在输入完本段文本后，下一段文本自动应用提前设置的段落样式。例如，如果用户的文档设计要求名为“标题 1”的标题样式之后是“正文文本”样式，则可以将“标题 1”的“下一样式”设置为“正文文本”。在输入了样式为“标题 1”的段落以后，按 Enter 键或 Return 键可开始样式为“正文文本”的新段落。使用上下文菜单将一种样式应用于两个或更多个段落时，可以使该父样式应用于第一个段落，而“下一样式”应用于后续段落。

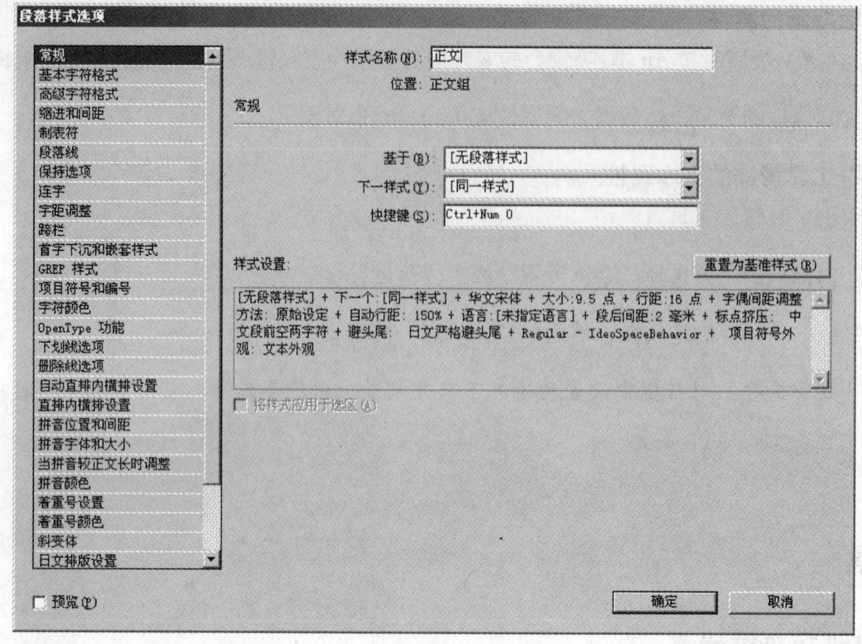

图 3-5-1

3.5.3 缩进和间距

图 3-5-2 所示为缩进和间距的对照图。

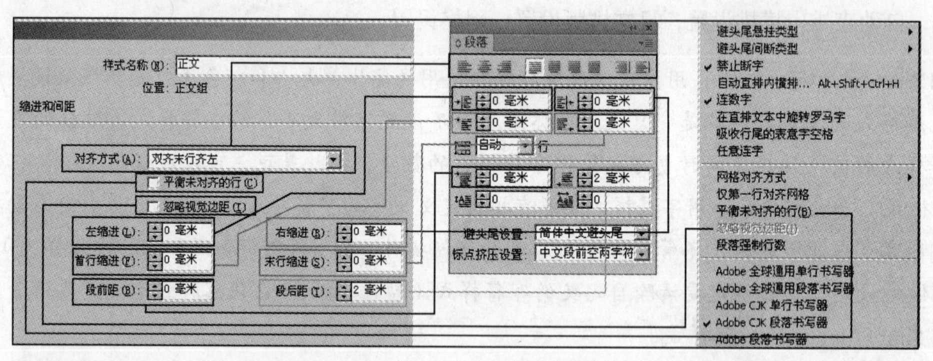

图 3-5-2

1. 对齐方式

文本可以与文本框架一侧或两侧的边缘（或内边距）对齐。当文本与两个边缘同时对齐时，即称为两端对齐（双齐）。可以选择对齐段落中除末行以外的全部文本（双齐末行齐左或双齐末行齐右），也可以选择对齐段落中包含末行的全部文本（强制双齐）。如果末行只有几个字符，则可能需要使用特殊的文章末尾字符创建右齐空格。如果对齐了文本的所有行且使用的是 Adobe 段落书写器，InDesign 就会适当移动文本，以确保段落的文本密度一致性及视觉美观性。当对框架网格中的文本设置居中或对齐后，文本将不再与网格精确对齐。还可以对框架网格中的所有段落指定段落对齐方式。

2. 书脊对齐

在对段落应用“朝向书脊”时，左手页文本将执行右对齐，但当该文本转入（或框架移动到）右页时，会变成左对齐。

同样，在对段落应用“背向书脊”时，左手页文本将执行左对齐，而右页文本会执行右对齐。在垂直框架中，“朝向书脊”或“背向书脊”将无效，原因是文本对齐方式与书脊方向平行。

3. 平衡未对齐的行

图 3-5-3 所示为应用“平衡未对齐的行”前（左图）标题被生硬地拆成了两行，应用“平衡未对齐的行”后（右图）标题断行更加美观。

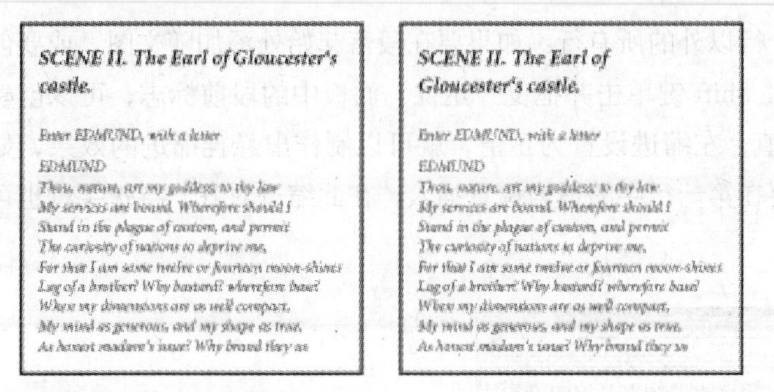

图 3-5-3

这个特性用于在多行的段落中平衡突兀的行，使文本对齐，还特别适用于多行的标题、导言和居中的段落。仅在“Adobe 段落书写器”选中时可用。

4. 左缩进和右缩进

缩进命令会将文本从框架的右边缘和左边缘向内做少许移动，如图 3-5-4 所示。通常，应使用首行缩进（而非空格或定位符）来缩进段落的第一行。

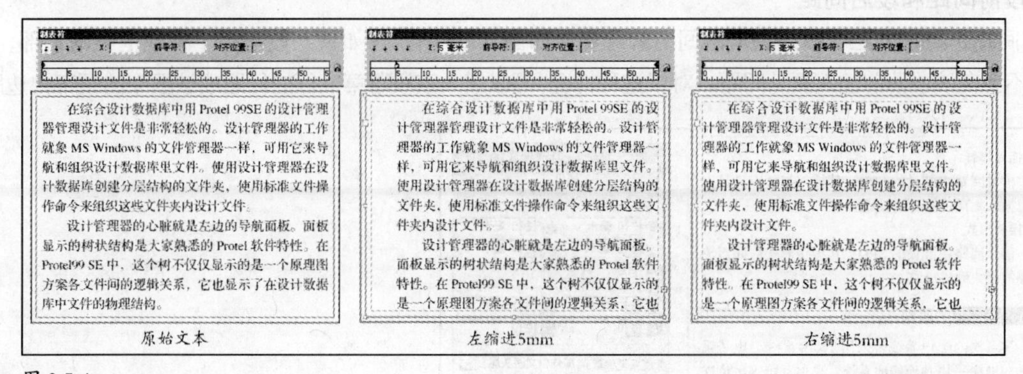

图 3-5-4

首行缩进是相对于左边距缩进定位的。例如，如果段落的左边缘缩进了 10pt，那么将首行缩进设置为 10pt 后，段落的第一行会从框架或内边距的左边缘缩进 20pt。可以使用“定位符”面板、

“控制”面板或“段落”面板来设置缩进。还可以在创建项目符号或编号列表时设置缩进。

设置中文或日文字时,可以使用“标点挤压”设置指定第一行的缩进。但是,如果文本的第一行缩进已在“段落”面板中指定,则在“标点挤压”设置中指定缩进后,执行文本缩进时可以采用这两个缩进量之和。

注意:如何精确计算首行缩进两个字符?

首行缩进(毫米)= 缩进字符数 × 字号 × 水平缩放 × 字符间距调整 ×(25.4/72)

例如:需要首行缩进 2 字符,文本大小 12pt,水平缩放 110%,字符间距调整 100(即 110%),首行缩进 10.24 毫米。

5. 悬挂缩进

使用悬挂缩进时,会缩进段落中除第一行以外的所有行。如果要在段落起始处添加随文图,或要创建项目符号列表,则悬挂缩进特别有用。按住 Shift 键单击并拖曳“定位”面板中的段前标志,可以创建出悬挂缩进。除此以外,首行缩进设置为负值,左缩进设置为正值,就可以制作出悬挂缩进的效果,如图 3-5-5 左图所示;不设置任何缩进值,只需要在第一行中的适当位置插入“在此缩进对齐”特殊字符也可以制作悬挂缩进,如图 3-5-5 右图所示。

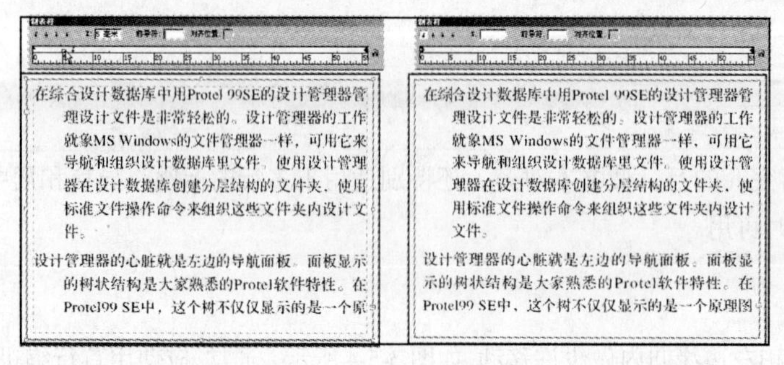

图 3-5-5

6. 段前间距和段后间距

段前间距和段后间距可以控制段落间的间距量,如图 3-5-6 所示。如果某段落始于栏或框架的顶部,则 InDesign 不会在该段落前插入额外间距。对于这种情况,可以增大该段落第一行的行距或该框架的顶部内边距。

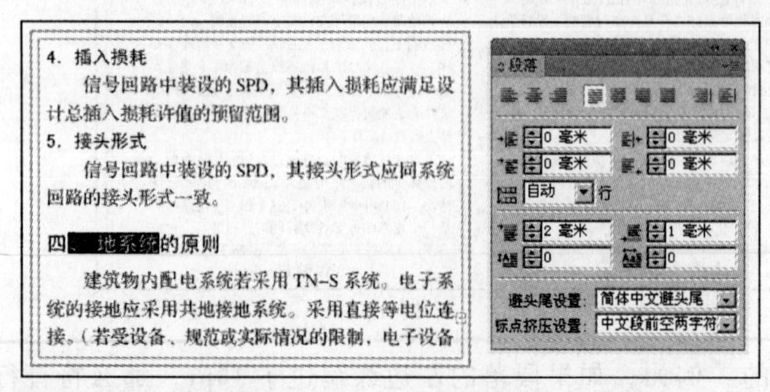

中间一段段前间距设置为 2mm,段后间距设置为 1mm
图 3-5-6

3.5.4 制表符

图 3-5-7 所示为制表符对话框的界面。

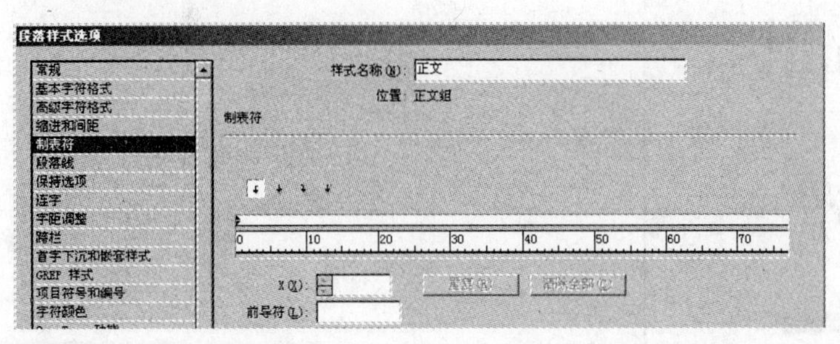

图 3-5-7

制表符将文本定位在文本框中特定的水平位置。默认制表符设置依赖于在“单位和增量”首选项对话框中选定的度量单位。制表符对整个段落起作用。如果是在直排文本框架中执行该操作，“制表符”面板就会变成垂直方向。当“制表符”面板方向与文本框架方向不一致时，单击磁铁图标，可使标尺与当前文本框架靠齐。所设置的第一个制表符会删除其左侧的所有默认制表位，后续制表符会删除位于所设置制表符之间的所有默认制表符。可以设置左齐、居中、右齐、小数点对齐或特殊字符对齐等制表符。制表前导符是位于制表符和后续文本之间的一种重复性字符图案。

3.5.5 段落线（段前线和段后线）

图 3-5-8 所示为段前线和段后线的对照图。

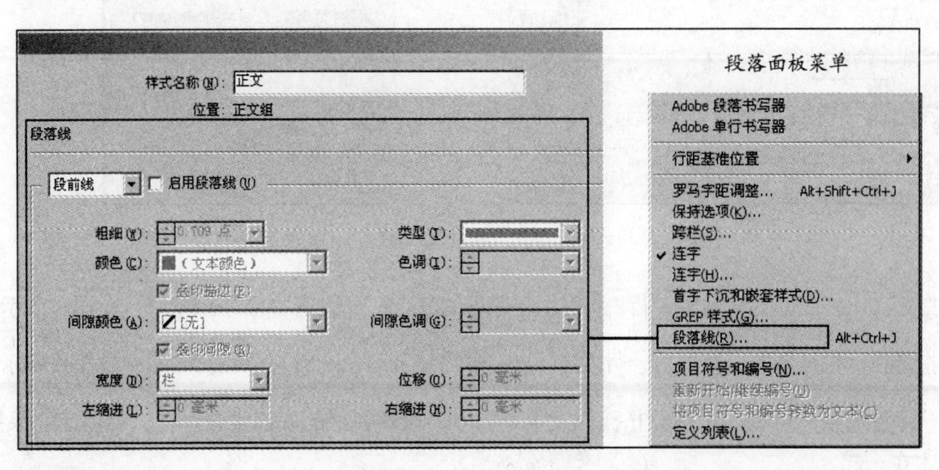

图 3-5-8

段前线或段后线是嵌套在段落间，随文本一起移动的线条。同一个段落可以添加两条段落标尺。段落线是一种段落属性，可随段落在页面中一起移动并调节长短。段落线的宽度由栏宽决定。段前线位移是指从文本顶行的基线到段前线的底部的距离。段后线位移是指从文本末行的基线到段后线的顶部的距离，如图 3-5-9 所示。

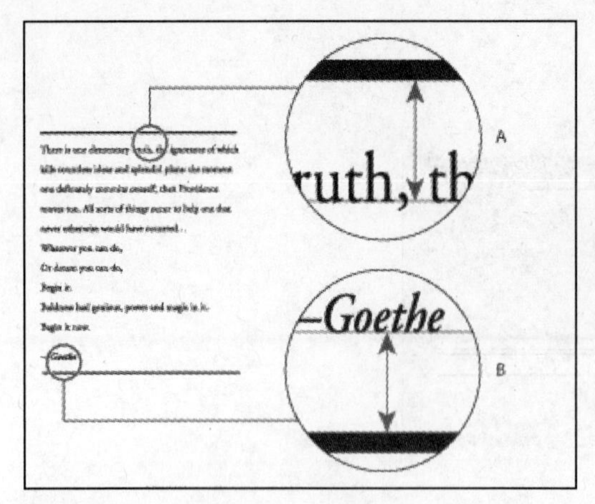

图 3-5-9

注意：文本转化成曲线时，下划线、删除线和段落线都会消失。

3.5.6 保持选项

图 3-5-10 所示为保持选项的对照图。

图 3-5-10

页尾孤行是指落在一栏底部的段落第一行（此行也与段落的其余部分脱离），如图 3-5-11（左图）所示。

页首孤行是指落在一栏顶部的段落最后一行（此行与文本的其余部分脱离），如图 3-5-11（右图）所示。

InDesign 的“保持选项”可以让用户防止孤行发生。当一个段落在栏的底部被分开时，可以让它保持与同一个段落的文本在一起。

在首选项中打开“段落保持冲突”可以显示由“保持选项”引起的段落移动冲突。

· 选择“接续自”复选框可以将当前段落的第一行与上一段落的最后一行接续。

· 在“保持续行”中指定紧随当前段落末行的后续段落的行数（最多 5 行）。在需要确保标题与所统领段落的前几行能够紧密相随时，该选项就显得特别有用。

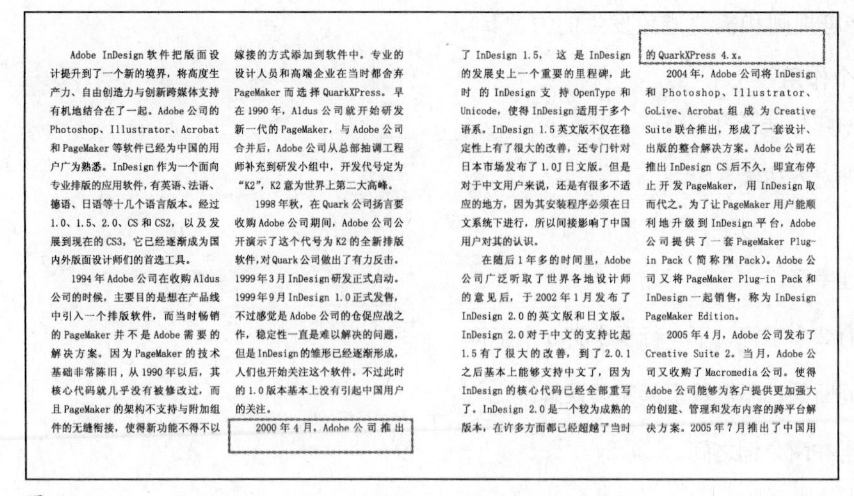

Adobe InDesign软件把版面设计提升到了一个新的境界，将高度生产力、自由创造力与创新跨媒体支持有机地结合在了一起。Adobe公司的Photoshop、Illustrator、Acrobat和PageMaker等软件已经为中国的用户广为熟悉。InDesign作为一个面向专业排版的应用软件，有英语、法语、德语、日语等十几个语言版本。经过1.0、1.5、2.0、CS和CS2，以及发展到现在的CS3，它已经逐渐成为国内外版面设计师们的首选工具。

1994年Adobe公司在收购Aldus公司的时候，主要目的是想在产品线中引入一个排版软件，而当时畅销的PageMaker并不是Adobe需要的解决方案。因为PageMaker的技术基础非常陈旧，从1990年以后，其核心代码就几乎没有被修改过，而且PageMaker的架构不支持与附加组件的无缝衔接，使得新功能不得不以嫁接的方式添加到软件中。专业的设计人员和高端企业在当时都舍弃PageMaker而选择QuarkXPress。早在1990年，Aldus公司就开始研发新一代的PageMaker，与Adobe公司合并后，Adobe公司从总部抽调工程师补充到研发小组中，开发代号定为“K2”，K2意为世界上第二大高峰。

1998年秋，在Quark公司扬言要收购Adobe公司期间，Adobe公司公开演示了这个代号为K2的全新排版软件，对Quark公司做出了有力反击。1999年3月InDesign研发正式启动。1999年9月InDesign 1.0正式发售，不过感觉是Adobe公司的仓促应战之作，稳定性一直是难以解决的问题，但是InDesign的雏形已经逐渐形成，人们也开始关注这个软件。不过此时的1.0版本基本上没有引起中国用户的关注。

2000年4月，Adobe公司推出了InDesign 1.5，这是InDesign的发展史上一个重要的里程碑，此时的InDesign支持OpenType和Unicode，使得InDesign适用于多个语系。InDesign 1.5英文版不仅在稳定性上有了很大的改善，还专门针对日本市场发布了1.0J日文版。但是对于中文用户来说，还是有很多不适应的地方，因为其安装程序必须在日文系统下进行，所以间接影响了中国用户对其的认识。

在随后1年多的时间里，Adobe公司广泛听取了世界各地设计师的意见后，于2002年1月发布了InDesign 2.0的英文版和日文版。InDesign 2.0对于中文的支持比起1.5有了很大的改善，到了2.0.1之后基本上能够支持中文了，因为InDesign的核心代码已经全部重写了。InDesign 2.0是一个较为成熟的版本，在许多方面都已经超越了当时的QuarkXPress 4.x。

2004年，Adobe公司将InDesign和Photoshop、Illustrator、GoLive、Acrobat组成为Creative Suite联合推出，形成了一套设计、出版的整合解决方案。Adobe公司在推出InDesign CS后不久，即宣布停止开发PageMaker，用InDesign取而代之。为了让PageMaker用户能顺利地升级到InDesign平台，Adobe公司提供了一套PageMaker Plug-in Pack（简称PM Pack)。Adobe公司又将PageMaker Plug-in Pack和InDesign一起销售，称为InDesign PageMaker Edition。

2005年4月，Adobe公司发布了Creative Suite 2。当月，Adobe公司又收购了Macromedia公司。使得Adobe公司能够为客户提供更加强大的创建、管理和发布内容的跨平台解决方案。2005年7月推出了中国用

图 3-5-11

· 选择“保持各行同页”复选框和“段落中所有行”单选钮，可防止段落从中断开。

· 选择“保持各行同页”复选框和“在段落的起始 / 结尾处”，然后指定段首或段尾必须显示的行数，可避免出现孤字和孤行。

· 在“段落起始”下拉列表中选择一个选项，可强制 InDesign 将段落推至下一栏、框架或页面中。要设置段落起始位置，应从“段落起始”下拉列表中选择一个选项。如果选择“任何位置”，则起始位置由“保持行设置”选项决定。若是其他选项，则系统将强制从这些位置开始。

3.5.7 连字

图 3-5-12 所示为连字的对照图。

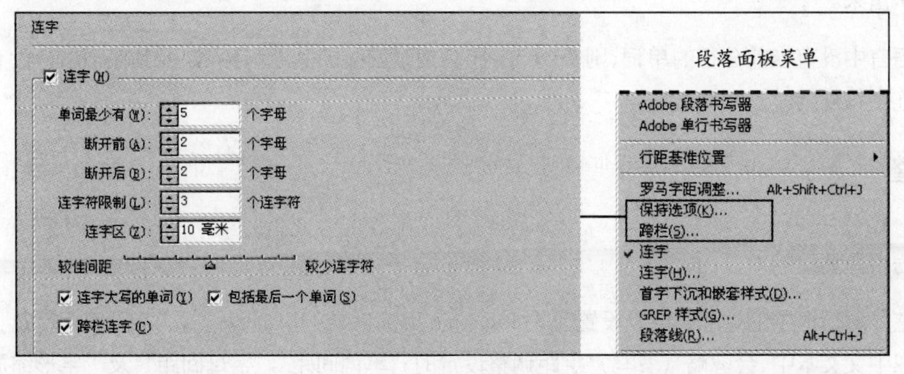

图 3-5-12

连字符是根据特定的规则，在行尾断行的单词间添加的标识符。只有在使用强制对齐（强制左对齐、强制右对齐、强制中对齐和强制齐行）时才会出现连字符，因为这时 InDesign 为了让左右段落长度相同，不得不断开行尾的长单词。InDesign 通过词典来决定连字符的位置，当然用户也可以自定义。只是在

使用时必须注意以下连字符规则和需要避免发生的情况。

1. 连字符滑条的两个作用

· 在强制对齐时平衡间距和连字符数量。

· 在普通对齐时控制非对齐边缘。

2. 连字符规则

· 一行不能超过 3 个连字符。

· 连字符上一行至少有 2 个字符，下一行至少有 3 个字符。

· 连字符应该在逻辑间断处，不应该引起阅读误解。

· 合成词的连字符通常在两个词之间。

3. 应该避免使用连字符的情况

· 6个字母以下的单词;单音节单词;音节字母少于2个;数字;缩写;人名;缩写的后面;公司和产品名称。

· 连字符设置在 InDesign 中属于段落级别的属性，但是连字符与“字符”面板中指定的语言相关。可以在“段落”面板菜单中选择连字符来应用连字符，还可以在其中进行选项设置，也可以对文章中某个或某几个段落指定不同的连字符参数设置。

4. 在以下几种情况下可以在“段落”面板菜单中取消选择连字符

· 在连字符未启用的时候，只有硬性连字符会被使用，例如 mother-in-law。

· 启用连字符时，在行首有上一行无法挤压的长单词时，连字符将会出现在上一行的行尾。

· 可以人工指定连字符的位置（可选连字符），方法是按快捷键 Ctrl+Shift+ －（Cmd+Shift+ －）或在上下文菜单中选择“插入特殊字符 > 可选连字符”。这样指定的可选连字符只有在行尾的时候起作用，在行间的时候不会显示出来。

· 如果当前的语言中没有当前分行的单词，则 InDesign 将会搜索安装的其他词典，如果其他词典也没有，就会自动生成新的连字符规则。

3.5.8 字距调整

1. 字距调整

图 3-5-13 所示为字距调整的对照图。

使用“字距调整”对话框中的选项，可以设置允许 InDesign 偏离标准“单词间距”、“字母间距”及“字形缩放”的程度。在中文文本中，会忽略（罗马）字距调整设置的“单词间距”、“字母间距”及“字形缩放”。要设置中文文本字符间距，应使用“标点挤压”对话框。“最小值”、“最大值”和“所需值”只有在设置双齐文字时才会生效。若是其他所有段落对齐方式，InDesign 就会使用在“所需值”中输入的值。“最小值”和“最大值”的百分比与“所需值”的百分比差异越大，InDesign 在调整每行对齐时就可以在更大范围内增大或缩小间距。书写器始终都会尝试让行间距尽可能地接近“所需值”的设置。

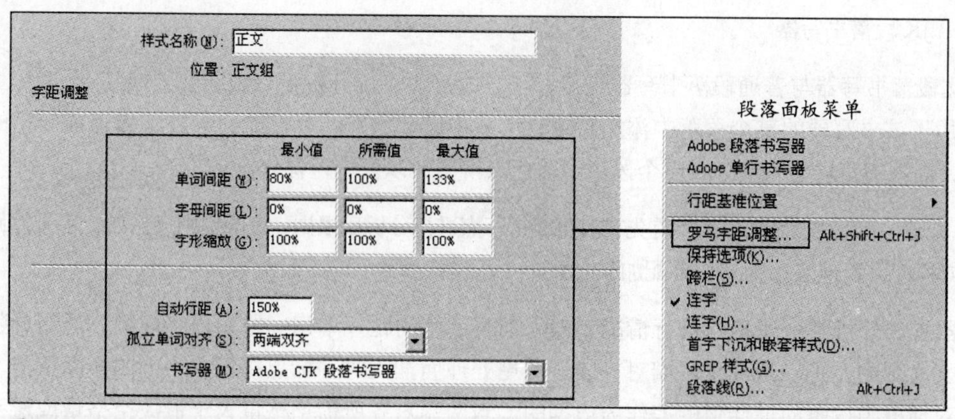

图 3-5-13

“单词间距”指单词之间的空格（在西文中称为“空格楔”），是通过按“空格键”创建的。

“字母间距”指字母之间的距离，包括字偶间距调整或字符间距调整。一款字体中每个字符周围均留有特定数量的空间（称为留白），是由字体设计程序内建的。字符宽度不仅包括字符本身，还包括留白。

“字形缩放”指更改字符宽度的过程。字形是字体字符的一种特定形式。字形缩放有助于获得一致的对齐效果。不过，当值超过默认值 100% 后会导致字母变形。除非是想获得特殊效果，否则最好仅对字形缩放值做细微调整，例如 97% 或 103%。

如果使用的是 Adobe 单行书写器，则将“最小值”和“最大值”的值设置在较小范围内会有助于获得所需效果。不过，小范围内的设置不利于 Adobe 段落书写器，因为这会导致在一定范围内的行中合理换行和错误换行之间的差别减弱。如果想更改 Adobe 段落书写器的默认值，则应确保所使用的值能够适应较宽的范围。

注意：在指定单词间距时，“最小值”应小于或等于“所需值”的百分比设置，“最大值”应大于或等于“所需值”的百分比设置。

“自动行距”用来设置在字符菜单中行距选择“自动”时行距和字符大小的关系。

在窄栏中，有时一行只有一个单词，这样的单词叫做“孤立单词”。如果段落设置为强制双齐，则行中的孤立单词可能会伸展得太开。此时，可以将“孤立单词”对齐设置为居中、靠左或靠右对齐，但不要设置为两端对齐。

2. 书写器

InDesign 支持 4 种排版方法，包括 Adobe CJK 单行书写器、Adobe CJK 段落书写器、Adobe 段落书写器和 Adobe 单行书写器。每种书写器分别针对中文和罗马字文本，分析了各种可能的折行情形，并按段落中指定的连字和间距调整设置来选择最适合的方式。

(1) Adobe CJK 单行书写器

Adobe 中文单行书写器应用标点挤压的方式，与普通单行书写器相同，也是一次分析一行的换行情况。

(2) Adobe CJK 段落书写器

Adobe 中文段落书写器与普通段落书写器类似，是以段落为单位分析折行（在何处换到下一行）的。如果在指定应用了该书写器的某个段落中添加字符，或从中删除字符，就可能会导致编辑点前一行的标点挤压被修改，因为书写器会重新分析整个段落中的标点挤压，以便进行优化。

Adobe CJK 段落书写器的排版方法为: 首先在对可能折行点进行分析后根据一定的原则（例如，字母间距和单词间距的均匀程度以及连字）为它们分配加权分数。

段落书写器首先分析整个段落的折行情况，然后根据字符间距、单词间距和连字规则，适当调整标点挤压。在中文文本中，是以为实现两端对齐或避头尾处理而插入的“标点挤压空格”的实际值与“标点挤压设置”对话框中设置的最佳值的差作为依据的。当两端对齐所需空格量大于最大空格量或避头尾处理时所需空格量小于最小空格量时，就会出现连字与对齐冲突。

(3) Adobe 段落书写器

考虑整个段落的折行情况，优化段落的开头几行，以便消除随后出现的特别不美观的折行情况。段落排版在每一行产生的间距，都与“标点挤压设置”对话框中设置的最佳间距尽可能地接近。

Adobe 段落书写器的排版方法为:首先识别可能的断点，然后分析，之后根据一定的原则（如字母间距、单词间距的均匀程度、连字，以及设置为支持连字词典语言的罗马字单词）为它们分配加权分数。

(4) Adobe 单行书写器

提供一种一次编排一行文本的传统方法。如果想限制对排版更改执行后期编辑，同时不介意段落中的一些行过松，而另一些行恰到好处的情况，那么此选项就很有用。

3.5.9 跨栏

可以创建一个跨越多栏的段落以形成跨栏标题效果。可以选择段落是跨越所有栏，还是跨越指定数量的栏。当将段落设置为跨越多个栏时，跨越的段落之前的所有文本都会因此变得均衡。也可以在同一文本框架内将段落拆分为多栏。图 3-5-14 所示为跨栏选项。

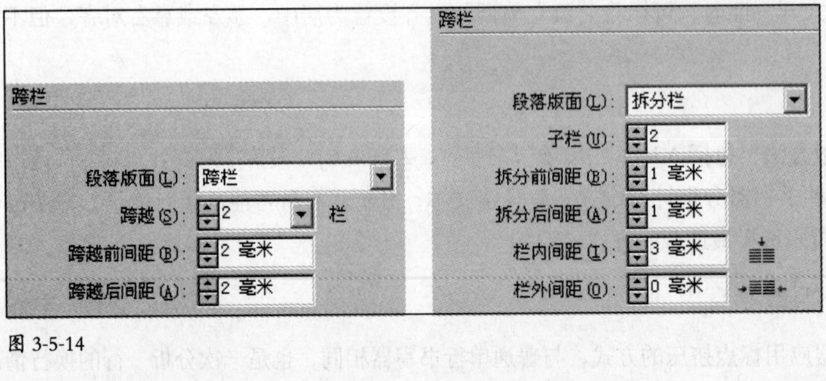

跨栏
段落版面(L): 跨栏
跨越(S): 2 栏
跨越前间距(B): 2 毫米
跨越后间距(A): 2 毫米

跨栏
段落版面(L): 拆分栏
子栏(U): 2
拆分前间距(B): 1 毫米
拆分后间距(A): 1 毫米
栏内间距(I): 3 毫米
栏外间距(O): 0 毫米

图 3-5-14

1. 跨越多栏

段落版面：选择“跨栏”。

跨越：选择段落跨越的栏数。如果希望段落跨越所有栏，则选择“全部”。

要在跨栏段落前后添加额外的空间，应指定“跨越前间距”和“跨越后间距”的值。

2. 拆分栏

段落版面：选择“拆分栏”。

子栏：选择要将段落拆分的栏数。

拆分前间距 / 拆分后间距：在分栏段落前后添加间距。

栏内间距：确定分栏段落之间的间距。

栏外间距：确定分栏段落外部与其边距之间的间距。

利用包含有跨栏和拆分栏的段落样式可以创建出如图 3-5-15 这样复杂的跨栏、分栏版面效果。

图 3-5-15

3.5.10 首字下沉和嵌套样式

图 3-5-16 所示为首字下沉和嵌套样式的对照图。

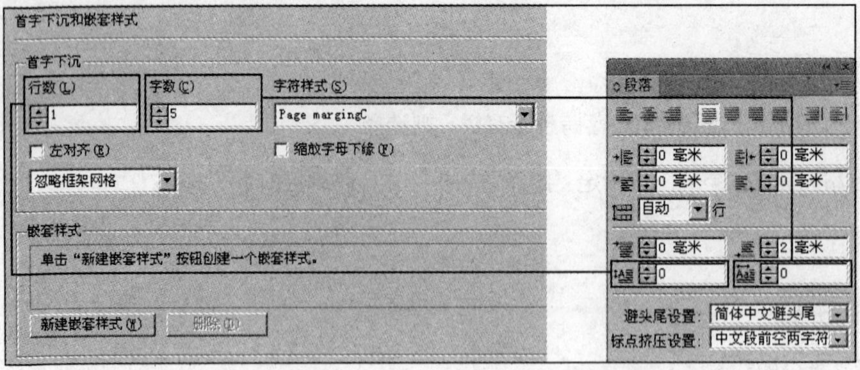

图 3-5-16

1. 首字下沉

可以一次对一个或多个段落添加首字下沉。首字下沉的基线比段落第一行的基线低一行或多行。根据第一行中的首字下沉字符是半角罗马字还是全角中文，首字下沉文本的大小会有所不同。当第一行中的首字下沉字符是半角罗马字时，首字下沉的大写字母高度将与段落中第一行文本的大写字母高度匹配，首字下沉的罗马字基线将与段落中最后一行首字下沉的基线匹配。首字下沉的全角字框上边缘将与段落中第一行的全角字框上边缘匹配；首字下沉的全角字框下边缘将与段落中最后一行首字下沉的全角字框下边缘匹配。还可以创建可应用到首字下沉字符的字符样式。首字下沉的效果如图 3-5-17 所示。例如，首先建立高度为一个行高的单字符首字下沉效果，然后应用可增加第一个字母大小的字符样式，如此即可创建首字上升效果。

图 3-5-17

2. 嵌套样式

嵌套样式可以根据简单的规则将字符样式应用到段落中，特别适用于随文标题。可以为段落中的一个或多个范围的文本指定字符级格式。还可以设置两种或两种以上的嵌套样式一起使用，即前一种样式结束后紧接着使用下一种样式。

嵌套样式对于编排标题特别有用。例如，可以对段落的第一个字母应用一种字符样式，第一个字符后直到第一个冒号（：）的文本应用另一种字符样式。对于每种嵌套样式，可以定义该样式的结束字符，如定位符或单词的末尾。嵌套样式的效果如图 3-5-18 所示。

3 Samuel: through 是指该样式套用时包含指定的对象在内，up to（直到）不包含结束对象，也就是「结束符 / 结束记号」本身不使用该样式。比如，为第一个样式选择 through，则套用第一个样式时将包含「定位点 /Tab 记号」在内，选择 up to 则不包含「定位点 /Tab 记号」，那么「定位点 /Tab 记号」能套用在第二个样式了。

4 Catherine: 这类似功能通常出现在 Dreamweaver 网页制作或 Flash 动画制作，许多小样式结合成为自动化的大样式，犹如单个小蜂巢结合成为大蜂窝。

5 Sophia: 在最老的版本中就可以设置段首大写，文字斜体可以成为文字样式，把段首大写和文字斜体以自动化的方式结合在某个段落样式内，这功能就称为嵌套样式。

图 3-5-18

创建要用于设置文本格式的一种或多种字符样式。要将嵌套样式添加到段落样式中，应双击该段落样式，然后单击“首字下沉和嵌套样式”。为获得最佳效果，应将嵌套样式作为段落样式的一部分来应用。如果将嵌套样式作为本地覆盖应用于段落，则以后在嵌套样式中进行编辑或更改格式可能会产生意外的效果。接着，单击一次或多次“新建嵌套样式”按钮，为每个样式执行下列任何操作，然后单击“确定”按钮。

· 单击字符样式区域，然后选择一种字符样式以决定该部分段落的外观。

· 指定结束字符样式格式的项目。还可以键入字符，如冒号（:）或特定字母以及数字，但不能键入单词。

· 指定需要选定项目（如字符、单词或句子）的实例数。

· 选择“包括”或“不包括”。选择“包括”将包括结束嵌套样式的字符，而选择“不包括”则只对此字符之前的那些字符设置格式。

· 选择一种样式，然后单击向上按钮或向下按钮以更改列表中样式的顺序。样式的顺序决定格式的应用顺序。第二种样式定义的格式从第一种样式的格式结束处开始。如果将字符样式应用于首字下沉，则首字下沉字符样式充当第一个嵌套样式。

· 选择一种样式，然后单击“删除”按钮以删除该样式。

3.5.11 项目符号和编号

图 3-5-19 所示为项目和编号的对照图。

在项目符号列表中，每个段落的开头都有一个项目符号字符。在编号列表中，每个段落的开头都有一个编号和分隔符。如果向编号列表中添加段落或从中移去段落，则其中的编号会自动更新。可以更改项目符号的类型、编号样式、编号分隔符、字体属性、文字和缩进量。

不能使用“文字”工具来选择项目符号或编号，但可以使用“项目符号和编号”对话框来编辑其格式和缩进间距。如果它们是样式的一部分，则也可以使用“段落样式”对话框的“项目符号和编号”部分进行编辑。

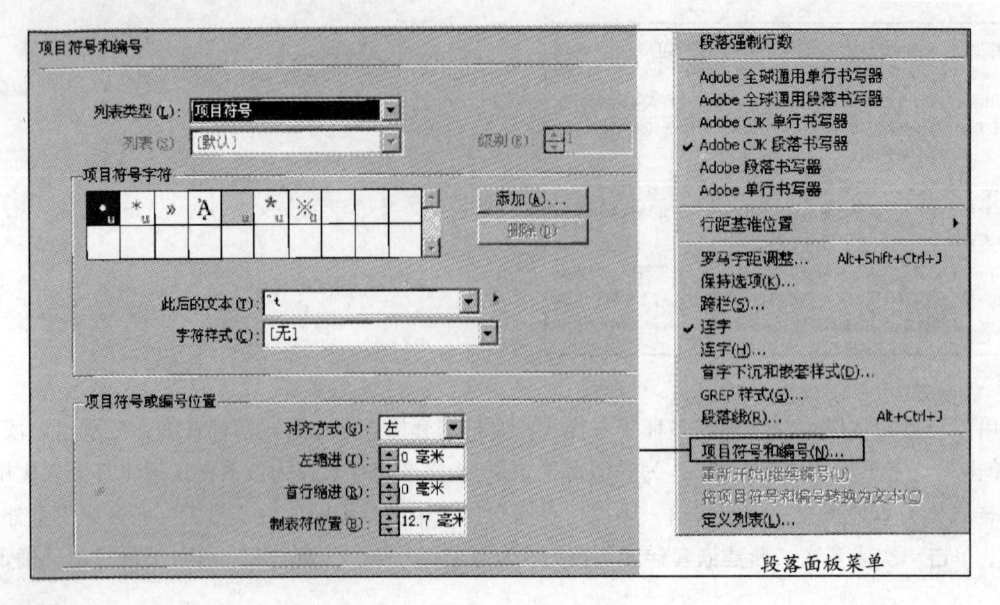

图 3-5-19

创建项目符号列表或编号列表的快速方法是：键入列表并选择列表，然后单击“命令栏”中的“项目符号列表”或“编号列表”按钮。这些按钮能够打开或关闭列表，或在项目符号以及编号间切换，也可以将项目符号和编号包含到段落样式中。

注意：自动生成的项目符号和编号字符实际上是不能插入文本中的。因此，它们既不能使用文本搜索功能查找，也不能使用“文字”工具选中，除非将它们转换为文本。此外，项目符号和编号不会显示在文章编辑器的窗口中。

默认情况下，项目符号、编号和编号分隔符使用与段落中第一个字符相同的文本格式。如果某段落中的第一个字符与其他段落中的第一个字符不同，则编号或项目符号字符看起来可能会与其他列表项不一致。

例如，如果某段落的第一个单词为斜体，则只有该段落的编号采用斜体。在这种情况下，可以选择整个列表，然后使用“项目符号和编号”对话框更改段落的字体设置，以便使它们彼此保持一致。

注意：只有字体系列、样式、大小和颜色属性是继承自段落的第一个字符。下划线、删除线及其他高级字符属性不会影响项目符号和编号，即使应用了包含这些属性的嵌套样式也是如此。

如果不想使用现有的项目符号字符，则可以将其他项目符号字符添加到“项目符号字符”格式中。一种字体具有的项目符号字符，另一种字体并不一定具有。可以选择是否让所添加的任何项目符号字符记住字体。

如果要使用某特定字体中的项目符号（如 Dingbats 中的手指），则一定要将该项目符号设置为记住此字体。如果使用的是基本项目符号字符，则最好不要记住该字体，因为对于此类项目符号字符，多数字体都有自己的版本。所添加的项目符号既可以同时引用 Unicode 码和特定字体系列及样式，也可以仅引用 Unicode 码，这取决于是否选择了“记住项目符号的字体”复选框。选择项目时，单击“添加”按钮，将打开“添加项目”对话框，在对话框中可以选择项目符号，如图 3-5-20 所示。

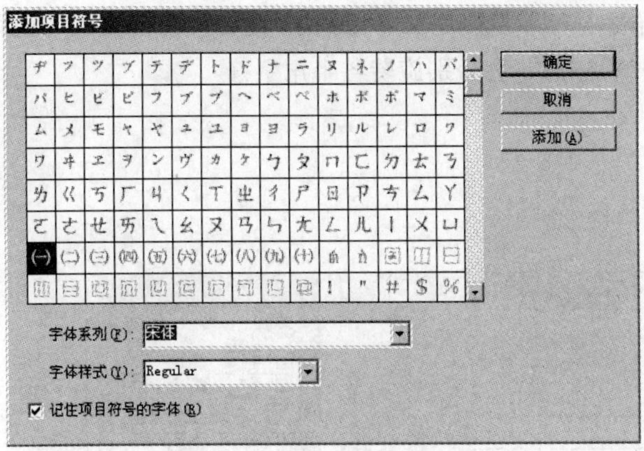

添加项目符号

确定
取消
添加(A)
字体系列(F)：宋体
字体样式(Y)：Regular
记住项目符号的字体(R)

图 3-5-20

注意：添加的项目符号若仅应用了 Unicode 值（无记住的字体），则它在“字形”面板中显示时将带有一个红色“U”形指示符。

在编号列表中，当在其中添加或删除段落时，编号会自动更新，但需注意下列事项。

· 只有连贯段落才会按顺序编号。如果要在带编号的段落之间添加不带编号的段落（如注释或项目符号列表），则可以使用“起始编号”选项手动对添加不带编号的段落后的部分重新编号。不过，如果添加或删除前面的编号段落，则该编号不会更新。

· 编号始终为左对齐。无法对它们应用右对齐或小数点对齐。

· 默认情况下，编号使用与段落中第一个字符相同的字体属性。例如，如果倾斜第一个单词，则该段落中的编号和分隔符也会倾斜，可能需要编辑整个列表的字体属性以确保一致性。

· 编号列表不能跨越单元格（将在每一单元格中重新开始编号）。

· 可以将项目符号和编号转换为文本。

3.5.12 自动直排内横排设置

图 3-5-21 所示为自动直排内横排设置的对照图。

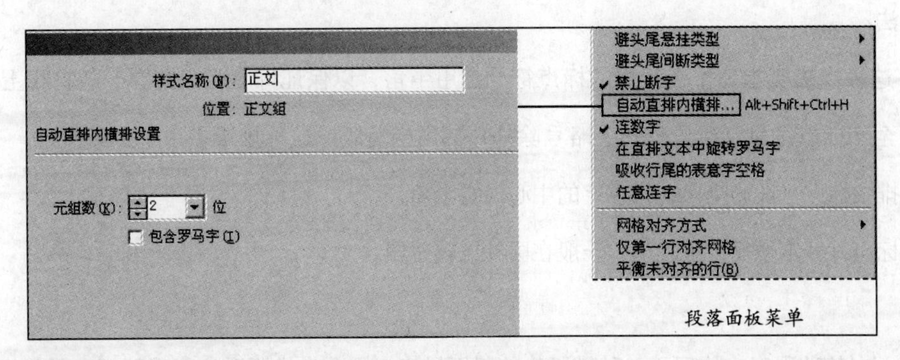

图 3-5-21

设置自动直排内横排后，直排文本中的半角字符（如：罗马字文本或数字）的方向将会更改。选择“在直排文本中旋转罗马字”，将该选项设置为打开状态后，会分别旋转各半角字符。

3.5.13 中文排版设置

图 3-5-22 所示为中文排版设置的对照图。

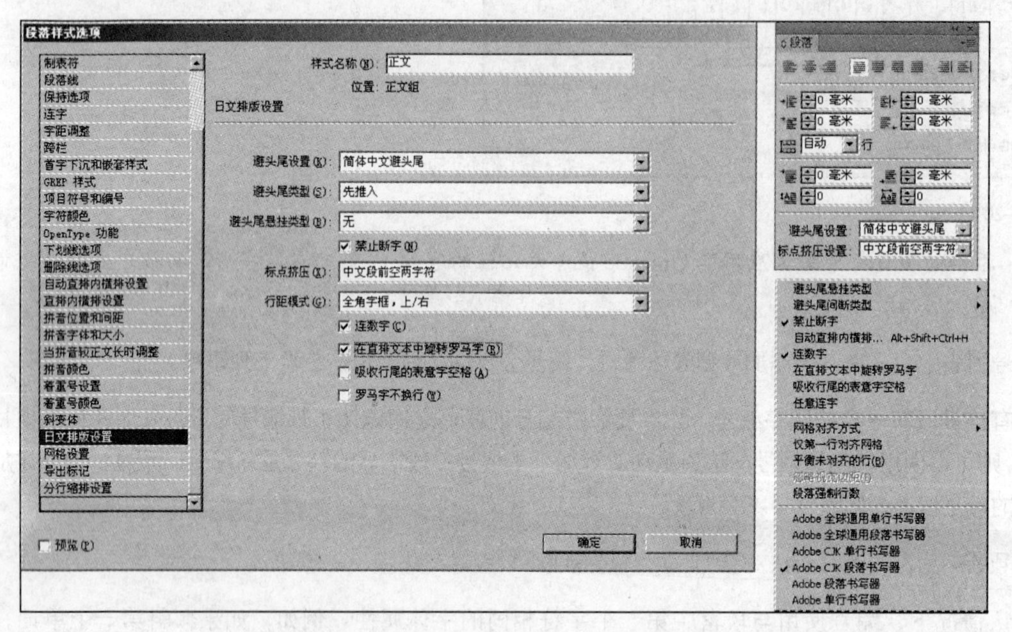

图 3-5-22

1. 避头尾设置、避头尾类型和避头尾悬挂类型

（1）标点符号排法

标点符号有以下几种排法。

① 全角式：在全篇文章中除了两个符号连在一起时前一符号用半角外，其他所有符号都用全角。

② 开明式：凡表示一句结束的符号（如句号、问号、叹号和冒号等）用全角外，其他标点符号全部用半角。目前大多出版物用此法。

③ 行尾半角式：这种排法要求凡排在行尾的标点符号都用半角，以保证行尾版口都在一条直线上。

④ 全部半角式：全部标点符号（破折号和省略号除外）都用半角版。这种排版多用于工具书。

⑤ 竖排式：在竖排中标点一般为全角，排在字的中心或右上角。

⑥ 自由式：一些标点符号不遵循排版禁则，一般在国外比较普遍。

（2）禁则

标点符号的排法，在某种程度上体现了一种排版物的版面风格，因此在排版时应仔细了解出版单位的工艺要求。避头尾为中、日文文本指定换行。不能放置于行首或行尾的字符称为避头尾字符。InDesign 同时具有硬避头尾设置和软避头尾设置。软避头尾设置会忽略长元音符号和小平假名字符。既可以使用以上现有设置，也可以添加或删除避头尾字符，创建新设置。目前标点符号排版规则中首先遵循的是以下 3 种禁则。

① 行首禁则（又称避头点）：在行首不允许出现句号、逗号、顿号、叹号、问号、冒号、后括号、后引号和后书名号。

② 行尾禁则：在行尾不允许出现前引号、前括号和前书名号。

③ 分离禁则：破折号“——”和省略号“……”不能从中间分开排在行首和行尾。

除此以外还可以定义悬挂标点，即允许悬挂在文本边缘外侧的标点。

一般采用伸排法和缩排法来解决标点符号的排版禁则，也就是利用 InDesign CS6 中的“标点挤压设置”功能。伸排法是将一行中的标点符号加开些，伸出一个字排在下行的行首，以避免行尾出现禁排的标点符号；缩行法是将全角标点符号换成半角的，缩进一行位置，将行首禁排的标点符号排在上行行尾。

“禁排规则”是指在中文排版中某些特殊的标点符号是禁止在行首或行尾出现的，这就是常说的中文排版禁则。在 InDesign 的段落控制板中的禁则设置，除了默认的预设以外，还可以自定义禁则。在其中可以分别设置禁止在行首出现的字符（行首禁则）、禁止在行尾出现的字符（行尾禁则）、悬浮的标点以及不可分割的字符（分离禁则）。图 3-5-23 所示为“避头尾规则集”对话框。

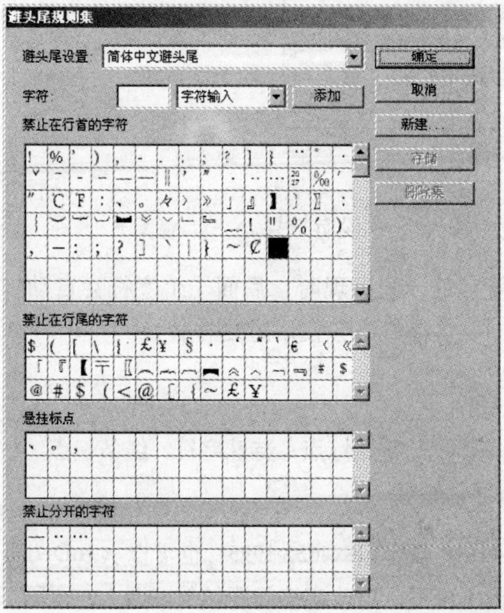

图 3-5-23

在段落面板菜单“避头尾间断类型”中，若选择“先推入”，就会优先尝试将避头尾字符放在同一行中；若选择“先推出”，就会优先尝试将避头尾字符放在下一行；若选择“只推出”，就会始终将避头尾字符放在下一行；若选择“调整量优先”，当推出文本所产生的行间距扩展量大于推入文本所产生的行间距压缩量时，就会推入文本。

“避头尾悬挂类型”用来控制是否将中日文标点符号（如句号或逗号）悬挂在边距之外，以及是否与文本框架的边缘对齐。在“避头尾设置”对话框的“悬挂标点”中指定悬挂字符。选择“无”，当不悬挂时选择该选项。选择“常规”，当段落设置为对齐或全部两端对齐时选择该选项会应用定位，以便包含悬挂字符。选择“强制”，当段落设置为对齐或两端对齐时选择该选项会在应用定位前，强制悬挂那些悬挂字符。只有应用段落调整后，才会应用强制悬挂。

2. 连数字处理

连数字处理可保证让全角的数字 0 ～ 9 以及中文的“十百千万亿兆”在文中出现时在同一行中不会被断开。

如图 3-5-24 所示，左图没有选中“连数字处理”选项，则“一九六一”和“一九七八”换行了，右图选中了“连数字处理”选项，则“一九六一”自动调整到一行。

<table>
<tr>
<td>本协定第一条所规定的货物交换和同此
项货物交换有关的一切业务，都应根据一九
九九年七月十日两公司的贸易部签订的并根
据一九九八年一月三十日的议定书在一九九
九年继续有效的“聚丰园集团公司对外贸易
部和新红星有限公司对外贸易部关于一九九
七年双方贸易机构交货共同条件议定书”和
两公司贸易机构所签订的合同办理。</td>
<td>本协定第一条所规定的货物交换和同
此项货物交换有关的一切业务，都应根据
一九九九年七月十日两公司的贸易部签订的
并根据一九九八年一月三十日的议定书在
一九九九年继续有效的“聚丰园集团公司对
外贸易部和新红星有限公司对外贸易部关于
一九九七年双方贸易机构交货共同条件议定
书”和公司贸易机构所签订的合同办理。</td>
</tr>
</table>

图 3-5-24

当文中有中文字符“〇（零）”时，即使选中了“连数字处理”也没有效果。

在默认情况下，无论何时日文中的连续的两个相同字符一起出现时，后面一个字符会自动转化为重复符。选中本选项，当两个字符被断行分开时，第二个字符将不会使用重复符替换。

3. 标点挤压设置

在中文文本排版中，“中外文间距组合”指定中文字符、罗马字、标点、特殊字符、线条起点、线条终点和数字的间距，也可以指定段落缩进。

InDesign 中的现有字符间距规则遵循日本工业标准（JIS）规范 JISx4051-1995，也可以从 InDesign 预定义的标点挤压设置中选择。此外，还可以创建特定标点挤压设置，更改字符间距的值。图 3-5-25 所示为通过标点挤压设置后的效果。InDesign 中内置了 14 种“中外文间距组合”预设。

要更改标点挤压设置，就必须创建新的标点挤压设置。图 3-5-26 所示为“标点挤压设置”基本对话框。可以在所创建的标点挤压设置中，编辑常用间距的设置，例如，句点与其后左括号之间的间距。

Adobe InDesign软件把页面设计提升到新的境界，结合了高度生产力、自由创造力与创新跨媒体支持。Adobe公司的Photoshop和PageMaker已经为中国的用户广为熟悉，相信InDesign也会慢慢为大家所接受。InDesign为Adobe公司发布的一个面向高端排版市场的应用软件，有多个语言版本，包括英语、法语、德语、日本语等十几个语言版本。

Adobe InDesign 软件把页面设计提升到新的境界，结合了高度生产力、自由创造力与创新跨媒体支持。Adobe 公司的 Photoshop 和 PageMaker 已经为中国的用户广为熟悉，相信 InDesign 也会慢慢为大家所接受。InDesign 为 Adobe 公司发布的一个面向高端排版市场的应用软件，有多个语言版本，包括英语、法语、德语、日本语等十几个语言版本。

图 3-5-25

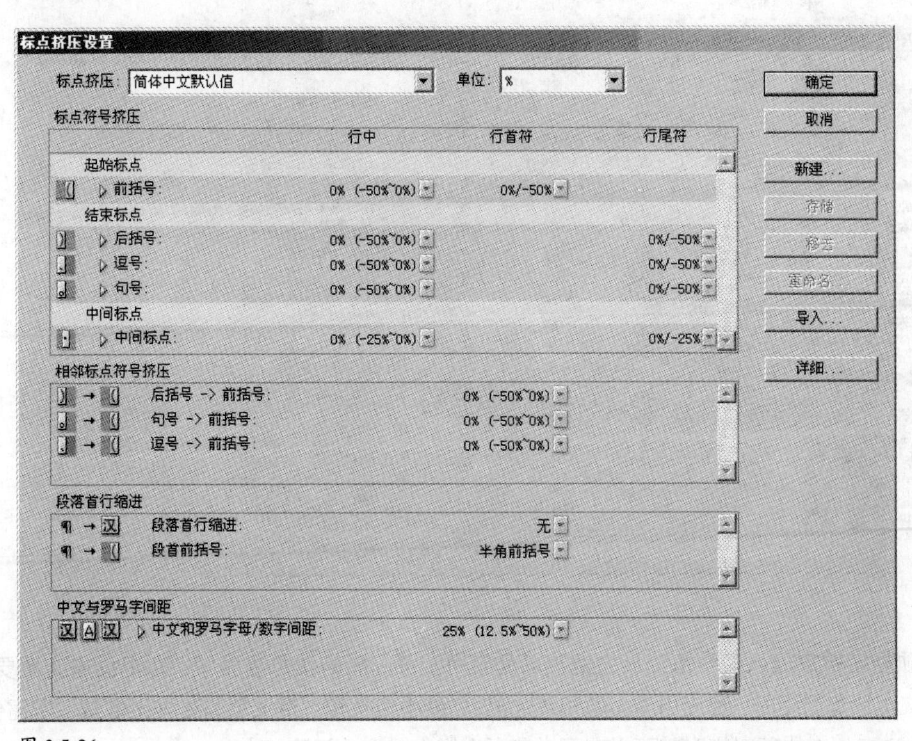

图 3-5-26

可以在所创建的标点挤压集中，编辑常用的间距设置，如句号与紧随其后的前括号之间的间距。例如，如果想挤压文本中括号的间距，可以在“标点符号挤压”列表框中，从“起始标点”列中的“前括号”或“结束标点”中的“后括号”中修改“行中”设置。以下设置可用：50% 固定值、50%(0% ～ 50%)、50%(25% ～ 50%)、0% 固定值和 0%(0% ～ 50%)。若是前括号，“50% 固定值”会在括号前留出一个半角（50%）空格。也就是说，它不挤压空格。“50%(0% ～ 50%)”会在括号前留出一个半角空格，但是根据“标点挤压”设置，有可能根本没有空格。“50%(25% ～ 50%)”会在括号前留出一个半角空格，但是根据“标点挤压”设置，空格的大小有可能是半角字符的一半（25%）。“0% 固定值”始终会挤压空格。“0%(0 ～ 50%)”虽然挤压空格，但是根据“标点挤压”设置，有可能会允许半角空格。如果希望始终都挤压括号前后的间距，则应选择“0% 固定值”。

在“标点符号挤压”列表框中的“起始标点”、“结束标点”和“中间标点”中，单击“前括号”、“后括号”、“逗号”、“句号”和“中间标点”左侧的三角形，就会显示诸如圆括号、角括号、顿号、逗号、中文句号、罗马句点、中点和冒号的项目，可以针对每个具体的标点进行间距设置。如果应用这些设置，将不会挤压方括号，但可以调整圆括号的间距。

此外，如果显示详细信息，就可以编辑所有类，为每一类设置处理次序，图 3-5-27 所示为“标点挤压设置”详细设置对话框。

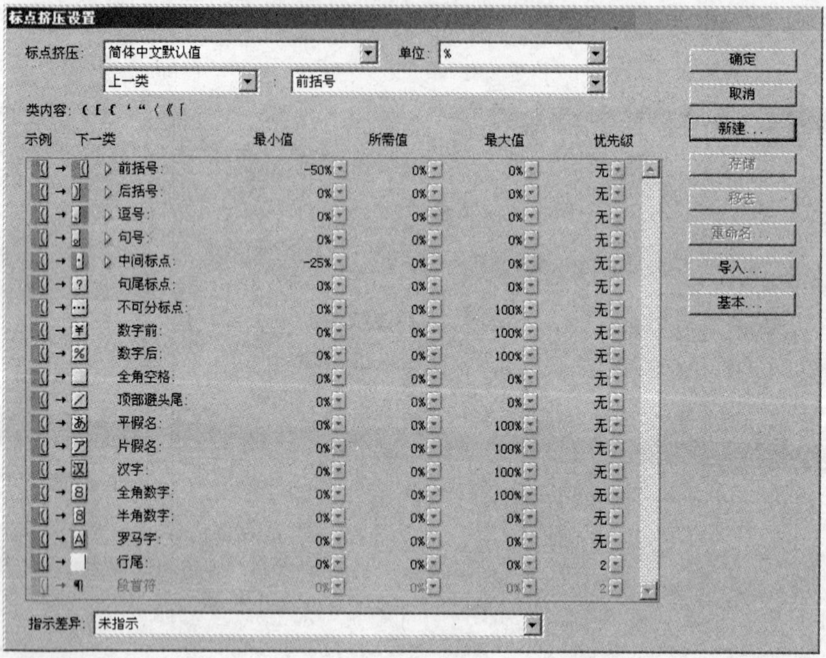

图 3-5-27

可以为每个选项指定所需值、最小值、最大值，以及应用字符间距的优先级顺序。对根据避头尾要求进行过两端对齐的文本调整间距时，会应用最小值和最大值。“最小值”和“最大值”百分比值与“所需值”百分比差异越大，InDesign 在执行对齐时就可以在更大范围内增大或缩小间距。

“标点挤压设置”是段落级别的属性，要为文本指定“标点挤压设置”，只需要从“段落”面板中的“标点挤压设置”下拉列表中选择即可。

要创建一个“标点挤压设置集”，可按如下步骤进行。

（1）执行下列操作之一。

· 选择“文字 > 标点挤压设置 > 详细”命令。

· 在“段落”面板或“控制”面板的“标点挤压集”中选择“详细”。

· 在基本“标点挤压设置”对话框中单击“详细”按钮。

（2）在“标点挤压设置”对话框中单击“新建”按钮。

（3）输入该标点挤压设置的名称，指定作为新设置基础的现有设置，然后单击“确定”按钮。

（4）在“单位”中选择是使用百分比（%）、全角空格，还是使用“字符宽度 / 全角空格”。

（5）为“标点符号挤压”、“相邻标点符号挤压”、“段落首行缩进”和“中文与罗马字间距”各部分中的项目指定“行首”、“行尾”和“行中”值。“行中”值决定了避头尾时文本行挤压的程度（所指定值应小于“行首”值）。“行尾”值决定了两端对齐时文本行拉伸的程度（所指定值应大于“行中”值）。

（6）在每个部分中，如果项目名称有三角形指示符，就可以为其中的每个字符指定更详细的标点挤压设置。例如，为了显示对应项目，可在“标点符号挤压”列表框的“起始标点”列中，单击“前括号”左侧的三角形，则会显示更多项目，可以通过它们为每个字符类设置标点挤压设置。

（7）在“标点挤压”下拉列表下面的“字符类”下拉列表中，选择要编辑其字间距设置的字符类。类中含有可供编辑的设置列表。可以分别设置“前括号”、“后括号”、“逗号”、“句号”或“句中标点”等大类项目，也可以具体到为单个标点（例如中文句号或罗马句点）定义更详细的挤压值。

（8）从“前后”下拉列表中选择“上一类”或“下一类”，然后设置是将该类空格值输入到已输入字符之前还是之后。例如，要为中文句号之后的字符设置间距，应当从“字符类”下拉列表中选择“中文句号”，然后从“前后”下拉列表中选择上一个字符类。

（9）分别为每个项目设置“最小值”、“所需值”和“最大值”。最小值决定了避头尾时文本行挤压的程度（所指定值应小于“所需”值）。最大值决定了两端对齐时文本行拉伸的程度（所指定值应大于“所需”值）。

（10）在“优先级”中指定每个类的挤压优先级，以便确定各个类的挤压顺序。如果为某个字符类指定了 1，该项值比较大的字符的处理时间就比前者晚，值越大，优先级越靠后。指定为“无”的类将在最后处理。可以在多个间距选项中指定同一值（1 ～ 9）。

（11）完成设置后，单击“存储”或“确定”按钮以存储设置。如果不想存储设置，则单击“取消”按钮。

标点挤压设置组分类如表 3-5-1 所示。

表 3-5-1

1. 左括号类	([{《< ‘“「『【〖
2. 右括号类	〉》」』〗】)]}’”
3. 逗号	、，
4. 句点	。.
5. 中点	·：；
6. 结束标点	！？
7. 分离禁则	— …‥
8. 位于数字之前	$ ¥ £

续表

9. 位于数字之后	‰%℃′″¢
10. 全角空格	（此为全角或半角空格）
11. 行首禁则	（禁则中不能出现在行首）
12. 平假名	いうぉかきけそっそめめふ
13. 片假名	ゥヴォッッヘャメテホフヒャ
14. 其他	（汉字）
15. 全角数字	１２３４５６７８９０
16. 半角数字	1234567890
17. 英文	abcdefgABCDEFG

4. 行距基准位置

行距基准位置:指定行距度量的基准位置,可选的选项有“EM Box 顶 / 右”、“EM Box 中”、“EM Box 底 / 左”和“罗马基线”。如果使用默认设置(全角字框,上 / 右),则测量文本行的行距时,将计算从其全角字框上边缘到下一行的全角字框上边缘之间的距离。选择一行并使用“全角字框,上 / 右”设置增大行距值,便可增大选定行与下一行之间的空间,因为测量行距的方向是从当前行向下一行进行测量。“行距基准位置”设置的其他所有选项在测量行距时都将计算当前行到上一行之间的距离,所以更改这些设置的行距量将会增大当前行上方的行间距。

“全角字框，上 / 右”若是直排文字，则以全角字框的上边缘作为行距基准；若是横排文字，则以全角字框的右边缘作为行距基准。以上设置均为默认设置。

“全角字框，居中”以当前行的中心到上一行的中心之间的距离作为行距。如果同一段中存在不同的字体大小，则每一行的全角字框边缘之间的间距将不均匀。如果选择了“全角字框，居中”，则可通过为字体大小不同的文本设置固定行距来对齐周围行的行间距，因为此时是根据当前全角字框的中心应用行距的。

“罗马字基线”根据罗马字基线应用行距。测量行距时计算的是从当前行的基线到上一行的基线之间的距离，此行距计算方法与罗马字书写器中使用的方法相同。罗马字基线因字体而异。如果字体不同，那么即使采用相同的字体大小，字符位置也可能存在差异。

“全角字框，下 / 左”若是直排文字，则以全角字框的下边缘作为行距基准；若是横排文字，则以全角字框的左边缘作为行距基准。测量行距时计算的是从当前行的下边缘到上一行的下边缘之间的距离。

注意：在“段落”面板菜单和“控制”面板菜单中，“网格对齐方式”出现的项目是相同的。这些项目是与网格对齐的基准，而不是行距基准，切勿混淆。

5. 在直排中旋转罗马字

顾名思义，在竖排文本中，自动将罗马字符和数字旋转 90 度。图 3-5-28 所示分别为没选中“在直排中旋转罗马字”选项（左图）和选中“在直排中旋转罗马字”选项（右图）的效果。

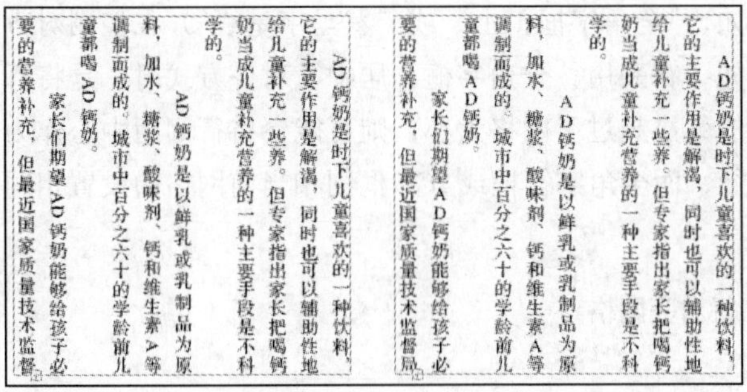

AD钙奶是时下儿童喜欢的一种饮料，它的主要作用是解渴，同时也可以辅助性地给儿童补充一些养。但专家指出家长把喝钙奶当成儿童补充营养的一种主要手段是不科学的。

AD钙奶是以鲜乳或乳制品为原料，加水、糖浆、酸味剂、钙和维生素A等调制而成的。城市中百分之六十的学龄前儿童都喝AD钙奶。家长们期望AD钙奶能够给孩子必要的营养补充，但最近国家质量技术监督

A D钙奶是时下儿童喜欢的一种饮料，它的主要作用是解渴，同时也可以辅助性地给儿童补充一些养。但专家指出家长把喝钙奶当成儿童补充营养的一种主要手段是不科学的。

A D钙奶是以鲜乳或乳制品为原料，加水、糖浆、酸味剂、钙和维生素A等调制而成的。城市中百分之六十的学龄前儿童都喝A D钙奶。家长们期望A D钙奶能够给孩子必要的营养补充，但最近国家质量技术监督局

图 3-5-28

3.5.14 网格设置

图 3-5-29 所示为网格设置的对照图。

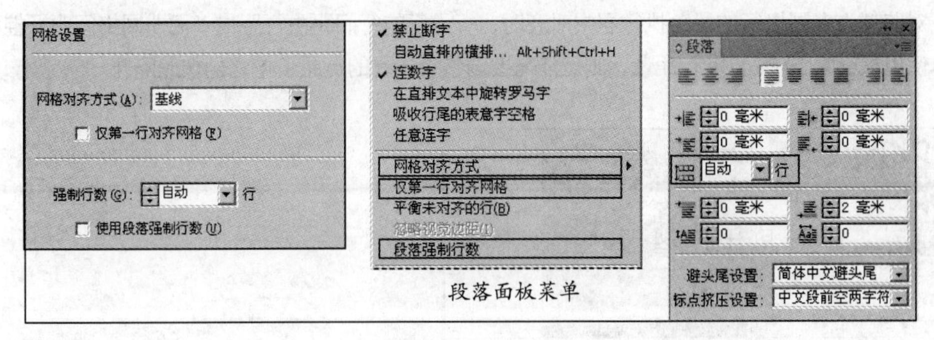

图 3-5-29

1. 网格对齐

当在纯文本框架中设置段落格式时，将段落与基线网格对齐是一种非常有用的方法。默认情况下，框架网格中的文本将与全角字框中心对齐，但是，也可以将单个段落网格对齐方式更改为与罗马字基线、框架网格全角字框或框架网格表意字框对齐。

基线网格表示文档中正文文本的行距。可以对页面的所有元素使用该行距值的倍数，以确保文本在栏与栏之间、页与页之间始终保持对齐状态。例如，如果文档的正文文本行距为 12 点，则可以为标题文本赋予 18 点的行距，使标题与其后段落之间的间距增加 6 点。只有当框架网格中的文本所使用的字体或大小与默认框架网格设置不同时，网格对齐方式的更改才具有可视效果。

除了指定网格对齐方式之外，还可以指定是否仅将段落的第一行与网格对齐。此外，当同一行存在大小不同的字符时，还可以指定小字符与较大字符的对齐方式。

对于罗马字符使用基线网格对齐，对于 CJK 字符则使用全角字符框或 ICF 框对齐。当文本大小与任意行的行距之和大于网格间隔（对基线网格而言）或框架网格的网格行距时，会执行自动强制行数。行与网格的对齐方式受以下因素控制：段落的“对齐网格”设置以及该网格是基线网格还是框架网格。

对框架网格而言，行的网格对齐方式设置（例如，“全角字框，上”或“罗马字基线”）在控制对齐操作时，是以网格上的对应度量标准为依据的。例如，在采用“全角字框，居中”对齐方式时，是将行中心与框架中次低网格框中心对齐。如果行中文本的大小超过了网格大小，则可能会将行间距中心作为对齐点。基线网格的设置可以在首选项对话框中进行，而全角字符框或 ICF 框则和当前网格的设置相同。关于基线网格对齐的方法请见本章后面的练习。

“仅首行对齐网格”仅仅将当前段落中的第一行对齐网格。

2. 强制行数

“强制行数”会使段落按指定的行数居中对齐。可以使用强制行数突出显示单行段落，如标题。图 3-5-30 所示分别为各种标题设置强制行数的前（左图）后（右图）效果对比。如果段落行数多于 1 行，则可以选择“使用段落强制行数”复选框，这样整个段落就可以分布于指定行数。通常是 2 个段落行分布于 3 个网格行。如果未选择该选项，则段落中的每一行都将跨越指定的标题行数，例如，两个段落行分布于 6 个网格行。当使用“使用段落强制行数”对跨越许多网格行的段落执行居中对齐时，每一行的行间距由行距量（而非网格间距）控制。如果框架网格文本使用默认的 100% 自动行距量，则可能需要调整每一行的行距，使它们彼此隔开。

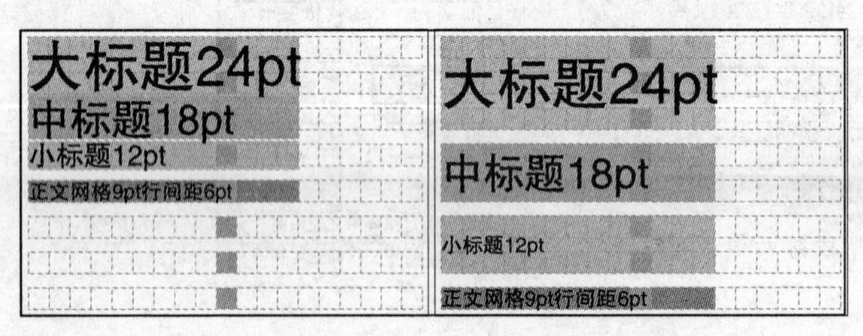

图 3-5-30

3.6 样式

InDesign 提供了多种将设置存储起来以备将来再用的方法，其中包括：段落样式；字符样式；对象样式；表样式；单元格样式；PDF 导出预设；“打印”预设，“打印”对话框中的所有属性都包括在该样式中；“陷印”预设；“透明度拼合”预设；目录样式；工作区配置；新建“文档”预设；“描边”样式。一般情况下，应先更改对话框中的功能设置，然后再存储这些设置。样式和预设在哪个文档中创建就存储在哪个文档中。可以通过导入或载入另一个文档的样式和预设来使用该文档的设置。另外，大多数预设都可以导出或存储到独立的文件中，并能分发到其他计算机中。

1. 应用样式

默认情况下，在应用一种样式时，虽然可以选择移去现有格式，但是应用段落样式并不会移去段落局部所应用的任何现有字符格式或字符样式。如果选定文本既使用一种字符或段落样式又使用不属于应用样式范畴的附加格式，则“样式”面板中当前段落样式的旁边就会显示一个加号（+），这种附加格式称为优先选项。如果现有文本的字符属性由样式定义，则字符样式会移去或重置这些属性。

在包括很多样式的文档中，从长长的样式列表里找到需要的样式是非常困难的。可以使用“快速应用”查找并应用段落样式、字符样式或对象样式。选择要应用这种样式的文本或框架，选择“编辑 > 快速应用”命令，或者按 Ctrl+Enter（Windows）快捷键或 Ctrl+Return（Mac OS）快捷键。开始键入样式的名称，键入的名称不必和样式的名称一模一样。例如，键入“标题”将找到“标题 1”、“标题 2”和“小标题”等样式，而键入“标题 2”则将把搜索范围缩小到“标题 2”。

2. 将顺序样式应用于多个段落

“下一样式”选项指定在应用了特定样式后，按 Enter 键或 Return 键时将自动应用哪种样式，它还指定当选择了多个段落并使用上下文菜单应用样式时将应用哪些样式。如果选择多个段落并应用具有“下一样式”选项的样式，则指定“下一样式”的样式将应用于第 2 个段落。如果该样式具有“下一样式”选项，则下一样式将应用于第 3 个段落，依此类推。例如，有 3 种样式可设置报纸栏的格式分别为“标题”、“副标题”和“正文”。“标题”的“下一样式”为“副标题”，副标题的“下一样式”为“正文”，而“正文”的“下一样式”为同一样式。如果选择了整篇文章（包括标题、作者副标题和文章段落等），然后使用上下文菜单应用“标题”样式，则文章的第一段将使用“标题”样式格式，第 2 段将使用“副标题”样式格式，其他段落则使用“正文”样式格式。

3. 样式优先选项

在应用一个段落样式时，字符样式和以前的其他格式都保持原样。应用样式以后，可以覆盖它的任何设置。当不属于某个样式的格式应用了这种样式的文本时，称为优先选项。当选择含优先选项的文本时，样式名称旁会显示一个加号（+）。在字符样式中，只有当所应用的属性属于样式时，才会显示优先选项。例如，如果某个字符样式只是改变了文本颜色，那么将不同的字体大小应用于文本时就不会显示优先选项。

当应用样式时，可以清除字符样式和格式优先选项，还可以从应用了某样式的段落中清除优先选项。如果样式旁边显示有加号（+），则可将鼠标指针停放在该样式上来查看该优先选项属性的说明。

应用段落样式时保留或移去优先选项的方法如下。

· 要应用段落样式并保留字符样式，但移去优先选项，应在单击“段落样式”面板中的样式的名称时按住 Alt 键（Windows）或 Option 键（Mac OS）。

· 要应用段落样式并将字符样式和优先选项都移去，应在单击“段落样式”面板中的样式的名称时按住快捷键 Alt+Shift（Windows）或 Option+Shift（Mac OS）。

4. 样式组

样式的组织是指通过在“字符样式”、“段落样式”、“对象样式”、“表样式”和“单元格样式”面板中将样式分别放入单独文件夹来对样式进行分组，也可以将组嵌套在其他组内。样式不一定要在组中，可以将它们添加到组中，也可以将它们添加到面板的根级别。

5. 样式面板菜单

“载入样式”：从其他的 InDesign 文档中导入样式。如果导入样式的名称与当前文档中的相同，则会覆盖当前样式表中的同名样式。如果要去除置入文本所带的样式，就应在置入对话框选择文件时按住 Alt+Shift 键。当粘贴未格式化的文本到 InDesign 中时，将会自动应用当前文档的默认样式或字符设置。

“重新定义样式”：将当前样式表的各选项与选中文本属性相匹配。

“选择全部未使用的”：快速清除所有没使用的样式，特别是置入 / 复制文本带来的。

6. 方便的快捷键

使用快捷键 F11/Shift+F11 打开段落 / 字符样式面板。

按住 Alt 键单击样式名称，可去除所有当前选择的局部设置，加上 Shift 键可以连字符样式一起移除。

按住 Alt 键单击“[无段落样式]”可以移除所有格式。

用鼠标右键单击样式名称或者按住 Alt+Shift+Ctrl 快捷键双击名称，可在不修改当前选中文本时弹出选项框。

3.7 文本和布局

当使用左对齐时，上下边距会靠近引号、标点和一些大写字母，会使页边看起来很不均匀。要纠正这种不均匀，设计人员可以使用悬挂标点功能，将一段文字中行首的引号、行尾的标点符号及英文连字符悬浮至文本框或栏边之外。文本边界是由文本框定界框或“文本框选项”中指定的“文本框内插间距”值决定的。“视觉边距对齐方式”功能是文章级别的属性，用于罗马字文本。标点符号和某些字母（如 W）会导致栏的左边缘或右边缘看起来像没有对齐。“视觉边距对齐方式”可以控制是否将标点符号（如句点、逗号、引号和破折号）和某些字母（如 W 和 A）的边缘悬挂在文本边距以外，以便使文字在视觉上呈现对齐状态。在带有引号、连字符的段落中效果非常明显。在文章面板“悬挂标点”下方数字域的数字决定了靠近边缘的多少个字符会受到影响，在英文中建议输入数值和当前字符大小相匹配，在 CJK 排版中建议使用避头尾悬挂。

1. 基线网格对齐

① 选择“视图 > 网格和参考线 > 显示基线网格”命令，如图 3-7-1 所示。

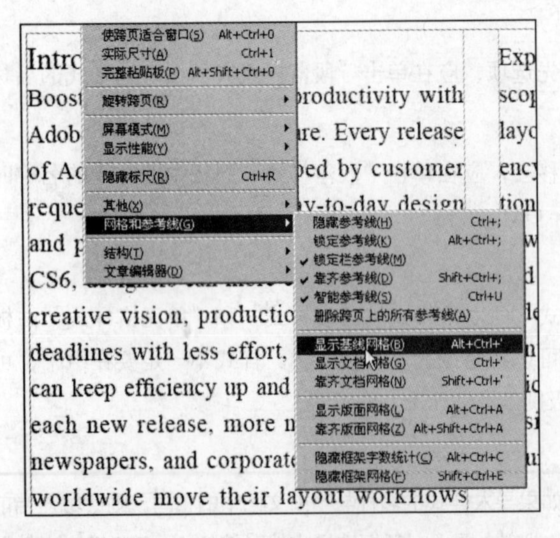

图 3-7-1

② 选择“编辑 > 首选项 > 网格”命令，打开“首选项 > 网格”对话框。将“基线网格”选区中的“间隔”改为“17.008 点”（6 毫米），如图 3-7-2 所示。

基线网格
颜色(C): 淡蓝色
开始(S): 28.346 点
相对于(Y): 页面顶部
间隔(I): 14.173 点
视图阈值(T): 75%

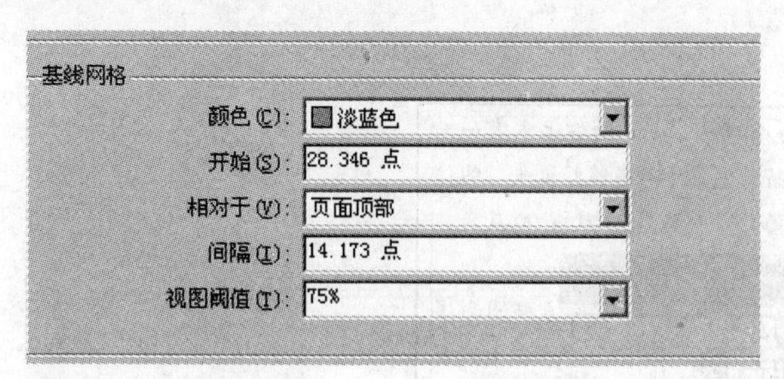

图 3-7-2

③ 全选文章的所有文本，打开“段落”面板菜单，选择“网格对齐方式 > 罗马字基线”，如图 3-7-3 所示。

Introduction
Explore new creative possibilities—Widen the
段落
避头尾设置: 简体中文避头尾
标点挤压设置:
避头尾悬挂类型
避头尾间断类型
禁止断字
自动直排内横排... Alt+Shift+Ctrl+H
连数字
在直排文本中旋转罗马字
吸收行尾的表意字空格
任意连字
网格对齐方式
仅第一行对齐网格
平衡未对齐的行(B)
段落强制行数
Adobe 全球通用单行书写器
Adobe 全球通用段落书写器
Adobe CJK 单行书写器
Adobe CJK 段落书写器
Adobe 段落书写器
Adobe 单行书写器
无
全角字框，上
全角字框，居中
罗马字基线
全角字框，下
表意字框，上
表意字框，下

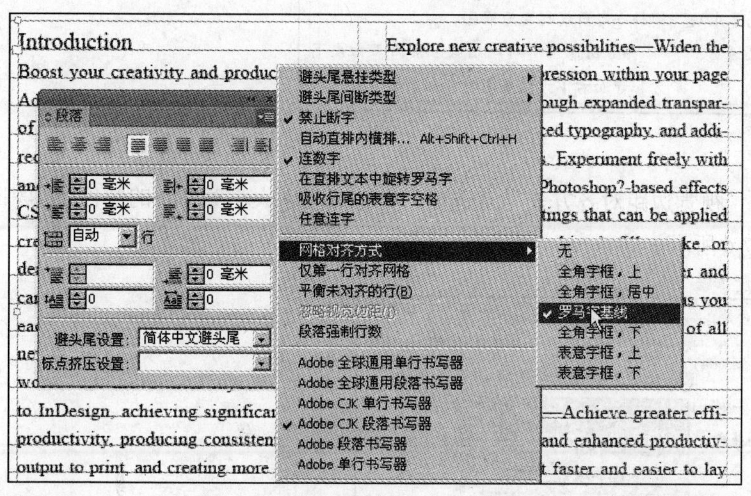

图 3-7-3

④ 查看文章的最终效果。可以看到，文本都按照设置的基线网格进行了对齐，使版面在竖直方向上有了对齐的依据，如图 3-7-4 所示。

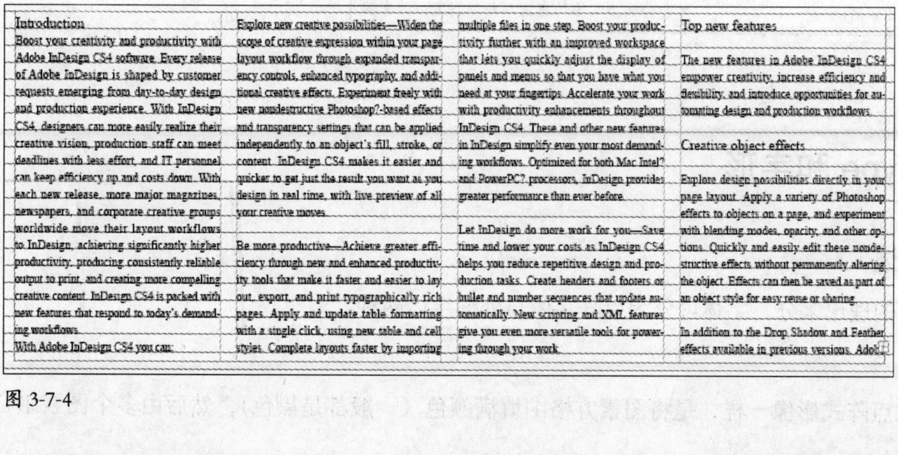

Introduction
Boost your creativity and productivity with Adobe InDesign CS4 software. Every release of Adobe InDesign is shaped by customer requests emerging from day-to-day design and production experience. With InDesign CS4, designers can more easily realize their creative vision, production staff can meet deadlines with less effort, and IT personnel can keep efficiency up and costs down. With each new release, more major magazines, newspapers, and corporate creative groups worldwide move their layout workflows to InDesign, achieving significantly higher productivity, producing consistently reliable output to print, and creating more compelling creative content. InDesign CS4 is packed with new features that respond to today's demanding workflows.
With Adobe InDesign CS4 you can:
Explore new creative possibilities—Widen the scope of creative expression within your page layout workflow through expanded transparency controls, enhanced typography, and additional creative effects. Experiment freely with new nondestructive Photoshop?-based effects and transparency settings that can be applied independently to an object's fill, stroke, or content. InDesign CS4 makes it easier and quicker to get just the result you want as you design in real time, with live preview of all your creative moves.
Be more productive—Achieve greater efficiency through new and enhanced productivity tools that make it faster and easier to lay out, export, and print typographically rich pages. Apply and update table formatting with a single click, using new table and cell styles. Complete layouts faster by importing multiple files in one step. Boost your productivity further with an improved workspace that lets you quickly adjust the display of panels and menus so that you have what you need at your fingertips. Accelerate your work with productivity enhancements throughout InDesign CS4. These and other new features in InDesign simplify even your most demanding workflows. Optimized for both Mac Intel? and PowerPC? processors, InDesign provides greater performance than ever before.
Let InDesign do more work for you—Save time and lower your costs as InDesign CS4 helps you reduce repetitive design and production tasks. Create headers and footers or bullet and number sequences that update automatically. New scripting and XML features give you even more versatile tools for powering through your work.
Top new features
The new features in Adobe InDesign CS4 empower creativity, increase efficiency and flexibility, and introduce opportunities for automating design and production workflows.
Creative object effects
Explore design possibilities directly in your page layout. Apply a variety of Photoshop effects to objects on a page, and experiment with blending modes, opacity, and other options. Quickly and easily edit these nondestructive effects without permanently altering the object. Effects can then be saved as part of an object style for easy reuse or sharing.
In addition to the Drop Shadow and Feather effects available in previous versions, Ado

图 3-7-4

2. 标点悬挂

① 在文本上单击，将光标插入第一段文本中，选择“窗口 > 文本和表 > 文章”命令打开“文章”面板，如图 3-7-5 所示。

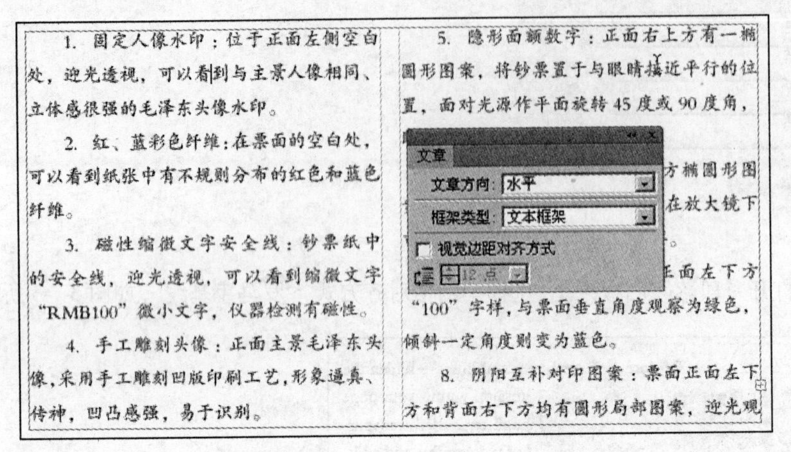

图 3-7-5

② 在“文章”面板底部选择“视觉边距对齐方式”复选框，并将“基于大小对齐”的数值改为和当前正文字符一样大“8 点”，如图 3-7-6 所示。

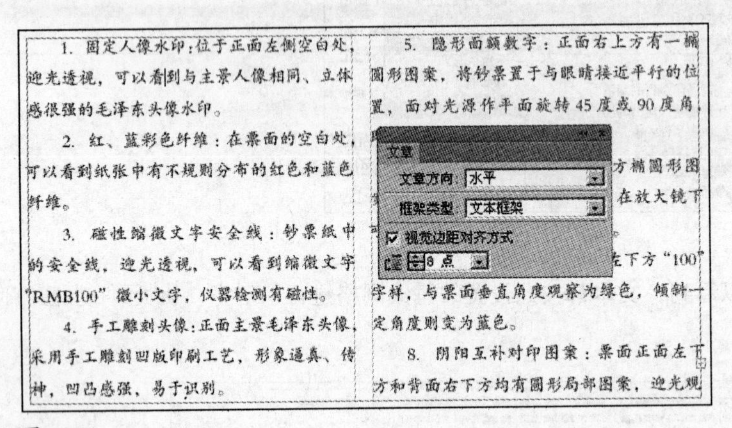

图 3-7-6

3.8 OpenType 和字形

3.8.1 字体综述

按照字体设计的理论来分，字体可分为点阵字体与外框字体两种。

1. 点阵字体

点阵字体就像点阵式影像一样，是将图素方格中填满颜色（一般都是黑色），然后由多个图素组合而成为文字字形。因为点阵字体是以固定的图素组合成字形的，所以当字体放大时边缘会有锯齿形状产生，而缩小时又容易模糊成一团。所以以目前使用的系统与硬件来说，大多已经不再使用点阵字体来打印文字，但是计算机屏幕的显示还是以点阵字体为主，因此也有人称点阵字体为屏幕字体。

2. 外框字体

目前计算机系统所使用的外框字体分为 TrueType 及 PostScript 两种，外框字体是利用贝塞尔曲线来描绘出字形的外框。正因为外框字体是使用数学运算方式描绘字体外框的，所以可以对字体做任意的放大、缩小、旋转和倾斜等变化。

曲线轮廓字体是以二次曲线和三次曲线逼近字形轮廓的字体描述方法，其中以 PostScript 字体为代表。PostScript 字体是用 Adobe 公司的 PostScript 版面描述语言描述的字形代码库，特点是以贝塞尔曲线模拟文字形状，这种技术比较完整地保留了文字原有的字形信息。

TrueType 字体是继 Adobe Type1 以后又一种典型的曲线字体描述方法，最早于 1991 年由 Apple 和 Microsoft 公司联手推出。TrueType 字体技术是上述两个公司联合开发的页面描述语言 TrueImage 中的字形描述部分，虽然 TureImage 与 PostScript 完全兼容，但没有什么特色，所以没有流行起来。TrueType 字形技术却具有其鲜明的特色，又因为 Windows 采用了 TrueType 作为系统一级使用的字体，因而受到越来越多人的关注。

TrueType 是由桌面出版系统的两大操作平台 Mac OS 和 Windows 的开发者 Apple 公司和 Microsoft 公司联合制定的，因而这两种操作系统都内置了 TrueType 的解释器，从系统级上支持 TrueType 字形技术。TrueType 首先在 Macintosh 上实现，使之结束了使用第三方提供的解释程序来支持操作系统输出高质量字体的历史。用户不必支付额外的软件费用，也不需使用内含 PostScript 解释器的打印机，采用普通打印机就能获得满意的输出效果。

对于 Windows 来说，TrueType 解释器已内含在其图形设备接口（GDI）中，任何 Windows 所支持的输出设备均能用于 TureType 字体的输出。现今的打印设备制造商均提供 Windows 下的打印驱动程序，使用前只需将打印驱动程序安装在控制打印的计算机硬盘上，就能输出 TrueType 字体，这对用户来说无疑提供了极大的方便。对于一些特殊的输出设备，用户可以利用 Microsoft 公司提供的设备驱动程序开发工具（DDK）来编写 Windows 的设备驱动程序，将这些设备挂到 Windows 平台上，充分显示了利用 TrueType 字形技术所带来的优势。

PostScript 的 Type1 字体是通过 ATM 提供给应用软件使用的，它被挂接到系统时需要使用额外的内存。TrueType 字体则由操作系统来直接管理，一旦系统启动，它就发生作用，由系统统一协调和处理。应用软件安装后所附加的字体在系统启动后被同时加载，随时供用户调用。

Windows 环境下的 TrueType 字体文件包括指令、字体描述信息和标记表格等，它们以 TTF 文件方式存在 Windows 的 System 目录中或应用程序目录中。每一个 TTF 文件挂接到 Windows 上之后，Windows 将会产生一个 FOT 文件，它记录了与之相对应的 TTF 文件的有关信息，如 TTF 文件名、存放路径等。在 Macintosh 机器上，TrueType 字体以 sfint 资源的形式存放，其中内含 TTF 文件及有关 TTF 文件的说明。因此，虽然 TrueType 字体是 Apple 公司与 Microsoft 公司联合制定的，字形描述完全兼容，但由于系统处理方法上的不同，因此若要在两个平台上均使用 TrueType 字体，则需要购买字体开发商提供的 PC 和 MAC 两种版本的 TrueType 字体，才能达到目的。不过，也可利用字体转换软件 TTC 来转换。

3. 打印字体

打印字体与显示屏上的字体毫无关系，而且在打印时，送到高分辨率 PostScript 输出设备的文件包括可缩放的基于矢量的信息。打印字体是以数位字形技术为基本，用数学方式描写字体外框的，其所需的记忆容量比显示字体小许多。不管文件中的文字有多大，打印机都会自动计算特定尺寸下字母的形状。Adobe Illustrator 或 Macromedia Freehand 中曾使用过 Bezier 曲线，那时就已经可以直接使用这种信息工作了。打印字体有时被称为轮廓字体，这是由于它是与分辨率无关且基于矢量的字符轮廓的缘故，字体能以任何尺寸顺利输出。

3.8.2 OpenType 简介

OpenType 是由 Adobe 公司和 Microsoft 公司联合开发的一种新的跨平台字体文件格式。这一崭新的字体格式不仅以压缩方式增加了对 PostScript 字体的支持，而且在 Unicode 编码的大字符集基础上，采用多语种和多语系的编排方法，以适应更多的平台和全球性的国际字符集。此外，它还容纳了多项传统排版软件的操作，如基线调整、竖排替换、灵活定位以及字符的组合和拆分等。总的说来，OpenType 有以下 4 个方面的优点。

1. 同一文件跨平台

OpenType 字体将字体的外框、矩阵和光栅信息合并在一个文件里，使文件管理更加简单，而且同一个文件可以在 Windows 和 Macintosh 两个平台上使用。

2. 更好的语言支持

OpenType 基于 Unicode，Unicode 包含了全世界所有语言的编码。OpenType 字体将多种语言的字符合并在多个语言集中。除此以外，还有以前在专业字体中才包含的符号。

3. 高级的字符技术

OpenType 字体中包含 65 000 种字形，除了专业字体中的字形外，还有一些以前在排版软件中才能实现的特性。

· 自由连笔字：字体设计程序可能包含在任何情形下均不得打开的可选连笔字。选择该选项之后，就可以使用这些附加的可选连笔字（如果存在）。

· 分数字：当分数字可用时，系统会将以斜线分隔的数字（如 1/2）转换为分数字字符。

· 序数字：当序数字可用时，系统会采用上标字母格式表示序数字（如第一和第二分别用 1st 和 2nd 表示）。系统还会对一些字母的上标 a 和 o（西班牙语单词 segunda (2a) 和 segundo (2o) 中）进行适当排版。

· 花饰字：当花饰字可用时，系统会提供常规花饰字和上下文花饰字，这二者可能会包含替代大写字母和字尾替代字。

· 标题替代字：当标题替代字可用时，系统会激活用于大写标题的字符。在某些字体中，选择该选项为同时包含大、小写字母的文本设置格式，效果可能不理想。

· 上下文替代字：当上下文替代字可用时，系统会激活上下文连笔字和连接替代字。某些手写字体中会包括替代字符，用于提供更好的连接行为。例如，可以将单词“bloom”中的字母对“bl”连接起来，使其看起来更像手写体。默认已选中该选项。

· 全部小型大写字母：对于包含真小型大写字母的字体，选择该选项会将字符转换为小型大写字母。

· 斜线零：选择该选项后，所显示的数字 0 中会穿有一条斜线。在某些字体（特别是细长字体）中，很难区分数字 0 和大写字母 O。

· 风格组合：某些 OpenType 字体包含为获得美观效果而设计的替代字形集。风格组合是一组字形替代字，可以一次应用于一个字符，也可以应用于一段文本。如果选择其他风格组合，则会使用该组合中定义的字形，而不是字体的默认字形。如果将某风格组合中的一个字形字符与另一个 OpenType 设置结合使用，则该单个设置中的字形会覆盖字符集字形。可以使用“字形”面板查看每个集的字形。

· 位置格式：在一些草书体以及像阿拉伯语这样的语言的字体中，字符的外观可能取决于它在单词中的位置。当字符出现在单词的开头（首字位置）、中间（中间字位置）或结尾（尾字位置）时，其格式可能会发生变化，并且当它单独出现（孤立位置）时，其格式也可能发生变化。选择一个字符，然后选择一个“位置格式”选项以正确地设置其格式。选择“常规格式”选项时会插入常规格式的字符；选择“自动格式”选项时所插入字符的格式取决于字符在单词中的位置以及字符是否单独出现。

· 上标和下标：某些 OpenType 字体包含升高或降低的字形，它们均根据周围字符进行过适当调整。如果对于非标准分数字，OpenType 字体不包含这些字形，则可以考虑使用“分子字”和“分母字”属性。

· 分子字和分母字：某些 OpenType 字体只将基本分数字（如 1/2 或 1/4）转换为分数字字形，而不转换非标准分数字（如 4/13 或 99/100）。在上述情况下，可对这些非标准分数字应用“分子字”和“分母字”属性。

· 定宽，全高：对于全高数字，提供相同的宽度。该选项适用于数字需要逐行对齐的情况，如表格。

· 变宽，变高：提供宽度、高度均有变化的数字。当文本并非全部为大写字母时，建议使用该选项以提供标准的复杂外观。

· 变宽，全高：提供宽度变化的全高数字。建议将该选项用于使用全部大写字母的文本。

· 定宽，变高：提供宽度固定且相等、高度变化的数字。如果既需要变高数字的标准外观又需要使它们逐栏对齐（如年度报告），则建议使用该选项。

· 默认数字样式：数字字形使用当前字体的默认数字样式。

· 使用等比公制字：使用等比公制字字体复合字符。

· 使用横排或直排假名（日文）：对于包含直排或横排排版的假名的字体，将提供最适合横排或直排设置的假名字形。

· 罗马斜体字：如果字体包含斜体字形，则会将等比罗马字形切换为斜体文字。

4. 前后端一致

OpenType 包含了打印和显示两种计算机数据，无需另外配置 Bitmap 字供显示之用。在屏幕上 OpenType 比 TrueType 显示小字更为清晰可辨，大字更加平滑美观。OpenType 内建 PostScript 最高质量字形数据，无需后端 PostScript 字形对应，即可以输出高质量的字。如选择对应后端 PostScript 字形，则可达到最高效率输出。

3.8.3 “字形”面板

无需使用其他软件便可插入字体中定义的任何字形。字形是字体中单个字符的特定形式。例如，在某些字体中，大写字母 A 具有多种形式，如花饰字和小型大写字母。可使用“字形”面板找到字体中的任何字形。PostScript 字体包含 256 种字形，随着技术的发展，现在的字体可以包含更多的字形数量，OpenType 字体（如 Adobe Caslon Pro）提供许多标准字符的多种字形。使用 InDesign 可以很方便地访问这些字形，方法是通过执行“文字 > 字形”命令或“窗口 > 文字和表 > 字形”命令，还可以使用“字形”面板查看和插入 OpenType 属性，如花饰字、分数字和连字。“字形”面板还包括 SING 单字形字体（特殊字形和符号）。如果安装有亚洲语言版本的 Creative Suite，则可以创建单字形字体，并将其添加到 Glyphlet Manager 中。Glyphlet Manager 中的单字形字体会显示在 InDesign“字形”面板中。

为了便于选择，“字形”面板允许仅针对选定 OpenType 属性显示字符。可以从“字形”面板的“显示”菜单中选择下列任一选项。不要将这些选项与“字形”面板菜单中显示的选项混淆。使用这些面板菜单选项，可以选择字形的其他形式（如果有的话）。

· 所选字体的替代字，该选项显示文档中的选定字符，如果该字符具有替代字形，则会显示替代字形。如果在突出显示多个字符时选择了该项目，则面板将为空白。

· 整个字体在“字形”面板下半部分或“字符”面板中选择的字体的所有字形，都将显示在该面板中。

· 直排书写（vert）显示直排排版中使用的平假名、片假名等。

· 传统格式显示传统格式。

· 专业格式显示专业格式。

· JIS78 格式显示 JIS78 字形。

· 全角格式是对平假名、片假名和符号显示全角字形。

“字形”面板可以展示系统中各种字体包含的字形，其中有些字形的右下角有三角形，代表当前字形含有变体，按住鼠标不放可显示出变体，如图 3-8-1 所示。双击字形便可把它插入到文章中，也可以使用输入法软键盘或键盘直接输入。如图 3-8-2 所示，把光标移动到“字形”面板的字形上，提示框中会显示编码信息（左图）。在页面上选择单个字符时，“信息”面板中会出现该选中字符的 Unicode 编码（右图）。

在 InDesign 中可以非常方便地插入一种字体中的任何字形，而不需要使用额外的软件。字形是一个字符的特定形式，例如各种符号或特殊字符。可以使用“字形”面板来定位一种字体中的任何字形。

图 3-8-1

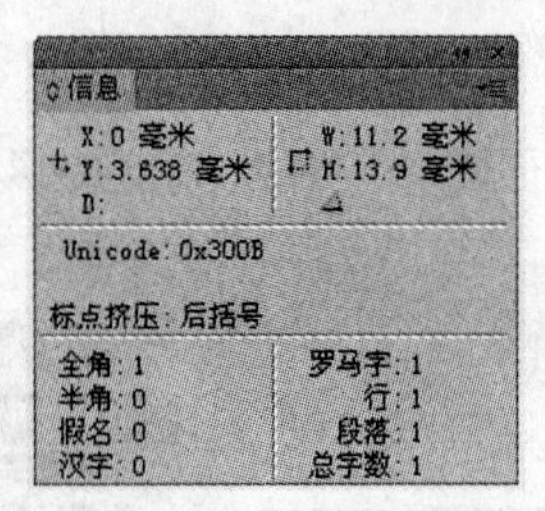

图 3-8-2

OpenType 字体（例如 Adobe Caslon Pro）为许多标准字符提供了多种字形。如果希望在文档中插入备用字形，可以使用“字形”面板，也可以使用“字形”面板查看和插入 OpenType 属性，例如花饰字、连笔字和分数等。

从指定字体中插入字形的方法如下所述。

（1）使用文字工具，在希望插入字符的位置单击。

（2）选择“文字 > 字形”命令，显示“字形”面板。

（3）要显示“字形”面板中不同的集或字符，可做以下任意操作。

· 选取一个不同的字体和字体风格（如果可用的话），在“显示”菜单中选择“整个字体”。

· 从“显示”菜单中选择一个自定义的字形集。

（4）滚动所显示出的字符，直到看见希望插入的字形。

（5）双击希望插入的字符，字符会出现在文本插入点处。

使用备用字形替换一个字符的方法如下所述。

（1）选择“文字 > 字形”命令，显示“字形”面板。

（2）在“显示”菜单中，选择“备用字体”。

（3）使用文字工具，选取文档中的一个字符。如果有备用字形的话，“字形”面板就会显示出备用字形。

（4）双击面板中的字形来替换文档中选中的字符。

使用高亮文本中的备用字形的方法如下所述。

（1）选择“编辑 > 首选项 > 排版”命令。

（2）选取“被替代的字形”，然后单击“确定”按钮，被替换字形在文本中高亮为非打印的黄色。

1. 使用字形集

字形集是指定的一个或多个字体的字形集合。将通常使用的字形存储在字形集中，可防止在每次需要使用字形时都要进行查找。字形集并未连接到任何特定文档，它们通过 InDesign 首选项进行了存储，可确定字体是否已记住添加的字形。对于某些情况（如在其他字体中可能不显示的花饰字符），应记住字体。如果记住字形的字体，但这种字体缺失，则“字形”面板或“编辑字形集”对话框中的字体方框将以粉红色显示。如果字体未记住添加的字形，则该字形旁会出现一个“U”，表示这种字体的 Unicode 值将决定字形的外观。

① 首先选择面板菜单中的“新建字形集”命令，如图 3-8-3 所示。

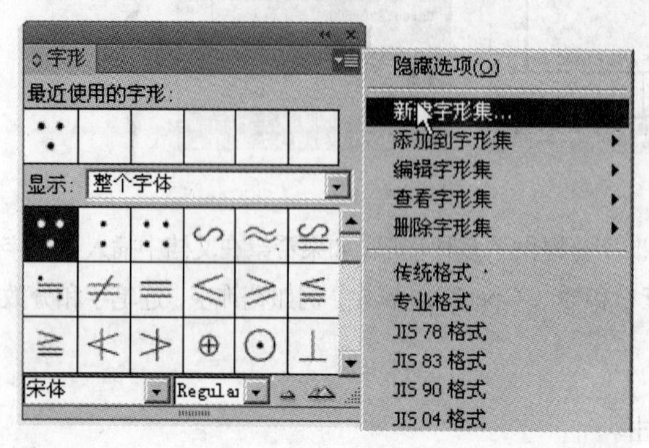

图 3-8-3

② 在打开的“新建字形集”对话框的“名称”文本框中取一个适当的名称，单击“确定”按钮，如图 3-8-4 所示。

图 3-8-4

③ 当创建完字形集后即可在“字形”面板中选择字符，然后从面板菜单中选择“添加到字形集”命令，如图 3-8-5 所示，选择的字形将被添加到字形集中，这个过程称之为“登记”。

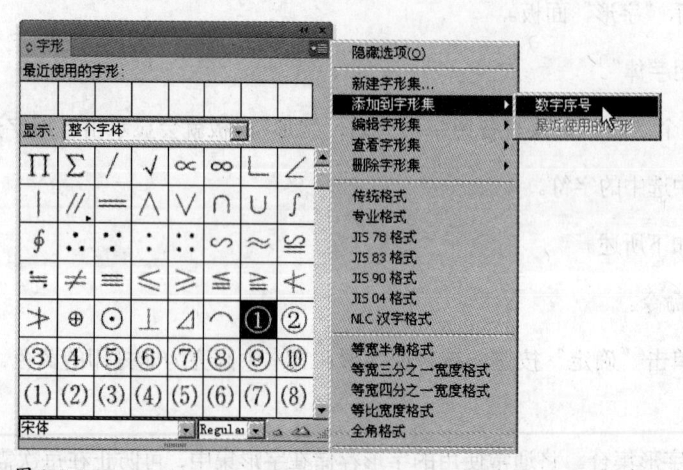

图 3-8-5

④ 然而登记字形时，包含了字体信息。如果希望使用多种字体的字形，就应首先选择面板菜单中的“编辑字形集”命令，弹出“编辑字形集”对话框，如图 3-8-6 所示，在对话框中将“记住字形的字体”复选框取消。

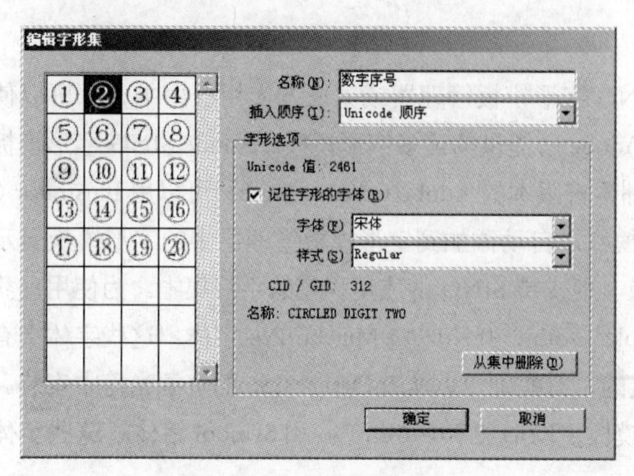

图 3-8-6

⑤ 此外，新建的字符集在面板下拉菜单中可以直接选择，如图 3-8-7 所示。

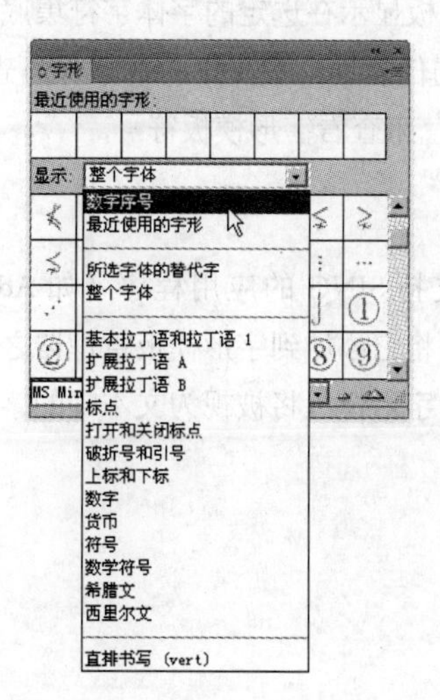

图 3-8-7

2. SING 补字

在某些情况下，一个给定的字符可以有多种可用的字形。字形模板可以让用户将自己创建的自定义字形作为一个单独的文件存储。用户可以创建字形模板以添加标准字符集中没有的字符、替换现有字符或作为现有字符的备用字形。例如，用户可能需要添加别名、公司名称或不常使用的符号的字形。

（1）在 Adobe Illustrator 中创建字形模板

Adobe 字形模板创建工具允许用户在 Adobe Illustrator 中创建字形模板。创建字形模板时，可以指定字体和间距属性，以允许字形模板与字符集中的其他字符混合，而且还可以添加元数据，以方便查找字形模板并添加到文档中。

注意：必须安装了 Adobe Creative Suite 的日语版、繁体中文版、简体中文版或朝鲜语版，才能创建字形模板。使用 Illustrator 的独立版本无法创建字形模板。

（2）将字形模板添加到字形模板管理器中

创建字形模板之后，可以将它添加到 Adobe SING 字形模板管理器或第三方实用程序中，也可以使用字形模板管理器查找和显示已创建的字形模板集和 Adobe 所提供的诸多字形模板。Adobe SING 字形模板管理器允许用户安装和搜索字形模板。如果安装了亚洲语言版本的 Adobe Creative Suite，可以用 Illustrator CS6 创建字形模板并指定元数据设置，以方便搜索字形模板。自动添加到字形模板管理器中的字形模板显示在 InDesign CS6 和 InCopy CS6 的“字形”面板中，以及其他支持 SING 的应用程序的字符集中。为使用户获得使用 OpenType 字体的丰富体验，Adobe 包括了 Kozuka Gothic 和 Kozuka Mincho Pro 字体。这些字体中有些是在安装 InDesign 或 Adobe Creative Suite 时自动安装的，有些则可以从 InDesign CS6 的资源光盘中安装。此外，Adobe 还提供了一套与软件捆绑在一起的字形模板，以增加 Koz Min Pro 和 Symbol 字体。这些字体涵盖超过 1 000 个日文字和 150 个符号字形模板。

用户可以从 Adobe 公司或其他字体供应商那里购买其他 Adobe 字体和其他非 Adobe 字体的字形模板，这些捆绑在 InDesign 或 InCopy 中的字形显示在“字形”面板中。许多字形模板显示在选定的字体字符集底部，其中有些字形模板是作为备用字形显示的。单击字形模板中有变体字形的任意字形右下角的三角形可查看这些变体字形，也可以从“字形”面板的字体列表中选择“附加字形模板”来查看字形模板符号。

（3）将字形模板添加到文档中

可以将已添加到 Adobe SING 字形模板管理器的字形模板插入到支持 SING 的应用程序（如 Adobe InDesign 或 Adobe InCopy）的文档中。例如，在 Illustrator 中创建字形模板并将它添加到字形模板管理器之后，可以在 Adobe InDesign 中将字形模板添加到框架网格，在 Adobe InDesign 中字形模板将被视为文本中的字符，而不是随文图。

3.9 文章编辑和检查

3.9.1 “信息”面板

在不选择任何对象时，“信息”面板底部显示当前文档的保存位置、上次修改时间、作者和文件大小。*x*、*y* 为当前鼠标所在位置的坐标，如图 3-9-1 所示。

当选择了图形文件时，将显示文件类型、分辨率和色彩空间。分辨率将同时显示为每英寸的实际像素（本机图形文件的分辨率）和每英寸的有效像素（图形在 InDesign 中调整大小后的分辨率）。如果启用了颜色管理，则将显示 ICC 颜色配置文件，如图 3-9-2 所示。

当使用一种文字工具创建文本插入点或选择文本时，将显示字符数、单词数、行数和段落数。如果有任何文本溢流，将显示一个“+”号，后跟一个数字，表示溢流字符、单词或行，如图 3-9-3 所示。

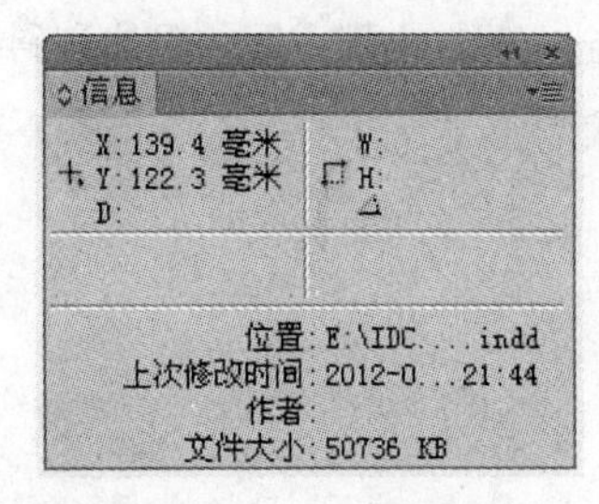

图 3-9-1

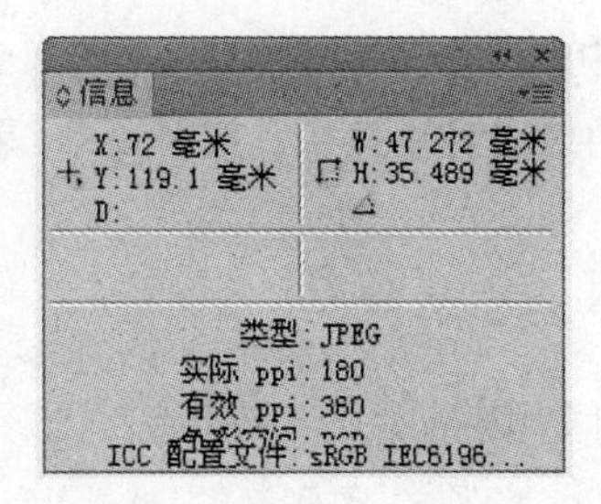

图 3-9-2

选择图形时，底部将会显示对象描边和填充色的信息以及有关渐变的信息。通过单击填色或描边图标旁边的小三角形，可以显示色彩空间值，如图 3-9-4 所示。

选择单个字符时会显示选中字符的 Unicode 编码，如图 3-9-5 所示。

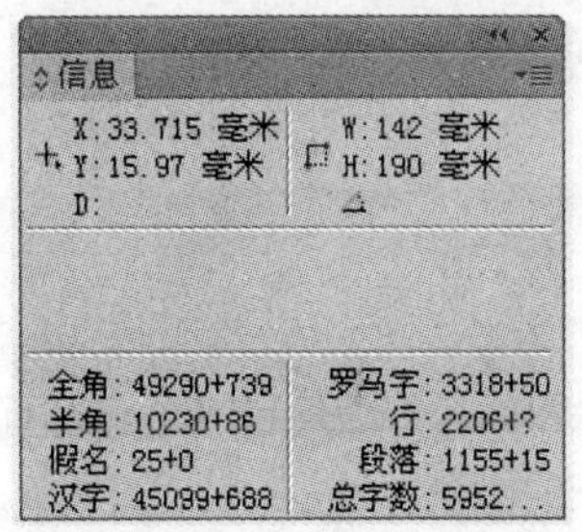

图 3-9-3

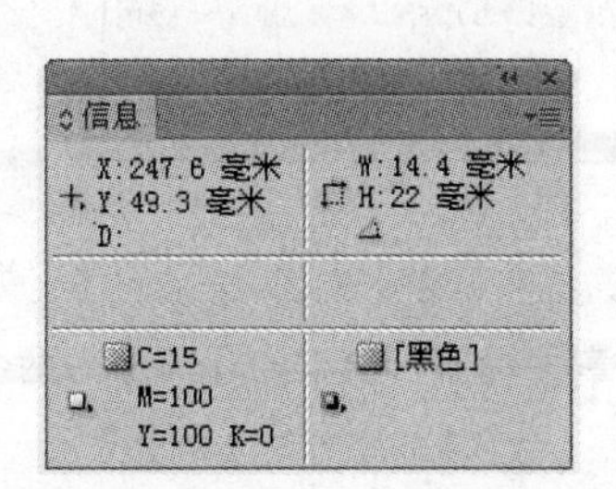

图 3-9-4

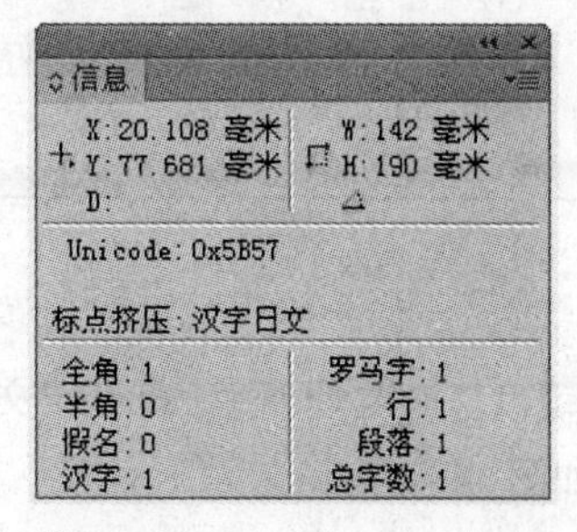

图 3-9-5

3.9.2 文章编辑器

通常，用户都在字处理软件中进行文字输入和编辑，然后置入到 InDesign 中。但是，在版面设计的过程中，往往还需要进行必要的修改和编辑。这时，用户使用文章编辑器将会非常方便。文章编辑器只负责文字的编辑，不能进行图形、图像的处理，不能进行表格的编辑，更不能进行版面的编排。在 InDesign CS 以后的版本中有文章编辑器，在文本编辑状态下，执行“编辑 > 在文章编辑器中编辑”命令或使用键盘快捷键 Ctrl+Y，可进入文章编辑器。编辑器左边的窗格显示了文本应用的段落样式，右边是文本。在文本编辑器中无法看到各种段落样式和字符样式的效果。

在文章编辑器中编辑文本有以下 3 个优点。

· 文本简化显示：文章中所有文本按首选项中的设定显示，不会为格式或版面效果分心，可以集中精力校对和编辑文本。

· 易于浏览：文章全部左对齐单栏流动，没有间断。

· 可以同时在不同的文章窗口中打开同一文档的不同文章（包括溢流文本），但是不能在文章编辑器窗口中新建文章。

文章编辑器以最简化的形式显示文章中的文本，仍然保留的格式有全大写、小型大写、粗体和斜体。除此以外，一些对象和属性标记也会出现在文章编辑器中，如（表格）、（链接）、（着重号）。

使用文章编辑器

① 在文本框上单击鼠标，将光标插入到文本中，如图 3-9-6 所示。

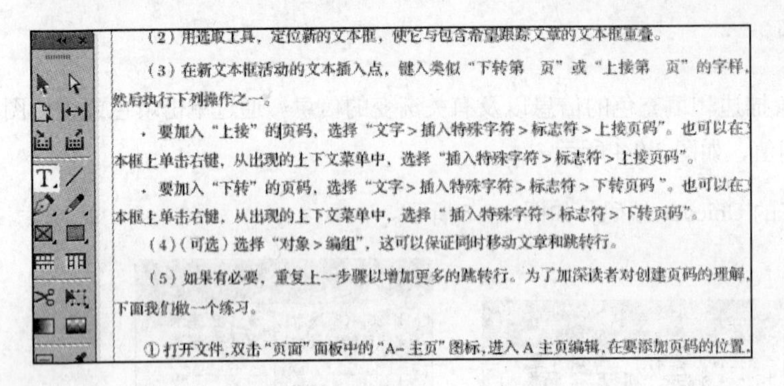

图 3-9-6

② 使用键盘快捷键 Ctrl+Y，打开"文章编辑器"窗口。窗口分为两个窗格，左边是段落样式，右边是文章正文，如图 3-9-7 所示。

③ 使用键盘快捷键 Ctrl+K，打开"首选项"对话框。在左边窗格中选择"文章编辑器首选项"，在右边窗格中将字体改为 18 点，主题改为"传统系统"，如图 3-9-8 所示。

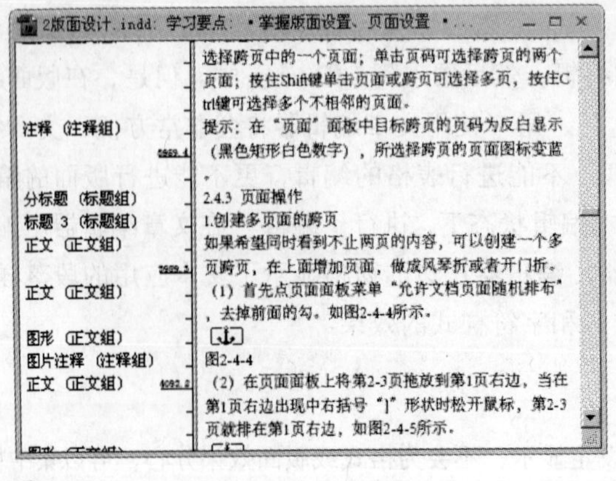

图 3-9-7

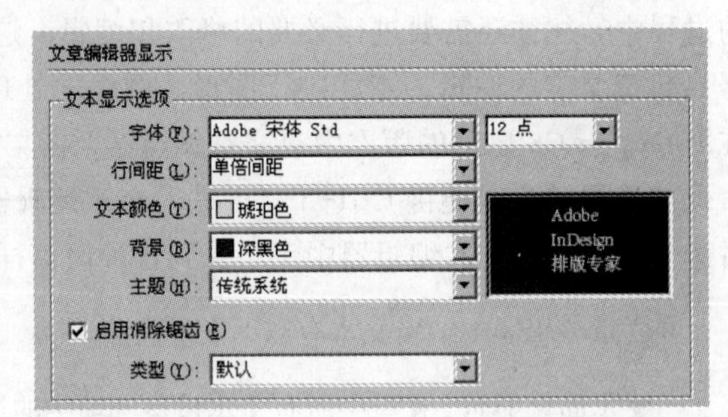

图 3-9-8

④ 单击"确定"按钮，退出对话框。

⑤ 切换到"文章编辑器"窗口，发现窗口背景色变为黑色，文本为黄色，同时，正文字体变为了 18 点，但是这里变大了并不会影响版面中的文本，如图 3-9-9 所示。

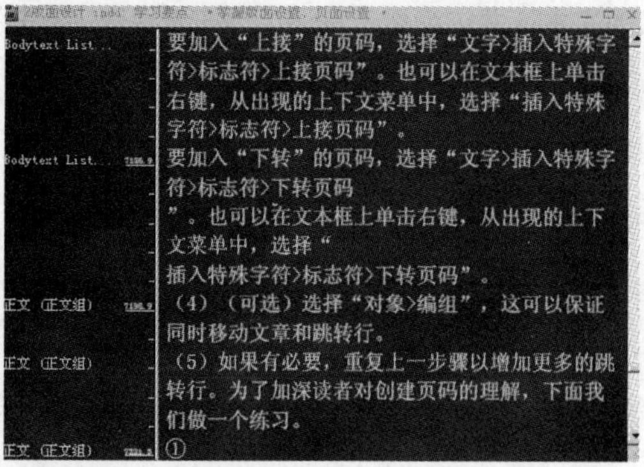

图 3-9-9

3.9.3 拼写检查

可以对文本的选定范围、文章中的所有文本、文档中的所有文章或所有打开的文档中的所有文章进行拼写检查。InDesign 会突出显示拼写错误或未知的单词、连续键入两次的单词（如“the the”），以及可能具有大小写错误的单词。除了运行拼写检查，还可以启用动态拼写检查以便在键入时对可能拼写错误的单词加下划线。进行拼写检查时，InDesign 将使用指定给文档中文本的语言词典，可将单词快速添加到词典中。

启用动态拼写检查时，可使用上下文菜单更正拼写错误。拼写错误的单词可能已带下划线（基于和文本语言相关的词典）。如果以不同的语言键入单词，则应选择文本并指定正确的语言。

3.9.4 查找和更改

InDesign CS6 的“查找 / 更改”功能是非常强大的。“查找 / 更改”对话框包含多个选项卡，如图 3-9-10 所示。

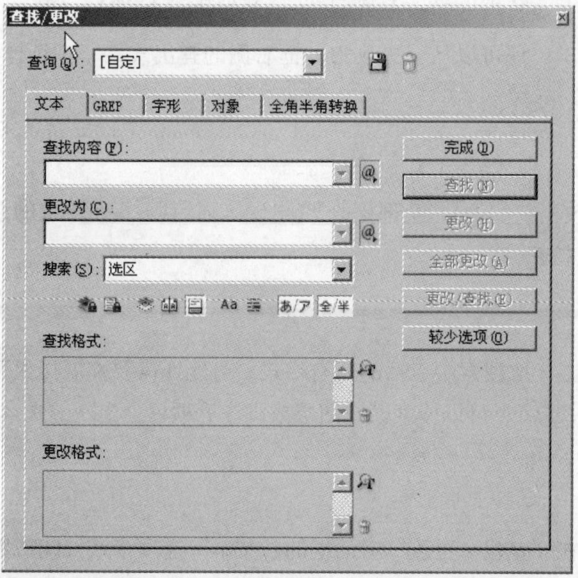

图 3-9-10

· 文本：搜索特殊字符、单词、多组单词或特定格式的文本，并进行更改。还可以搜索特殊字符并替换特殊字符，如符号、标志符和空格字符。通配符选项可帮助扩大搜索范围。

· GREP：使用基于模式的高级搜索方法，搜索并替换文本和格式。

· 字形：使用 Unicode 或 GID/CID 值搜索并替换字形，对于亚洲语言中的字形尤其有用。

· 对象：搜索并替换对象和框架中的格式效果和属性。

· 全角半角转换：可以转换亚洲语言文本的字符类型。

1. 使用查找 / 更改

可以在文本的选区、一个或多个文章、一个或多个打开的文档中查找和更改文本。

查找和更改文本的具体操作步骤如下所述。

(1) 要搜索一定范围的文本或某篇文章，应选择该文本或将插入点放在文章中。要搜索多个文档，则应打开相应文档。

(2) 选择"编辑 > 查找 / 更改"命令，然后在打开的对话框中单击"文本"选项卡。

(3) 从"搜索"下拉列表中指定搜索范围，然后单击相应图标以包含锁定图层、主页、脚注和要搜索的其他项目。

(4) 在"查找内容"框中，说明要搜索的内容：

· 键入或粘贴要查找的文本。

· 要搜索或替换制表符、空格或其他特殊字符，应在"查找内容"框右侧的弹出式菜单中选择具有代表性的字符（元字符）。还可以选择"任意数字"或"任意字符"等通配符选项。

(5) 在"更改为"框中，键入或粘贴替换文本。还可以从"更改为"框右侧的弹出式菜单中选择具有代表性的字符。

(6) 单击"查找"按钮。

(7) 要继续搜索，应单击"查找"、"更改"（更改当前实例）、"全部更改"（出现一则消息，指示更改的总数）或"更改 / 查找"（更改当前实例并搜索下一个）按钮。

(8) 单击"完成"按钮。

如果未得到预期的搜索结果，应确保清除了上一次搜索中包括的所有格式。可能还需要扩展搜索范围。例如，可以只搜索选区或文章，而不是搜索文档。或者，可以搜索锁定图层或脚注等项目上出现的文本（当前搜索中不包含这些文本）。

2. 为查找 / 更改键入元字符

元字符表示 InDesign 中的字符或符号。可以在"查找 / 更改"对话框的"文本"选项卡或"GREP"选项卡中键入元字符。"文本"选项卡中的元字符以尖角符号（^）开始；"GREP"选项卡中的元字符以代字符（~）或反斜线（\）开始。

3. 查找和更改文本格式

可以使用“查找和更改”来查找和更改文本格式，如样式、缩排定位、行距、笔画和填充颜色等。查找和更改文本格式的步骤如下所述。

（1）如有必要，重复“使用查找 / 更改”中的（1）～（5）步。

（2）如果未出现“查找格式”和“更改格式”选项，则单击“更多选项”。

（3）单击“查找格式”框，或单击“查找格式设置”部分右侧的“指定要查找的属性”图标。

（4）在“查找格式设置”对话框的左侧，选择一种类型的格式，指定格式属性，然后单击“确定”按钮。

（5）如果希望对查找到的文本应用格式，则应单击“更改格式”框，或在“更改格式设置”部分中单击“指定要更改的属性”图标 。然后选择某种类型的格式，指定格式属性，并单击“确定”按钮。

（6）使用“查找”和“更改”按钮，设置文本的格式。

如果为搜索条件指定格式，则在“查找内容”或“更改为”框的上方将出现信息图标。这些图标表明已设置格式属性，查找或更改操作将受到相应的限制。

4. 搜索选项

“搜索”下拉列表用于确定搜索范围，具体的选项如下。

· 文档：搜索整个文档，或使用“所有文档”以搜索所有打开的文档。

· 文章：搜索当前选中框架中的所有文本，包括其他串接文本框架中的文本和溢流文本。选择“文章”可搜索所有选中框架中的文章。仅当选中文本框架或置入插入点时该选项才显示。

· 到文章末尾：从插入点开始搜索。仅当置入插入点时该选项才显示。

· 选区：仅搜索所选文本。仅当选中文本时该选项才显示。

包括锁定图层：搜索已使用“图层选项”对话框锁定的图层上的文本。不能替换锁定图层上的文本。

包括锁定文章：搜索已在 Version Cue 中注销或 InCopy 工作流程中所包含的文章中的文本。不能替换锁定文章中的文本。

包括隐藏图层：搜索已使用“图层选项”对话框隐藏的图层上的文本。找到隐藏图层上的文本时，可看到文本所在处被突出显示，但看不到文本。可以替换隐藏图层上的文本。

包括主页：搜索主页上的文本。

包括脚注：搜索脚注文本。

区分大小写：仅搜索与“查找内容”框中的文本的大小写完全匹配的一个或多个单词。例如，搜索“PrePress”时不会找到“Prepress”、“prepress”或“PREPRESS”。

全字匹配（仅限罗马字文本）: 如果搜索字符为罗马单词的组成部分，则会忽略。例如，如果将“any”作为全字匹配进行搜索，则 InDesign 将忽略“many”。

区分假名: 区分平假名和片假名。

区分全角 / 半角: 区分半角字符和全角字符。

5. 查找和更改文档中的字体

使用“查找字体”命令可搜索并列出整个文档中用到的字体。然后可用系统中的其他任何可用字体替换搜索到的所有字体（导入的图形中的字体除外），甚至可以替换属于文本样式的字体。查找和更改文档中的字体的方法如下所述。

(1) 执行“文字 > 查找字体”命令。

(2) 在“文档中的字体”列表中选择一个或多个字体名称。

(3) 执行下列操作之一。

· 要查找列表中选定字体的版面的第一个实例，应单击“查找第一个”按钮。使用该字体的文本将移入视图。如果在导入的图形中使用选定字体，或如果在列表中选择了多个字体，则“查找第一个”按钮不可用。

· 要选择使用了特殊字体（该字体在列表中由导入的图像图标标记）的导入图形，应单击“查找图形”按钮。该图形也移入视图。如果仅在版面中使用选定字体，或如果在“文档中的字体”列表中选择了多个字体，则“查找图形”按钮不可用。

(4) 要查看关于选定字体的详细信息，应单击“更多信息”按钮。要隐藏详细信息，应单击“较少信息”按钮。如果在列表中选择了多个字体，则信息区域为空白。

(5) 要替换某个字体，应从“替换为”下拉列表中选择要使用的新字体，然后执行下列操作之一。

· 要仅更改选定字体的某个实例，应单击“更改”按钮。如果选择了多个字体，则该选项不可用。

· 要更改该实例中的字体，然后查找下一实例，应单击“更改 / 查找”按钮。如果选择了多个字体，则该选项不可用。

· 要更改列表中选定字体的所有实例，应单击“全部更改”按钮。如果要重新定义包含搜索到的字体的所有段落样式、字符样式或命名网格，应选择“全部更改时重新定义样式和命名网格”。

如果文件中的字体没有更多实例，则字体名称将从“文档中的字体”列表删除。

(6) 如果单击“更改”按钮，则单击“查找下一个”按钮可查找字体的下一实例。

(7) 单击“完成”按钮。

3.10 脚注

脚注由两个链接部分组成: 显示在文本中的脚注引用编号和显示在栏底部的脚注文本。可以创建脚注或从 Word 和 RTF 文档中导入脚注。将脚注添加到文档中时，脚注会自动编号。每篇文章中都会重新启动编号。可控制脚注的编号样式、外观和版面。不能将脚注添加到表或脚注文本。

执行“文字 > 插入脚注”命令即可创建脚注。键入脚注时，脚注区将扩展而文本框架大小保持不变。脚注区继续向上扩展直至到达脚注引用行。在脚注引用行上，如果可能的话，脚注会拆分到下一文本框架栏或串接的框架。如果脚注不能拆分且已向脚注区添加太多文本而脚注区不能容纳，则包含脚注引用的行将移到下一栏，或出现一个溢流图标。在这种情况下，应该调整框架或更改文本格式。插入点位于脚注中时，可选择“文字 > 转到脚注引用”命令以返回正在键入的位置。如果需要频繁使用此选项，则可以创建一个键盘快捷键。

1. 脚注编号与格式选项

在“脚注选项”对话框的“编号与格式”部分中显示下列选项，如图 3-10-1 所示。

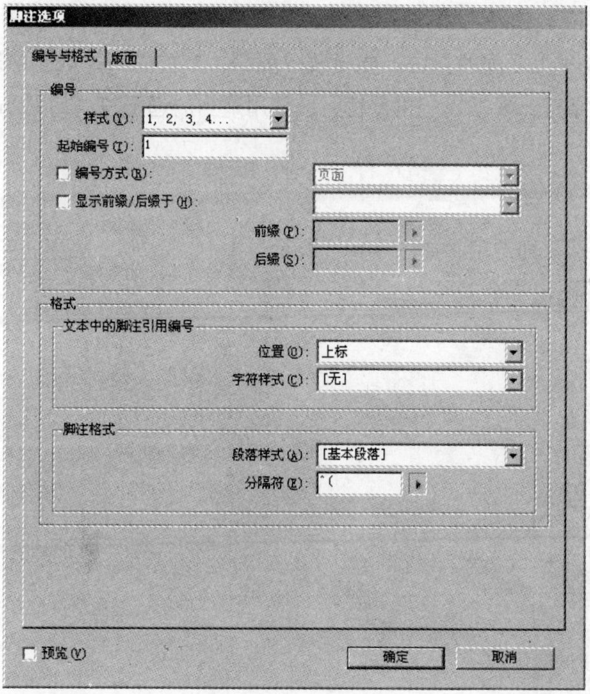

图 3-10-1

· 在“样式”中选择脚注引用编号的样式。

· 在“开始于”中指定文章里第一个脚注所用的号码。文档中每篇文章的第一个脚注都具有相同的起始编号。如果书籍的多个文档具有连续页码，可能希望每章的脚注编号都能继续上一章的编号。

· “编号方式”的作用是间隔。如果要在文档中对脚注重新编号，则选中该选项并选择“页面”、“跨页”或“节”以确定重新编号的位置。某些编号样式，如星号（*），在重新设置每页时效果最佳。

· “显示前缀 / 后缀于”选择可显示脚注引用、脚注文本或两者中的前缀或后缀。前缀出现在编号之前（如“[1”），而后缀出现在编号之后（如“1]”）。在字符中置入脚注时该选项特别有用，如 [1]。键入一个或多个字符，选择“前缀”和“后缀”选项（或两者之一）。

注意：如果认为脚注引用编号与前面的文本离得太近，则可将其中一个空格字符添加为前缀以改善外观，也可将字符样式应用于引用编号。

· “位置”选项用于确定脚注引用编号的外观，默认情况下为拼音。如果要使用字符样式来设置引用编号位置的格式，则选择“普通字符”会很有用。

· “字符样式”用于选择字符样式来设置脚注引用编号的格式。例如，在具有上升基线的正常位置，可能希望使用字符样式而不使用上标。该菜单显示“字符样式”面板中可用的字符样式。

· “段落样式”可为文档中的所有脚注选择一个段落样式来格式化脚注文本。该菜单显示“段落样式”面板中可用的段落样式。默认情况下，使用“[基本段落]”样式。请注意，“[基本段落]”样式可能与文档的默认字体设置具有不同的外观。

· “分隔符”用来确定脚注编号和脚注文本开头之间的空白。要更改分隔符，应首先选择或删除现有分隔符，然后选择新分隔符。分隔符可包含多个字符。要插入空格字符，应使用适当的通配符（如“^m”）作为全角空格。

2. 脚注版面选项

在“脚注选项”对话框的“版面”部分中显示下列选项，如图 3-10-2 所示。

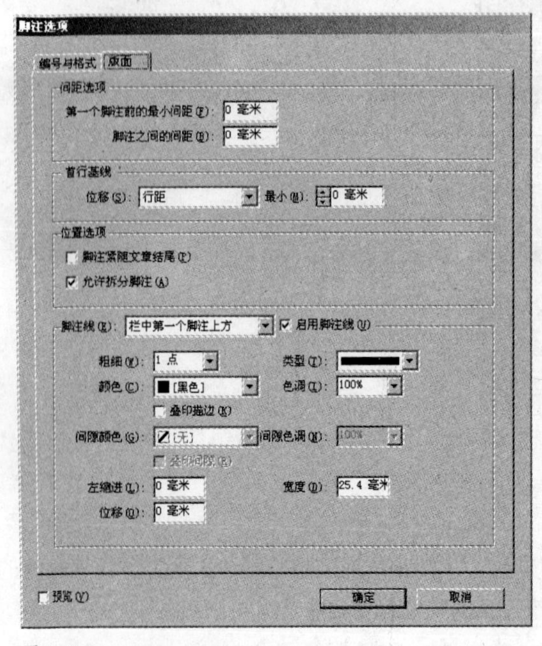

图 3-10-2

· “第一个脚注前的最小间距”：用来确定栏底部和首行脚注之间的最小间距大小，不能使用负值。脚注段落中的任何“段前距”设置将忽略。

· “脚注之间的间距”：用来确定栏中某一脚注的最后一个段落与下一脚注的第一个段落之间的距离，不能使用负值。仅当脚注包含多个段落时，才可应用脚注段落中的“段前距 / 段后距”值。

· “首行基线”选区中的“位移”：用来确定脚注区（默认情况下为出现脚注分隔符的地方）的开头和脚注文本的首行之间的距离。

· “脚注紧随文章结尾”：当希望最后一栏的脚注恰好显示在文章的最后一个框架中的文本的下面时，则选择该选项。如果未选择该选项，则文章的最后一个框架中的任何脚注显示在栏的底部。

· “允许拆分脚注”：在脚注大小超过栏中脚注的可用间距大小时，则选择该选项可以跨栏分隔脚注。如果不允许拆分，则包含脚注引用编号的行移到下一栏，或者文本变为溢流文本。

注意：如果启用“允许拆分脚注”，则将插入点置入脚注文本。从“段落”面板菜单上选择“保持选项”，并选择“保持各行同页”和“段落中所有行”选项，仍可防止拆分单个脚注。如果脚注包含多个段落，则在脚注文本的首个段落中使用“与下面的 X 行续接”选项，可选择“文字 > 插入分隔符 > 分栏符”命令来控制拆分脚注的位置。

· “脚注线”：指定显示在脚注文本上方的脚注分隔行的位置和外观，以及在分隔框架中继续的任何脚注文本上方显示的分隔行。选择的选项应该应用于“栏中第一个脚注上方”或“连续脚注”选项，任何一个都在菜单中选择。如果不想显示脚注线，则取消选择“启用脚注线”。

3. 使用脚注的提示

创建脚注时，应注意下列事项。

· 插入点位于脚注文本中时，选择“编辑 > 全选”命令将选择该脚注的所有脚注文本，而不会选择其他脚注或文本。

· 使用箭头键可在脚注之间切换。

· 在“文章编辑器”中，单击脚注图标可打开或折叠脚注。选择“视图 > 文章编辑器 > 扩展全部脚注”或“折叠全部脚注”命令可展开或折叠所有脚注。

· 可选择字符和段落格式并将它们应用于脚注文本，也可选择脚注引用编号，并更改其外观，但建议使用“脚注选项”对话框。

· 剪切或复制包含脚注引用编号的文本时，脚注文本也被添加到剪贴板。如果将文本复制到其他文档，则该文本的脚注使用新文档的编号和版面外观特性。

· 如果意外删除了脚注文本开头的脚注编号，则可将插入点置入脚注文本的开头。用鼠标右键单击（Windows）或按住 Control 键单击（MacOS），在弹出菜单中选择“插入特殊字符 > 脚注编号”，这样可以添加删除的脚注编号。

· 文本绕排对脚注文本无影响。

· 如果清除了包含脚注引用标志符的段落的优先选项和字符样式，则脚注引用编号将失去在“脚注选项”对话框中应用的属性。

4 图形图像

学习要点

- 掌握绘图基础知识
- 掌握复合路径和路径查找器
- 掌握图片置入及其编辑
- 掌握段落样式的设置
- 了解并掌握剪切路径
- 了解图文混排
- 了解并掌握路径文字

4.1 图形基础

4.1.1 绘图基础知识

在 InDesign 中，可以创建多个路径并通过多种方法组合这些路径。InDesign 可创建下列类型的路径和形状。

· 简单路径：是复合路径和形状的基本模块。简单路径由一条开放或闭合路径（可能是自交叉的）组成。

· 复合路径：由两个或多个相互交叉或相互截断的简单路径组成。复合路径比复合形状更基本，所有符合 PostScript 标准的应用程序均能够识别。组合到复合路径中的路径充当一个对象并具有相同的属性（例如，颜色或描边样式）。

· 复合形状：由两个或多个路径、复合路径、组、混合体、文本轮廓、文本框架或彼此相交和截断以创建新的可编辑形状的其他形状组成。有些复合形状虽然显示为复合路径，但是它们的复合路径可以在每条路径的基础上进行编辑并且不需要共享属性。

关于路径

所有路径都共享某些特性，可以处理这些特性以创建各种形状。这些特性如下所示。

· 封闭路径是开放（例如弧形）或封闭（例如圆形）的。

· 方向路径的方向决定填充哪些区域以及如何应用起点形状和结束形状（如箭头）。

· 描边和填色路径的轮廓称作描边。应用于开放或封闭路径的内部区域的颜色或渐变称作填色。描边可以有粗细、颜色和虚线图案。创建路径或形状后，可以更改它的描边和填色的特性。

· 内容可以在路径或形状的内部放置文本或图形。在开放或封闭路径的内部放置内容时，路径将用作框架。内容与填色并不相同，例如，单个框架可以同时包含文本并使用渐变填色。

· 段路径由一个或多个直线段或曲线段组成。

· 锚点：每个段的起点和终点由锚点（类似于原地固定导线的插针）标记。路径可以包含两种锚点：角点和平滑点。在角点处，路径突然更改方向。在平滑点处，路径段连接为连续曲线。可以使用角点和平滑点的任意组合绘制路径，也可以通过编辑路径的锚点更改路径的形状。如果绘制了错误类型的路径，可以随时更改它。

注意：不要将角点和平滑点与直线段和曲线段混淆。角点可以连接任意两个直线段或曲线段，而平滑点始终连接两个曲线段。

· 端点：在开放路径中，开始锚点和结束锚点称作端点。

· 方向线：在锚点处出现的控制曲线弯曲和方向的线。

· 中心点：每个路径还显示一个中心点，它标记形状的中心，但并不是实际路径的一部分，可以使用此点绘制路径、将路径与其他元素对齐或选择路径上的所有锚点。中心点始终是可见的，无法将它隐藏或删除。

· 要绘制或修改具有精度的路径，应在绘制时使用“控制”面板监视路径的大小和位置。

4.1.2 使用钢笔类工具

1. 钢笔工具

矢量图是由贝塞尔曲线组成的图像，如图 4-1-1 所示。

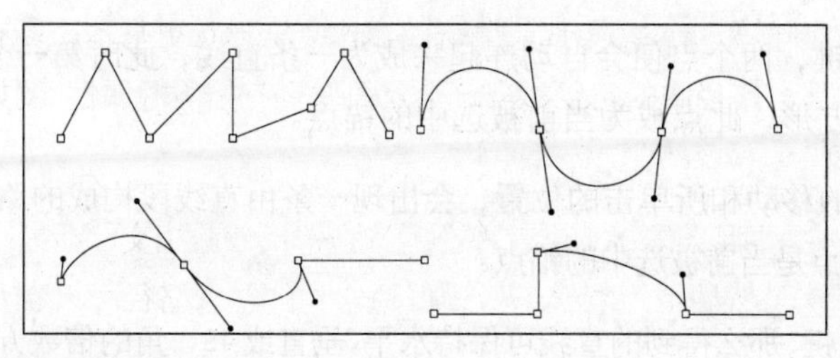

图 4-1-1

钢笔工具是创建贝塞尔曲线最常用的工具，只有熟练掌握它才能得心应手地进行 InDesign 的绘图操作。

简单、规则的图形使用基本图形工具就可以完成，但复杂的路径或图文框就要使用“钢笔工具”了。在工具箱中单击钢笔工具不放，可以显示隐藏的钢笔类工具。

InDesign 中的鼠标变化不仅提示了选择的工具，还提示了将要执行的操作。如果注意光标的变化，则可避免大多数通常的错误。

钢笔工具是 Adobe 软件中最基本也是最重要的工具，它可以绘制直线和平滑顺畅的曲线，而且可对线段进行精确的控制。

(1) 钢笔工具的不同形态

使用钢笔工具绘制矢量图时，鼠标可以呈现出不同的变化，通过这些变化可以确定钢笔工具处于路径的何种位置。

——表示将要开始绘制一个新的路径。

——表示开放路径的最后一个锚点的方向线处于可编辑状态。

——表示可以继续绘制路径。

——表示将要形成一个闭合的路径。

——表示将要连接多个独立的开放路径。

——表示在当选的路径上增加锚点。

——表示在当选的路径上删除锚点。

(2) 直线的绘制

只需通过钢笔工具单击页面创建锚点来绘制直线，步骤如下。

① 选中工具箱中的钢笔工具，将鼠标指针移到工作页面上，此时钢笔工具右下角显示“×”号，表示将开始画一个新路径。

② 单击鼠标左键，此时页面上出现一个实心正方形的蓝色点，即为一条线的起点，该锚点在定义下一个锚点之前保持被选定状态（实心的）。此时钢笔工具右下角的“×”号消失。

③ 在直线第一段的结束位置再单击鼠标左键，两个点便会自动连起来成为一条直线，此时第一个锚点变成空心正方形，而第二个锚点变成实心正方形，此点成为当前被选中的锚点。

④ 继续单击创建另外的直线段，随着光标的移动和所单击的位置，会出现一条由直线段构成的路径。最后一个锚点始终是一个实心的方块，表示该锚点是当前被选中的锚点。

如果画线时在单击鼠标左键的同时按住 Shift 键，那么得到的直线可保持水平、垂直或 45° 角的倍数方向。

(3) 曲线的绘制

在曲线段上，每一个被选中的锚点显示一条或两条指向方向点的方向线。方向线和方向点的位置确定了曲线段的尺寸和形状，可以通过移动这些元素来改变路径中曲线段的形状。方向线总是在锚点上与曲线相切。每一条方向线的斜率决定了曲线的斜率，每一条方向线的长度决定了曲线的高度或深度。

曲线的绘制包括以下 4 步。

① 选中工具箱中的钢笔工具。

② 将鼠标指针放在要绘制曲线的起始点。按住鼠标左键，出现第一个锚点，并且钢笔工具图标变成一个箭头。拖动箭头，向右拖曳，就会出现两个方向线，此时释放鼠标左键，就画好了第一个曲线锚点。如果要使方向线的方向保持水平、45° 角和垂直方向，应在拖曳鼠标左键的同时按住 Shift 键。

③ 将光标移到此点下边的位置，同样按住鼠标左键向左拖曳（和第一个锚点拖曳的方向相反），两个曲线点之间就会出现开口向左的圆弧状路径，拉长方向线或改变方向线的方向时，曲线的曲度和形状就会随之改变。

④ 将光标继续向下移动，按住鼠标左键向右拖曳，形成第二段开口向右的圆弧状路径。

这样继续下去，就可以得到一条有波浪形弧度的路径。

路径绘制完毕，需要终止当前所绘路径时，可以选择下面 5 种方法中的任意一种方式。

· 通过将当前路径封闭来终止路径。把钢笔工具放在第一个锚点上，此时在钢笔尖的右下角出现一个小的圆环，单击鼠标左键使路径封闭。

· 将鼠标指针移到工具箱中，单击钢笔工具，就可终止当前路径。

· 按住键盘上的 Option/Alt 键，使工具暂时变成选择工具，然后在路径以外的任意处单击鼠标左键，取消路径的选择状态，也就终止了当前路径。

· 选择“编辑 > 全不选”菜单命令。

· 选择工具箱中的其他工具。

2. 转换方向点工具

转换方向点工具隐藏在钢笔工具的下拉菜单中（默认快捷键是 Shift+C），运用它，可以将平滑锚点转化为直角点。单击并拖动生成新的方向线，可以将一个直角锚点转化为平滑锚点；用鼠标左键单击方向点并拖曳到新的位置可以将平滑锚点转化为曲线锚点。在使用钢笔工具时可以按住 Alt 键获得转换方向点工具。使用转换方向点工具在曲线锚点上单击鼠标可将曲线点变成直线点。同样使用此工具放于直线点上，按住鼠标左键拖曳，就可将直线点拉出方向线，也就是将其转化为曲线点。锚点改变之后，曲线的形状也相应地发生了变化。使用此工具也可改变方向线的长度与方向。

在使用钢笔工具绘图的时候，为了节省时间，无需切换到转换方向点工具来改变锚点的属性，只需按下 Alt 键即可将钢笔工具直接切换到转换方向点工具。

3. 添加锚点工具

该工具的默认快捷键是“+”，它可以用来在路径上添加一个新锚点。运用该工具在路径上的任意位置单击鼠标左键都可增加一个锚点。如果是直线路径，增加的锚点就是直线点；如果是曲线路径，增加的锚点就是曲线点。增加额外的锚点可以更好地控制曲线。

4. 删除锚点工具

该工具的默认快捷键是“-”，它用来删除单击的锚点。在绘制曲线时，曲线上可能包含多余的锚点，这时删除一些多余锚点可以降低路径的复杂程度，在最后输出的时候也会减少输出时间。

使用删除锚点工具在路径锚点上单击就可将锚点删除，删除锚点后的图形会自动调整形状。锚点的删除不会影响路径的开放或封闭属性。

5. 铅笔工具

双击铅笔工具，在打开的“铅笔工具首选项”对话框中，选中“编辑所选路径”复选框，铅笔工具便可以修改选中的路径外观，如图 4-1-2 所示。选中一条路径，用铅笔工具在路径上或靠近路径处绘制、修改路径的外观。铅笔工具可以绘制和编辑任意形状的路径，它是绘图时经常用到的一种既方便又快捷的工具。

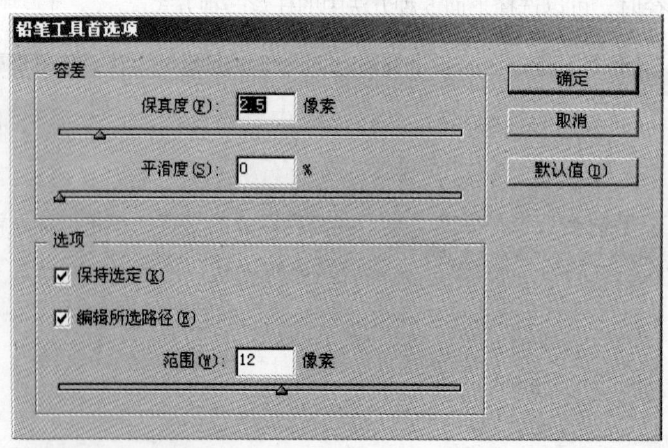

图 4-1-2

(1) 铅笔工具的参数设置

在使用铅笔工具绘制路径时，锚点的位置是不能预先被设定的，但可以绘制完成后进行调整。锚点的数量是由路径的长度和复杂性以及“铅笔工具首选项”对话框中的设置决定的。

双击工具箱中的铅笔工具，弹出“铅笔工具首选项”对话框。

在此对话框中设置的数值可以控制铅笔工具所画曲线的精确度与平滑度。“保真度”值越大，所画曲线上的锚点越少；值越小，所画曲线上的锚点越多。“平滑度”值越大，所画曲线与铅笔移动的方向差别越大；值越小，所画曲线与铅笔移动的方向差别越小。

在对话框中，按住 Alt 键时，“取消”按钮将变为“复位”按钮，单击此按钮，“保真度”与“平滑度”就回到初始值状态，这两个数值默认分别为 2.5 和 0。

在对话框中，“保持选定”表示保持选中状态。如果此项处于选中状态，则使用铅笔工具画完曲线后，曲线自动处于被选中状态；若此项未被选中，则使用铅笔工具画完曲线后，曲线不在选中状态。默认情况下此项处于被选中状态。

（2）铅笔工具的使用方法

铅笔工具的使用方法非常简单，选择此工具后，直接在工作页面上按住鼠标拖曳，就可绘制路径。此时铅笔工具右下角显示一个小的“×”，表示正在绘制一条任意形状的路径。

在拖曳时，一条虚线跟在工具图标的后面，松开鼠标后，就会形成完整的路径。路径上有锚点，路径两端锚点常被称为端点。如果“铅笔工具首选项”对话框中的“保持选定”项处于被选中状态，那么路径在画完时就处于被选中状态。

如果要在现有的任意形状的路径上继续绘制，首先应确定路径是被选中的，然后将铅笔尖放在路径的端点上按住鼠标左键并拖曳即可。

使用铅笔工具同样可以绘制封闭路径。首先选择铅笔工具，然后把鼠标指针放在路径开始的地方，拖曳鼠标绘制一条路径。在拖曳时，按下键盘上的 Alt 键，此时铅笔工具右下角显示一个小的圆环，并且它的橡皮擦部分是实心的，表示正在绘制一条封闭的路径。松开鼠标左键，再释放 Alt 键，路径的起点和终点会自动连接起来成为一条闭合路径。

铅笔工具可以对已经绘制好的路径进行修改。首先选中路径，然后使用铅笔工具在路径要修改的部位画线（铅笔的起点与终点必须在原路径上），达到所要形状时释放鼠标左键，就会得到期望的形状。如果铅笔的起点不在原路径上，则会画出一条新的路径。如果终点不在原路径上，则原路径被破坏，终点变为新路径的终点，达不到修改目的。

使用铅笔工具可以把闭合路径修改为开放路径，或者把开放路径修改为闭合路径。首先选中路径，使用铅笔工具在闭合路径上向路径外画线，松开鼠标左键后就得到了一条开放的路径；选中开放路径，将铅笔工具放在路径的一个端点上，按住鼠标左键向另一个端点画线，松开鼠标左键后这两个端点就连接在一起，成为一条闭合路径。

使用铅笔工具也可以将多个开放路径连接成一个闭合的或者是开放的路径。首先选择要连接的两个开放路径，使用铅笔工具由其中一个开放路径的端点向另外一个开放路径的端点画线，在画线的过程中按住 Ctrl 键，即可将两个开放的路径形成一个开放的路径。

6. 平滑工具

平滑工具通过增加锚点和删除锚点来平滑路径。平滑工具在平滑锚点与路径时，试图尽可能地保持路径原有的形状。平滑工具可使路径快速平滑，它允许对一条路径的现有区段进行平滑处理，同时尽可能地保持路径的原来形状。图 4-1-3 所示为使用平滑工具平滑路径。

双击工具箱中的平滑工具，弹出“平滑工具首选项”对话框，如图 4-1-4 所示。在此对话框中，可以设置平滑工具的平滑程度，“保真度”和“平滑度”的值越大，对路径原形的改变就越大；值越小，对路径原形的改变就越小。

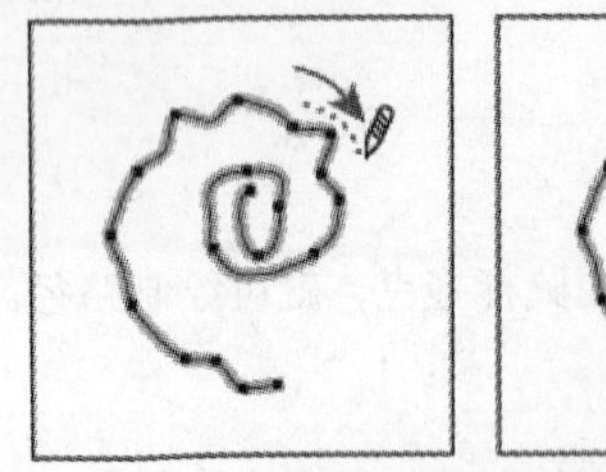

图 4-1-3

平滑工具首选项

容差

保真度(F)：2.5 像素

平滑度(S)：2.5 %

选项

☑ 保持选定(K)

确定

取消

默认值(D)

图 4-1-4

对一条路径进行平滑处理时，首先选中路径，然后在工具箱中选择平滑工具（用鼠标左键单击工具箱中的铅笔工具，在弹出的功能对话框中选择）。使用平滑工具在需要平滑的路径外侧拖曳鼠标，释放鼠标后会发现路径实现了平滑效果。

7. 抹除工具

抹除工具用来删除选中路径的一部分。通过沿路径拖曳鼠标，可删除路径的一部分。注意，必须沿着路径拖曳，若是垂直于路径拖曳会导致意想不到的后果。该工具在剩余的一对路径上添加一对锚点，锚点添加在与删除路径部分邻接的地方。图 4-1-5 所示为用抹除工具擦除路径。

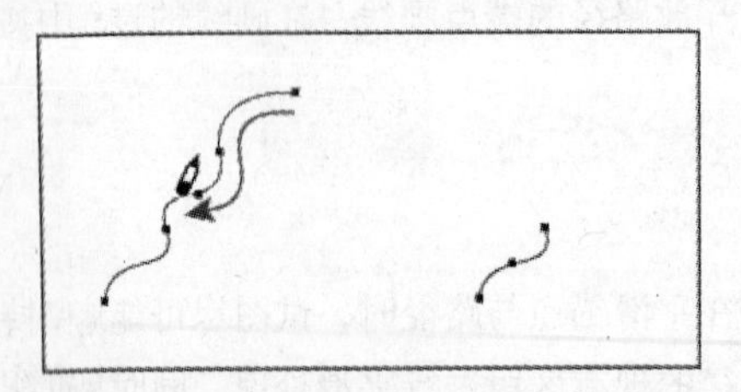
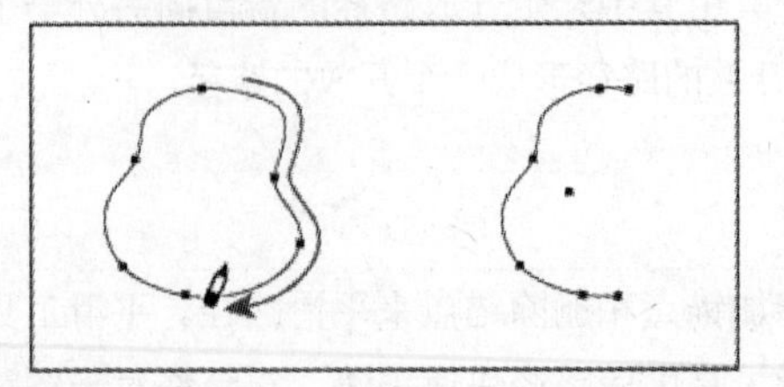

图 4-1-5

抹除工具可以删除路径的一部分，是修改路径时常用的一种有效工具。抹除工具允许删除现有路径的任意一部分甚至全部，包括开放路径和闭合路径。要注意，可以在路径上使用抹除工具，但不能在文本上使用抹除工具。

在工具箱中选择抹除工具（如果抹除工具没有在工具箱中显示，则用鼠标单击工具箱中的铅笔工具，在弹出的功能对话框中选择），然后沿着要擦除的路径拖曳抹除工具。擦除后会自动在路径的末端生成一个新的锚点，并且路径处于被选中状态。

8. 剪刀工具

剪刀工具通过在单击处添加两个不连续、重叠的锚点来分割路径，锚点位于两段剩余路径的末端。若只选中其中一个锚点，先取消选中对象，再使用直接选择工具单击（不是框选）剪切处，这样就可以选中上层的一个锚点。

若想断开路径时，可以使用剪刀工具将路径剪断。使用剪刀工具可剪断任意路径。

使用剪刀工具在路径任意处单击，单击处即被断开，形成两个重叠的锚点，使用直接选择工具拖曳其中一个锚点，可发现路径被断开。

4.2 描边

4.2.1 描边属性

描边粗细是最基本的描边属性。默认情况下，它从路径的中央到路径之外。InDesign 除了可以在路径的内部、中间和外部设置描边外，甚至还可以定义虚线中空白的颜色和色泽。文字可以在不转曲的情况下应用描边属性，不过描边只会出现在文本的外边。把描边应用到复合路径上时（例如字母 O 转曲后的路径），描边被应用到最外边和最里边的路径上。通过“颜色”、“色板”或“渐变”面板可为描边应用颜色属性。虚线、末端效果（箭头）等都在“描边”面板中设置。

“描边”面板提供以下选项。

描边粗细可以从下拉菜单中选择，也可以自行输入，这里的单位可以在首选项中设置。如图 4-2-1 所示的描边宽度，默认情况下 6pt 的描边指的是在路径的两边各 3pt。

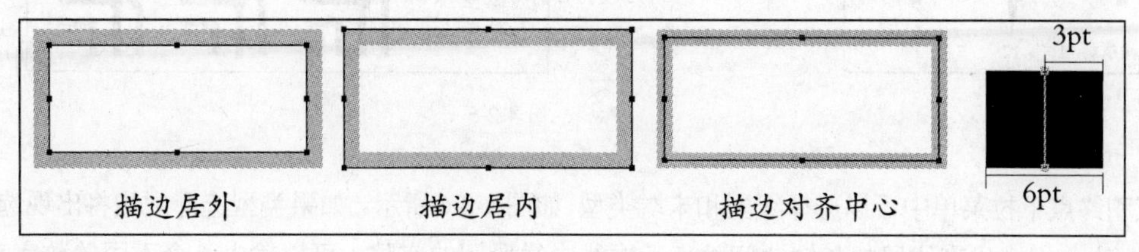

图 4-2-1

如图 4-2-2 所示，上行的文本转曲前直接应用描边，描边的粗细是从文本外边缘开始计算。下行的转曲的文本描边将会影响 1/2 个描边粗细的填充。

端点定义开放路径的末端如何显示，一共有 3 种方式，即“平头端点（ ）”、“圆头端点（ ）”和“投射末端（ ）”，如图 4-2-3 所示。

图 4-2-2

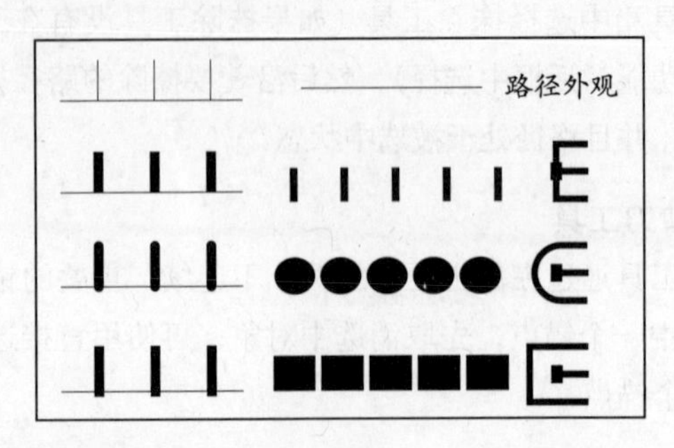

图 4-2-3

“平头端点（ ）”使得路径在末端锚点处终止，对精确布置路径非常重要。“圆头端点（ ）”使得路径的末端向外衍生一个半圆，让路径显得更自然，可柔和单个线段或曲线，使它们显得更平滑。“投射末端（ ）”，在实线和虚线的末端锚点处延长。其中圆端和突出平端的伸长距离均为描边宽度的一半。

斜接限制只有使用“斜接连接”时才有效。当拐角很小的时候，斜接连接会自动变成“斜面连接”。斜接限制中的数值用来控制变化的角度，数值越大，可容忍的角度就越大。斜接限制的取值范围为 1 ～ 500，如图 4-2-4 所示。

结合定义转角处的外观有 3 种选择：“斜接连接（ ）”、“圆角连接（ ）”和“斜面连接（ ）”。默认选项“斜接连接（ ）”生成尖角，尖角长度由“描边宽度”和“斜接限制”决定。“圆角连接（ ）”生成的转角外端呈圆形，其半径为描边宽度的一半。“斜面连接（ ）”生成的转角外端效果如同方形斜切去一块，它与当“斜接限制”设置为 1 时“斜接连接（ ）”的效果相同，如图 4-2-5 所示。

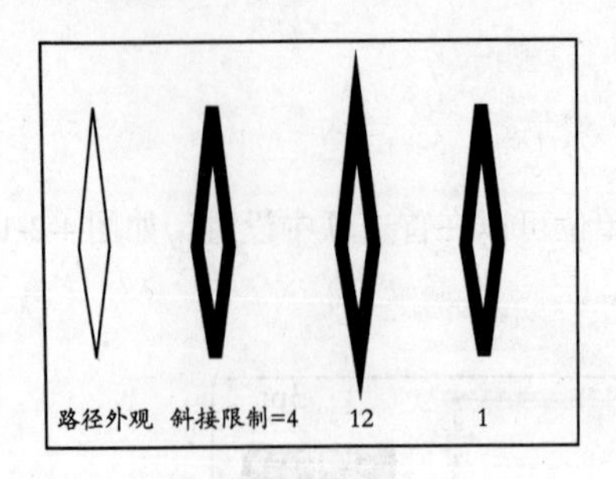

图 4-2-4

图 4-2-5

类型、起点和终点下拉菜单中可以选择线型和末端类型，如图 4-2-6 所示。如果类型选择虚线将出现选项，就可以自定义虚线。虚线代表线段的长短，间隙表示虚线中线段间的空隙，可以输入 6 个不同的数字来自定义虚线的效果。

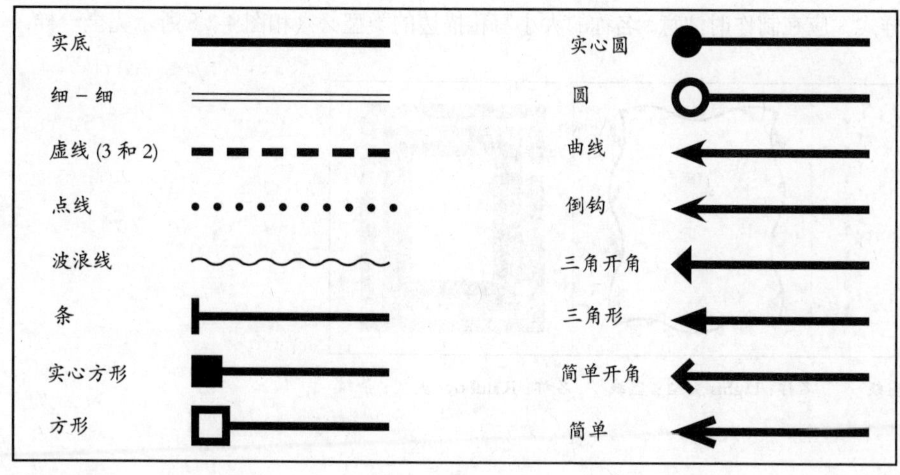

图 4-2-6

提示：处理起点形状和终点形状时应注意下列准则。不能编辑可用的起点形状和终点形状。起点形状和终点形状的大小与描边粗细成正比，但添加起点形状或终点形状并不更改路径的长度。起点形状和终点形状自动旋转以匹配端点的方向线的角度。起点形状和终点形状只在开放路径的端点处显示，它们不会在虚线描边的单个虚线上显示。如果向包含开放子路径的复合路径应用起点形状和终点形状，则每个开放子路径将使用相同的起点形状和终点形状。可以向封闭路径应用起点形状和终点形状，但它们只有在打开路径时才可见。

“变换”面板菜单中的“缩放时调整描边粗细”选项用来指定在缩放路径时是否同时缩放描边宽度。

4.2.2 描边样式

使用“描边”面板可以创建自定义描边样式。自定义描边样式可以是虚线、点线或条纹线。在样式中，可以定义描边的图案、端点和角点属性。在将自定义描边样式应用于对象后，可以指定其他描边属性，如粗细、间隙颜色以及起点和终点形状。InDesign 提供 3 种描边样式：条纹，用于定义一个具有一条或多条平行线的样式；点线，用于定义一个以固定或变化间隔分隔点的样式；虚线，用于定义一个以固定或变化间隔分隔虚线的样式。如图 4-2-7 所示。

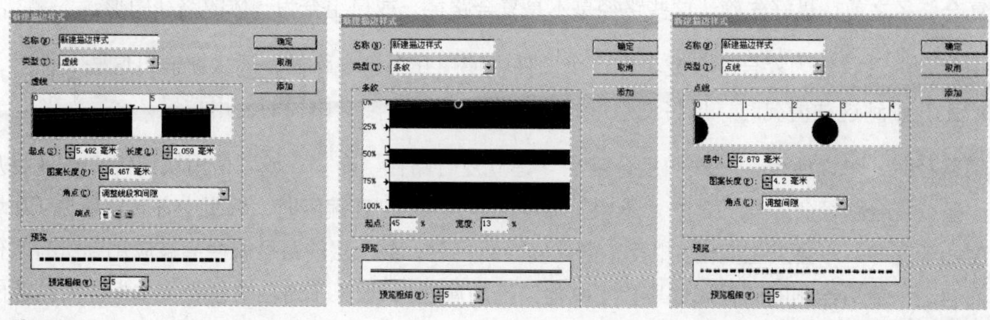

图 4-2-7

3 个特例的描边样式，应在制作时注意：名称的大小写和描边的类型必须和图 4-2-8 所示完全一样。

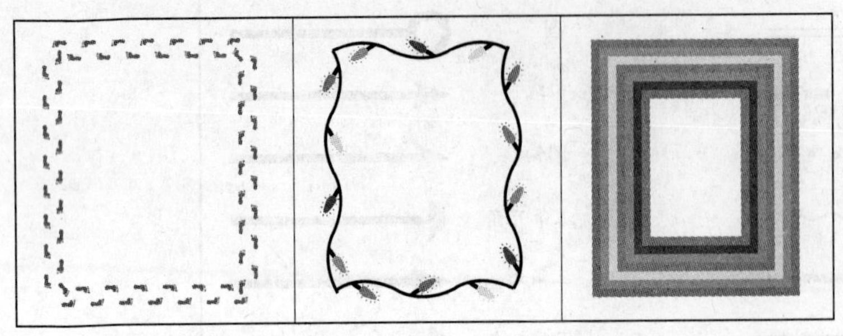

名称：Feet 类型：虚线　　名称：Lights 类型：虚线　　名称：Rainbow 类型：条纹

图 4-2-8

4.3 复合路径和路径查找器

4.3.1 复合路径

可以将多个路径组合为单个对象（称做复合路径）。当要执行下列任一操作时，应创建复合路径。

· 向路径中添加透明孔。

· 当使用“创建轮廓”命令将字符转换为可编辑的字体时，保留某些文本字符中的透明孔，如 o 和 e。使用“创建轮廓”命令始终导致创建复合路径。

· 应用渐变或添加跨越多个路径的内容。尽管还可以使用“渐变”工具跨越多个对象应用渐变，但向复合路径应用渐变通常是一个更好的方法，这是因为稍后可以通过选择任何子路径来编辑整个渐变。使用渐变工具在以后编辑时需要选择最初选择的所有路径。

1. 创建复合路径

复合路径的作用主要是把一个以上的路径图形组合在一起，它与一般路径图形最大的差别在于使用此命令可以产生镂空效果。

在建立复合路径之前，最好先确认这些路径是不是复合路径，或已组合为一体的路径图形。

如果使用复杂的形状作为复合路径或者在一个文件中使用几个复合路径，那么在输出这些文件时，可能会有问题产生。碰到这种情况时，可将复杂形状简单化或者减少复合路径的使用数量。

选择多条路径时，可以使用“对象 > 复合路径 > 建立复合路径”命令，或者使用快捷键 Ctrl+8 将几条路径合并为一条。复合路径命令与“对象 > 编组”命令的区别是：创建编组时，编组中各对象属性（如填充色、描边宽度和渐变等）不会发生变化；相反，创建复合路径时，最上层的路径属性会被应用到所有其他的路径上（简而言之，最后绘制的路径属性取代了其他路径的属性）。如果子路径中包含文本框，所创建的复合路径就会填充上文本。

2. 编辑复合路径

· 对路径属性（如描边和填色）的更改始终改变复合路径中的所有子路径——无论使用哪个选择工具或选择多少个子路径。要想保留要组合的路径的单个描边和填色属性，应对它们进行分组。

· 在复合路径中，任何相对于路径的定界框定位的效果（如渐变或内部粘贴的图像）实际上是相对于整个复合路径（即包围所有子路径的路径）的定界框进行定位的。

· 如果生成复合路径后，更改它的属性并使用“释放”命令释放它，则释放的路径将继承复合路径的属性，并不重新获取它们的原始属性。

· 如果文档包含具有许多平滑点的复合路径，则打印它们时可能会出现问题。如果出现问题，应简化或消除复合路径，或使用程序（如 Adobe Photoshop）将它们转换为位图图像。

· 如果向复合路径应用填色，则孔有时并不在预期的位置显示。对于类似矩形这样的简单路径，很容易识别它的内部（即可以填充的区域）——封闭路径中的区域。但对于复合路径，InDesign 必须确定由复合路径的子路径创建的交集是在内部（填色区域）还是在外部（孔）。每个子路径的方向（创建它的点的顺序）决定了它定义的区域是在内部还是在外部。如果填充了要作为孔的子路径（反之亦然），则还原该子路径的方向。

3. 切换镂空和填充

创建每条路径的时候都有一个内置的方向（顺时针或逆时针），一般不会引人注意但是会影响复合路径。如果复合路径中某条子路径与最后面路径的方向相同，则该子路径内的区域被镂空，反之则被填充。如果需要将填充的子路径变为镂空，或者相反，则先用直接选择工具单击需要改变方向的子路径的一个锚点或一段路径，然后选择“对象 > 路径 > 反转路径”。

4. 释放复合路径

如果要释放一个复合路径，则可以单击该复合路径，然后选择“对象 > 路径 > 释放复合路径”或使用快捷键 Ctrl+Alt+8。

4.3.2 路径查找器

“路径查找器”可以使两个以上的物体结合、分离和支解，并且可以通过物体的重叠部分建立新的物体，对制作复杂图形很有帮助。执行“窗口 > 对象和版面 > 路径查找器”命令，使“路径查找器”面板出现在页面上。但要注意需要选择两个以上的图形才可以执行其中的任何一个命令。

1. 相加

相加命令可以将所有被选中的图形变成一个封闭图形，重叠区被融合为一体，重叠的边线自动消失。执行相加命令后的图形的填充色和边线色与原来位于最前面的图形的填充色及描边色相同。图 4-3-1 所示为将 4 个圆形通过相加命令合并。

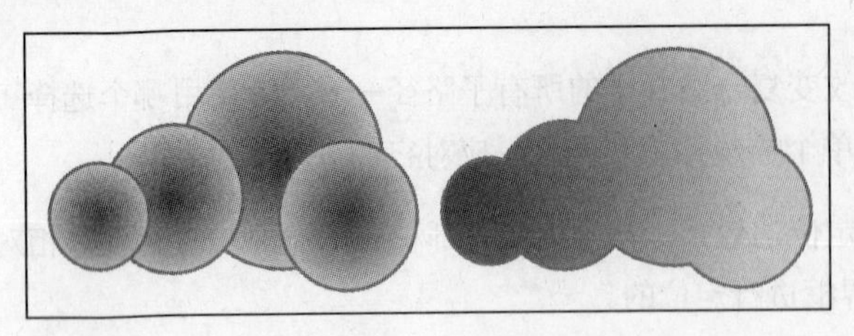

图 4-3-1

2. 减去

减去命令是后面的图形减前面的图形，前面的图形不再存在，后面图形的重叠部分被剪掉，只保留后面图形的未重叠部分。最终图形和原来位于后面的图形保持相同的描边色和填充色。图 4-3-2 所示为使用减去命令用矩形剪去圆形。

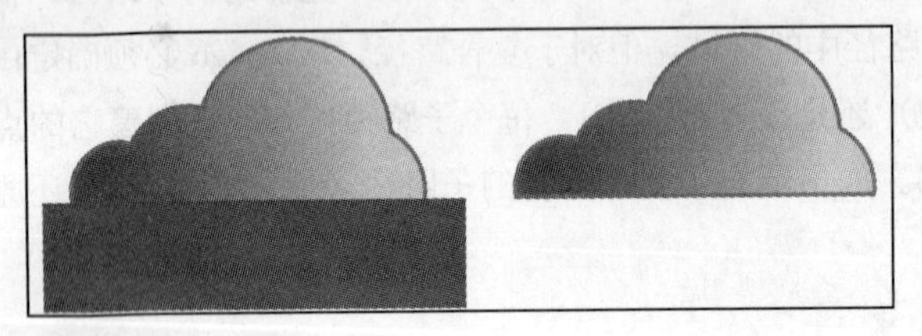

图 4-3-2

3. 交叉

执行交叉命令后只保留图形的重叠部分，最终图形具有和原来位于最前面的图形相同的填充色和描边色。如果要绘制眼睛的边框，可以先绘制两个圆形，然后应用交叉命令。图 4-3-3 所示为通过交叉命令用两个圆形绘制叶子。

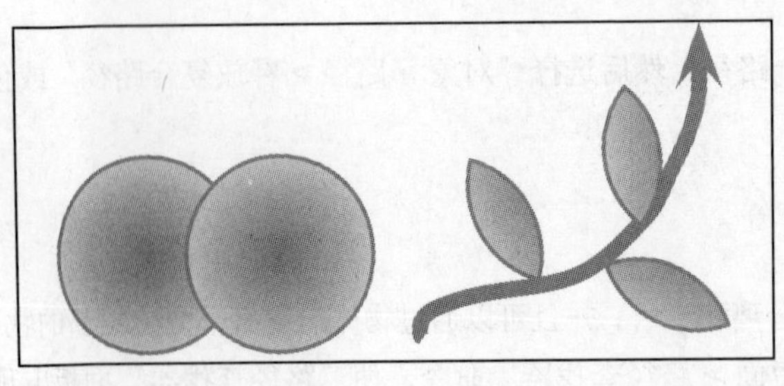

图 4-3-3

4. 排除重叠

排除重叠命令只保留被选取图形的非重叠区域，重叠区域被挖空变成透明状，双重重叠区域被保留。最终图形和原来位于最前面的图形有相同的填充色和描边色。

如果要绘制一个需要重叠部分被挖空的商标，则可以先绘制必要的元素，然后应用排除重叠命令。

5. 减去后方对象

减去后方对象命令和减去命令的结果相反。执行此命令后，前面的图形减后面的图形，前面图形的非重叠区域被保留，后面图形消失。最终图形和原来位于前面的图形保持相同的描边色和填充色。

6. 使用路径查找器

① 选择工具箱中的“椭圆”工具，单击页面中央空白处，弹出“椭圆”对话框。在对话框中将“宽度”和“高度”设置为30毫米，如图4-3-4所示。单击“确定”按钮，退出对话框。

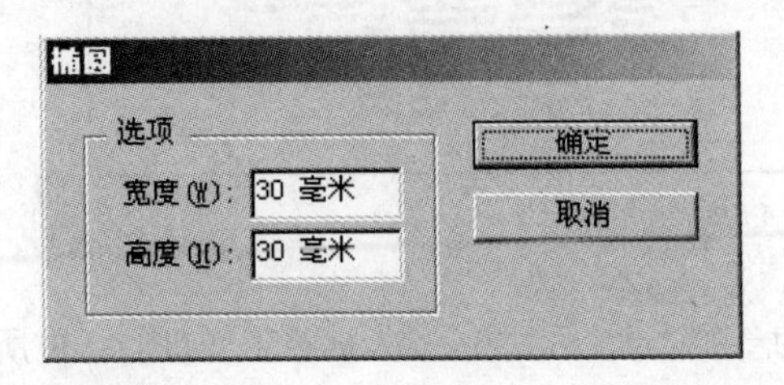

图 4-3-4

② 按住键盘上的Ctrl键，临时切换成“选择”工具。单击椭圆对象，显示出定界框和中心，单击对象中心并向页面中心拖曳。当移动到页面中心时，光标将变为空心，表示此时已经捕捉到参考线，如图4-3-5所示。

③ 保持椭圆选中状态，切换为“吸管”工具。单击外部的黄色环形对象，松开鼠标时中央的圆形对象也应用上了黄色填充色，如图4-3-6所示。

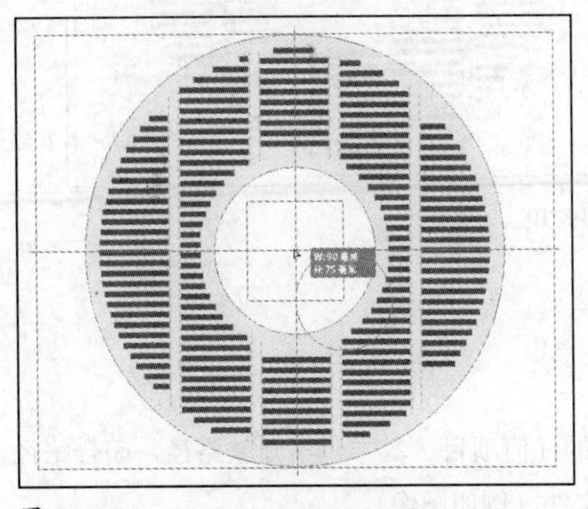

图 4-3-5

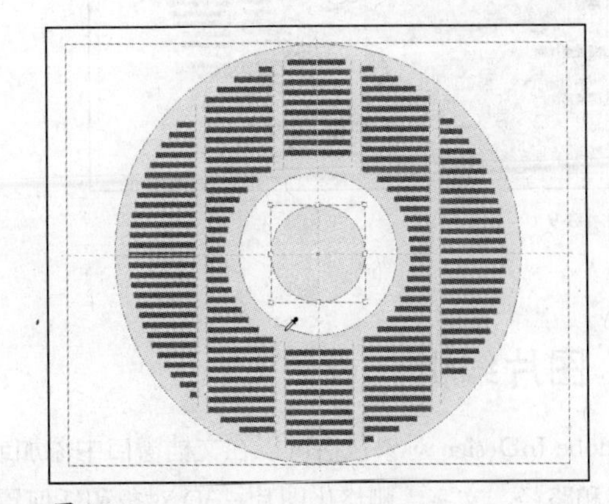

图 4-3-6

④ 选择工具箱中的“文字”工具，单击页面中央空白处并拖曳，绘制出一个文本框。在创建出的文本框中输入字母Q，将字体设置为Times New Roman，如图4-3-7所示。

⑤ 用选择工具选中Q字母所在的文本框，使用快捷键Ctrl+Shift+O，将字母Q转化为路径，并缩放和移动Q对象到小圆的中间，如图4-3-8所示。

⑥ 使用“窗口 > 路径查找器”命令，打开“路径查找器”面板。用选择工具选中Q字母对象和小圆。单击“路径查找器”面板上的“排除重叠”按钮，如图4-3-9所示。

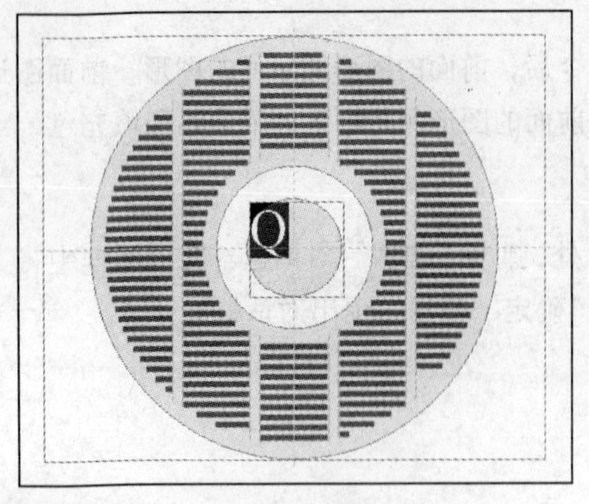
图 4-3-7

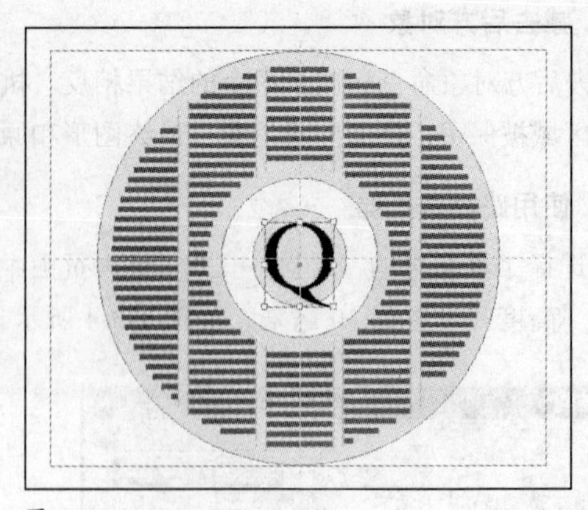
图 4-3-8

⑦ 改变填充色，查看最终效果。Q 字母对象和小圆合并为一个对象，两对象交叠处被镂空，如图 4-3-10 所示。

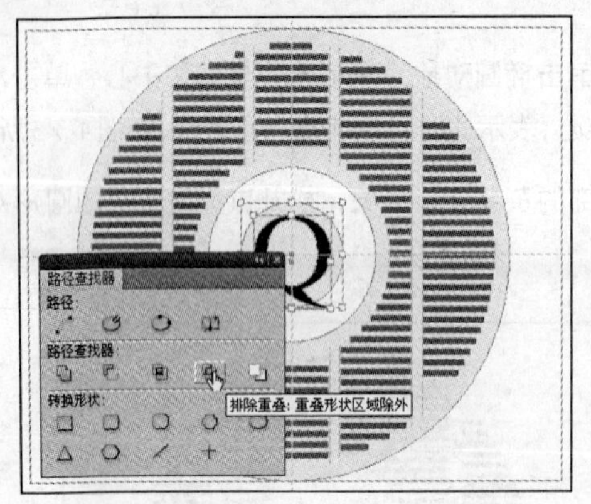

图 4-3-9

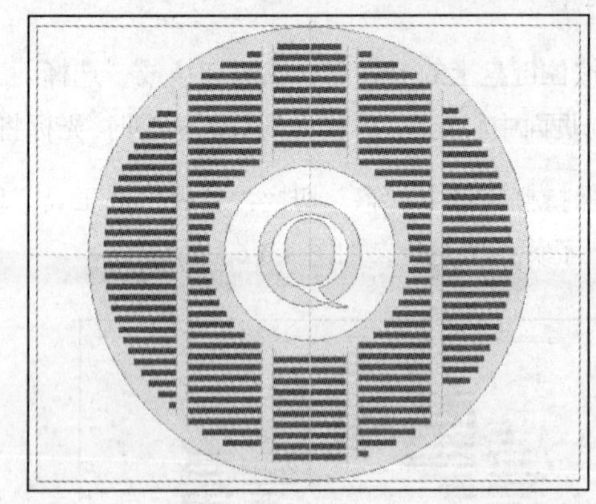
图 4-3-10

4.4 图片编辑

Adobe InDesign 对象包括可以在文档窗口中添加或创建的任何项目，其中包括开放路径、闭合路径、复合形状和路径、文字、删格化图片、3D 对象和任何置入的文件（例如图像）。

如果图形存在于框架内（像所有导入的图形那样），那么可以通过改变图形与其框架之间的关系来进行修改。

- 通过缩小框架来裁切图形。
- 通过将对象粘贴到框架中来创建各种蒙版和版面效果。
- 通过更改框架的描边粗细和颜色为图形添加准线或轮廓线。
- 通过放大图形的框架并设置框架的填充颜色将图形置于背景矩形的中央。

4.4.1 把对象放进和移出图文框

在 InDesign 中，任何对象都在一个图文框（图片框和文本框的统称，有时也称为框架）中。如果内部是图片对象则称为图片框，如果内部是文本对象则称为文本框。在用图文框工具创建了新的框架后，可以通过执行“对象 > 框架类型”命令来预先指定新建图文框的类型。文本框可以分为普通的文本框和网格文本框，可以在执行“对象 > 框架类型”命令时预先指定。

图文框除了可以包含图片或文本外，还可以包含其他的图文框。下面列出了将对象（图片、文本或图文框）放置到图文框中的注意事项。

(1) 复制 / 剪切对象，然后选择“编辑 > 贴入内部”命令或使用快捷键 Ctrl+Alt+V 将对象粘贴入选中的空图文框中。如果选中的图文框内有任何对象，则“贴入内部”命令将不可用。

(2) 选中同一个图文框中的多个对象，执行“对象 > 编组”命令，或者使用快捷键 Ctrl+G，群组对象将被作为单个对象进行操作。

(3) 一个图文框只能包含一个对象。用户可以把一个图文框嵌套到另一个图文框中，可以多层嵌套，但是一次只能嵌套一个。

(4) 复制对象时，目标文本框如果应用了变换属性，就会应用到粘贴的对象上。例如，粘贴文本框到一个应用了 25%缩放的文本框，粘贴入的文本框也会缩放 25%。

(5) 使用文字工具或直接选择工具可选中图文框中的文本或对象。使用选择工具可以选择整个图文框，但是不能选中图文框中的内容。

(6) 粘贴对象或文本时，如果并没有选中文本框，则 InDesign 将会自行创建一个，将粘贴的内容放到其中。

4.4.2 图片选择

如图 4-4-1 所示，使用选择工具可以选中图片框，并对图片框进行编辑（左图）。选中图片后，拖动鼠标可以移动图片在图文框中的位置（右图）。

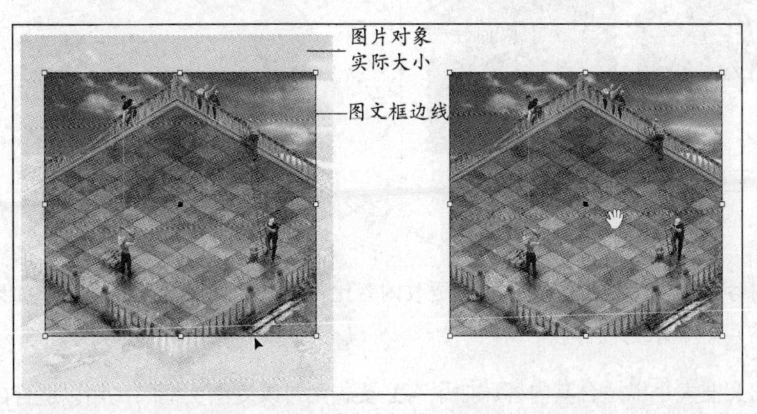

图 4-4-1

如图 4-4-2 所示，使用直接选择工具移动到图片框中的图片上时，光标变为手形，单击便可选中图片（左图）。切换为选择工具，拖动图片的控制框可以缩放图片（右图）。

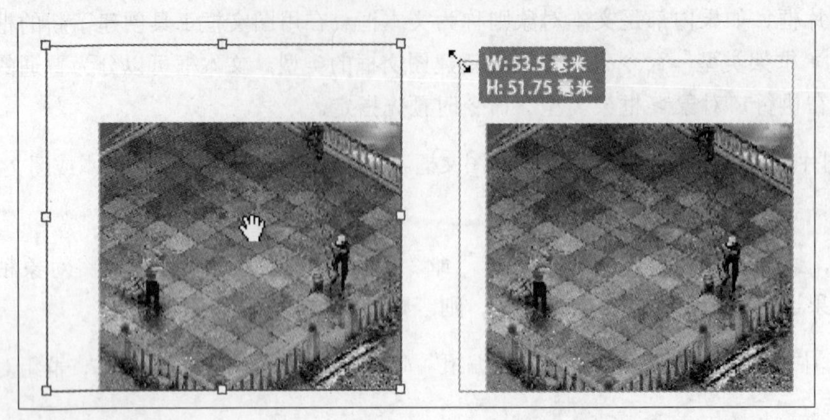

图 4-4-2

4.4.3 图片适合

如图 4-4-3 所示，原始状态为（A）。

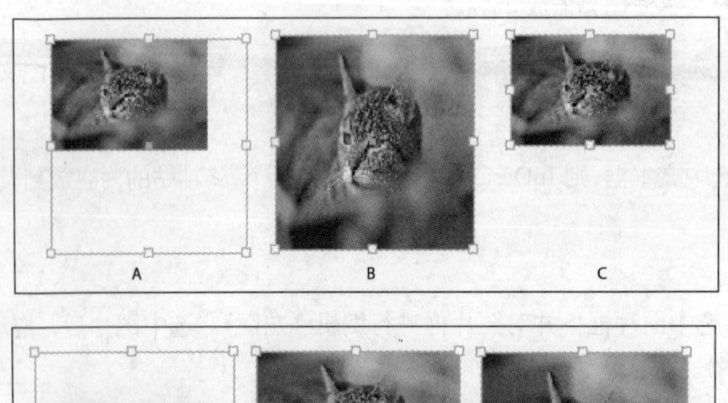

图 4-4-3

使内容适合框架（B）：调整内容大小以适合图文框并允许更改内容比例，图文框不会更改，但是如果内容和图文框具有不同比例，则内容可能显示为被伸展。

使框架适合内容（C）：调整图文框大小以适合其内容。如果有必要，则可改变图文框的比例以适合内容的比例。这对于重置不小心改变的图形图文框非常有用。

内容居中（D）：将内容放置在图文框的中心。图文框及其内容的比例会被保留。

按比例适合内容（E）：调整内容大小以适合图文框，同时保持内容的比例。图文框的尺寸不会更改。如果内容和图文框的比例不同，则会导致一些真空区。

按比例填充框架（F）：调整内容大小以填充整个图文框，同时保持内容的比例。图文框的尺寸不会更改。如果内容和图文框的比例不同，图文框的定界框就会被裁切一部分。

框架适合选项：如果在没有选中“自动调整”时调整图像框架的大小，则图像框架的大小发生调整而图像大小却保持不变。如果选中“自动调整”，则图像会随框架的大小调整而进行调整。

注意：“适合”命令会调整内容的外边缘以适合图文框描边的中心。如果图文框的描边较粗，则内容的外边缘将被遮盖。可以将图文框的描边对齐方式调整为与图文框边缘的中心、内边或外边对齐。

4.4.4 图片着色

InDesign 可以对灰度模式的图片进行着色。

如图 4-4-4 所示，使用直接选择工具单击图片，选择图片内容，在“色板”面板中指定颜色（左图），灰度图片中的黑色成分被指定的颜色替换（右图）。

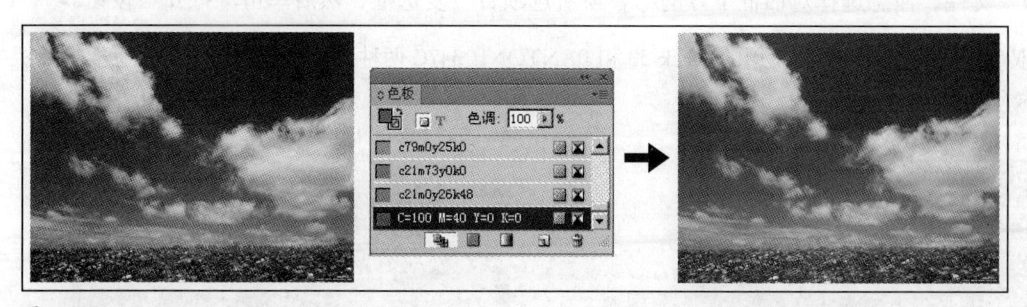

图 4-4-4

如图 4-4-5 所示，使用选择工具单击，选择图片框，在“色板”面板中指定颜色（左图），灰度图片中的白色部分被指定的颜色替换。这个操作实际上是为图片框着色，灰度图片中的白色成分在图文框中为“透明”（实际上图片并不透明，只能在图片框中看到底色）（右图）。

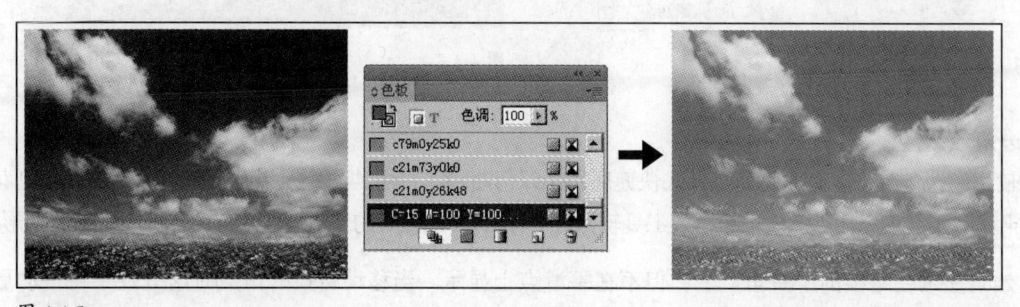

图 4-4-5

图 4-4-6 所示为以上两种效果叠加起来的效果。

图 4-4-6

1. 置入双色调图片

① 在 Photoshop 中打开“双色调图片 .psd”文件，这是一个“双色调”图像，使用了两种颜色，即 Black 30 和 PANTONE 347C，如图 4-4-7 所示。

② 在 InDesign 中选择第一页中的图片，使用快捷键 Ctrl+D 打开“置入”对话框，选择“双色调图片 .psd”文件。注意选择对话框下方的“替换所选项目”复选框，然后单击“打开”按钮。

③“双色调图片 .psd”文件使用的 Black 30 和 PANTONE 347C 两种颜色也被置入到了“色板”面板中，如图 4-4-8 所示。

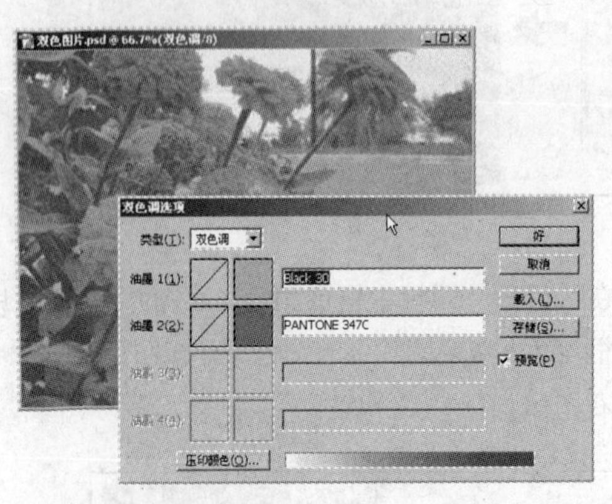

图 4-4-7

图 4-4-8

2. 边角效果

可以使用“边角效果”命令将角点样式快速应用于任何路径，可用的角点效果范围是从简单的圆角到花式装饰。如果获取了用于添加更多效果的增效工具软件，则“描边”面板中的“边角效果”命令可能包含其他形状。

角点效果显示在路径的所有角点上，但不在平滑点上显示。当移动路径的角点时这些效果将自动更改角度。

如果角点效果显著更改了路径（例如，创建一个向内凸出或向外凸出路径），则它可能会影响框架与它的内容或版面的其他部分交互的方式。增加角点效果的大小可能使现有的文本绕排或框架内陷远离框架，将无法编辑角点效果，但可以通过更改角点半径或修改描边来更改它的外观。

如果应用了角点效果却无法看到它们，则应确保路径使用了角点并确保向路径应用了描边颜色或渐变。然后增加“边角效果”对话框中的“大小”选项，或增加“描边”面板中的描边粗细。

① 转到页面 3，使用“矩形”工具单击页面，在弹出的“矩形”对话框中设置“宽度”为 40.5 毫米，“高度”为 22.5 毫米，如图 4-4-9 所示。

② 使用选择工具选中矩形，在按住 Alt 键的同时向下拖曳鼠标，直到在矩形轨迹底部捕捉到辅助线即可松开鼠标，再松开 Alt 键，如图 4-4-10 所示。

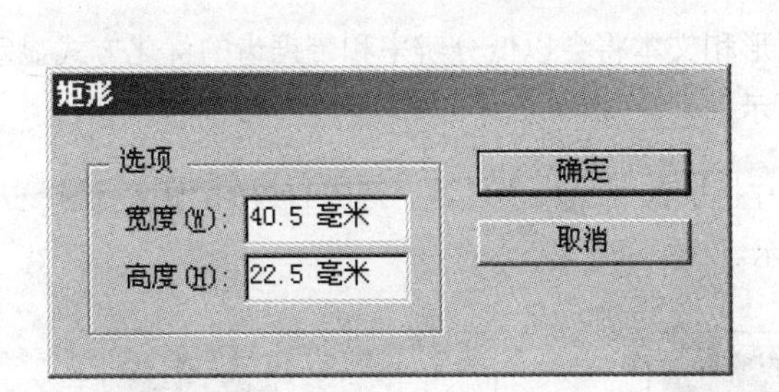

图 4-4-9

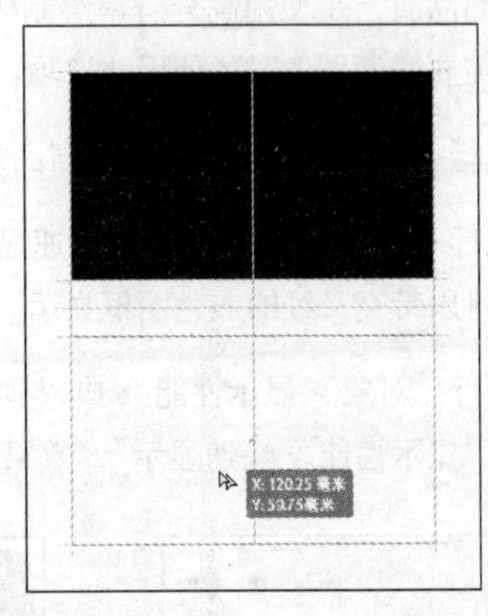

图 4-4-10

③ 选中两个矩形对象，打开“描边”面板，将“描边粗细”改为 0.5 点。保持矩形选中状态，执行“对象 > 角选项”命令，在打开的“角选项”对话框中选择“效果”为“圆角”、“大小”为“3 毫米”，如图 4-4-11 所示。

④ 在第一个圆角矩形框中置入图片项目文件夹 \Photoshop 文件 \bike.psd，在第二个圆角矩形框中置入图片项目文件夹 \Photoshop 文件 \sunflower.psd，如图 4-4-12 所示。

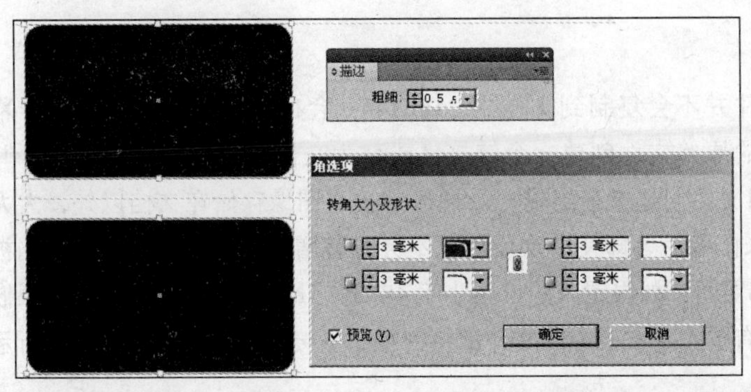

图 4-4-11

图 4-4-12

3. 显示模式

InDesign 允许平衡图形的显示品质和性能。它提供 3 个显示性能选项："快速"、"典型" 和"高品质"。这些选项控制图形在屏幕上的显示方式，但不影响打印品质或导出的输出。

利用"显示性能"首选项，可以设置用于打开所有文档的默认选项，可自定义这些选项的设置。在显示栅格图像、矢量图形和透明度方面，每个显示选项都可以独立设置。显示选项如下。

· "快速"可将栅格图像或矢量图形绘制为灰色框（默认值）。如果想快速翻阅包含大量图像或透明效果的跨页，应使用此选项。

·"典型"是绘制适合于识别和定位图像或矢量图形的低分辨率代理图像（默认值）。"典型"是默认选项，并且是显示可识别图像的最快捷的方法。

· "高品质"是使用高分辨率绘制栅格图像或矢量图形（默认值）。此选项提供最高的品质，但执行速度最慢，需要微调图像时才使用此选项。

① 执行"视图 > 显示性能 > 高品质显示"命令，图片将会以高分辨率显示，如图 4-4-13 所示。

② 执行"视图 > 显示性能 > 快速显示"命令，图形和文本将会以低分辨率和带锯齿的优化方式显示，置入图片将以带交叉线的灰色图框显示，如图 4-4-14 所示。

③ 执行"对象 > 显示性能 > 典型显示"命令，图片将以较低分辨率显示。选中右边的图片，选择右键菜单命令"显示性能 > 快速显示"，效果如图 4-4-15 所示。

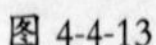
图 4-4-13

图 4-4-14

图 4-4-15

4.4.5 使用"链接"面板

当置入一个图像时，它的原始文件并不会复制到文档中。InDesign 会在版面中添加一个与屏幕分辨率相同的预览版本，同时为硬盘上的原始文件创建一个链接（或称为文件路径）。当导出或打印时，InDesign 通过链接检索原始图像，以原文件创建并最终输出。通过链接将图像存储在文档以外，大大减少了 InDesign 文档的体积。在置入一张图像后，即使多次使用也不会显著增大文档体积。如果文档被修改，只使用一次更新即可让所有图像都更新。如果置入的位图小于 48KB，InDesign 就会自动将图像嵌入 InDesign，而不创建低分辨率预览。所有置入到文档中的文件都将列在"链接"面板中。图 4-4-16 所示为"链接"面板。

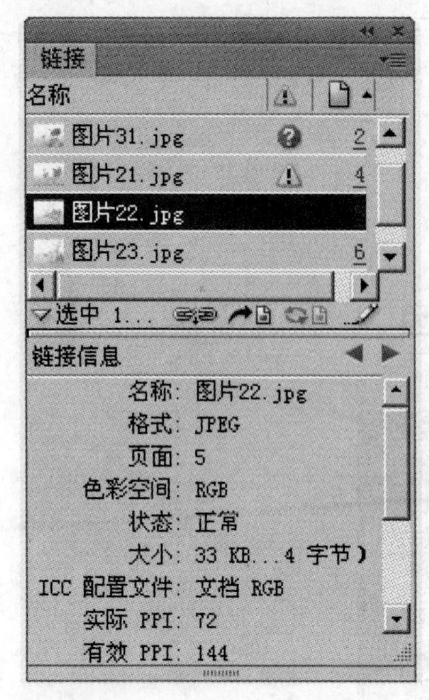

图 4-4-16

链接的文件可以以以下的任意一种方式出现在“链接”面板中。

· 最新的文件只显示文件名和所在的页面。

· 修改过的文件会显示一个带感叹号的黄色小图标，这个图标代表硬盘中的文件需要更新。例如，当置入一个 Photoshop 文档到 InDesign 中后，其他设计师又修改并保存了这个图，此时这个图标便会出现。

· 丢失的文件会显示丢失图标。带问号的红色圆圈，表明原始文件已经不在它置入时所在的位置，这通常发生在文件置入到 InDesign 中后原始文件又被移动时。如果出现这个图标时打印或输出文档，则文件不会以完整分辨率打印或输出。

· 嵌入的文件显示为一个代表嵌入图像标记的小方框。将链接文件的内容嵌入会影响对该链接的管理。如果被选的链接正处于“编辑中”状态，则此选项将不可用。取消嵌入将会恢复对链接的管理。

1. 编辑源文件

① 单击图片，在“链接”面板上会自动选择对应的链接文件。单击“编辑原稿”按钮将会在 Photoshop 中打开该 psd 文件，如图 4-4-17 所示。

② 在 Photoshop 中调节暗调 / 高光，使图像更亮一些，保存文件，如图 4-4-18 所示。

③ 回到 InDesign，“链接”面板中出现带黄色三角背景的感叹号，表示该图像被修改过，单击面板底部的“更新链接”按钮，更新该图像，如图 4-4-19 所示。

④ 更新图像后的效果，如图 4-4-20 所示。

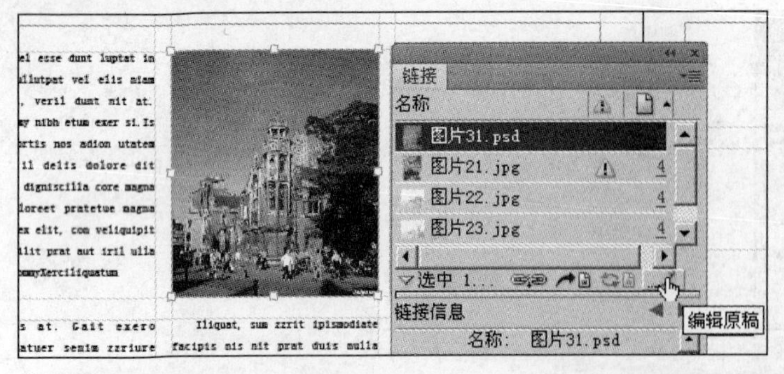

图 4-4-17

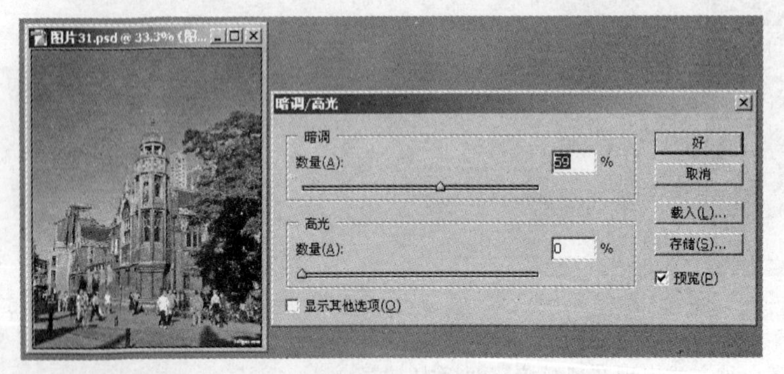

图 4-4-18

图 4-4-19

图 4-4-20

2. 拖入 Illustrator 文件并编辑

① 在 Illustrator 中打开“项目文件夹\Illustrator 文件\标志彩色.ai”，将标志选择后拖曳到 InDesign 窗口中，如图 4-4-21 所示。

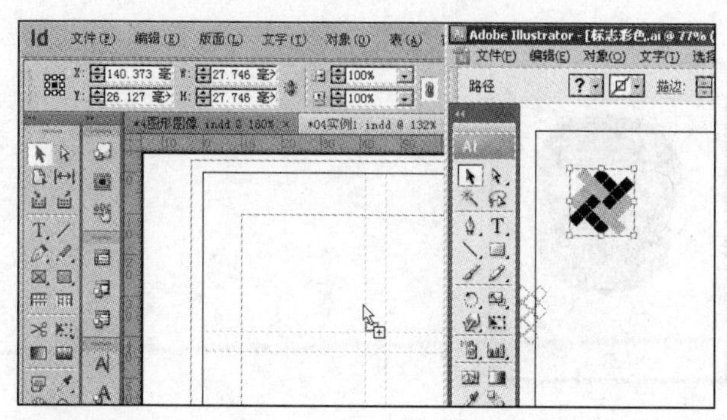

图 4-4-21

② 切换到工具箱中的“直接选择工具”，单击选择标志中的一个色块，调节“颜色”面板上的 M 滑块，如图 4-4-22 所示。

③ 将 M 值调到 70%，如图 4-4-23 所示。可见被选择的色块颜色改变了，而其他部分没有变化。

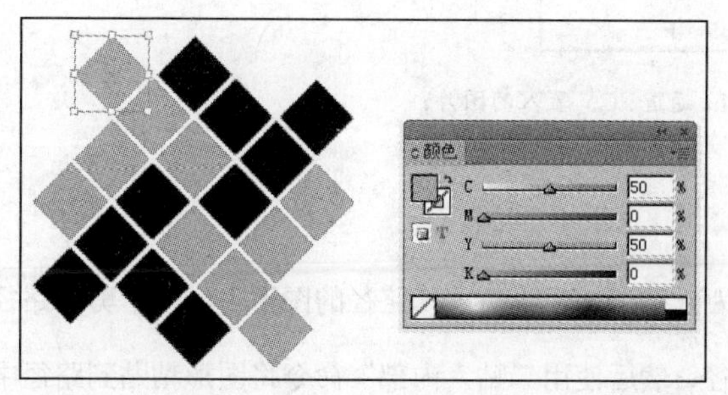

图 4-4-22

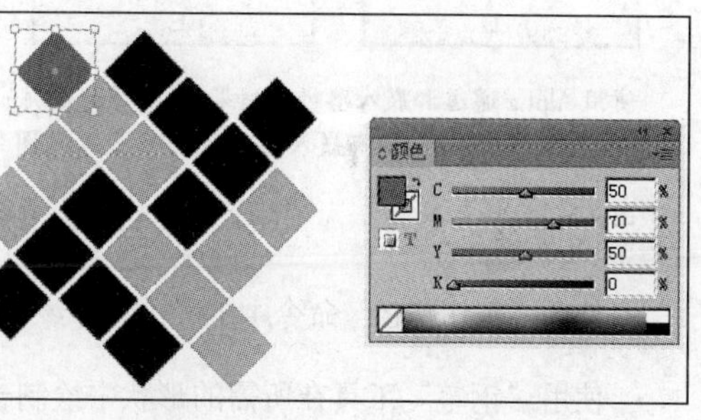

图 4-4-23

注意：通过执行“置入”命令置入的 Illustrator 文件不能在 InDesign 中编辑路径。

4.5 剪切路径

传统印刷中，图片是用图形相机拍成的，是在一张一张的“红膜”（透明的红色材料）上打孔，通过这些孔对照片进行拍摄，由于这些相机中的胶片对红色高度敏感，因此红膜把下面的所有内容都挡住了，从而对照片进行剪裁和遮盖。数字剪裁和遮盖的效果与之类似，就是将图片的一部分盖住，此时剪切路径会裁切掉部分图片，以便只有图片的一部分透过创建的形状显示出来。通过创建图像的路径和图形的框架，可以创建剪切路径来隐藏图像中不需要的部分；通过保持剪切路径和图形框架彼此分离，可以使用“直接选择”工具和工具箱中的其他绘制工具任意修改剪切路径，而不影响图形框架。

可以通过下列方法创建剪切路径。

· 使用路径或 Alpha（蒙版）通道（InDesign 自动使用）置入已存储的图形，如图 4-5-1 所示。可以使用 Adobe Photoshop 等程序将路径和 Alpha 通道添加到图形中。

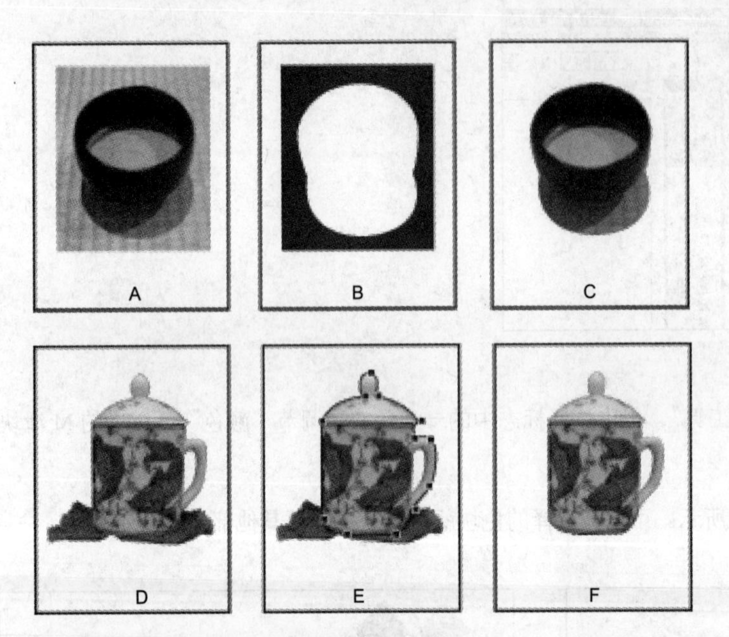

使用 Alpha 通道和嵌入路径的结果：A. 原始图片；B. Alpha 通道；C. 置入的图片；
D. 原始图片；E. 带有嵌入的路径；F. 置入的图片

图 4-5-1

· 使用“剪切路径”命令中的“检测边缘”选项,为已经存储但没有剪切路径的图形生成一个剪切路径。

· 使用“钢笔”工具在所需的形状中绘制一条路径，然后使用“贴入内部”命令将图形粘贴到路径中。

当使用 InDesign 的自动方法之一来生成剪切路径时，剪切路径被附加到图像中，结果形成一个被路径剪切并且被框架裁切的图像。

注意：图形框架显示它所在图层的颜色，而剪切路径采用与图层相反的颜色绘制。例如，如果图层颜色是蓝色，图形框架就显示为蓝色，而剪切路径将显示为橙色。

图片框可以作为置入其中图片或对象的裁切路径。如果在置入图片之前绘制一个框，则置入的图片的某些位置可能被裁切掉，用户可以使用选择工具（▶）拖曳图片框定界框上的手柄来调整它的尺寸，或者使用“匹配”命令来调整图片和图文框的大小。当置入图片时，没有选择和指定任何框时，InDesign 会创建一个和图片同等大小的图片框。

裁切和蒙版都是用来描述将对象的一部分隐藏的术语。通常两者的差别是：裁切使用一个矩形来裁减图像的边缘，而蒙版使用任意形状将对象的背景变为透明。蒙版的一个常见例子是剪切路径，它是为特定图像创建的蒙版。

InDesign 可以自动为没有剪切路径的图片创建路径，以下是此功能的注意事项。

· 在为置入的图片创建路径时，是以图片的明暗转换为依据的。如果明暗转换不明显，则路径效果将不理想，最好在 Photoshop 中，对这些图片进行剪裁；或者在 InDesign 中手绘一条路径，然后将图片贴入其中，如图 4-5-2 所示。

· 在 InDesign 中应用自动剪裁路径生成功能时，原来图片中存在的剪裁路径将被替换。

要使用自动剪切路径，应先选中置入的图片，然后执行“对象 > 剪切路径 > 选项”命令。使用对话框中的默认设置比较好，但为了适应某个图片可以调整以下选项。

1. 类型

选择通过以下的方式创建剪切路径:“无”设置不创建剪切路径，只创建矩形图片框；“检测边缘”根据图像最亮的区域创建剪切路径；“Alpha 通道”通过图片中包含的 Alpha 通道创建剪切路径；“Photoshop 路径”应用在 Photoshop 中创建的剪切路径。

2. 阈值

通过输入数字或滑动滑块来指定和亮度相关的值，低于此值的像素将被遮盖，高于此值的像素将被保留，最小值 0 只能使白色像素变透明，通常 25 左右的数值比较合适，如图 4-5-3 所示。

明暗转换较好　　明暗转换较差

图 4-5-2

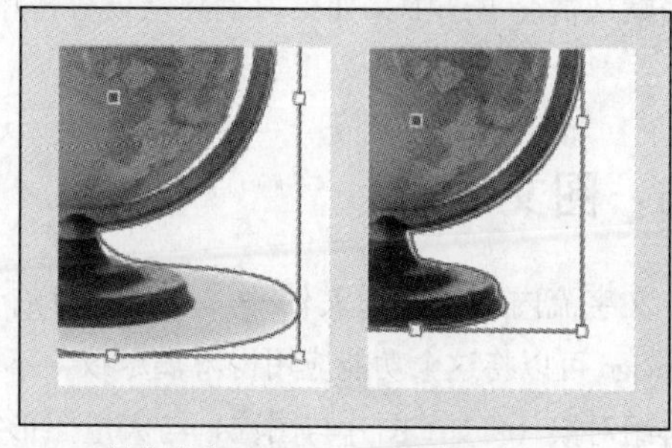

阈值设为 25　　阈值设为 50

图 4-5-3

3. 容差

该值决定了 InDesign 建立剪切路径时相邻像素的变化情况。较高的值能产生更简单、更平滑的路径；较低的值可创建更复杂、更精确、具有更多锚点的路径，如图 4-5-4 所示。

4. 内陷框

如果需要调节整个路径和图片间的距离，则可在内陷框中输入适当的数值。负值将扩大路径，正值将缩小路径，如图 4-5-5 所示。

5. 反转

切换蒙版的可见和不可见区域，和 Photoshop 中的反选功能相似。

容差设为 0　　容差设为 5

图 4-5-4

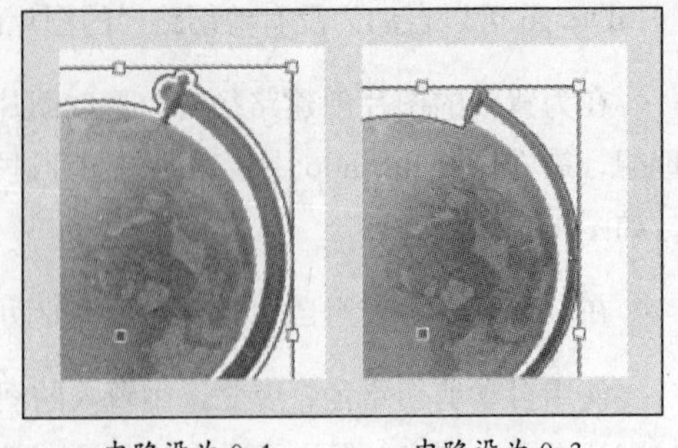

内陷设为 0p1　　内陷设为 0p3

图 4-5-5

6. 包含内边缘

如果需要使用阈值和容差值产生内部挖空的效果，则选中此选项。

7. 限制在框架中

如果选中此选项，则创建的剪切路径将在图片的可见边缘（图文框处）停止。

8. 使用高分辨率图像

默认情况下选中，如果取消将从低分辨率的代理图片中创建剪切路径，通常边缘部分会很粗糙。

4.6 图文混排

文字流内嵌入图形文件——几乎所有的专业编排软件都可以在文字流内嵌入图形文件。不过，唯独 InDesign 可以将这个功能应用得淋漓尽致，不仅可以直接调整嵌入图像的高度和尺寸大小，而且可以将复杂的群组对象（例如: 图片与图注、与矢量图形结合的标题或是转曲的文本）插入文字流中，并且保留群组中原有的文本绕排设定，使整个已经编辑好的群组随着文字流动，以简化页面的增加或删除动作，让文件的编辑变得更简单。

4.6.1 定位对象

定位对象是一些附加或者定位到特定文本的项目，如图形、图像或文本框架。重排文本时，定位对象会与包含锚点的文本一起移动。所有要与特定文本行或文本块相关联的对象都可以使用定位对象实现。例如与特定字词关联的旁注、图注、数字或图标。

可以创建使用下列任何位置的定位对象。

· 行中将定位对象与插入点的基线对齐。可以调整 y 轴位移，将该对象定位到基线之上或之下，这是默认类型的定位对象。在 InDesign 的早期版本中，这些对象称为随文图或行间对象。

· 行上可选择下列对齐方式将定位对象置入到行上方：左、中、右、朝向书脊、背向书脊和“文本对齐方式”。“文本对齐方式”是应用于含有锚点标志符的段落的对齐方式。

· 自定将定位对象置入到在“定位对象选项”对话框中定义的位置。可以将对象定位到文本框架内外的任何位置。

1. 创建定位对象

· 要添加定位对象，应使用“文字”工具来确定该对象的锚点的插入点，然后置入或粘贴对象。默认情况下，定位对象的位置为行中。

· 要定位现有的对象，应选中该对象，然后执行“编辑 > 剪切”命令。使用文字工具，定位要放置该对象的插入点，然后执行“编辑 > 粘贴”命令。默认情况下，定位对象的位置为行中。

· 要为不可用的对象（如还没有写好的侧栏文本）添加占位符框架，应使用“文字”工具定位要放置该对象的锚点的插入点，然后执行“对象 > 定位对象 > 插入”命令。

2.“插入的定位对象”选项

当插入定位对象的占位符时，可以为内容指定下列选项。

· 内容指定占位符框架将包含的对象类型。

· 对象样式指定要用来格式化对象的样式。如果定义并保存了对象样式，就会显示在菜单中。

· 段落样式指定要用来格式化对象的段落样式。段落样式如果被定义并保存了，就会在菜单中出现。

· 高度和宽度指定占位符框架的尺寸。

3. 创建行间随文对象

① 转到页面 2，置入“项目文件夹 \Illustrator 文件 \ 工具箱 .ai”，将对象缩小到和文本等高，如图 4-6-1 所示。

② 使用快捷键 Ctrl+X，将对象剪切。将光标插入文本中，使用快捷键 Ctrl+V，将对象粘贴到文本行间，如图 4-6-2 所示。

用钢笔工具绘制直线段
选择钢笔工具。
将钢笔工具定位到所需的直线段起点并
单击，以定义第一个锚点（不要拖动）。
再次单击希望段结束的位置。
继续单击以便为其它直线段设置锚点。
通过执行下列操作之一完成路径：
要闭合路径，请将“钢笔”工具定位在

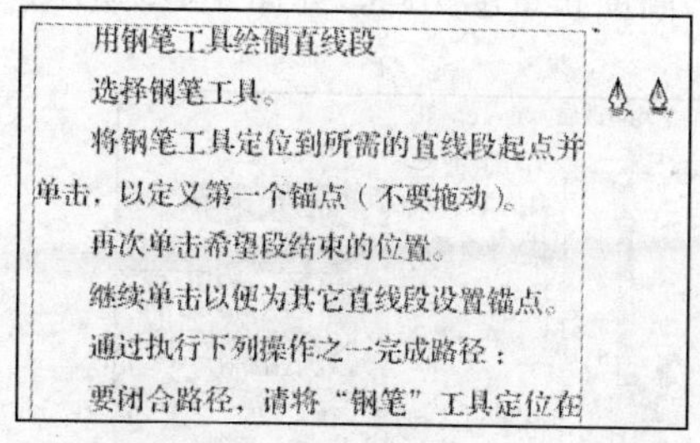

图 4-6-1

用钢笔工具绘制直线段
选择钢笔工具
将钢笔工具定位到所需的直线段起点
并单击，以定义第一个锚点（不要拖动）。
再次单击希望段结束的位置。
继续单击以便为其它直线段设置锚点。
通过执行下列操作之一完成路径：
要闭合路径，请将“钢笔”工具定位

图 4-6-2

③ 编辑文本，发现行间图片随文本流动，如图 4-6-3 所示。

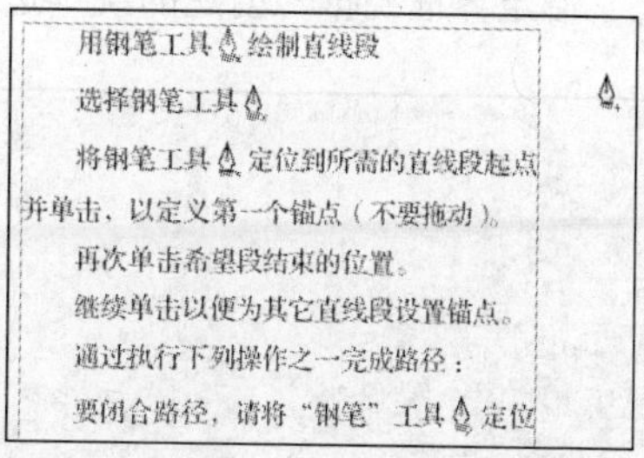

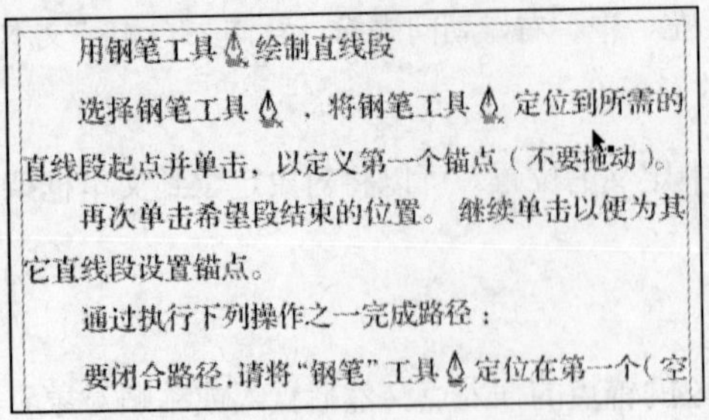

用钢笔工具绘制直线段
选择钢笔工具，将钢笔工具定位到所需的直线段起点并单击，以定义第一个锚点（不要拖动）。
再次单击希望段结束的位置。继续单击以便为其它直线段设置锚点。
通过执行下列操作之一完成路径：
要闭合路径，请将"钢笔"工具定位在第一个（空
图 4-6-3

4.6.2 文本绕排

InDesign 可以对任何图文框使用文本绕排。当对一个对象应用文本绕排时，InDesign 会为这个对象创建边界以阻碍文本。

· 如果想让文本绕排沿着置入图片的形状进行，就应确定图片中包含剪切路径。在导入图片时可以设置是否应用剪切路径。虽然 InDesign 可以自动探测边缘，但是这样的效果远不如剪切路径理想。

· 在对编组应用文本绕排时，如果编组中有文本框则不会受影响。

· 如果想让文本框内的文本不受绕排影响，就应在"文本框选项"中选中"忽略文本绕排"。

· 图片创建的绕排边界是可以使用直接选择工具或钢笔类工具随意修改的。

应用文本绕排

使用一幅 .psd 图片来做范例，这幅图片包含一个 Alpha 通道（名称为"Alpha1"）、路径 1 和路径 2，如图 4-6-4 所示。具体步骤如下。

(1) 执行"窗口 > 文本绕排"命令，打开文本绕排窗口。

(2) 选中一个图片框或文本框。

(3) 在文本绕排窗口中单击希望的绕排方式。

①"沿定界框绕排"创建的绕排边缘将和选中的图文框的高度和宽度相同，如图 4-6-5 所示。

合成图片　Alpha 通道　路径 1　路径 2

图 4-6-4

吉它。这两类吉它均可改装为电吉它。在
色方面，西班
牙吉它和夏
的区别：夏威
夷吉它需要
弦）和指套（拨
弦）来演奏，
，尤其擅长表
现滑音，多
，较少用于伴
奏。在中国常
它。
典型的大众
化乐器，雅
演奏。高音部
音色清澈华
动听，低音部
丰满深沉，
现出丰富的和声效果，具有如泣如诉般的
文本绕排
反转
3 毫米
绕排选项：
绕排至：左侧和右侧

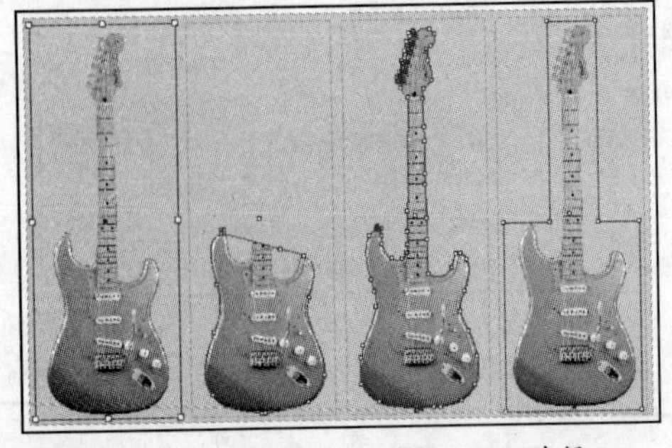

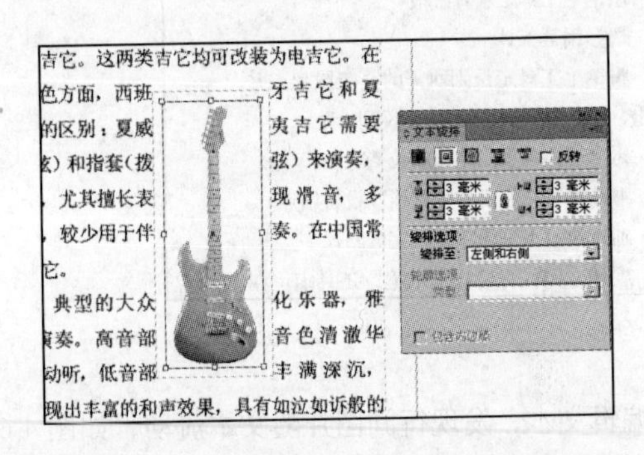

图 4-6-5

②“沿对象形状绕排”也称为“轮廓绕排”，绕排边缘和图片形状相同（加上或减去下边的偏移值），图 4-6-6 所示的绕排的对象使用的是“与剪切路径相同”；图 4-6-7 所示的绕排的对象使用的是“Alpha 通道”；当绕排的对象使用的是“Photoshop 路径”时，可以选择使用 Photoshop 路径进行绕排。

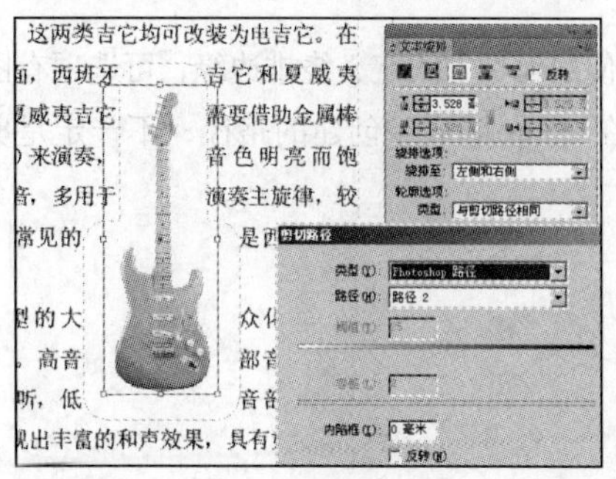

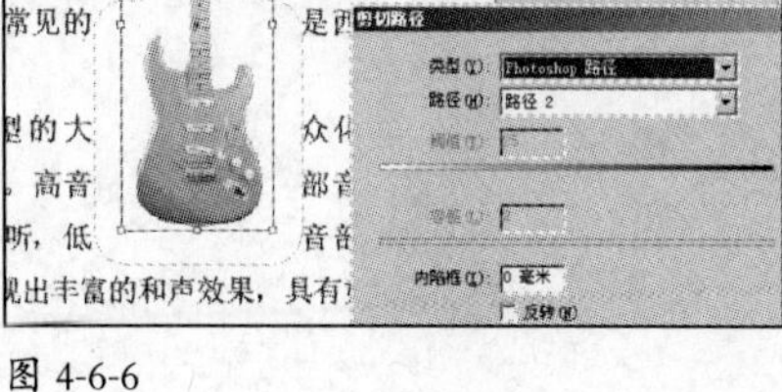

图 4-6-6

图 4-6-7

图 4-6-8 所示是使用“路径 1”作为“沿对象形状绕排”的边框，图 4-6-9 所示是使用“路径 2”作为“沿对象形状绕排”的边框。

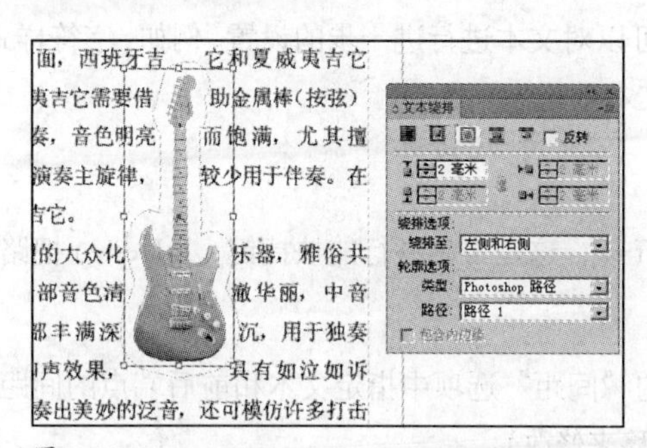

图 4-6-8

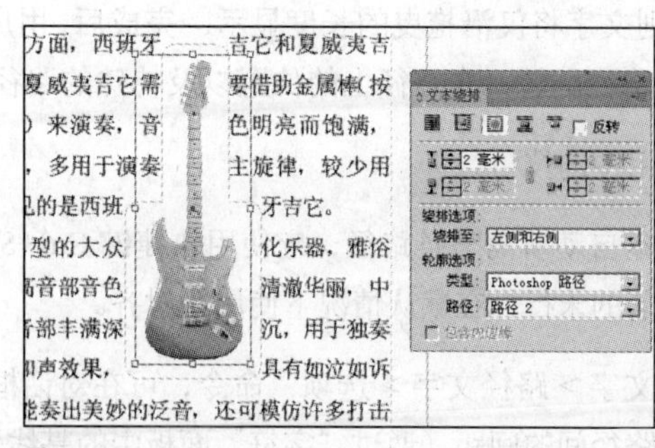

图 4-6-9

图 4-6-10 所示是使用“检测边缘”作为“沿对象形状绕排”的边框；图 4-6-11 所示是使用“图形框架”作为“沿对象形状绕排”的边框。

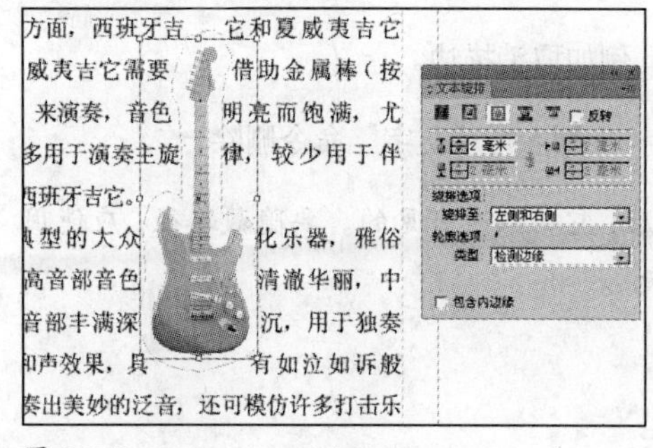

图 4-6-10

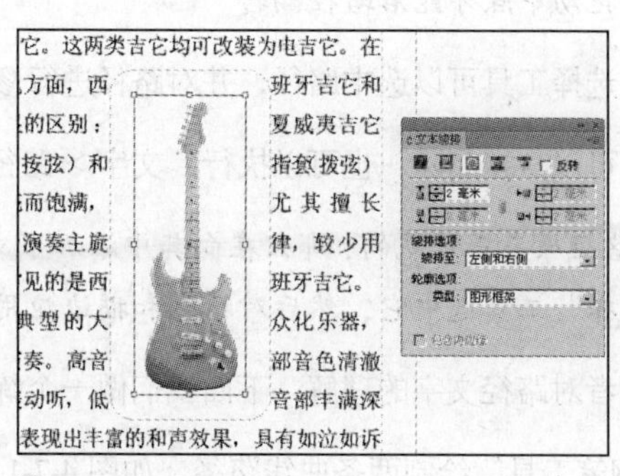

图 4-6-11

③“上下型绕排”将图片所在栏中左右的文本全部排开至图片以下。

④“下型绕排”将图片所在栏中图片上边缘以下的所有文本都排开至下一栏。

⑤“反转”可以让文本仅出现在绕排对象的边界内部。

(4) 输入偏移值。正值表示文本向外远离绕排边缘，负值表示文本向内进入绕排边缘。

(5)“轮廓选项”仅在使用“沿形状绕排”时可用，可以指定使用何种方式定义绕排边缘，可选项有图片边框（图片的外形）、探测边缘、Alpha 通道、Photoshop 路径（在 Photoshop 中创建的路径，不一定是剪切路径）、图片框（容纳图片的图片框）和剪切路径。

4.7 路径文字

4.7.1 路径文字

InDesign 可以在路径上创建可编辑文本。首先需要用路径创建工具绘制一条路径，再使用路径文字工具单击，键入所需的文本。如果通过单击确定了路径上的插入点，则文字将沿路径的整个长度显示。如果进行了拖动，则文字将仅沿拖曳的长度显示。完成后，用户可以对文本进行进一步的设置，例如，字符样式、段落样式、沿路径翻转、在路径上的位置以及特殊的路径文本效果。

下面是使用中的技巧。

· 要使文本自动填满整条路径，应使用快捷键 Ctrl+Shift+F，这是强制齐行的快捷键，InDesign 把路径文本处理为段落的末行，在默认情况下使用左对齐。

· 使用“文字 > 路径文字 > 选项”命令，可在对话框的“间距”选项中指定文本和前后端点的间距，而不是文本与路径间的间距（通过“字符”面板中的基线偏移来修改）。

注意：InDesign 与 Illustrator 的路径文字功能不同。InDesign 用起点、中点和终点来定位文本；而 Illustrator 只有起点。InDesign 的起点和终点可以在路径的一侧随意拖动，但不能超出路径的长度，也不能沿路径翻转，只有拖动中点才能沿路径翻转。

· 使用直接选择工具可以选中路径，并对路径进行修改，例如取消描边。

· 路径文本可以直接删除，也可以执行“文字 > 路径文字 > 删除路径文字”命令删除。

注意：如果路径原来是可见的，那么在向其中添加了文字后，它仍然是可见的。要隐藏路径，应使用“选择”或“直接选择”工具选中它，然后对填色和描边应用“无”。

为了加深读者对路径文字的理解，下面我们做一个练习。

① 使用“钢笔工具”绘制两条曲线路径，如图 4-7-1 所示。

② 用“路径文字工具”单击一条路径，输入文本；用“垂直路径文字工具”单击另一条路径，输入文本，如图 4-7-2 所示。

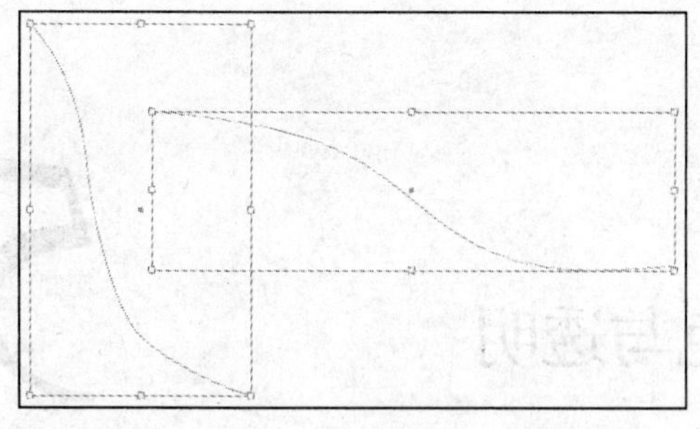

图 4-7-1

图 4-7-2

③ 选择文本，使用“渐变色板工具”填充，可得到渐变填充的文本，并可以更改颜色，如图 4-7-3 所示。

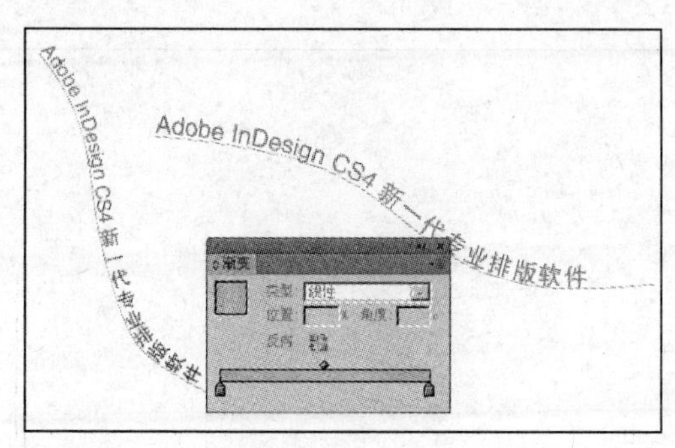

图 4-7-3

4.7.2 创建文本轮廓

文本转为路径（通常称为“转曲”）后，文本将不再具有文字属性（如字号、行距和字距等），而变为由贝塞尔曲线构成的对象。这些贝塞尔曲线有可能包含复合路径，以便形成具有“镂空”效果的对象（例如字母“O”和“P”），相关效果如图 4-7-4 所示。

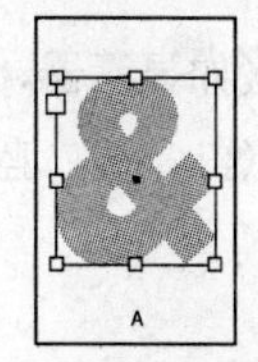

A：转化为外框前的文本对象

B：在文本外框中粘贴入图像

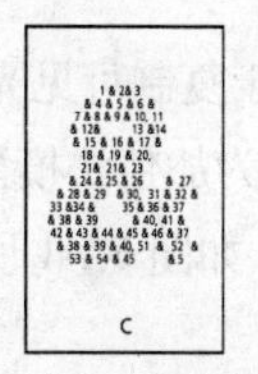

C：将文本外框作为文本框填入文本

图 4-7-4

要将文本转为曲线，应首先选中要转换为曲线的文本，再执行“文字 > 创建轮廓”命令。转曲之后，用户仍然可以将它插入到文本框中，并使用“字符”面板更改转曲对象的行距和基线偏移，当然也可以用路径编辑工具和直接选择工具修改对象外观。

5 颜色与透明

学习要点

- 了解颜色模型和颜色模式
- 了解颜色管理
- 掌握色板的基本操作
- 掌握透明度的基本操作
- 了解各种透明度效果
- 了解并掌握透明拼合

5.1 颜色

5.1.1 颜色模型和颜色模式

1. 颜色模型

(1) RGB 颜色模型

RGB 颜色模型用于复制可见光光谱，它被用来描述传送、过滤或感知光波的任何东西（如显示器、扫描仪或眼睛），通常称为加色法模型。所有的光线都不存在时为黑色；叠加不同亮度的原色（红、绿、蓝），就能生成不同的颜色，如图 5-1-1 所示。

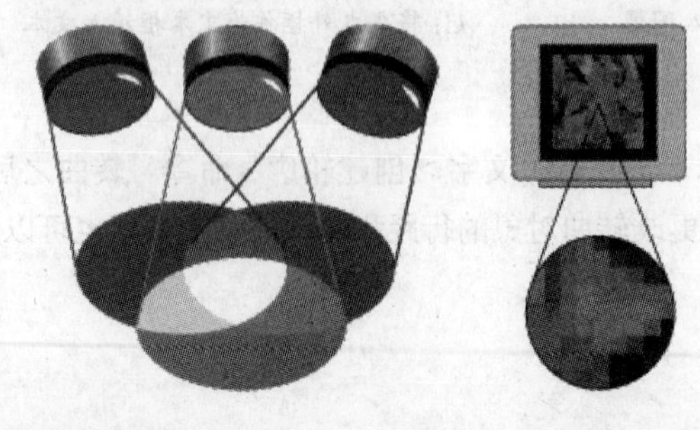

图 5-1-1

(2) CMY 颜色模型

CMY 颜色模型，如图 5-1-2 所示，主要用来描述反射光，或印刷油墨、照片染料和色粉等颜色。CMY 也称为减少原色模型。这里，最大量混合三种原色（青、品红和黄）产生黑色。要产生不同的颜色，可减少混合的原色量。

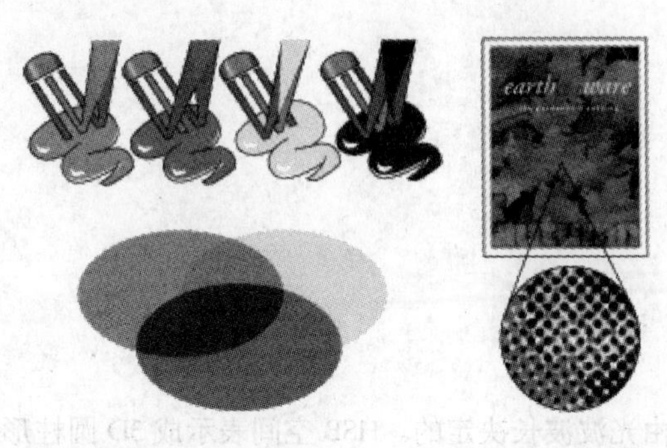

图 5-1-2

(3) 补色

RGB 和 CMY 共享有一种特殊的联系。在一个色轮中显示这个信息时，颜色在 RGB 和 CMY 间变换。如果合成两种 CMY 颜色，则产生 RGB 值。例如，在 CMY 色模型中，红色可描述成品红和黄的合成。在 RGB 颜色模型中，品红可描述成红和蓝的合成，如表 5-1-1 所示。

表 5-1-1　RGB 和 CMY 颜色模型的关系

颜　色	成　分	补　色
红	黄 + 品红	青
绿	青 + 黄	品红
蓝	品红 + 青	黄
青	蓝 + 绿	红
品红	红 + 蓝	绿
黄	绿 + 红	蓝

用另一种方式来看 RGB/CMY 色轮：当一个模型中的两种颜色合并生成另一个模型中的一种颜色时，还余一种颜色，这称作新颜色的补色。例如，品红和黄色合并后生成红色，因此红色的补色是青。正如在色轮上看到的那样，青就在红的对面。因此，减色（CMY）和加色（RGB）是互补色。

(4) HSB 颜色模型

视觉所感知的一切颜色现象都具有基本的构成要素。对于有彩色系，任何一种颜色都包含 3 个基本要素——亮度、色相和饱和度，而无彩色系只包含亮度。

如图 5-1-3 所示，HSB 模型主要采用人们直觉认识的 3 个基本要素来定义颜色，这 3 个基本要素是色相、饱和度和亮度。

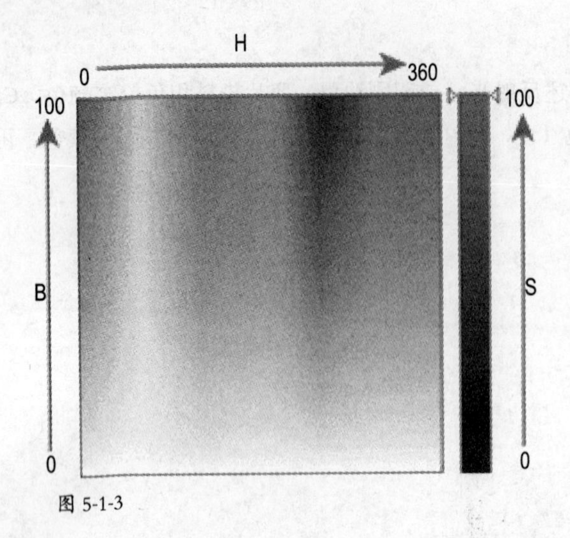

图 5-1-3

色相也称为色度，是指颜色的相貌。色相的差异是由光波波长决定的。HSB 空间表示成 3D 圆柱形时，颜色的可见光谱环布在其圆周上，一种颜色赋予一个色度值。红位于 0°，其余颜色排布的方式与 RGB/CMY 色轮相同，如黄在 60°，绿在 120°，青在 180°，蓝在 240°，品红在 300°。

饱和度是指颜色的强度或纯度，表示色相中灰色分量所占的比例，有时称为彩度。例如，软彩色蜡笔的橙色具有低饱和度值，火焰锥体中的橙色光是高度饱和的。在 HSB 圆柱体中，中心颜色的饱和度值为 0，其产生灰色调。随着颜色向外边缘移动，饱和度增加。

亮度是指颜色的相对明暗程度，有时也称为“明度”或“光度”。降低亮度值可使颜色发暗，产生深色调。在圆柱体模型中，亮度从前到后变化。在一端，亮度值是全值；在另一端，所有颜色都衰减成黑色。

HSB 是参考性的，这与 RGB 或 CMYK 空间相对应。后两种颜色模型实际上是用来告诉显示器或打印机如何构筑一个颜色的指令。不过，可以使用色相、饱和度和亮度作为每个颜色模型调整颜色的基础。

(5) LAB 颜色模型

LAB 颜色模型是由国际照明委员会（CIE）在 1976 年开发的（并继续在完善），该科学组织的主要任务就是测度颜色，因此 LAB 颜色模型也称为 CIE LAB 颜色模型，如图 5-1-4 所示。LAB 模型的独特性在于它与设备无关。RGB 和 CMY 模型由原色成分值来描述颜色（它们理应怎样呈色），但是不考虑硬件和环境的可变性。LAB 颜色模型则根据实际存在的颜色以及它们如何在不同环境中被感知来构造。

基本想法是：虽然眼睛对红、绿、蓝三色最敏感，但此时还是不能感知不同颜色。LAB 模型能正确地认定任何可感知到的颜色，并能够通过量化它与其补色之间的位置来描述。当某种 LAB 规格需要考虑某种照明条件时，它能根据人眼如何响应照明条件而进一步修改颜色值。

“Lab”实际上是颜色空间 3 个组成分量的缩写。“L”代表亮度，即颜色有多亮；“A”表示颜色在红和绿之间的位置；“B”表示颜色在黄和蓝之间的位置。

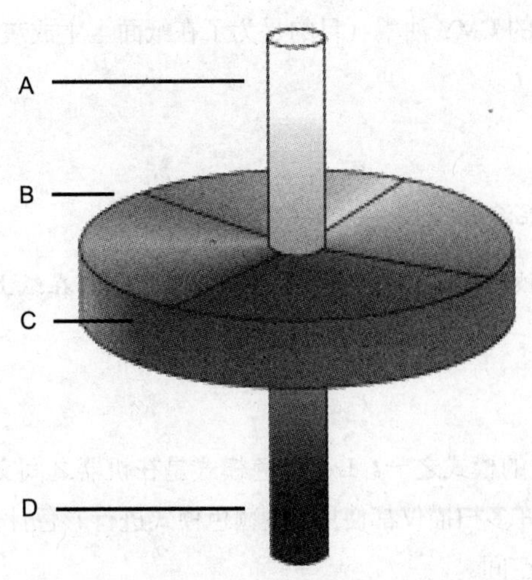

图 5-1-4　LAB 颜色模型 A: 亮度＝100（白色）B: 绿到红的分量 C: 黄到蓝的分量 D: 亮度＝0（黑色）

2. 颜色模式

(1) RGB 颜色模式

RGB 模型为 8 位彩色图像中每个像素的 RGB 分量指定一个介于 0（黑色）到 255（白色）之间的强度值。当所有分量的值相等时，结果是中性灰色；当所有分量的值均为 255 时，结果是纯白色；当所有分量的值为 0 时，结果是纯黑色。

RGB 图像有 3 个 8 位通道，可以在屏幕上重新生成多达 1 670 万种颜色的 24 位图像，这 3 个通道的名称为红色、绿色和蓝色。（在 16 位 /3 通道的图像中，这些通道转换为每像素 48 位的颜色信息，具有再现更多颜色的能力。）

计算机显示器使用 RGB 模型显示颜色。这意味着当在非 RGB 颜色模式（如 CMYK）下工作时，将临时使用 RGB 模式进行屏幕显示。

(2) CMYK 颜色模式

物理定律决定了不能印刷 RGB 颜色。无论如何，要印刷 RGB 图像时，必须将其加色法颜色值转换成 CMY（减色法状态）。

CMYK 颜色模式使用青（C）、品红（M）、黄（Y）和黑（K）4 种颜色重现彩色照片。当 CMY 这 3 种油墨等比例混合在一张白纸上时，理论上所有光线都被吸收，然而当在打印彩色图像时，往往不是只依靠 CMY 油墨来产生黑色，而是专门增添了黑色油墨，原因如下所述。

· 黑色油墨比彩色油墨便宜。

· 实际的 CMY 油墨都含有杂质，混合得到的是棕褐色而不是黑色。为了补偿，添加黑色油墨来平衡颜色范围。

· 施加在纸张上的油墨少，纸张干得快。

增加了黑色油墨后，油墨颜色变为4种。此外，均匀分布的CMY油墨（目的是为了在纸面上生成灰色）也可以用一定量的黑色油墨来代替。

提示：为什么黑色使用K来表示？

① 防止将黑色（Black）的第一个字母B与蓝色（Blue）混淆。

② 印刷人员开始使用黑色作为彩色图片的成分时，黑色被称为“Key（关键）色”。黑色是印在纸上的第一种颜色，是套印其他油墨的基础。

（3）Lab颜色模式

基于Lab颜色模型的Lab颜色模式是印刷界中使用最广泛的模式之一。Lab颜色模式是在机器之间交换彩色信息的最高级模型。大部分与设备无关的彩色管理系统和许多扫描仪都使用Lab颜色模式进行彩色计算。柯达的YCC色空间（为PhotoCD系统专门开发）也基于Lab空间。

但由于它很抽象，而且高度数学化，因此用它来描述颜色普通人是很难理解的。读者应该更多地研究RGB和CMYK颜色模式的关系，在工作中需要Lab颜色模式时再去研究它。

3. 色域和溢色

每个颜色模型都体现独有范围的颜色，称为色域。在前面描述的颜色模型中，Lab颜色模型与其他颜色模型相比拥有更大的色域，它包括RGB颜色模型空间的所有颜色。其次是RGB颜色模型，它含有的颜色比CMY颜色模型多；而CMY颜色模型具有最小的色域。三种颜色空间的色域如图5-1-5所示。

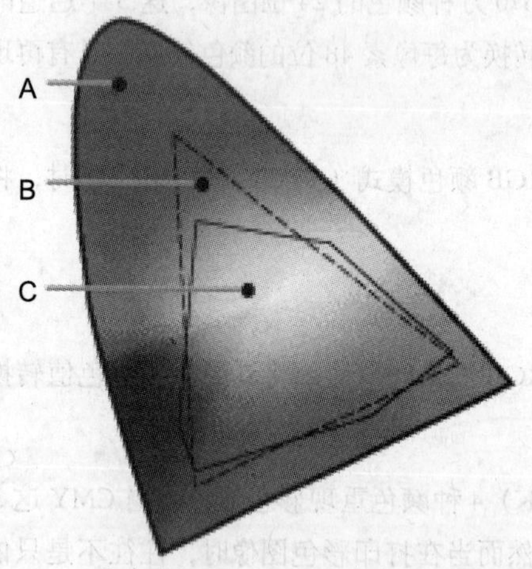

A: Lab颜色空间　B: RGB颜色空间　C: CMYK颜色空间

图5-1-5

色域在将颜色从一个色空间转换到另一个色空间时会产生问题，特别是在从Lab颜色模式或RGB颜色模式转到CMYK颜色模式时，用户或软件必须用CMYK值的组合重新描述一个范围的颜色，或者使用最近的边界色。不过这会引起两个问题：首先，许多暗调和色调上的细小变化会丢失，极端的颜色（如明亮蓝和新鲜绿）会大大变平、变暗，两个稍稍不同的RGB颜色甚至会改变成相同的CMYK值；其次，只有一次机会在颜色空间之间转换，转换成CMYK时就会裁剪掉所有落在色域外的颜色——再转换回以前的模型时就不能再得到了。

4. 分色和专色

印刷色是指青、品红、黄和黑这 4 种减色法原色。在印刷机上印刷全彩色文档的过程中，用户必须通过给每种油墨设置各种值来定义 CMYK 色域中的全部颜色。用户这么做，实际上是印刷具体颜色的一种幻觉：其他那些除原色外的颜色并不真正涂在纸上，而是半透明油墨和印刷机特性，使得看上去像在纸上。这一印刷过程称为 4 色印刷，因而青、品红、黄和黑称为印刷色。

专色是特殊的混合油墨，用于代替或对 CMYK 油墨进行补充，在颜色不足或颜色不够精确时使用专色。专色可以精确复制印刷色之外的颜色，它不会被指定的或颜色管理的颜色值所影响。当指定了专色值时，仅仅为显示器和打印机描述了模拟的颜色效果（受限于设备的色域）。专色适用于应用准确颜色，也能用于企业标语或其他标识性颜色。专色最适合用于把颜色添加到一个可能只用黑色印刷的文档中。

InDesign 在打印方面还进行了扩展，它支持“合成灰色”和“合成 RGB”，主要用于输出至喷墨打印机、胶片复制机或其他支持 RGB 输出的设备。在输出时还可以设置网屏和网角等相关参数。除此以外，InDesign 还提供了用于专业印刷的“油墨管理器”。使用油墨管理器可以方便地管理分色的 4 色油墨和专色油墨，并设置油墨的特性参数，而无需在“色板”面板中修改。应用油墨管理器还可以方便地设置油墨的陷印特性，包括透明、不透明和密度等。

5. 关于油墨

桌面设计软件所指定的油墨分为两大类：专色油墨和套印油墨。而现在世界上所使用的 4 色墨有 3 种体系，包括亚洲标准（Japan Standard）、美洲标准（SWOP Standard）及欧洲标准（Europe Standard）。这 3 种体系是基于不同地区人们对颜色感觉的不同喜好而建立的。而专色油墨则有几套标准，例如 Pantone、DIC 及 ToyoInk 等，再细分为一般专色、荧光色及金属色。颜色指定有 4 分色及专色，所以设计者应根据印刷油墨来确定设计时使用的颜色，否则有可能无法达到预期效果。

因为不同的需求，所以在大多数软件中有不同的配色系统选择，最为常见的有 PANTONE、TRUMATCH、FOCOLTONE、DIC 及 TOYOINK 等，它们分别适用于不同国家和地区。

设计配色时，应根据印刷时会采用哪一系列的油墨系统来确定设计时选择哪一套配色系统，并且应该买一本所选配色系统的颜色板本作为参考，因为在屏幕上所看到的颜色，可能有一定差别。

（1）TRUMATCH

数码印前技术允许用少至 1% 的网点值的增量来指定颜色，这使得设计者和绘图者能用更多的颜色来创作图片。TRUMATCH 是基于此而设计出来的配色系统，以小幅的 CMYK 增量来组织颜色。

TRUMATCH Swatching System 是专门用来提高颜色规范精确度的。它提供了 2 000 多种由电脑生成的颜色，这些颜色为原色油墨指定了青、品红、黄和黑色的精确比例。TRUMATCH Swatching System 的另一个重要革新是它组织颜色的方式，首先是色度（沿着彩色光谱，首先从红色开始），其次是饱和度（从深的、活泼的色调到浅色的色调），最后是亮度（增减黑色的数量）。

（2）FOCOLTONE

FOCOLTONE Color System 是一种选择和匹配原色的改进方法，主要以每一种色有多少百分比的青、品红、黄和黑色来分类，因此可以降低补漏白的需求。FOCOLTONE 的色域包括 763 种由 4 原色合成的颜色，4 种原色油墨中的每种色调从 5% ～ 85% 变化。

（3）DIC 及 TOYOINK

这两套配色系统都是为了配合日本两家著名的油墨厂商的油墨而设计的，两者都是专色的配色系统，在日本较为流行。

（4）PANTONE

PANTONE（中文正式名称为“彩通”，也有的习惯按译音称为“潘通”）配色系统，英文名为 PANTONE Matching System（曾缩写为 PMS），是享誉世界的涵盖印刷、纺织、塑胶、绘图和数码科技等领域的颜色沟通系统，已经成为事实上的国际颜色标准语言。它的专色系统基于一本颜色版本（PANTONE Color Formula Guide 1000），由 12 种基本油墨合成，可以配成 1 012 种 PMS 颜色，而且提供油墨的配方。这套选色手册分为涂布纸和非涂布纸两种。

采用 PANTONE 的专色系统配色后，转为 4 色印刷时会有很多颜色不对的问题出现，因为 PANTONE 专色的组合中，只有约 50% 可由 CMYK 模拟。要想获得准确的颜色，可查阅 PANTONE Process Color Imagin Guide，它在每种专色旁边附上了用 4 原色所能生成的最接近的颜色板品，这本颜色板本对设计者非常重要，因为它实际地显示了许多用 CMYK 4 色方式合成而产生的专色。

PANTONE Hexachrome 是近年为配合高保真颜色而设计的配色系统，其主要是由 4 原色加入专色橙而产生的颜色，能达到 95%PANTONE 专色效果。以前可能需要更多的专色才能达到的效果现在只用 6 种原色合成就可以做到。

PANTONE 本身也是印刷品，同样会受到印刷条件的影响，所以每一产品的色泽会有所不同。无可否认 PANTONE 是较为普遍的配色系统指南，给予印刷业统一的准则，然而有了它并不代表所选用的颜色会毫无偏差。

6. 在 InDesign 中使用颜色

颜色选项用来指定文档中所使用的颜色将如何定义。InDesign 使用的颜色和 Photoshop、Illustrator 基本相同，主要通过“颜色”、“色板”和“渐变”面板来完成颜色的拾取、创建和应用工作。

用户可以把颜色应用到以下的对象：图文框、路径以及文本的描边色和填充色，置入的灰度或 1 位（线稿）的图片（只能应用实色或淡印，不能使用渐变）。

使用“吸管”工具可以从置入的图片或对象上吸取颜色属性并应用到选中的对象上。用户还可以将“色板”面板上的色板直接拖曳到要应用颜色的对象上来应用。

在使用“颜色”面板前，首先使用选择工具选择该对象（或使用文字工具选中要填色的文本），在工具箱中选择要对对象应用颜色的“填充色”或“描边色”，接着使用“颜色”面板调出需要的颜色，或者直接在“色板”面板中选择一个色板。“颜色”面板里建立的颜色只对所选定的当前对象有效，若想将现有的颜色保存起来以备日后使用或者应用于其他的对象，用户可以通过“添加到色板”的功能将其存储到“色板”面板中。

这里要注意以下 3 种模式的不同使用场合。

· RGB 模式：由光的 3 原色（R、G 和 B 3 种通道）描述图像的每个像素，每个通道占用一个字节，又称为 24 bit 色或全彩色。如果该文件只用在计算机屏幕显示之用，则选择本选项。

· Lab 模式：与设备无关的颜色空间。它的色域空间大于 RGB 和 CMYK 模式。该选项只有在用户打开了 InDesign 中的颜色管理选项时才可用。

· CMYK 模式：与 RGB 相似，每个通道用一字节表达，共 32 bit，又称 32 位色。在 3 种模式中，CMYK 所能表现的色域空间最窄，最终要用来印刷的文件颜色模式需选择 CMYK 颜色模式，否则会有颜色失真的问题。

在 InDesign 中，文字不必转为轮廓就可填上渐变色，不只是底色甚至描边都能应用渐变色，而且渐变色没有数量上的限制，用户可根据需要自行定义所需的颜色数。

提示：以下是一些非常有用的快捷键——应用实色（,），应用渐变（。）。

5.1.2 “色板”面板

执行“窗口 > 色板”命令可显示“色板”面板，如图 5-1-6 所示，通过面板可以创建和命名颜色、设置渐变或色调，并将其快速应用于文档。“色板”类似于段落样式和字符样式，对色板所做的任何更改都将影响应用该色板的所有对象。使用色板无需定位和调节每个单独的对象，从而使得修改颜色方案变得更加容易。

图 5-1-6

当所选文本或某个对象的填色以及描边中包含从“色板”面板应用的颜色或渐变时，应用的色板将在“色板”面板中突出显示。用户创建的色板仅与当前文档相关联。每个文档都可以在其“色板”面板中存储一组不同的色板。由于使用“色板”面板可以方便地管理颜色，因此建议用户在使用时都先在“色板”面板中新建需要应用的颜色。使用“色板”面板，除了可以对所选文本或对象应用颜色、查看颜色名称及类型，最重要的是可以在面板中增加所需的新色板。

InDesign“色板”面板有如下默认颜色色板。

· 无色：“色板”面板上的默认颜色。可以移去对象中的描边或填色，不能编辑或移去此色板。

· 纸色：纸色是一种内建色板，用于模拟印刷纸张的颜色。纸色对象后面的对象不会在纸色对象与其重叠的地方印刷。相反，将显示所印刷纸张的颜色。可以通过双击“色板”面板中的“纸色”对其进行编辑，使其与纸料匹配。“纸色”仅用于预览，它不会在彩色打印机上打印，也不会通过分色印刷。不能移去此色板，也不要应用“纸色”色板来移去对象中的颜色。

· 黑色：黑色是内建的使用CMYK颜色模型定义的100%印刷黑色。不能编辑或移去此色板。默认情况下，所有的黑色实例都将在下层油墨（包括任意大小的文本字符）上叠印（印刷在最上面）。可以停用此色板。

· 套版色：是使对象可在PostScript打印机的每个分色中进行打印的内建色板。不要使用这种颜色来绘画，它的作用是给套印标志（套位标志）、裁切标志和折叠标志等特殊标识上色，因为这些标志必须出现在每一块印版或菲林上。

另外，InDesign还将青色、品红色、黄色、绿色和蓝色作为色板的初始颜色。

在“色板”面板中添加的颜色，除了印刷原色和专色外，还有一个有用选项——色调。它是某一个颜色（可以是原色也可以是专色）的挂网（变淡）版本。这个功能在专色版中最为有用，因为这样既不会增加印刷版的数量，又能使得颜色更为丰富。与非色调颜色一样，最好在“色板”面板中命名和存储色调，以便在文档中轻松编辑该色调的所有实例。

渐变是两种或多种颜色之间或同一颜色的两个色调之间的渐近混和。使用的输出设备将影响渐变的分色方式。渐变可以包括纸色、原色、专色或使用任何颜色模式的混合油墨颜色。渐变是通过渐变条中的一系列色标定义的。色标是一个点，渐变在该点从一种颜色变为下一种颜色，色标可通过渐变条下的彩色方块来识别。默认情况下，渐变以两种颜色开始，中点在50%。如果使用不同模式的颜色创建渐变，然后对渐变进行印刷或分色时，所有颜色都将转换为CMYK原色。由于颜色模式更改，因此颜色可能发生偏移。要获得最佳效果，应使用CMYK颜色指定渐变。

可以从其他文档中导入颜色和渐变，并将所有或部分色板添加到“色板”面板中。可以从InDesign、Illustrator、Photoshop或GoLive创建的InDesign文件（.indd）、InDesign模板（.indt）、Illustrator文件（.ai或.eps）和Adobe色板交换文件（.ase）中载入色板。Adobe色板交换文件包含以Adobe色板交换格式存储的色板。InDesign还包括来自其他颜色系统的颜色库，例如PANTONE Process Color System。导入的EPS、PDF、TIFF和Adobe Photoshop（PSD）文件使用的专色也被添加到“色板”面板中。

5.1.3 油墨混合

当需要使用最少数量的油墨获得最大数量的印刷颜色时，可以通过混合两种专色油墨或将一种专色油墨与一种或多种印刷油墨混合来创建新的油墨色板。使用混合油墨颜色，会增加可用颜色的数量，而不会增加用于印刷文档的分色的数量。

可以创建单个混合油墨色板，也可以使用混合油墨组一次生成多个色板。混合油墨组包含一系列由百分比不断递增的不同印刷油墨和专色油墨创建的颜色。例如，将印刷青色的 4 个色调（20%、40%、60% 和 80%）与一种专色的 5 个色调（10%、20%、30%、40% 和 50%）相混合，将生成包含 20 个不同色板的混合油墨组。对于限制了颜色数量的设计，使用混合油墨功能可以根据选择的一系列套印色与专色、专色与专色创建一个连续色板列表。当需要用极少量的油墨色获得印刷的最大颜色数时，可以通过混合两种专色油墨或者把一个专色油墨与一个或更多的套色油墨相混合来创建新的油墨色板。使用混合油墨色，可以在不增加分色数量的同时增加可供使用的颜色数来印刷文档。

注意：使用 Mixied Ink 色板或色板组时必须在“色板”面板中包含一种或一种以上的专色色板。

如图 5-1-7 所示，根据印刷原色——黄色和专色 DIC 2132s* 来组合颜色。

在“色板”面板菜单中选择“新建混合油墨组”命令，打开对话框，将黄色按 10% 的增量 5 次重复和专色 DIC 2132s*10% 的增量 3 次重复组合颜色，根据排列组合可以创建出 24 个色板，如图 5-1-8 所示。

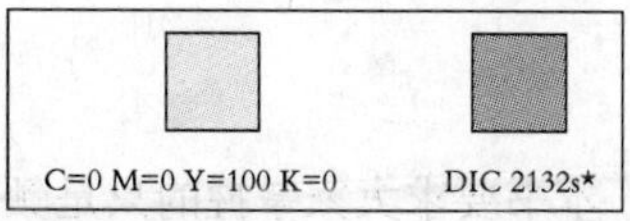

C=0 M=0 Y=100 K=0　　DIC 2132s*

图 5-1-7

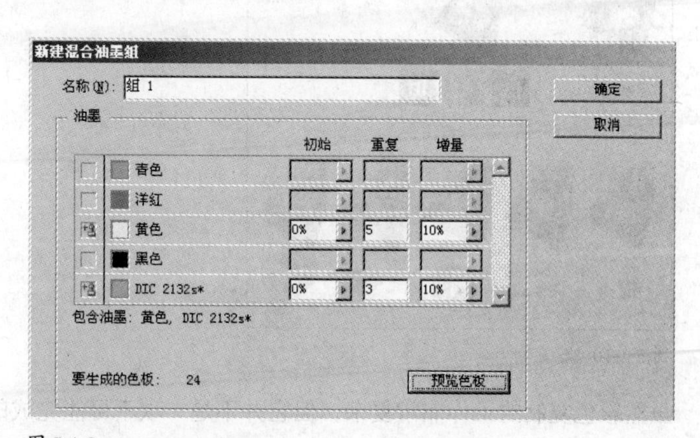

图 5-1-8

排列组合出的 24 个色板都只含有黄色和专色 DIC 2132s* 两种成分，如图 5-1-9 所示。

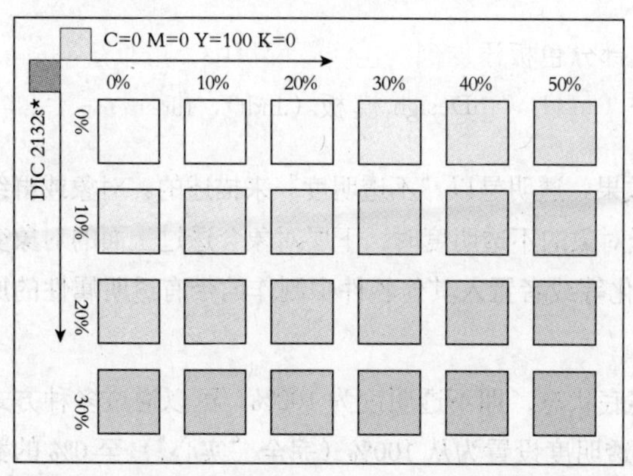

图 5-1-9

5.1.4 颜色管理

用户在设计和输出时，很容易低估处理彩色图像的问题。在完成印前的硬件和软件的投资后，很多人以为昂贵的设备理应可以自动处理彩色，其实精确地在印刷机上复制颜色一直是印刷行业中最复杂、要求最多的任务。数字技术的进步在很大程度上只是使这一过程更加复杂而已。成功的颜色编辑需要有双敏锐的眼睛、大量实践练习以及一种只能从经验中得到的判断能力。

颜色空间包含的颜色范围称为色域。整个工作流程内用到的各种不同设备（计算机显示器、扫描仪、桌面打印机、印刷机和数码相机）都在不同的颜色空间内运行，它们的色域各不相同。某些颜色位于计算机显示器的色域内，但不在喷墨打印机的色域内；某些颜色位于喷墨打印机的色域内，但不在计算机显示器的色域内。无法在设备上生成的颜色被视为超出该设备的颜色空间，换句话说，该颜色超出色域。在特定工作空间内编辑图像时，如果遇到超出色域的颜色，InDesign 就会显示警告信息。图 5-1-10 所示为各种不同设备和文档的色域。

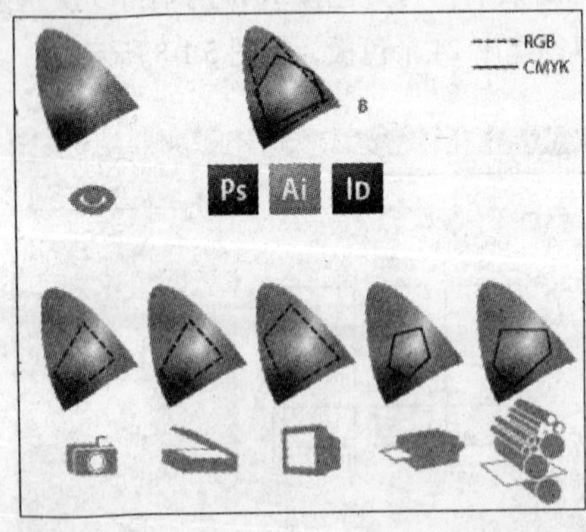

图 5-1-10

虽然彩色复制的工作非常复杂，但它并不是一项不可能完成的任务。本书要求大家掌握的只是颜色的基本知识和基础理论，理解颜色与印在纸上的油墨的关系，即成像原理。

5.2 透明和效果

5.2.1 透明度和混合模式

InDesign 可以通过不同的方式在作品中加入透明效果。透明是以“不透明度”来描述的。对象或群组的不透明度可以是 0% ～ 100% 的整数百分比值。当降低对象的不透明度时，下层对象会透过上面的对象变为可见。除此以外，还可以对对象添加投影、发光和羽化等或者置入其他软件中制作的带有透明属性的原始文件。9 种基本透明属性如图 5-2-1 所示。

默认情况下，在 InDesign 中创建的对象显示为实底状态，即不透明度为 100%。可以通过多种方式增加图片的透明度，也可以将单个对象或一组对象的不透明度设置为从 100%（完全“实心”）至 0% 的数值（完全透明）。降低对象不透明度后，就可以透过该对象看到下方的图片。

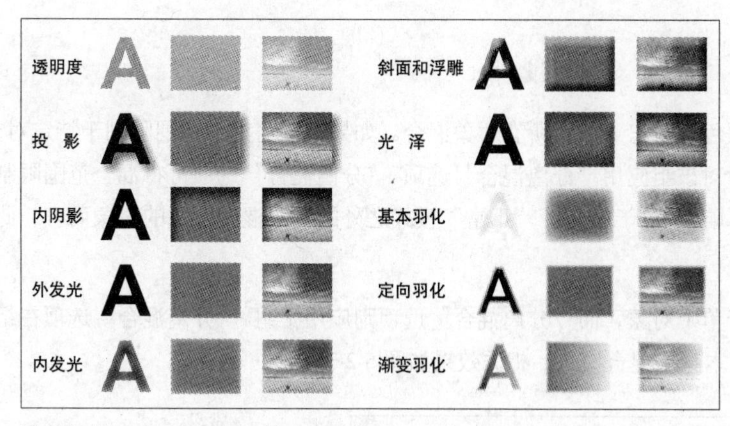

图 5-2-1

使用“效果”面板可以为对象及其描边、填色或文本指定不透明度，并可以决定对象本身及其描边、填色或文本与下方对象的混合方式。就对象而言，可以选择对特定对象执行分离混合，以便组中仅部分对象与其下面的对象混合，或者可以挖空对象而不是与组中的对象混合。

可以将透明度应用于选定的若干对象和组（包括图形和文本框架），但不能应用于单个字符或图层，也不能对同一对象的填色和描边应用不同的透明度值。不过，对于具有上述类型透明效果的导入图形，在默认情况下，选择其中一个对象或组，然后应用透明度设置，将会导致整个对象（包括描边和填色）或整个群组发生变化。

1. 混合模式

可以使用“效果”面板中的混合模式，在两个重叠对象间混合颜色。利用混合模式，可以更改上层对象与底层对象间颜色的混合方式。各种混合效果如图 5-2-2 所示。

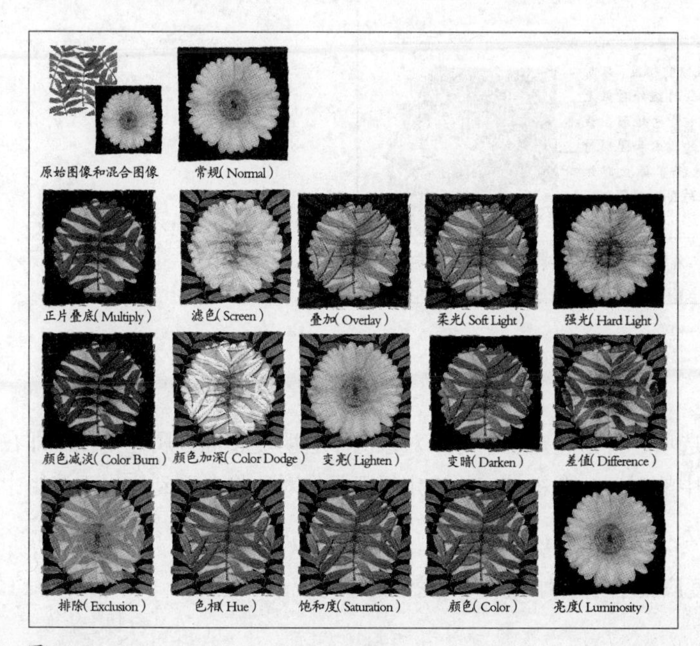

图 5-2-2

2. 分离混合和挖空组

(1) 分离混合

在对象上应用混合模式时，其颜色会与它下面的所有对象混合。如果希望将混合范围限制于特定对象，则可以先对那些对象进行编组，然后对该组应用“分离混合”选项。“分离混合”选项可将混合范围限制在一个组中，避免组下面的对象受到影响。（对于应用了“正常”模式之外的其他混合模式的对象而言，此选项非常有用。）

必须知道的是，混合模式应用于单个对象，而“分离混合”选项则应用于组。“分离混合”选项在组中相互作用，它不会影响直接应用于组本身的混合模式。相关效果如图 5-2-3 所示。

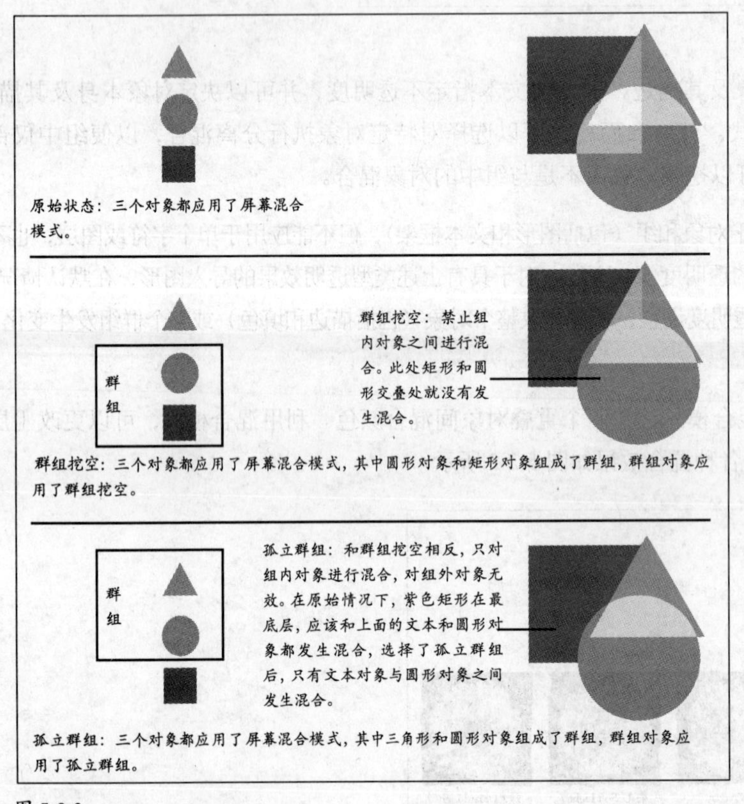

图 5-2-3

(2) 挖空组

使用“效果”面板中的“挖空组”选项，可让选定组中每个对象的不透明度和混合属性挖空（即在视觉上遮蔽）组中底层对象。只有选定组中的对象才会被挖空。选定组下面的对象将会受到应用于该组中对象的混合模式或不透明度的影响。

必须知道的是，混合模式和不透明度应用于单个对象，而“挖空选项”应用于组。

5.2.2 效果

InDesign CS6 将透明度及其他 9 种效果组合在“效果”面板上，可以通过面板菜单调出“效果”对话框。

1. 投影

通过执行“对象 > 效果 > 投影”命令，可在任何选中的文本和对象上创建三维阴影。可以让投影沿 x 轴或 y 轴偏离对象，还可以改变混合模式、不透明度、模糊、扩展、杂色以及投影的颜色。

混合模式用来指定透明对象中的颜色如何与其下面的对象相互作用。

单击“不透明度”前的“设置阴影颜色”按钮可以选择投影的颜色。

将“模糊（大小）”和“扩展”选项结合使用，可控制阴影的大小和边界。“模糊”选项设置模糊边缘的外部边界；“扩展”选项在“模糊”选项所设置的边界范围内起作用，可将阴影覆盖区扩大到模糊区域中，并会减小模糊半径。“扩展”选项的值越大，阴影边缘模糊度就越低或扩散度就越小。若“扩展”值为 25%，则阴影将向外扩展“模糊”值的 25%；若“扩展”值为 100%，则模糊将消除，形成锐化边缘。在阴影中添加杂色（不自然感），会使其纹理更加粗糙，或粒面现象更加严重。如图 5-2-4 所示，投影时不要把“大小”值设置为 0，如果这样做投影就会变成硬边而不是软边，而且投影的边缘将会有锯齿状的位图。“位移”值可以设置为 0。

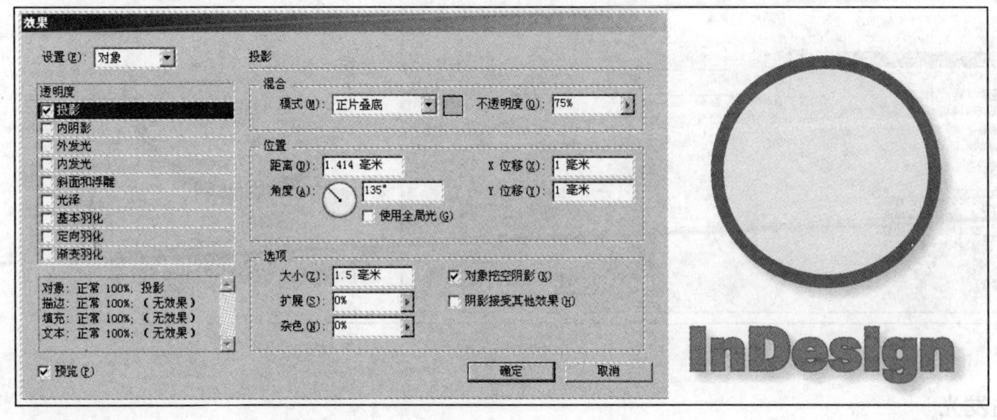

图 5-2-4

对象挖空阴影：对象显示在它所投射投影的前面。

阴影接受其他效果：投影中包含其他透明度效果。例如，如果对象的一侧被羽化，则可以使投影忽略羽化，以便阴影不会淡出，或者使阴影看上去已经羽化，就像对象被羽化一样。

单击控制面板中的投影按钮，以将投影快速应用于对象、描边、填色或文本中，或将其中的投影删除。

2. 内阴影

内阴影效果是将阴影置于对象内部，给人以对象凹陷的印象。可以让内阴影沿不同轴偏离，并可以改变混合模式、不透明度、距离、角度、大小、杂色和阴影的收缩量，如图 5-2-5 所示。

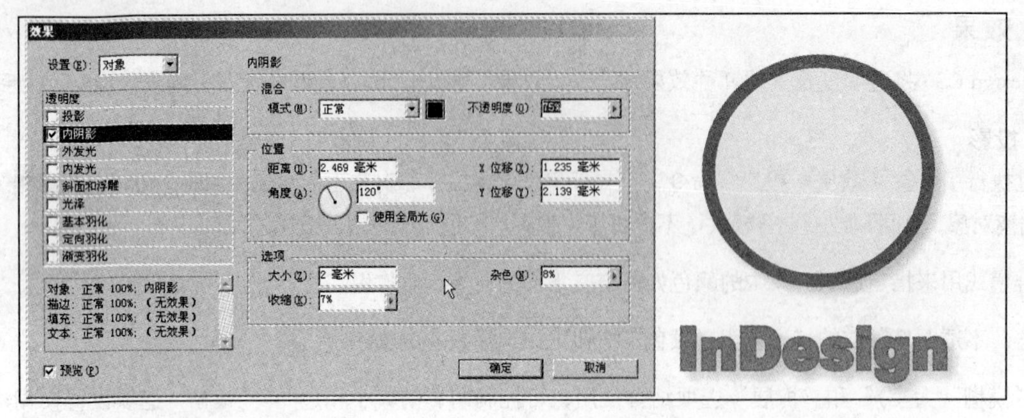

图 5-2-5

3. 外发光

外发光效果使光从对象下面发射出来，给人以对象发光的感觉。可以设置混合模式、不透明度、方法、杂色、大小和扩展，如图 5-2-6 所示。

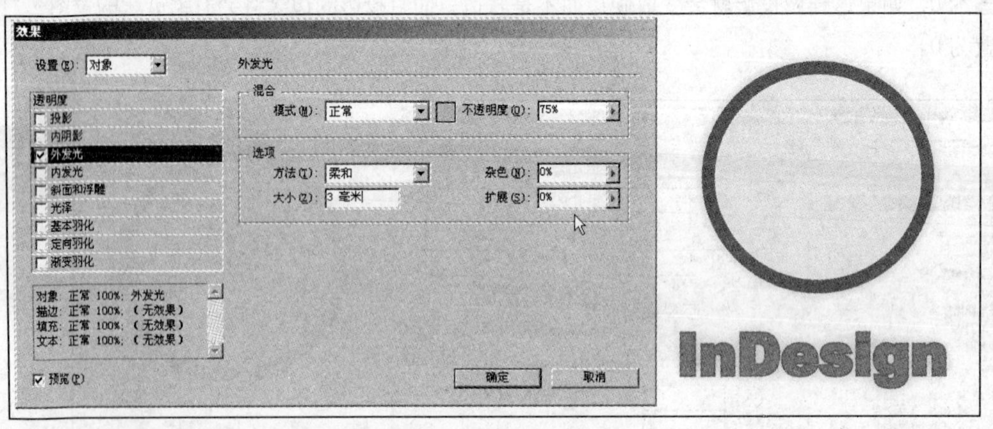

图 5-2-6

4. 内发光

内发光效果使对象从内向外发光。可以选择混合模式、不透明度、方法、大小、杂色、收缩设置和源设置（源——指定发光源）。选择“中心”会使光从中间位置放射出来，选择“边缘”会使光从对象边界放射出来，如图 5-2-7 所示。

5. 斜面和浮雕

使用斜面和浮雕效果可以赋予对象逼真的三维外观，如图 5-2-8 所示。

“结构”选区用于设置确定对象的大小和形状，具体各项设置介绍如下。

· 样式：指定斜面样式。“外斜面”在对象的外部边缘创建斜面；“内斜面”在内部边缘创建斜面；“浮雕”模拟在底层对象上凸饰另一对象的效果；“枕状浮雕”模拟将对象的边缘压入底层对象的效果。

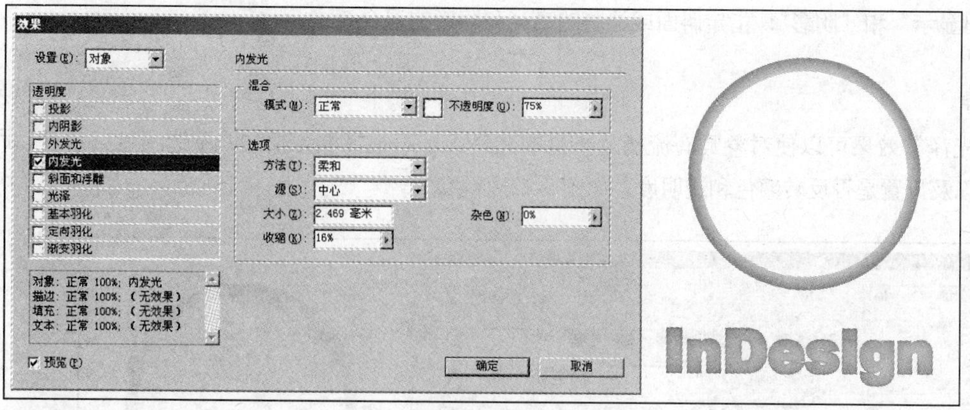

图 5-2-7

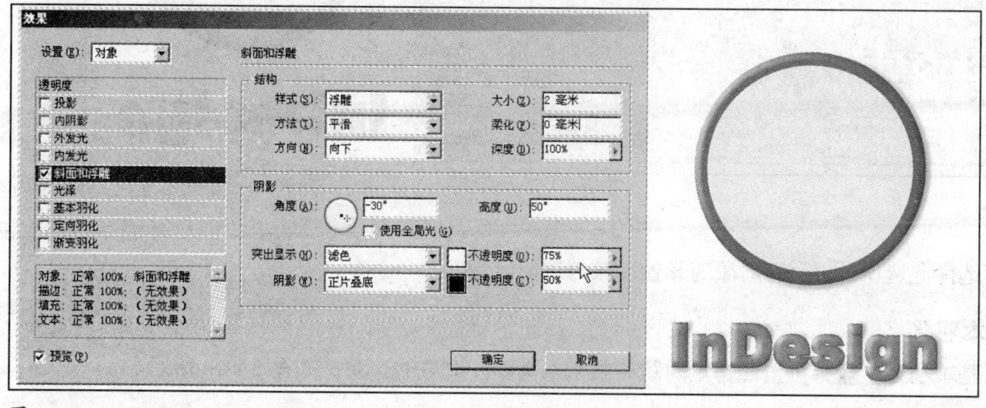

图 5-2-8

· 大小：确定斜面或浮雕效果的大小。

· 方法：确定斜面或浮雕效果的边缘是如何与背景颜色相互作用的。“平滑”方法稍微模糊边缘（对于较大尺寸的效果，不会保留非常详细的特写）；“雕刻柔和”方法也可模糊边缘，但与“平滑”方法不尽相同（它保留的特写要比平滑方法更为详细，但不如“雕刻清晰”方法）；“雕刻清晰”方法可以保留更清晰、更明显的边缘（它保留的特写比“平滑”或“雕刻柔和”方法更为详细）。

· 柔化：除了使用方法设置外，还可以使用柔化来模糊效果，以此减少不必要的人工效果和粗糙边缘。

· 方向：通过选择“向上”或“向下”，可将效果显示的位置上下移动。

· 深度：指定斜面或浮雕效果的深度。

“阴影”选区用于设置可以确定光线与对象相互作用的方式，具体参数如下。

· “角度”和“高度”：设置光源的高度。值为 0 表示等于底边；值为 90 表示在对象的正上方。

· 使用全局光：应用全局光源，它是为所有透明度效果指定的光源。选择此选项将覆盖任何角度和高度设置。

· “突出显示”和“阴影”：指定斜面或浮雕的高光和阴影的混合模式。

6. 光泽

使用“光泽”效果可以使对象具有流畅且光滑的光泽。可以选择混合模式、不透明度、角度、距离、大小设置，以及设置是否反转颜色和透明度，如图 5-2-9 所示。

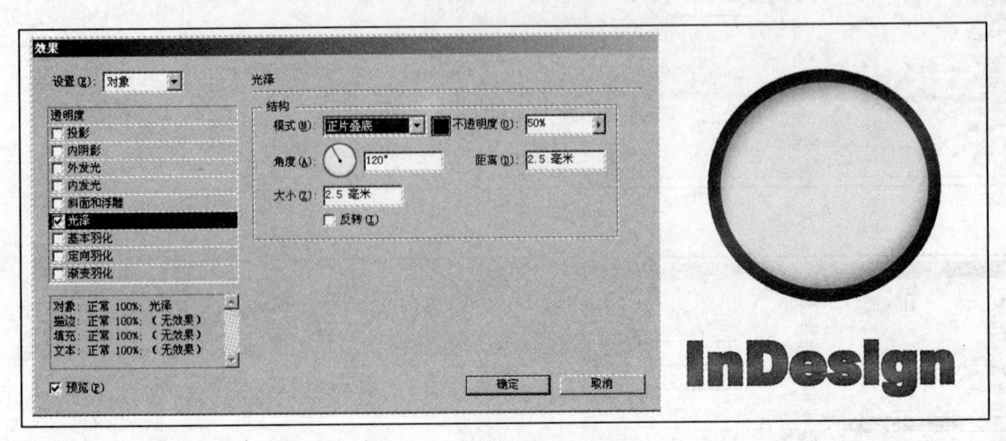

图 5-2-9

反转：选择此选项可以反转对象的彩色区域与透明区域。

7. 基本羽化

使用“基本羽化”效果可按照指定的距离柔化（渐隐）对象的边缘，如图 5-2-10 所示。

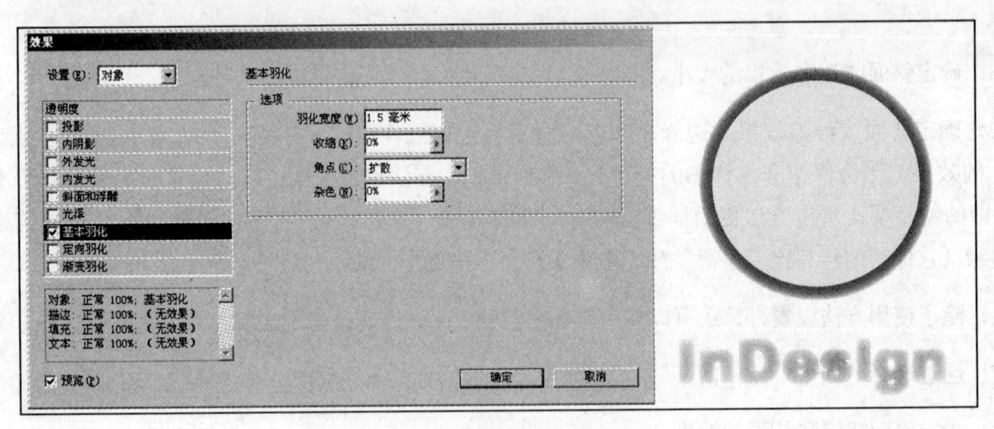

图 5-2-10

· 羽化宽度：用于设置对象从不透明渐隐为透明需要经过的距离。

· 收缩：与“羽化宽度”设置一起来确定将发光柔化为不透明和透明的程度。设置的值越大，不透明度就越高；设置的值越小，透明度就越高。

· 角点：可以选择“锐化”、“圆角”或“扩散”，具体说明如下。

锐化——沿形状的外边缘（包括尖角）渐变。此选项适合于星形对象，以及对矩形应用特殊效果。

圆角——按羽化半径修成圆角。实际上，形状先内陷，然后向外隆起，形成两个轮廓。此选项应用于矩形时可取得良好效果。

扩散——使用 Adobe Illustrator 方法使对象边缘从不透明渐隐为透明 。

· 杂色：指定柔化发光中随机元素的数量。使用此选项可以柔化发光。

注意：羽化对剪辑路径不起作用。

8. 定向羽化

“定向羽化”效果可使对象的边缘沿指定的方向渐隐为透明，从而实现边缘柔化，如图 5-2-11 所示。例如，可以将羽化应用于对象的上方和下方，而不是左侧或右侧。

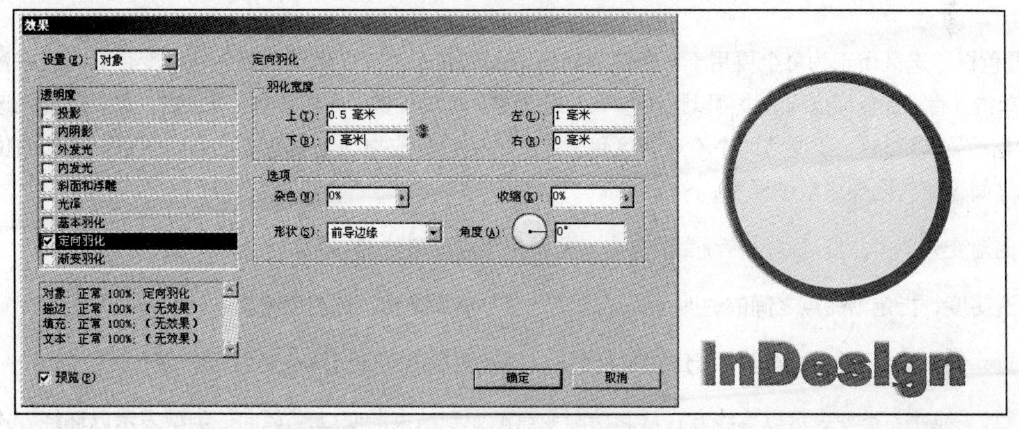

图 5-2-11

“羽化宽度”选区用于设置对象的上方、下方、左侧和右侧渐隐为透明的距离。选择“锁定”选项可以将对象的每一侧渐隐相同的距离。

· 杂色：指定柔化发光中随机元素的数量。使用此选项可以创建柔化发光。

· 收缩：与羽化宽度设置一起，确定发光不透明和透明的程度。设置的值越大，不透明度就越高；设置的值越小，透明度就越高。

· 形状：通过选择一个选项（“仅第一个边缘”、“前导边缘”或“所有边缘”）可以确定对象原始形状的界限。

· 角度：旋转羽化效果的参考框架，只要输入的值不是 90° 的倍数，羽化的边缘就将倾斜而不是与对象平行。

9. 渐变羽化

使用“渐变羽化”效果可以使对象所在区域渐隐为透明，从而实现此区域的柔化，如图 5-2-12 所示。

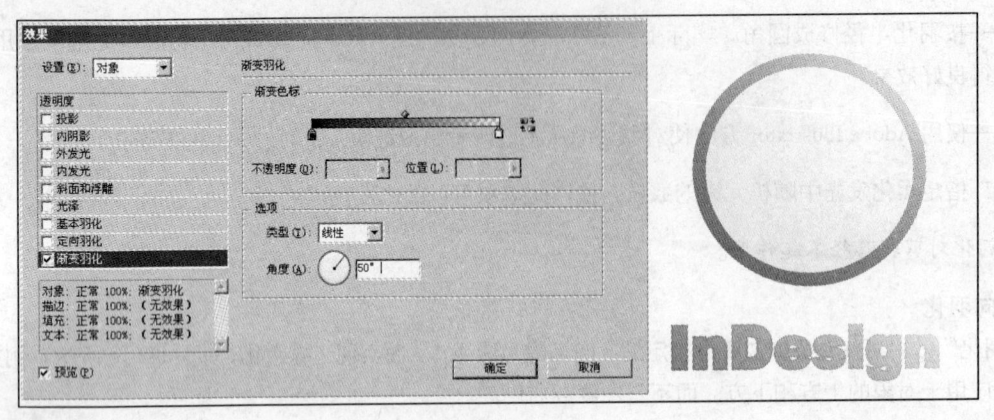

图 5-2-12

“渐变色标”选区用于为每个要用于对象的透明度渐变创建一个渐变色标。要创建渐变色标，应在渐变滑块下方单击（将渐变色标拖离滑块可以删除色标）。要调整色标的位置，应将其向左或向右拖动，或者先选定它，然后拖动位置滑块。 要调整两个不透明度色标之间的中点，应拖动渐变滑块上方的菱形。菱形的位置决定色标之间过渡的剧烈或渐进程度。

· 反向渐变：单击此框可以反转渐变的方向。此框位于渐变滑块的右侧。

· 不透明度：指定渐变点之间的透明度。先选定一点，然后拖动不透明度滑块。

· 位置：调整渐变色标的位置。用于在拖动滑块或输入测量值之前选择渐变色标。

· 类型：“线性”类型表示以直线方式从起始渐变点渐变到结束渐变点；“径向”类型表示以环绕方式的起始点渐变到结束点。

· 角度：对于线性渐变，用于确定渐变线的角度。例如，90° 时，直线为水平走向；180° 时，直线为垂直走向。

5.2.3 透明拼合

1. 透明与拼合

当打印、保存或导出为其他不支持透明的格式时，可能需要进行拼合。要在创建 PDF 文件时保留透明度而不进行拼合，应将文件保存为 Adobe PDF 1.4（Acrobat 5.0）或更高版本的格式。

当包含透明度的文档或作品进行输出时，通常需要进行“拼合”处理。拼合将透明作品分割为基于矢量区域和光栅化的区域。作品比较复杂时（混合有图像、矢量、文字、专色和叠印等），拼合及其结果也会比较复杂。

可以指定拼合设置，然后保存并应用为透明度拼合器预设。透明对象会依据所选拼合器预设中的设置进行拼合。

图 5-2-13 所示为带有透明属性的原始图片（左图）拼合后的效果（右图，为了方便查看，已将各个对象偏移）。

图 5-2-13

注意：Adobe PDF 1.3 和更早版本不支持透明。要在置入 InDesign 的 PDF 文件中保持透明度而不进行拼合，应将文件存储为 Adobe PDF 1.4（Acrobat 5.0）、Adobe PDF 1.5（Acrobat 6.0）或 Adobe PDF 1.6（Acrobat 7.0）、InDesign 可以置入 Illustrator 的原生文件和存储为 Adobe PDF 1.4（和更高版本）的文件，同时保持透明不受影响，且不进行拼合。

可以通过“透明度拼合预设”对话框、“打印”或“导出 Adobe PDF”对话框中的“高级”面板以及“拼合预览”面板，访问并指定拼合设置。这些设置在指定之后，就可以作为透明度拼合预设存储并应用。InDesign 将根据选定的拼合预设中的设置来拼合透明对象。

2. 透明度拼合选项

如图 5-2-14 所示，在“透明度拼合预设选项”对话框中，可以设置下列选项。

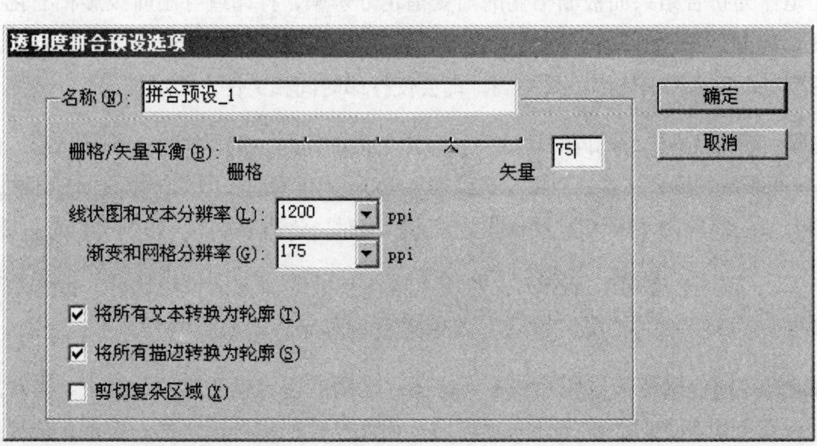

透明度拼合预设选项
名称(N): 拼合预设_1
确定
取消
栅格/矢量平衡(B): 75
栅格
矢量
线状图和文本分辨率(L): 1200 ppi
渐变和网格分辨率(G): 175 ppi
将所有文本转换为轮廓(T)
将所有描边转换为轮廓(S)
剪切复杂区域(X)

图 5-2-14

· 名称：指定预设的名称。可以在“名称”文本框中键入名称，也可以接受默认名称。可以输入现有预设的名称，以编辑该预设，但是不能编辑默认预设。

· 栅格 / 矢量平衡：指定栅格化量，该设置越高，对图片执行的栅格化就越少。若选择最高设置，就会将图片尽可能多的部分保留为矢量数据；若选择最低设置，就会将整幅图片栅格化。栅格化量取决于页面的复杂程度和重叠对象的类型。

· 线状图和文本分辨率：作为拼合结果而被栅格化的矢量对象指定分辨率，拼合时，该分辨率会影响交叉处的精度。该选项为在输出设备上显示精细元素（例如小字体或细描边）设置所需的最低分辨率。通常，当设备分辨率高达 600dpi 时，可以使用设备的分辨率；若是图像集成机，则可以使用其分辨率的一半，例如，2 540dpi 图像集成机可以在线状图和文本中使用 1 270dpi 的分辨率。

默认的透明度拼合设置和推荐的透明拼合设置如表 5-2-1 所示。

表 5-2-1

设置名称	栅格 / 矢量平衡	线状图和文本分辨率	渐变和网格分辨率	将所有文本转换为轮廓	将所有描边转换为轮廓	剪切复杂区域
[低分辨率]	75	300	150	关	开	关
[中分辨率]	75	400	200	关	开	开
[高分辨率]	100	1200	400	关	关	不可用
推荐自定义	100	输出设备分辨率	输出设备 lpi	开	开	不可用

[高分辨率] 用于最终印刷输出和高品质校样（例如基于分色的彩色校样）。

[中分辨率] 用于桌面校样，以及要在 PostScript 彩色打印机上打印的打印文档。

[低分辨率] 用于要在黑白桌面打印机上打印的快速校样，以及要在网页发布的文档或要导出为 SVG 的文档。

· 渐变和网格分辨率：是作为拼合结果而被栅格化的渐变指定分辨率，打印或导出时投影和羽化效果也会使用该分辨率，拼合时，该分辨率会影响交叉处的精度。该选项通常应设置为 150dpi ～ 300dpi，这是由于较高的分辨率并不会使渐变、投影和羽化的品质提高，却会使打印时间和文件大小增加。

· 将所有文本转换为轮廓：在转换为轮廓的同时会放弃具有透明度的跨页上的所有文本字形信息。此选项可确保在拼合过程中文本宽度保持一致。注意，启用此选项在 Acrobat 中查看或在低分辨率桌面打印机上打印时，小字体将显示得比较粗；在高分辨率打印机或图像集成机上打印时，此选项并不会影响文字的品质。

· 将所有描边转换为轮廓：把具有透明度的跨页上的所有描边转换为简单的填色路径，此选项可确保在拼合过程中描边宽度保持一致。注意，启用此选项后，细的描边将显示得略粗。

· 剪切复杂区域：选择此选项时应确保矢量图片和栅格化图片之间的边界落在对象路径上。当对象的一部分被栅格化而另一部分保留矢量形式时，选择此选项可减小由此产生的接合不自然。但是，选择此选项可能导致路径过于复杂，以至于打印机难以处理。

3. 创建透明度的最佳方法

在大多数情况下，如果使用了恰当的预定义拼合预设，或用适合于最终输出的设置创建预设，那么拼合结果都会非常出色。但是，如果文档中包含复杂的重叠区域，并且需要高分辨率输出时，遵循下列基本原则即可获得更可靠的打印输出。

（1）叠印对象

尽管拼合的对象看上去是透明的，但实际上是不透明的，并且不允许下面的其他对象透过来。但是，如果没有应用叠印模拟，那么在导出为 PDF 或打印时，透明度拼合也许能够保留对象的基本叠印效果。这种情况下，生成的 PDF 文件的收件人，应在 Acrobat 5.0 或更高版本中选择“叠印预览”，以精确查看叠印结果。图 5-2-15 所示为叠印预览关闭（左图）和开启（右图）的效果图，可以查看文本填充和描边与波浪线叠印的效果。

图 5-2-15

相反，如果应用了叠印模拟，透明度拼合就会模拟叠印的视觉效果，此模拟将导致所有对象成为不透明状态。在 PDF 输出中，此模拟可将专色转换为等效原色。因此，如果要在输出以后进行分色，则不应选择“模拟叠印”。

（2）专色和混合模式

专色与某些混合模式配合使用，有时会产生意外效果，原因在于 InDesign 在屏幕显示时使用等效原色，但是在打印时使用的是专色。此外，导入图形中的分离混合可能会在现用文档中造成挖空。如果使用混合模式，就应使用“视图”菜单中的“叠印预览”定期检查你的设计，“叠印预览”提供的是与透明对象叠印或相互影响的专色油墨的近似显示效果。如果该显示效果并非预期效果，则应执行下列操作之一。

· 使用其他混合模式，或不使用混合模式。当使用专色时，避免使用的混合模式有差值、排除、色相、饱和度、颜色和亮度。

· 应尽可能使用原色。

（3）混合空间

如果对跨页上的对象应用透明度，则该跨页上的所有颜色都将转换为透明混合空间（执行“编辑 > 透明混合空间”命令），即“文档 RGB”或“文档 CMYK”，即使它们与透明度无关也会如此。转换所有颜色可以使同一跨页上的任意两个同色对象保持一致,并且可避免在透明边缘出现更剧烈的颜色变化。绘制对象时，颜色将“实时”转换。置入图形中的与透明度相互作用的颜色也将被转换为混合空间，这会影响颜色在屏幕上和打印中的显示效果，但不会影响颜色在文档中的定义。根据工作流程，执行下列操作之一。

· 如果所创建文档只用于打印，则应为混合空间选择“文档 CMYK”。

· 如果所创建文档只用于 Web，则应选择“文档 RGB”。

· 如果所创建文档同时用于打印和 Web，则应确定其中哪一个更重要，然后选择与最终输出匹配的混合空间。

· 如果创建了高分辨率打印页，并需要将该页在网站上作为引人注目的 PDF 文档发布，那么可能需要在最终输出前来回切换混合空间。在此情况下，务必将具有透明度的每个跨页上的颜色重新打样，并避免使用差值和排除混合模式，这些模式会让外观大幅改变。

（4）文字

如果文字靠近透明对象，则可能会以意外的方式与透明对象相作用，例如，绕排透明对象的文字也许不会与对象重叠，但是字形与对象的接近程度可能会导致与透明度相作用。在此情况下，拼合可以将字形转换为轮廓，这样就只在字形上产生粗化的描边宽度。如果发生此问题，则执行下列操作之一。

· 将文本移动到堆栈顺序的顶端,使用“选择”工具选择文本框架,然后执行“对象 > 排 列 > 置于顶层”命令。

· 将所有文本扩展为轮廓，以实现整篇文档的一致效果。要将所有文本都展开为轮廓，应从“透明度拼合预设选项”对话框中选择“将所有文本转换为轮廓”，选择此选项可能会影响处理速度。

（5）图像替换

· 拼合需要高分辨率数据才能精确处理带透明度的文档。但是，在 OPI 代理工作流程中，会使用占位符或代理图像，以便以后替换为 OPI 服务器的高分辨率版本。如果拼合不能访问高分辨率数据，则不会产生任何 OPI 注释，并且只输出低分辨率代理图像，进而导致最终输出为低分辨率图像。

· 如果采用的是 OPI 工作流程，则应考虑在将文档存储为 PostScript 格式前，使用 InDesign 替换图像。为此，必须在置入 EPS 图形和输出 EPS 图形时指定设置。置入 EPS 图形时，应在“EPS 导入选项”对话框中选择“读取嵌入的 OPI 图像链接”。输出时,应在“打印”对话框或“导出 EPS”对话框的“高级”区域中选择“OPI 图像替换”。

（6）颜色转换

当透明对象与专色对象重叠时，如果首先导出为 EPS 格式，那么在打印时将专色转换为原色，或在 InDesign 以外的其他应用程序中创建分色，可能会出现不希望的结果。

此时为了避免发生问题，应在从 InDesign 导出前，根据需要使用油墨管理器将专色转换为等效原色。避免发生问题的另一种方法就是确保专色油墨在原来的应用程序（例如 Adobe Illustrator）和 InDesign 中保持一致。也就是说，需要打开 Illustrator 文档，将专色转换为原色，再将其导出为 EPS，然后将该 EPS 文件置入到 InDesign 版面中。

(7) Adobe PDF 文件

导出为 Acrobat 4.0（Adobe PDF 1.3）的操作始终会拼合具有透明度的文档，这可能会影响其中透明对象的外观。除非在“导出 Adobe PDF”对话框的“输出”区域中选择了“模拟叠印”，否则不会拼合不透明内容。因此，将具有透明度的 InDesign 文档导出为 Adobe PDF 时，应执行下列操作之一。

· 如果可能，则在“导出 Adobe PDF”对话框中选择“Acrobat 5.0（Adobe PDF 1.4）”、“Acrobat 6.0（Adobe PDF 1.5）”或“Acrobat 7.0（Adobe PDF 1.6）”兼容性，以将透明度保持为实时、完全可编辑的形式。确保你的服务提供商可以处理 Acrobat 5.0、Acrobat 6.0 或 Acrobat 7.0 文件。

· 如果必须使用 Acrobat 4.0 兼容性，文档包含专色并且打算创建用于屏幕查看的 PDF 文件（例如客户审阅），那么最好在“导出 Adobe PDF”对话框的“输出”区域中选择“模拟叠印”选项。此选项可正确模拟专色和透明区域；生成的 PDF 文件不必在 Acrobat 中选择“叠印预览”，即可看到文档的打印外观。但是，在生成的 PDF 文件中，“模拟叠印”选项会将所有专色转换为等效印刷色，因此在创建用作最终作品的 PDF 时，应务必取消选中此选项。

· 可以考虑使用预定义的 [印刷质量]Adobe PDF 预设。此预设所含拼合设置适用于供高分辨率输出使用的复杂文档。

(8) 陷印

拼合可能会将矢量对象转换为栅格化区域。如果陷印是使用描边应用于置入的 Adobe Illustrator 图形，则会被保留。如果陷印是应用于在 InDesign 中绘制的矢量图片，然后进行栅格化，就不会被保留。

要保留尽可能多的对象矢量，应在“打印”或“导出 AdobePDF”对话框的“高级”面板中，选择“高分辨率”透明度拼合预设。

为了避免读者在实际操作中遗漏检查任务，在此为大家提供一个检查任务列表，如表 5-2-2 所示。

表 5-2-2

特　性	任　务
图层	将透明对象放在单独的图层，在设计许可的条件下，将文本放在单独的图层上并置顶
透明混合空间	用于印刷媒体发布，应使用 CMYK 混合空间：编辑 > 透明混合空间 > 文档 CMYK 用于 Web 或屏幕浏览，应使用 RGB 混合空间：编辑 > 透明混合空间 > 文档 RGB
置入对象	建议使用原生文件格式。如果输出 CMYK，则将对象中包含的专色在源程序中转换
页面面板	右图表示页面中包含透明对象
专色	在分色预览中检查包含专色渐变和重叠的矢量对象是按照要求分色的
混合模式	避免对包含专色或渐变的对象使用混合模式——颜色、饱和度、亮度和差值，否则将会引起无法预计的错误
预览	使用叠印预览、分色预览和拼合预览检查透明效果
预检	检查链接状态和色彩空间是否存在混合色彩空间的问题
商业打印机	每一个 RIP 都有自己独特的设置和要求，应在你的环境里模拟

6 对象与表格

学习要点

- 掌握对象选择与排列
- 掌握对象的基本操作
- 掌握框架和对象的关系操作
- 了解并掌握对象库
- 掌握表格设置、表样式、单元格样式

6.1 对象选择与排列

Adobe InDesign 对象包括可以在文档窗口中添加或创建的任何项目，其中包括开放路径、闭合路径、复合形状和路径、文字、删格化图片、3D 对象和任何置入的文件。对象的操作包括选取、变换、复制、删除、编组、锁定、对齐、分布、定位和效果等。

6.1.1 对象的选择

1. 对象的选择方法

可以使用以下工具和方法选择对象。

· 选择工具 ：可以选择文本和图形框架，并使用对象的外框来处理对象。

· 直接选择工具 ：可以选择框架的内容（例如置入的图形），或者直接处理可编辑对象（例如路径、矩形或已经转换为文本轮廓的文字）。

· 文字工具 T：可以选择文本框架中、路径上或表格中的文本。

· 选择子菜单：可以选择对象的容器（或框架）及其内容。使用“选择”子菜单还可以根据对象与其他对象的相对位置来选择对象。要查看“选择”子菜单，应选择“对象 > 选择”命令。也可以用上下文菜单选择。

· 控制面板上的选择按钮：可以使用“选择内容”按钮选择内容，或使用“选择容器”按钮选择容器。还可以使用“选择下一对象”或“选择上一对象”来选择组中或跨页上的下一个或上一个对象。

· 全选和全部取消选择命令：可以选择或取消选择跨页和粘贴板上的所有对象，具体取决于活动工具以及已经选择的内容。选择“编辑 > 全选”命令或“编辑 > 全部取消选择”命令。

2. 选择外框

在 InDesign 中任何对象都有外框，它是一个表示该对象的水平和垂直尺寸的矩形（对于编组对象，外框是一个虚线矩形）。使用外框可以快速移动、直接复制和缩放对象而不必使用任何其他工具。对于路径，使用外框可以轻松地处理整个对象，而不会无意中改变决定对象形状的锚点。

使用选择工具，执行下列操作之一。

· 单击对象。如果该对象是未填色路径，则单击其边缘。

· 拖动虚线选区矩形或选框以将该对象的一部分或整个对象圈起。

· 选定图形对象或者嵌套内容后，单击“控制”面板中的“选择容器”按钮。

外框被选中的路径如图 6-1-1 所示。

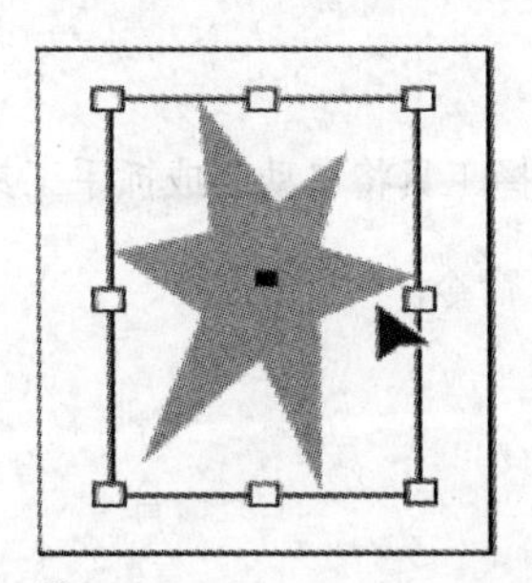

图 6-1-1

当使用选择工具选择一个或多个对象时，会看到指示每个对象大小的外框。如果在选择对象时没有看到外框，则可能是使用直接选择工具选择的对象。

如果单击某个框架但未将其选中，则该框架可能位于锁定图层或主页上。如果该框架位于锁定图层上，则会显示一个铅笔图标；如果该框架位于主页上，则可以覆盖它以将其选中。

3. 选择路径或路径上的点

使用直接选择工具，单击路径可以将其选中。要选择路径上的点，应执行下列操作之一。

· 要选择单独的点，应单击它。

· 要选择路径上的多个点，可按住 Shift 键单击每个点。

· 要一次选择路径上的所有点，应单击位于对象中心的点，或按住 Alt 键（Windows）或 Option 键（Mac OS）并单击该路径。如果直接选择对象的任何部分，则使用“全选”命令也可以选择所有的点。

图 6-1-2 左图选择了路径，中间的图选择了路径上的一个点，右边的图选择了路径上的多个点。

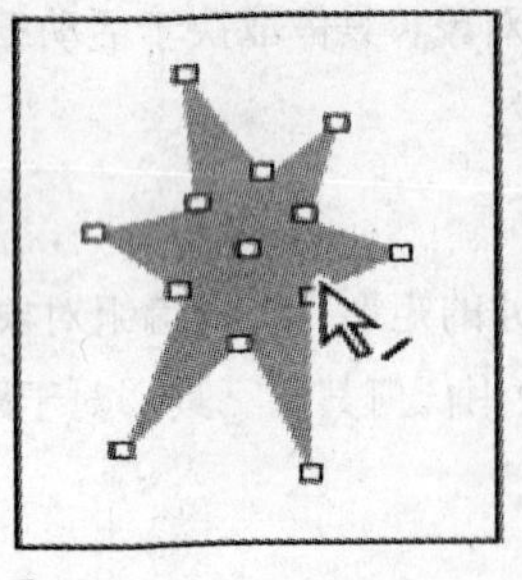
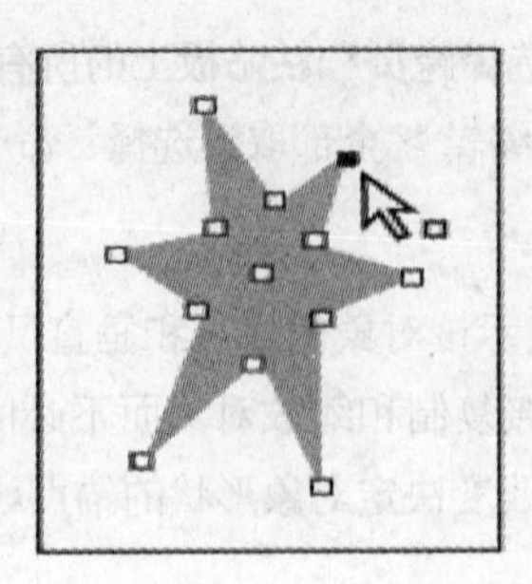
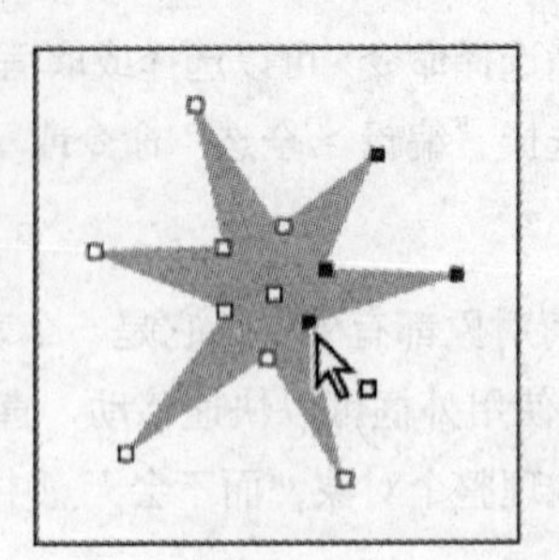

图 6-1-2

4. 选择框架内的文本

用文字工具插入文本框，通过拖动选择文本。要选择多个页面的文本（包括随文框架），应在起始位置单击或拖动后按住 Shift 键，再翻页到所需页面点入光标即可选择多页文本。

用文字工具双击文本可以选择一句，三击可以选择一行，四击可以选择一个段落。

5. 选择框架内的对象

使用以下任一方法可以选择框架内的对象。

- 使用直接选择工具单击对象。当置于框架内的图形对象上方时，直接选择工具将自动变成抓手工具。
- 选定框架后，从“对象”菜单或框架上下文菜单中选择“选择 > 内容”命令。
- 选定框架后，单击“控制”面板上的“选择内容”按钮。

6.1.2 对象的排列对齐

1. 排列堆叠的对象

重叠对象是按它们创建或导入的顺序进行堆叠的，可以使用“排列”子菜单更改对象的堆叠顺序。

在堆栈中选择要向前或向后移动的对象，要将选定对象移动到堆栈的前面或后面，应选择“对象 > 排列 > 置于顶层”命令或“对象 > 排列 > 置为底层”命令。

要将选定对象前移或后移一层以越过堆栈中的下一个对象，应选择“对象 > 排列 > 前移一层”命令或“对象 > 排列 > 后移一层”命令。

对于重叠对象在 InDesign 中进行选择时可以使用以下快捷键。

- 按住 Ctrl 键单击一组重叠的对象，第一次单击将会选择最顶层的对象，以后的每次单击将会依次向下选择鼠标指针所在位置最顶层对象的下一层对象，依此类推。
- 按住 Ctrl+Alt 键单击一组重叠的对象，第一次单击将会选择最顶层的对象，第二次单击会选择最下层的对象，以后的每次单击将会依次向上选择鼠标指针所在位置最下层对象的上一层对象，依此类推。
- 在没有选择任何对象时，使用快捷键 Ctrl+Alt+[和 Ctrl+Alt+] 可选择当前页面中最底部图层中最底层的对象和最顶部图层中最顶层的对象。使用快捷键 Ctrl+Alt+Shift+[和 Ctrl+Alt+Shift+] 也可以达到同样的效果。

· 在选中了某个对象时，使用快捷键 Ctrl+Alt+[和 Ctrl+Alt+] 可选择当前对象下一层级的对象，并且可以穿越图层依次选择。

· 在选中了某个对象时，使用快捷键 Ctrl+Alt+Shift+[和 Ctrl+Alt+Shift+] 可选择当前图层中最顶层级的对象。

2. 对齐和分布对象

使用“对齐”面板（“窗口 > 对象和版面 > 对齐”），可以沿选区、边距、页面或跨页水平或垂直地对齐或分布对象。“对齐”面板如图 6-1-3 所示。

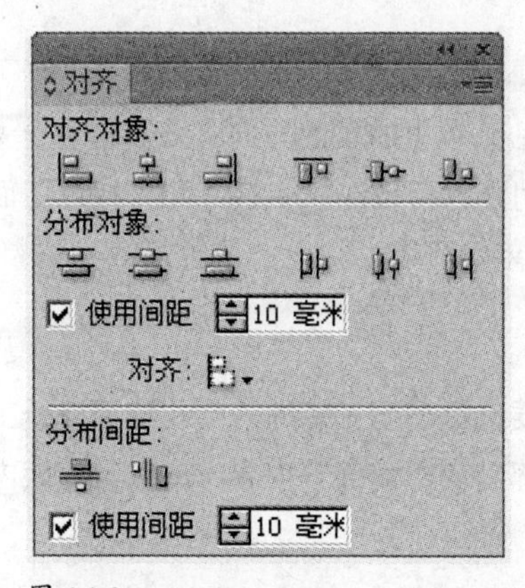

图 6-1-3

选择要对齐或分布的对象，应在面板底部的菜单中，指定是要基于选区、边距、页面还是跨页来对齐或分布对象。

关键对象：选择对象后，按住 Ctrl 键的同时点击某一对象则为关键对象，在对齐以关键对象为准对齐。

要对齐对象，应单击所需类型的对齐按钮；要分布对象，应单击所需类型的分布按钮。

要在对象间设置间距，应选择“分布对象”下的“使用间距”，然后键入要应用的间距量。单击某个按钮以沿着选定对象的水平轴或垂直轴分布选定对象。

3. 使用间隙工具排列对象

“间隙工具”提供了一种快速的方式来调整两个或多个对象之间间隙的大小。“间隙工具”还可在保持对象之间固定间距的情况下，同时调整具有常见的对齐边缘的多个对象的大小。“间隙工具”通过直接操控对象之间的空白区域，可以一步到位地调整布局。“间隙”工具可以忽略锁定的对象和主页项目。

(1) 选择“间隙”工具。

(2) 将指针移至两个对象之间，然后执行以下任意操作。

· 拖动以移动间隙，并重新调整所有沿着该间隙排列的对象的大小。

· 按下 Shift 键的同时进行拖动可以只移动最近的两个对象之间的间隙。

· 按下 Ctrl 键(Windows)或 Command 键(Mac OS)的同时进行拖动,可以调整间隙的大小而不移动间隙。同时按下 Shift 键可以只调整两个最近的对象之间的间隙的大小。

· 按下 Alt 键（Windows）或 Option 键（Mac OS）的同时进行拖动,可以按相同的方向移动间隙和对象。同时按下 Shift 键可以只移动两个最近的对象。

· 按下快捷键 Ctrl+Alt（Windows）或快捷键 Command+Option（Mac OSO）的同时进行拖动，可以调整间隙的大小并移动对象。同时按下 Shift 键可以调整间隙的大小并只移动两个最近的对象。

6.2 变换对象

使用工具和命令可以修改对象的大小或形状，以及更改对象在粘贴板上的页面方向。工具箱包含 4 个变换工具：旋转、缩放、切变和自由变换工具。所有变换以及对称功能都可以在“变换”和“控制”面板中使用，这样就可以准确地指定变换。变换菜单的子集可以从面板菜单中获取。

变换对象时要牢记以下选择原则。

· 使用的选择工具不同，变换的结果可能会有很大差异，因此要确保使用正确的工具。使用选择工具变换整条路径及所有内容，使用“直接选择”工具只变换路径的一部分而不变换其内容，或者只变换内容而不变换其路径。

· 变换将所有选定对象作为单个单元进行操作。例如，如果选择多个对象并将其旋转 30°，那么这些对象都围绕一个原点旋转。如果想要将每个选中的对象围绕其自身的原点旋转 30°，那么必须单独选择和旋转它。

· 在变换文字时，可以使用以下两种选择方法之一：使用选择或直接选择工具选择整个文本框架或转换为轮廓的文本，然后使用变换工具；使用文字工具选择文本或者在文本框架中单击以置入一个插入点，然后在“变换”面板、“控制”面板或双击工具时出现的对话框中指定变换。在这两种情况下，变换都会影响整个文本框架。

6.2.1 基本变换操作

1. 设置变换中心

InDesign 在“变换”面板中使用对象代理指定变换操作的中心。这里的 9 个点分别代表了选中对象的边缘和中心的 9 个特殊位置，直接单击某点然后在面板中输入数值或使用变换工具都可以以这几个特殊点为中心来变换。

用变换工具也可指定变换中心。方法如下：在选择了对象后，切换到变换工具，在需要指定的变换中心处单击，变换中心图标会在单击处出现，再次单击其他位置（这个单击点将和变换中心点相连构成变换半径）并拖动将会变换对象。如果希望自定义中心点并同时精确指定变换数据，则应按住 Alt 键在中心点处单击，这样可以单击变换中心并弹出变换对话框。

2. 缩放

InDesign 提供了多种方法变换对象，例如，使用选择工具变换，使用缩放工具、“变换”面板中的缩放区域，修改“变换”面板中对象的高度和宽度，使用自由变换工具和使用对象菜单中文本框的属性，等等。

· 使用选择工具缩放是很快捷的方法，但是这样不会保留缩放“记忆”，即不会在“变换”面板缩放区域中显示实际缩放比例，如果要恢复原状，就只能通过撤销操作。

· 使用缩放工具可以直接缩放选中的对象，也可以指定缩放中心，在弹出对话框中输入精确数据进行变换。直接变换时，按下 Shift 键可以强制缩放比例。

· 使用“变换”面板缩放时，可以直接修改对象的宽度和高度，也可以在面板下部选择或自行输入缩放百分比。

注意：在“变换”面板中如果希望强制比例，并不需要在宽和高中都输入数值，只需要在一个框中输入，并按下 Ctrl+Enter 快捷键。如果在输入后按下 Shift+Enter 快捷键就会确认变换，但是仍然激活输入区，可以再次输入缩放比例。

在 InDesign 中缩放图文框和其他软件不太一样，在缩放时，图文框的内容是否一起缩放，这决定于框中的内容。

· 要缩放图文框，应使用选择工具选择单击框的边界框，并拖曳。

· 要改变图文框的外观，应使用直接选择工具编辑或移动图文框的锚点。

· 拖曳更改图文框的外观时，以下几种对象会随着图文框一起缩放：从其他程序中粘贴 / 复制或拖曳到 InDesign 中的对象，群组对象或在 InDesign 中绘制的对象。置入的对象和文本对象不会随着缩放。如果要让置入的对象随着图文框一起缩放，那么缩放图文框时要按住 Ctrl 键，而按住 Shift 键可以强制比例。

· 缩放带有剪辑路径的图片时要特别小心，缩放图文框时需要按住 Ctrl 键，否则，图文框和剪辑路径被缩放，而图片不受影响，按住 Shift 键时可以强制缩放比例。

注意事项如下所述。

· 在缩放前，必须明确选中的是图文框还是图文框中的内容。特别注意的是，使用的选择工具不同，选择的对象也会不同。

· 使用“变换”面板下部的缩放区域（或）来缩放选中的图文框时，图文框中的内容（文本、剪辑路径和描边）都将被缩放。使用直接选择工具选中框中的内容时，将只会缩放选中的内容。

· 使用“变换”面板上部的宽度和高度数字域，也可以缩放对象，只是不会影响框中的内容和对象描边宽度。

· 使用选择工具或缩放工具缩放文本框时，文本不会被缩放。

· 使用“变换”面板的缩放区域缩放文本框时，“字符”面板中的字符大小、水平缩放和垂直缩放会和变换对应。

· 使用“变换”面板的缩放区域或缩放工具缩放对象时，对象的描边将被同时缩放。使用选择工具或在“变换”面板中修改对象的高度和宽度时，描边不会受影响。这一点和Illustrator、Freehand不同。

· 使用“变换”面板的缩放区域或缩放工具缩放对象时，InDesign会记住缩放的比例，并在“变换”面板的缩放区域中显示出来。使用选择工具变换时，“变换”面板的缩放区域中数值保持100%，除非变换的是在InDesign中创建的对象或从其他程序中粘贴来的对象。

注意：具有描边的图文框可以以两种方式计量。默认情况下，描边不会被计算在对象的尺寸中。选中“变换”面板菜单中的“尺寸包含描边宽度”选项将会计算描边的宽度。

3. 旋转

旋转和缩放的操作类似，最重要的还是要确定旋转的是整个图文框还是框中的内容。

· 使用旋转工具选择对象或使用选择工具选择对象再切换到旋转工具，单击粘贴板定义旋转中心（默认是在对象中心），再在其他地方单击并拖动就可以旋转对象，按下Shift键可以强制旋转角度为45°的整倍数。旋转的角度会被显示在“变换”面板的旋转区域中。按住Alt键可以在旋转时生成一个对象副本。

· 在“变换”面板的旋转区域中选择旋转角度，也非常方便。负值代表顺时针角度，正值代表逆时针角度。

· 选中要变换的对象后，双击工具箱中的旋转工具，可以弹出对话框，输入旋转角度。

· 使用自由变换工具时，只需要把鼠标指针移动到4个顶点的外部附近区域就会显示双向旋转指针，此时拖动就可旋转对象。

4. 倾斜

倾斜可以让对象沿着水平轴（使用“变换”面板）或水平和垂直轴（使用倾斜工具）斜切或倾斜。

· 选中对象后，切换到倾斜工具，设置变换中心后拖动便可以倾斜对象。在“变换”面板中的倾斜区域会显示倾斜的角度。

· 选中对象后，双击工具箱中的倾斜工具，或直接在“变换”面板的倾斜区域中输入或选择角度，都可以沿着水平轴倾斜对象。

· 使用自由变换工具，需要在选中对象后切换到自由变换工具，在单击边界框边上中部的手柄后，再按下Ctrl+Alt快捷键拖动，便可斜切对象。

5. 镜像

要水平或垂直镜像对象，应先选中它，然后在“变换”面板的菜单中选择对应的选项。要镜像对象的副本，必须先在对象正上方创建一个副本（使用原位粘贴或多重复制），再镜像这个副本。

使用选择工具或自由变换工具时，将对象边界框的一边拖曳穿过对面的边也可以创建对象的镜像，只是不太精确。更好的方法是在“变换”面板的宽度、高度或缩放比例的数字区域中输入原数的相反数（负数）。

注意：默认情况下，对象变换中心是对象的中心，此时规则对象镜像后看不出效果。

6. 移动

用户可以使用选择工具选择和移动对象。移动对象的方法是在“变换”面板中用 x、y 坐标指定精确移动距离，双击选择工具可以弹出移动对话框，在此对话框中输入移动距离和方向即可。要在不同页面间移动对象，应先选中它们，复制或剪切再粘贴到目标页面上，当然也可以缩小视图到能看到两个页面时，再在页面间拖动。

移动对象也可以使用键盘上的箭头键，按住 Shift 键以 10 倍的增量移动，增量的设置在首选项对话框中。

6.2.2 高级变换操作

1. 重复变换

对于移动、缩放、旋转、调整大小、对称、切变和适合等操作可以重复变换。可以重复单个变换或一序列变换，还可以一次将这些变换应用于多个对象。InDesign 会记住所有的变换，直到选择不同的对象或执行不同的任务。

注意：修改路径及其点不会作为变换被记录下来，而且它们也不是“变换”或“控制”面板菜单上的一些全局设置（例如“缩放描边”）。

选择一个对象，然后执行要重复的所有变换。选择要应用变换的对象，选择“对象 > 再次变换”命令，然后选择下列选项之一。

- 再次变换：将最后一个变换操作应用于选择项。
- 逐个再次变换：将最后一个变换操作逐个应用于每个选定对象，而不是作为一个组应用。
- 再次变换序列：将最后一个变换操作序列应用于选择项。
- 逐个再次变换序列：将最后一个变换操作序列逐个应用于每个选定对象。

2. 图片框和内容的匹配

用户可以使图片框中的对象匹配，选中框后选择“对象 > 适合”命令可选择适当的匹配方式。对图文框进行外观调整不会影响到框中的内容，只有在面板中（例如，“段落”面板）修改参数，才会影响内容。文本框中的内容的布局和对齐等也可以通过“对象 > 文本框选项”命令来设置。

3. “变换”面板选项

（1）尺寸包含描边粗细

该选项默认选中，它表示在用 InDesign 测量时，将以图文框描边的外边缘作为计量边缘，换句话说，就是把图文框的描边计算在测量值中。在“变换”面板中指定对象的宽度（W）和高度（H）时，如果选中了“尺寸包含描边粗细”选项，就会以描边的外边缘作为计量边缘。如果没有选中此选项，就会以对象外边缘作为计量边缘。

（2）整体变换

“整体变换”选项让 InDesign 决定测量群组对象时是以文档粘贴板为基准还是以父对象为基准。默认情况下，“整体变换”选项被选中将以文档粘贴板为基准，取消“整体变换”将以父对象（这里是外部的图片框）为基准，具体区别效果如下所述。

原始状态：红色对象旋转了 10°，并且和处于水平状态的黄色对象组成群组，如图 6-2-1 所示。

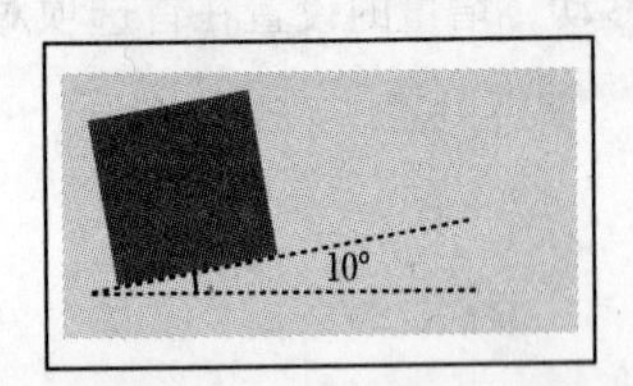

图 6-2-1

变换群组对象：将群组对象整个选中并旋转 10°。选中“整体变换”选项时，选择红色对象，“变换”面板中显示出旋转角度为 20°，如图 6-2-2 所示。选择黄色对象，显示为 10°，如图 6-2-3 所示。

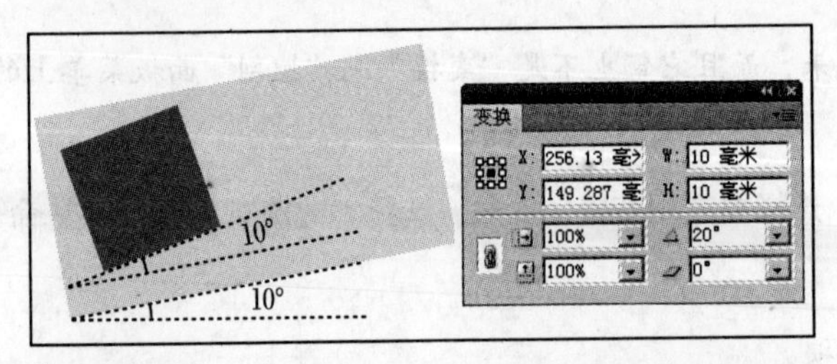

图 6-2-2

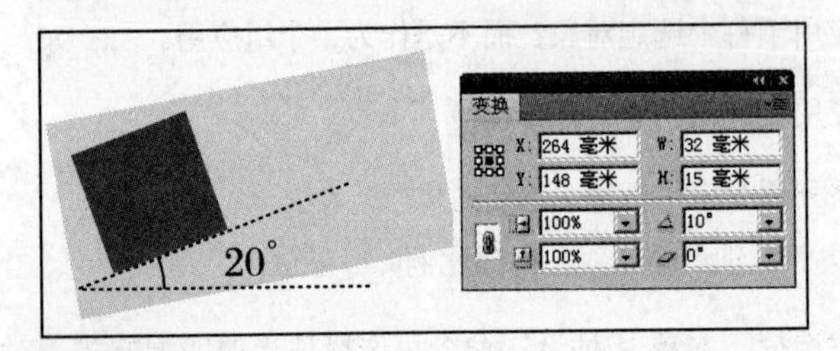

图 6-2-3

取消“整体变换”选项，选择红色对象，“变换”面板中显示出旋转角度为 10°，如图 6-2-4 所示。选择黄色对象，显示为 0°，如图 6-2-5 所示。

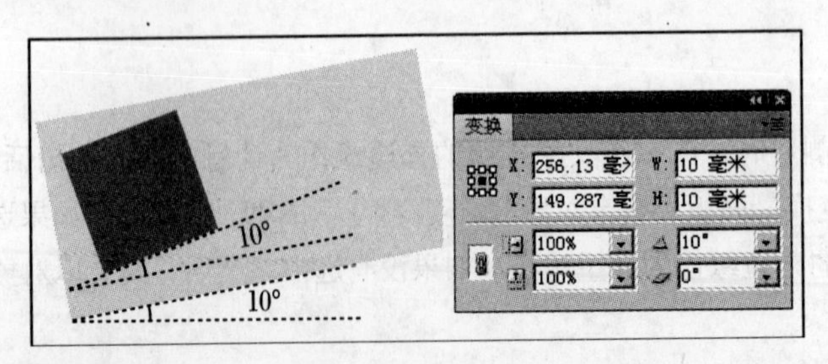

图 6-2-4

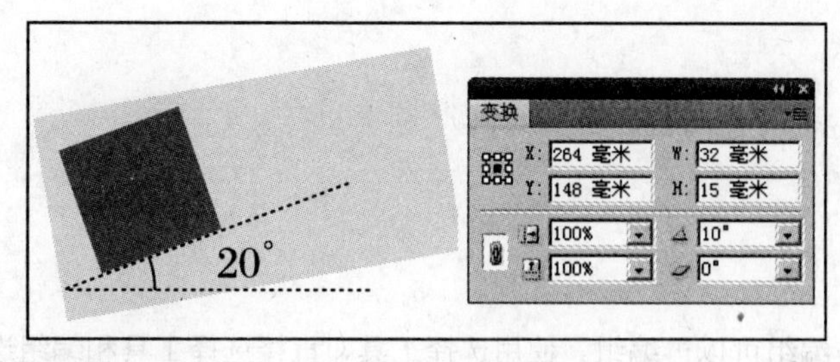

图 6-2-5

(3) 显示内容位移

如果移动了嵌套对象中的子级对象，则可以在选中此选项时查看偏移值，取消此选项时显示出对象的绝对位置。

如图 6-2-6 所示，选中“显示内容位移”选项时，选择被裁剪的图像，“变换”面板中的 X 和 Y 值变为了 X+ 和 Y+，此时是指图像与图片框之间的相对距离（左图）。取消“显示内容位移”选项时，选择被裁剪的图像，“变换”面板中的 X 和 Y 值是图像的绝对位置（右图）。

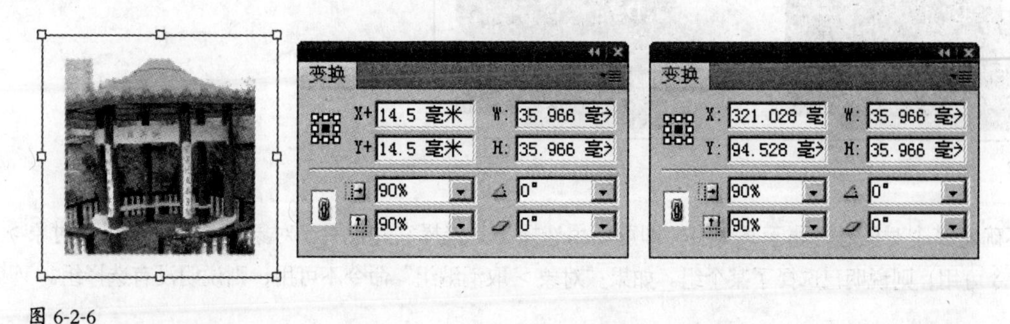

图 6-2-6

(4) 缩放时调整描边粗细

当选中此选项时，缩放带有描边的对象，描边的粗细会按照对象缩放比例同等缩放。

6.3 编组、锁定和复制对象

6.3.1 对象编组

1. 编组对象

可以将几个对象组合为一个组，以便它们可以作为一个单元被处理，然后，就可以移动或变换这些对象而不会影响它们各自的位置或属性。例如，可以在一个徽标设计中编组对象，以便可以将该徽标作为一个单元移动和缩放，如图 6-3-1 所示。

选择要编组的多个对象，选择菜单“对象 > 编组”命令，即可将多个对象编组。如果选择了对象的一部分（例如，一个锚点），就会编组整个对象。

图 6-3-1

组也可以嵌套，编组与多个对象或编组与编组可以再编组。使用选择工具、直接选择工具和编组选择工具可以选择嵌套组层次结构中的不同级别。

当将堆栈顺序中不相邻的一些对象进行编组时，选定对象将被一起拖到堆叠顺序中，并位于最顶层的选定对象的后面（例如，当对象作为 A、B、C、D 按从前到后的顺序进行堆叠时，如果将 B 和 D 编为一组，那么该堆叠顺序将变为 A、C、B、D，如图 6-3-2 所示。）。如果将位于不同命名图层的对象进行编组，则所有对象都将移动到选定对象所在的最顶层图层。此外，所选择的对象要么全部锁定，要么全部未锁定。

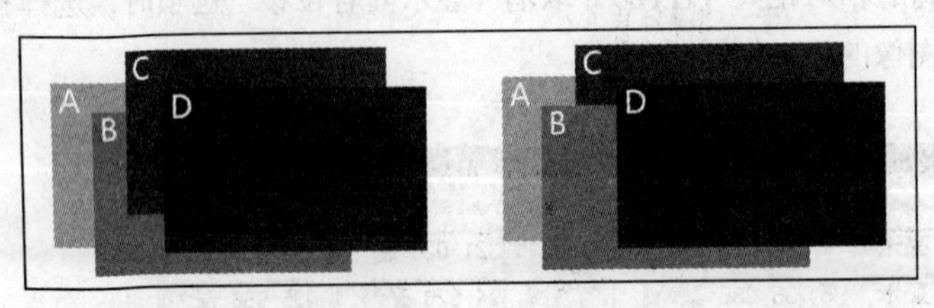

图 6-3-2

如果不确定某个对象是否属于某个组，即可使用选择工具选择它并查看“对象”菜单。如果“对象 > 取消编组”命令可用，则说明已选择了某个组。如果“对象 > 取消编组”命令不可用，则说明没有选择组。

2. 取消编组

选择要编组的对象，再选择菜单命令“对象 > 取消编组”，即可将编组的对象解散，但各个对象的堆叠顺序以及图层位置仍然保持编组时的状态，不会恢复到编组前的顺序和图层。

6.3.2 锁定对象

可以使用“锁定”命令来指定不希望移动文档中的特定对象。只要对象被锁定，就无法移动它，不过仍然可以选择它，并更改其他属性（例如，颜色）。在存储、关闭然后重新打开文档时，锁定对象始终保持为锁定状态。

选择要将其锁定在原位的一个或多个对象，再选择菜单命令“对象 > 锁定”即可锁定。

还可以使用“图层”面板锁定一个或多个图层。这将锁定图层上所有对象的位置，还可以防止选择这些对象，如图 6-3-3 所示。

要解锁对象，应先选择对象，再选择菜单命令“对象 > 解锁位置”。

图 6-3-3

6.3.3 直接复制对象

1. 使用“多重复制”命令复制对象

使用“多重复制”命令可直接创建成行或成列的副本。例如，可以将一张设计好的卡片等间距地直接复制，充满整个页面。

选择要直接复制的一个或多个对象，再选择“编辑 > 多重复制”命令打开“多重复制”对话框，在“计数”中指定要生成副本的数量（不包括原稿）。在“水平”和“垂直”中分别指定在 x 和 y 轴上每个新副本位置与原副本的偏移量，然后单击“确定”按钮，如图 6-3-4 所示。

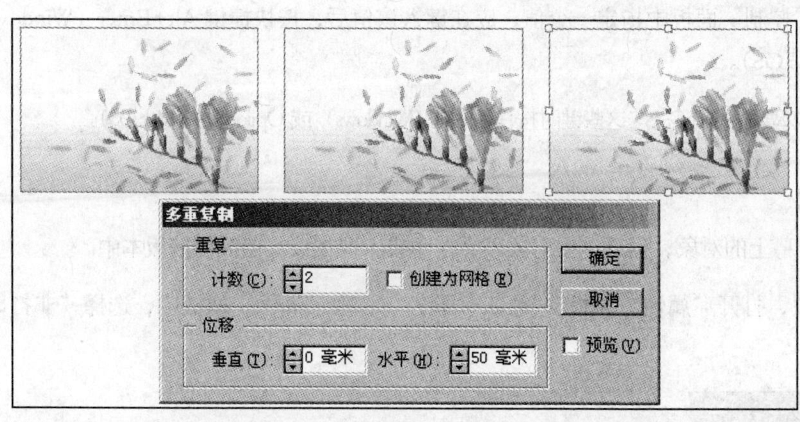

图 6-3-4

注意：要创建填满副本的页面，应首先在“多重复制”对话框中将“垂直”设置为 0，这将创建一行副本。然后选择整行，并在“多重复制”对话框中将“水平”设置为 0，这将沿着该页面重复该行。

2. 使用“直接复制”命令直接复制对象

选择一个或多个对象，然后选择菜单“编辑 > 直接复制”，副本出现在版面上的位置与上次应用的多重复制对话框中的值有关，如图 6-3-5 所示。

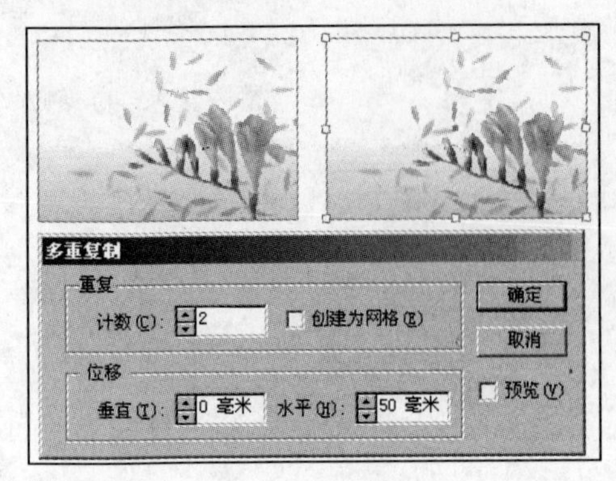

图 6-3-5

3. 变换时直接复制对象

可以在每次更改对象的位置、页面方向或比例时直接复制该对象。例如，通过绘制一个花瓣，以该花瓣为基础设置其参考点，按递增的角度重复旋转，同时在每个角度的位置复制以生成该花瓣的一个新副本，可以创建一朵花。

在变换的过程中，应执行下列操作之一。

· 如果要拖动选择工具、旋转工具、缩放工具、切变工具，应在开始拖动后按住 Alt 键（Windows）或 Option 键（Mac OS）。要约束副本的变换，应按住 Alt+Shift 键（Windows）拖动或按住 Option+Shift 键（Mac OS）拖动。

· 如果要在“变换”或“控制”面板中指定一个值，应在键入该值后，按快捷键 Alt+Enter（Windows）或快捷键 Option+Return（Mac OS）。

· 如果要通过按箭头键来移动对象，应在按这些键时按住 Alt 键（Windows）或 Option 键（Mac OS）。

6.3.4 创建非打印对象

排版有时希望创建些在屏幕上的对象，但是这些对象不会打印或出现在该文档的便携版本中。

选择不想打印出来的对象，打开“属性”面板（“窗口 > 属性”），在“属性”面板中，选择“非打印”，如图 6-3-6 所示。

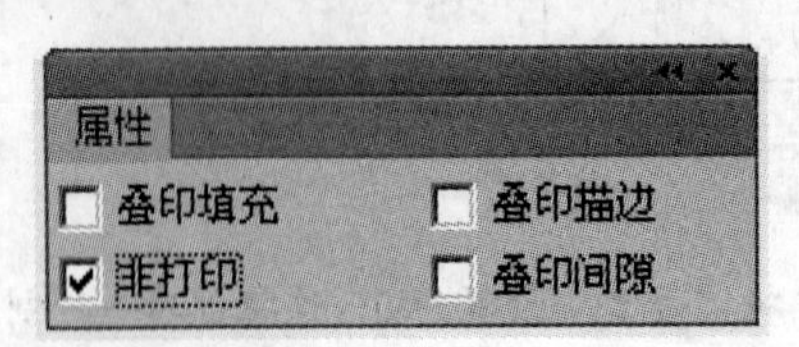

图 6-3-6

6.4 框架和对象

Adobe InDesign 对象包括可以在文档窗口中添加或创建的任何项目，其中包括开放路径、闭合路径、复合形状和路径、文字、删格化图片、3D 对象和任何置入的文件（例如图像）。

如果图形存在于框架内（像所有导入图形那样），就可以通过改变图形与其框架之间的关系来进行修改，如以下示例所示。

- 通过缩小框架来裁剪图形。
- 通过将对象粘贴到框架中来创建各种蒙版和版面效果。
- 通过更改框架的描边粗细和颜色为图形添加准线或轮廓线。
- 通过放大图形的框架并设置框架的填充颜色将图形置于背景矩形的中央。

6.4.1 将对象粘贴到框架内

使用“贴入内部”命令可在容器框架内嵌套图形，甚至可以将图形嵌套到嵌套的框架内。

根据不同的对象执行下列操作之一。

- 要将一个对象粘贴到框架内，应选择该对象。
- 要将两个或多个对象粘贴到框架内，应先将它们编组，因为一个框架只能包含一个对象。
- 要将一个文本框架粘贴到另一框架内并保持其当前外观，应使用选择工具或直接选择工具（而非文字工具）选择整个文本框架。

选择菜单“编辑 > 复制”，选择路径或框架，然后选择菜单“编辑 > 贴入内部”。

要删除框架的内容，应执行下列操作之一。

- 如果要删除一个图形或文本框架，应使用直接选择工具选择该对象。
- 如果要删除文本字符，应使用文字工具选择这些字符。

然后执行下列操作之一。

- 要永久删除内容，应按 Delete 键或 Backspace 键，或者将项目拖到删除图标上。
- 要将内容放在版面上的其他位置，应选择“编辑 > 剪切”命令，取消选择框架，然后选择“编辑 > 粘贴”命令。

注：导入的图像一定带有框架。如果从框架内剪切了导入图像，并将其粘贴到文档中的其他位置，则会自动为该图像创建一个新框架。

6.4.2 对象与框架的适合

当将一个对象放置或粘贴到框架中时，默认情况下，它出现在框架的左上角。默认的框架适合选项可通过菜单“对象 > 适合 > 框架适合选项”打开“框架适合选项”对话框设置，如图 6-4-1 所示。如果框架和其内容的大小不同，则可通过“适合”命令自动实现完美吻合。

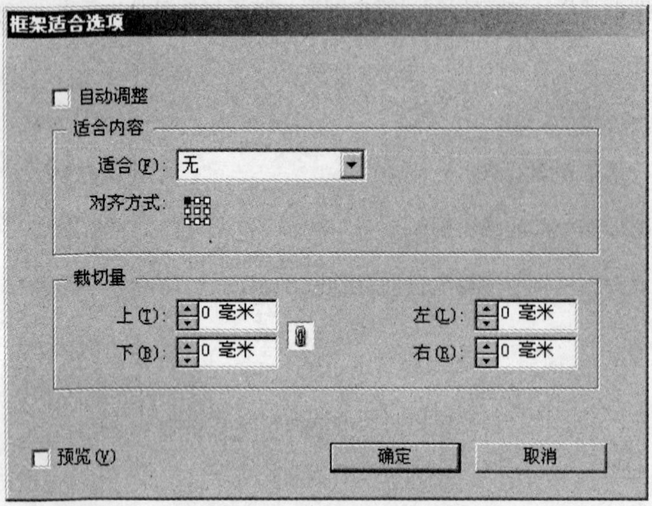

框架适合选项

自动调整

适合内容

适合(F): 无

对齐方式:

裁切量

上(T): 0 毫米　　左(L): 0 毫米

下(B): 0 毫米　　右(R): 0 毫米

预览(V)　　确定　　取消

图 6-4-1

框架对齐方式选项应用于包含图形或其他文本框架（嵌套在其他框架中的文本框架）的框架，但它们不影响文本框架内的段落（使用“文本框架选项”命令和“段落”、“段落样式”及“文章”面板，可以控制文本自身的对齐方式和定位）。

适合框架的“适合内容”选项如下。

· 内容适合框架：调整内容大小以填充整个框架，框架的大小不会改变。

· 按比例适合内容：调整内容大小以适合框架，同时保持内容的比例。框架的尺寸不会更改，如果内容和框架的比例不同，则会导致一些空白区。

· 按比例填充框架：调整内容大小以填充整个框架，同时保持内容的比例。框架的尺寸不会更改。如果内容和框架的比例不同，框架的外框就会裁剪部分内容。

对齐方式：指定一个用于裁剪和适合操作的参考点。

裁切量：指定图像外框相对于框架的位置。使用正值可裁剪图像，使用负值可在图像的外框和框架之间添加间距。

选择对象的框架，然后选择菜单“对象 > 适合”，以及下列选项之一。

· 使内容适合框架：调整内容大小以适合框架并允许更改内容比例。框架不会更改，但是如果内容和框架具有不同比例，则内容可能显示为拉伸状态。

· 使框架适合内容：调整框架大小以适合其内容。如有必要，可改变框架的比例以匹配内容的比例。这对于重置不小心改变的图形框架非常有用。

提示：要使框架快速适合其内容，应双击框架上的任一角手柄。框架将向远离单击点的方向调整大小。如果单击边手柄，则框架仅在该维空间调整大小。

6.4.3 移动框架或内容

当使用选择工具移动框架时，框架的内容也会一起移动。要移动导入内容而不移动框架，应使用直接选择工具。将直接选择工具放置到导入图形上时，它会自动变为抓手工具，但是将其放置到在 InDesign 中创建的文本或矢量图形上时它不会变化。

移动前在图形上按住鼠标按钮，会出现框架外部的动态图形预览，这样，更容易查看整个图像在框架内的位置，如图 6-4-2 所示。

图 6-4-2

要移动框架而不移动内容，应用直接选择工具单击框架，单击其中心点以使所有锚点都变为实心的，然后拖动该框架，如图 6-4-3 所示。

图 6-4-3

不要拖动框架的任一锚点或一边，这样做会改变框架的形状。

6.4.4 裁剪与蒙版

裁剪和蒙版都是用来描述将对象的一部分隐藏的术语。通常，裁剪使用一个矩形来裁切图像的边缘，而蒙版使用任意形状使对象的背景透明。蒙版的一个常见例子是剪切路径，它是为特定图像创建的蒙版。

裁剪对象

使用图形框架裁剪对象或对其应用蒙版。因为导入图形自动包含在框架内，所以可以直接对其进行裁剪或应用蒙版，而不必为其创建框架。如果没有手动为导入图形创建框架，程序就会自动创建一个与图形大小相同的框架，因而您可能不会注意到图框的存在。

可以用以下方法裁剪对象或对其应用蒙版。

· 要裁剪导入图像或已经位于矩形框架内的任一其他图形，应使用选择工具单击对象，然后拖动所显示外框上的任一手柄。在拖动时按 Shift 键可保持框架的原始比例。

· 要裁剪任一对象或对其应用蒙版，应使用选择或直接选择工具，选择一个要应用蒙版的对象。选择"编辑 > 复制"命令，选择空路径或小于对象的框架，然后选择"编辑 > 贴入内部"命令。

· 要精确裁剪框架内容，应使用直接选择工具选择框架，然后使用"变换"或"控制"面板更改框架的大小。

· 要为空占位符框指定裁剪设置，应选择"对象 > 适合 > 框架适合选项"命令，然后指定裁切量。

如图 6-4-4 所示，用选择工具单击对象，然后拖动所显示外框上的一手柄到所需位置放开鼠标，即可裁剪图片。

图 6-4-4

注：为了有效地进行打印，当您输出文档时，只发送裁剪或蒙版图像的可见部分的数据。但是，如果在将图像导入到文档之前，对图像裁剪或应用蒙版以得到所需的形状和大小，您仍将节省磁盘空间和内存。

6.5 对象库

6.5.1 对象库

对象库在磁盘上是以命名文件的形式存在的。创建对象库时，可指定其存储位置，库在打开后将显示为面板形式，可以与任何其他面板编组，对象库的文件名显示在它的面板选项卡中。关闭操作会将对象库从当前会话中删除，但并不删除它的文件，也可以在对象库中快速添加或删除对象、选定页面元素或整页元素，还可以将库对象从一个库添加或移动到另一个库。对象库帮助组织经常使用到的图像、文本和页面，也可以将标尺、网格、绘制的图形或是群组对象添加到库中。只要内存允许，就可以创建任意多的对象库。对象库可以跨平台使用，但同一个对象库只能一次被一个人打开。如果对象库中包括文本文件，就需确认在文件中使用的字体在所有系统中均可使用。

当添加一个页面元素（如一幅图像）到对象库时，InDesign 会保留它导入时或是应用过的所有属性。例如，如果从 InDesign 文档将一个图添加到对象库，库中保存的就是原件的复制品，包括原始的链接信息。这样当硬盘上的文件改变时，可以更新图像。如果从 InDesign 页面中删除了从对象库中置入的对象，那么该对象的缩略图仍然会出现在对象库中，所有的链接信息也保持不变。如果移动或删除了原始对象，那么下次从“对象库”面板中将其置入到文档中时，在“链接”面板的对象旁边会出现丢失链接图标的现象。

在每一个对象库中可以按名称、添加日期或是关键词来搜索和识别项目，也可以通过列表显示来简化对象库的视图，还可以显示库的子集。例如，可以隐藏除 EPS 文件以外的其他所有项目。当添加项目到对象库时，InDesign 会自动保存所有页面、文本和图像属性，并通过下面的方式来保持库对象和其他页面元素的相互关系。

· 在 InDesign 文档中，群组的元素拖入库面板再从面板中拖出时，仍然保持群组关系。

· 文本会保持其格式。

· 当库项目中的样式与目标文档中所用的样式重名时，将会转换为目标文档中的样式，而不重名的样式也会被加入到文档中。

· 如果在图层面板的菜单中选择了“粘贴时记住图层”，原始对象的图层就会被保留。

添加对象到对象库可以执行以下操作之一。

· 从文档窗口拖曳一个或多个对象到激活的“对象库”面板中。

· 在文档窗口选取一个或多个对象，然后单击“对象库”面板底部的“新建库项目”按钮。

· 在文档窗口中选取一个或多个对象，然后执行“对象库”面板菜单中的“添加项目”命令。

· 选择“对象库”面板菜单中的“添加第 [A] 页上的项目”。

· 在做以上操作时，按住 Alt 键，当项目被添加到对象库中时，“项目信息”对话框会出现。

要将对象库中的对象添加到文档中，可执行以下操作之一。

· 从“对象库”面板中将一个对象拖到文档窗口中。

· 在“对象库”面板中选择一个对象，然后在面板菜单中选择“置入项目”命令。

6.5.2 在对象库间交换项目

将两个“对象库”面板显示，将一个项目从一个面板拖到另一个面板中去，可以将对象复制到另一个对象库中。如果在拖动时按住了 Alt 键，就可以将对象移动到另一个对象库中。

6.6 表格

表格是由单元格的行和列组成的。单元格类似于文本框架，可在其中添加文本、随文图或其他表。表格随周围的文本一起流动，就像随文图一样。例如，当表上方文本的点大小改变或者添加、删除文本时，表会在串接的框架之间移动。但是，表不能在路径文本框架上显示。

表的排版方向取决于用来创建该表的文本框架的排版方向；文本框架的排版方向改变时，表的排版方向会随之改变，在框架网格内创建的表也是如此。但是，表中单元格的排版方向是可以改变的，与表的排版方向无关。

6.6.1 创建表格

在 InDesign 中有 3 种创建表格的方法，如下所述。

1. 在文本框中插入表格

(1) 使用“文字”工具，将插入点放置在文本框内要设置表的位置。

(2) 执行菜单命令“表 > 插入表”，打开“插入表”对话框，如图 6-6-1 所示。

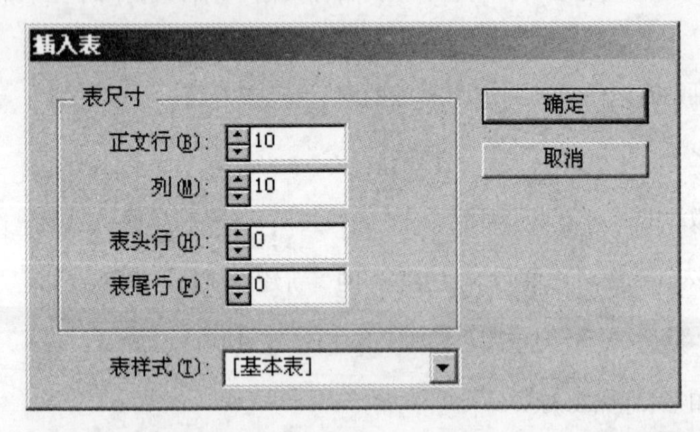

图 6-6-1

(3) 指定正文行中的水平单元格数以及列中的垂直单元格数。

(4) 如果表内容将跨多个列或多个框架，则指定要在其中重复信息的表头行或表尾行的数量。

(5) 可指定一种表样式，单击“确定”按钮即可创建一个表。

创建一个表时，新建表的宽度会与作为容器的文本框的宽度一致。插入点位于行首时，表插在同一行上；插入点位于行中间时，表插在下一行上。

表的行高由指定的表样式决定。例如，表样式可以使用一些单元格样式来分别设置表不同部分的格式。如果其中任意一种单元格样式中包括段落样式，则段落样式的行距值决定该部分的行高。如果未使用任何段落样式，则文档的默认文字高度决定行高。

2. 从现有文本创建表格

将文本转换为表之前，一定要正确设置文本。

(1) 要准备转换文本，插入制表符、逗号、段落回车符或其他字符以分隔列。插入制表符、逗号、段落回车符或其他字符以分隔行。

(2) 使用“文字”工具，选择要转换为表的文本。然后选择菜单命令“表 > 将文本转换为表”，打开“将文本转换为表”对话框，如图 6-6-2 所示。

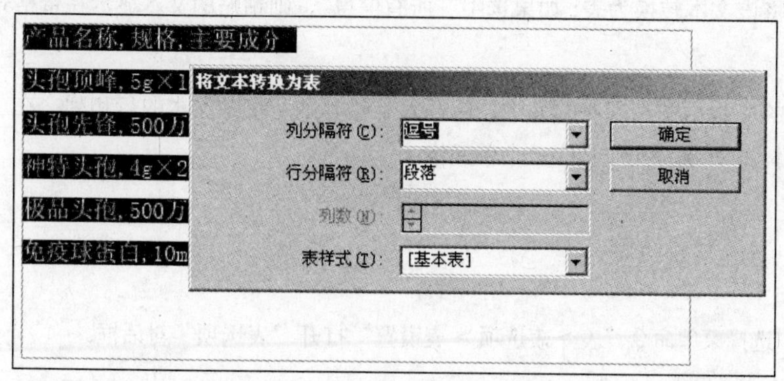

图 6-6-2

(3)“列分隔符”选择“逗号”，“行分隔符”选择“段落”，“表样式”可指定一种样式，然后单击“确定”按钮即可将文本转换为表格，如图 6-6-3 所示。

产品名称	规格	主要成分
头孢顶峰	5g×10支 / 分×10盒 / 件	盘古霉素
头孢先锋	500万×20支 / 分 ×10盒	500万苯唑西林钠
神特头孢	4g×20支×10盒	头孢噻呋钠
极品头孢	500万×20支×10盒	500万卡西林钠
免疫球蛋白	10mI×10支×30盒	黄花多糖

图 6-6-3

(4) 可以用文本工具拖拉表格线以符合设计要求，如图 6-6-4 所示。

产品名称	规　格	主要成分
头孢顶峰	5g×10支 / 分×10盒 / 件	盘古霉素
头孢先锋	500万×20支 / 分×10盒	500万苯唑西林钠
神特头孢	4g×20支×10盒	头孢噻呋钠
极品头孢	500万×20支×10盒	500万卡西林钠
免疫球蛋白	10mI×10支×30盒	黄花多糖

图 6-6-4

3. 从其他应用程序导入表格

(1) 使用“置入”命令导入包含表格的 Microsoft Word 文档或导入 Microsoft Excel 电子表格时，导入的数据是可以编辑的表。可以使用“导入选项”对话框控制格式。

(2) 也可以将 Excel 电子表格或 Word 表中的数据粘贴到 InDesign 文档中。“剪贴板处理”首选项设置用来决定如何对从另一个应用程序粘贴的文本设置格式。如果选中的是“纯文本”，则粘贴的信息显示为无格式制表符分隔文本，之后可以将该文本转换为表；如果选中“所有信息”，则粘贴的文本显示在带格式的表中。

(3) 要将另一个应用程序中的文本粘贴到现有的表中，应插入足够容纳所粘贴文本的行和列，在“剪贴板处理”首选项中选择“纯文本”，并确保至少选中一个单元格。

6.6.2 表格设置

1. 表选项

将光标点入表中任一单元格，选择菜单命令“表 > 表选项 > 表设置”打开“表选项”对话框。

“表选项”对话框有 5 个选项页：表设置、行线、列线、填色、表头和表尾。通过这 5 个选项页的设置可以确定表的外观，如图 6-6-5 所示。

图 6-6-5

表头和表尾

创建长表时，表可能会跨多个栏、框架或页面。可以使用表头或表尾在表的每个拆开部分的顶部或底部重复信息。

可以在创建表时添加表头行和表尾行，也可以使用“表选项”对话框来添加表头行和表尾行并更改它们在表中的显示方式。可以将正文行转换为表头行或表尾行，也可以将表头行或表尾行转换为正文行。

2. 单元格选项

将光标点入表中需要设置的单元格，或拖动光标选择多个单元格，然后选择菜单命令“表 > 单元格选项 > 文本”打开“单元格选项”对话框。

“单元格选项”对话框有 4 个选项页：文本、描边和填色、行和列、对角线。通过这 4 个选项页的设置可以确定单元格的外观，如图 6-6-6 所示。

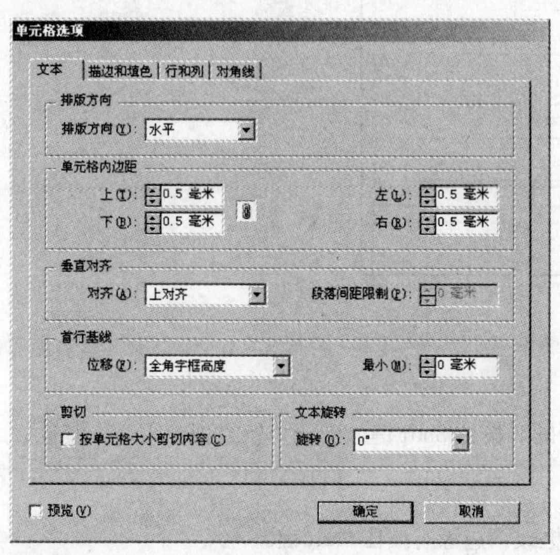

图 6-6-6

(1) 文本

可以设置文本的排版方向、文本的垂直对齐方式、首行基线、文本旋转，以及单元格内边距等。文本的其他对齐方式由段落格式决定。

(2) 行和列

如果选择“最少”来设置最小行高，则当添加文本或增加点大小时，会自动增加行高。如果选择“精确”来设置固定的行高，则当添加或移去文本时，行高不会改变。固定的行高经常会导致单元格中出现溢流的情况。当输入文本时表格的列宽不会自动加大。

6.6.3 编辑表格

1. 调整大小

(1) 调整行和列的大小

选择要调整大小的列和行中的单元格，执行下列操作之一。

· 在“表”面板中，指定“列宽”和“行高”设置。

· 选择“表 > 单元格选项 > 行和列”命令，在弹出的对话框中指定“行高”和“列宽”选项，然后单击“确定”按钮。

· 将鼠标指针放在列或行的边缘上以显示双箭头图标，然后向左或向右拖动以增加或减小列宽，或者向上或向下拖动以增加或减小行高，如图 6-6-7 所示。

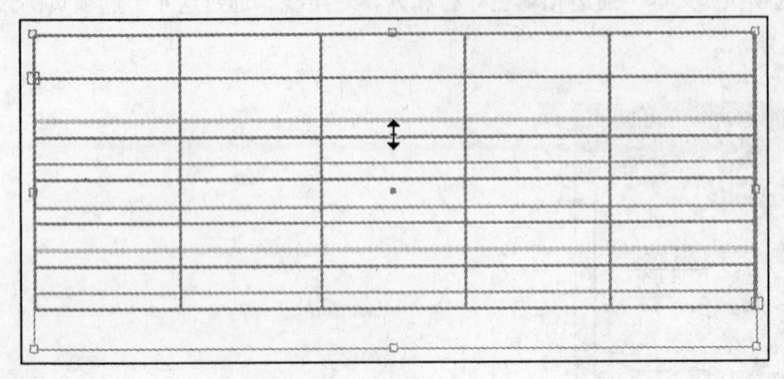

图 6-6-7

（2）不更改表宽的调整行或列的大小

拖动表内的行或列的内边缘（而不是表边界）的同时按住 Shift 键。当一个行或列变大时，其他行或列会相应变小。

要按比例调整行或列的大小，应在拖动表的右外框或下边缘时按住 Shift 键。

按住 Shift 键时拖动表的下边缘（对于直排文本，是左下角），将按比例调整行的高度（或者直排文本行的宽度）。

（3）调整整个表的大小

使用文字工具，将指针放置在表的右下角以使指针变为箭头形状，然后进行拖动以增加或减小表的大小。按住 Shift 键以保持表的高宽比例。

对于直排表，可使用文字工具将指针放置在表的左下角以使指针变为箭头形状 ，然后进行拖动以增加或减小表的大小。

注：如果表在文章中跨多个框架，则不能使用指针调整整个表的大小。

（4）均匀分布列和行

在列或行中选择需要等宽或等高的单元格，然后选择“表 > 均匀分布行”命令或“表 > 均匀分布列”命令即可。

2. 增减、合并及拆分行和列

（1）插入行

将插入点放置在希望新行出现的位置的下面一行或上面一行，选择“表 > 插入 > 行”命令。

在弹出的对话框中指定所需的行数，指定新行应该显示在当前行的前面还是后面，然后单击“确定”按钮。

新的单元格将具有与插入点放置行中的文本相同的格式。

（2）删除行、列

将插入点放置在表中要删除的行，或者在表中选择文本，然后选择“表 > 删除 > 行”命令。

要使用“表选项”对话框删除行和列，应选择“表 > 表选项 > 表设置”命令。在弹出的对话框中指定另外的行数和列数，然后单击“确定”按钮。删除时，行从表的底部被删除，列从表的右侧被删除。

注：在直排表中，行从表的左侧被删除；列从表的底部被删除。

要使用鼠标删除行或列，应将鼠标指针放置在表的下边框或右边框上，以便显示双箭头图标。按住鼠标按钮，然后在向上拖动或向左拖动时按住 Alt 键（Windows）或 Option 键（Mac OS），以分别删除行或列。

注：如果在单击鼠标之前按下 Alt 键或 Option 键，则会显示“抓手”工具，因此，一定要在开始拖动后按 Alt 键或 Option 键。

要删除单元格的内容而不删除单元格，应选择包含要删除文本的单元格，或使用“文字”工具选择单元格中的文本，然后按 Backspace 键或 Delete 键。

（3）合并单元格

可以将同一行或列中的两个或多个单元格合并为一个单元格。例如，可以将表的最上面一行中的所有单元格合并成一个单元格，以留给表标题使用。

方法是使用文字工具，选择要合并的单元格，然后选择“表 > 合并单元格”命令。

（4）取消合并单元格

将插入点放置在经过合并的单元格中，然后选择“表 > 取消合并单元格”命令即可。

（5）拆分单元格

可以水平或垂直拆分单元格，这在创建表单类型的表时特别有用。可以选择多个单元格，然后垂直或水平拆分它们。

将插入点放置在要拆分的单元格中，或者选择行、列或单元格块，然后选择“表 > 垂直拆分单元格”命令或“表 > 水平拆分单元格”命令即可。

3. 溢流单元格

大多数情况下，单元格会在垂直方向扩展以容纳所添加的新文本和图形。但是，如果设置了固定行高并且添加的文本或图形对于单元格而言太大，则单元格的右下角会显示一个小红点，表示该单元格出现溢流，如图 6-6-8 所示。

产品名称	规　格	主要成分
头孢顶峰	5g×10支／分×10盒	盘古霉素
头孢先锋	500万×20支／分×10	500万苯唑西林钠
神特头孢	4g×20支×10盒	头孢噻呋钠
极品头孢	500万×20支×10盒	500万卡西林钠
免疫球蛋白	10ml×10支×30盒	黄花多糖

图 6-6-8

不能将溢流文本排列到另一个单元格中，但可以编辑内容或调整内容的大小，或者扩展该表所在的单元格或文本框架。

对于随文图或具有固定行距的文本，单元格内容可能会延伸到单元格边缘以外的区域。可以选择“按单元格大小剪切内容”选项，以便沿着单元格的边界剪切任何文本或随文图（否则它们会延伸到所有单元格边缘以外）。但是，当随文图溢流，进而延伸到单元格下边缘以外时（水平单元格），这并不适用。

(1) 显示溢流单元格的内容

执行下列操作之一。

- 增加单元格的大小。
- 更改文本格式。在溢流单元格中单击，按 Esc 键，然后使用“控制”面板设置文本的格式。

(2) 剪切单元格中的图像

如果图像对于单元格而言太大，则图像会延伸到单元格边框以外。可以剪切延伸到单元格边框以外的图像部分。

将插入点放置在要剪切的单元格内，或者选择要影响的单元格，然后选择“表 > 单元格选项 > 文本”命令。在弹出的对话框中选择“按单元格大小剪切内容”，然后单击“确定”按钮。

6.6.4 表样式和单元格样式

就像使用段落样式和字符样式设置文本的格式一样，可以使用表样式和单元格样式设置表的格式。表样式是可以在一个单独的步骤中应用的一系列表格式属性（如表边框、行线和列线等）的集合。单元格样式包括单元格内边距、段落样式、描边和填色等格式。编辑样式时，所有应用了该样式的表或单元格会自动更新。

默认情况下，每个新文档均包含一个 [基本表] 样式和一个 [无] 样式。[基本表] 样式可以应用于创建的表，[无] 样式可以用于删除应用于单元格的单元格样式。可以编辑 [基本表] 样式，但不能重命名或删除 [基本表] 和 [无] 样式。

单元格样式不一定要包括用于选定单元格的所有格式属性。创建单元格样式时，可以决定包括哪些属性。这样，应用单元格样式将仅更改需要的属性（如单元格填充颜色），而忽略所有其他单元格属性。

样式中的格式优先级

如果应用于表单元格的格式发生冲突，则系统会按以下优先级顺序确定使用哪种格式。

· 单元格样式优先级：1. 表头 / 表尾；2. 左列 / 右列；3. 正文行。例如，如果某个单元格既属于表头也属于左列，则使用表头单元格样式中的格式。

· 表样式优先级：1. 单元格优先选项；2. 单元格样式；3. 从表样式应用的单元格样式；4. 表优先选项；5. 表样式。例如，如果使用"单元格选项"对话框应用一种填色，使用单元格样式应用另一种填色，则系统会使用"单元格选项"对话框中的填色设置。

1. 定义表样式和单元格样式

如果想基于现有的表样式或单元格样式创建一种新的样式，应将插入点放在某个单元格中。在"表样式"面板菜单中选择"新建表样式"，或从"单元格样式"面板菜单中选择"新建单元格样式"，如图 6-6-9 所示。

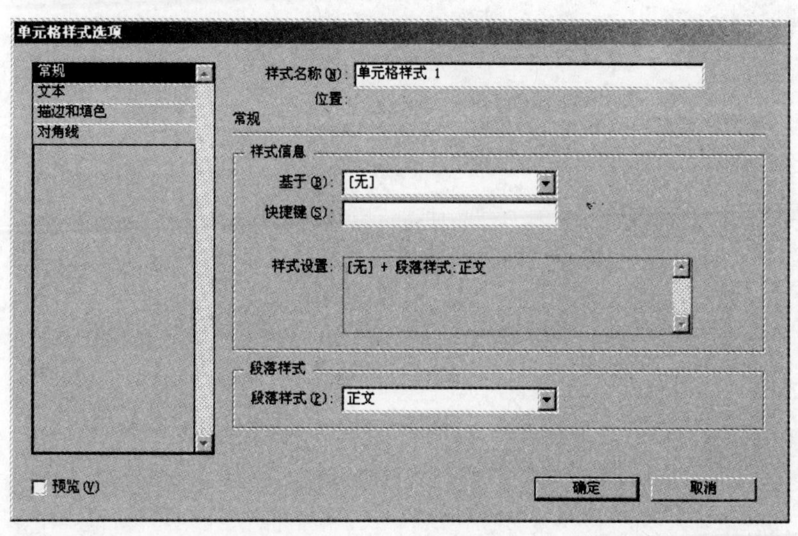

图 6-6-9

在"样式名称"中键入一个名称，在"基于"下拉列表中选择当前样式所基于的样式。

要指定格式属性，应单击左侧的某个类别，然后指定需要的属性。例如，要想为单元格样式指定一种段落样式，应单击"常规"类别，然后从"段落样式"下拉列表中选择该段落样式。

对于单元格样式，未指定相应设置的选项在样式中会被忽略。如果不希望某设置成为样式的一部分，就可从该设置的菜单中选择"忽略"或删除该字段的内容，也可以单击相应的复选框，直至出现一个小框

(Windows) 或“-”号 (Mac OS)。

2. 应用表样式和单元格样式

要应用表样式和单元格样式，应先将插入点放置在表中，或选择要应用样式的单元格。执行下列操作之一。

单击“表样式”面板中的表样式或“单元格样式”面板中的单元格样式。如果该样式属于某个样式组，则可展开样式组找到该样式。

与段落样式和字符样式不同的是，表样式和单元格样式并不共享属性，因此应用表样式不会覆盖单元格格式，应用单元格样式也不会覆盖表格式。默认情况下，应用单元格样式将移去由以前任何单元格样式所应用的格式，但不会移去本地单元格格式。类似地，应用表样式将移去由以前任何表样式所应用的格式，但不会移去使用“表选项”对话框设置的优先选项。

在“样式”面板中，如果选定的单元格或表具有不属于所应用样式的附加格式，则当前单元格样式或表样式旁边会显示一个加号 (+)。这种附加格式称为优先选项。

7

印前和输出

学习要点

- 了解陷印基础知识
- 掌握文档预检和打包
- 掌握 PDF 输出设置
- 了解并掌握文档打印设置
- 了解并掌握数据合并

7.1 陷印

7.1.1 陷印概述

1. 叠印

一个矩形填充色 C: 100，一个圆形填充色 M: 100。在通常情况下，如图 7-1-1 所示，两个重叠对象在印刷时会挖空后边的对象，也就是说顶层对象与底层对象油墨不混合。叠印是对重叠的对象进行油墨的混合。和 Illustrator 中一样，InDesign 可以在属性面板中设置叠印。

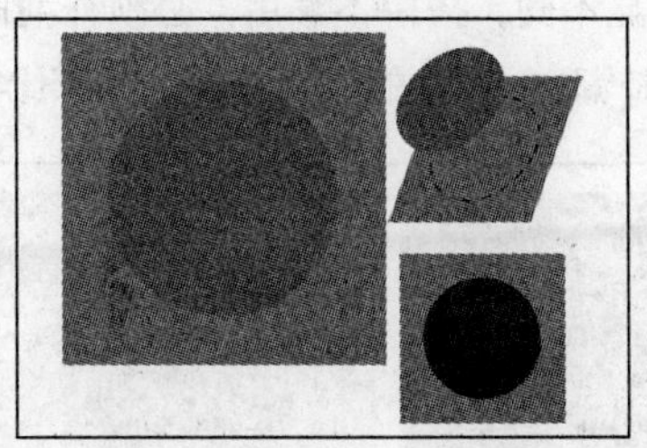

图 7-1-1

2. 陷印

前面所述是在理想状态下，而在实际情况下，印刷色板不会像理想中那样完全对齐（套印不准），因此一部分会与底色进行混合，而另一部分则会漏出白边，如图 7-1-2 所示。处理这个现象的方法是陷印（也称为补漏白）。

陷印时稍微将一种颜色扩展到其相邻颜色中（套印不准）。这样，即使发生偏移，叠印的油墨也会遮盖产生的缺陷而不会歪曲物体的形状，如图 7-1-3 所示，将品红色板稍微往青色版中扩张使两种颜色重叠，即使品红色板有轻微偏移也不会漏出白边。

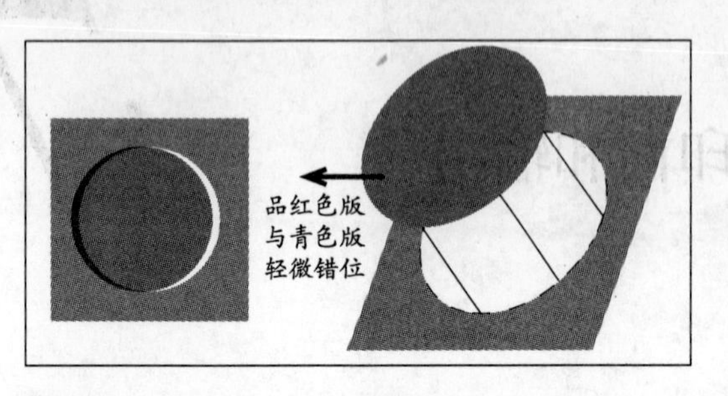

图 7-1-2

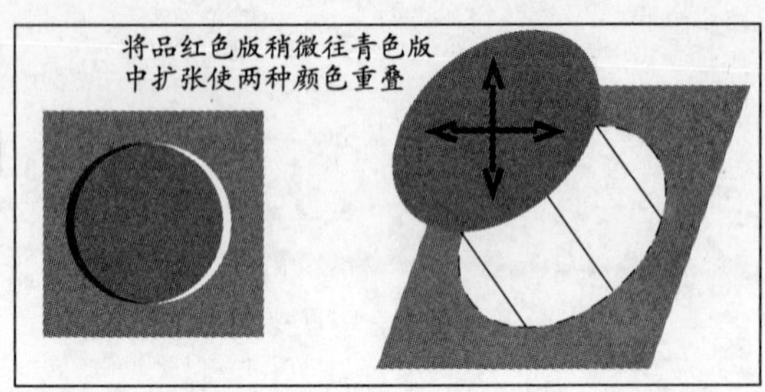

图 7-1-3

当然，并不是任何时候都需要陷印，例如以下几种情况。

- 含有孤立、纯色页面元素的文档就不需要做陷印。其上没有相邻的颜色，这样即使套印不准也不会出现间隙，如图 7-1-4 所示。

图 7-1-4

- 叠印的黑色信息对套印不准做了补偿。
- 使用厚重黑墨轮廓的图像可以不必陷印，黑色油墨使用多种颜色合成。
- 由套版色组成的出版物在相邻颜色共享足够高的百分比的套版色组分时，不必陷印。

3. 套版色搭桥

在使用 CMYK 套版色时，如果相邻的对象共享某种套版色至少达到 20% 时，可以降低白边出现的可能性。如图 7-1-5 所示，A 中的 C 百分比明显不同，搭桥不够用，必须补漏白；B 中的 Y 百分比明显不同，但是高百分比的 C 和 M 搭桥够用，不需要补漏白；C 中的所有油墨成分都比其他高，搭桥够用，不需要补漏白。

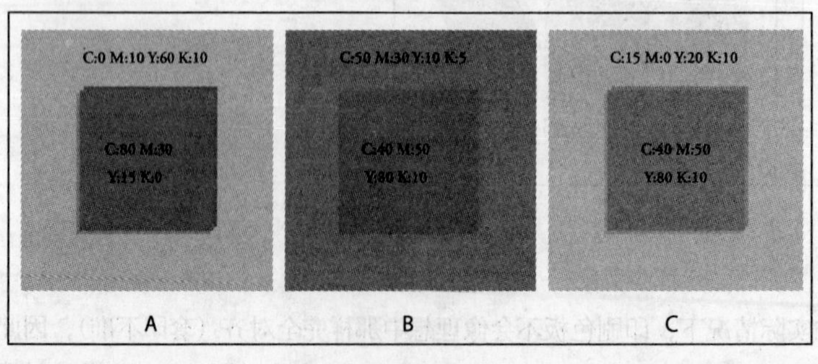

图 7-1-5

7.1.2 陷印操作

将一种颜色稍微伸展到另一种颜色中时，通常是较浅的颜色扩展到较深的颜色中，这样重叠部分看起来不明显，可以尽可能地保持形状的完整性。对此，有外扩和内缩之分，如图 7-1-6 所示。

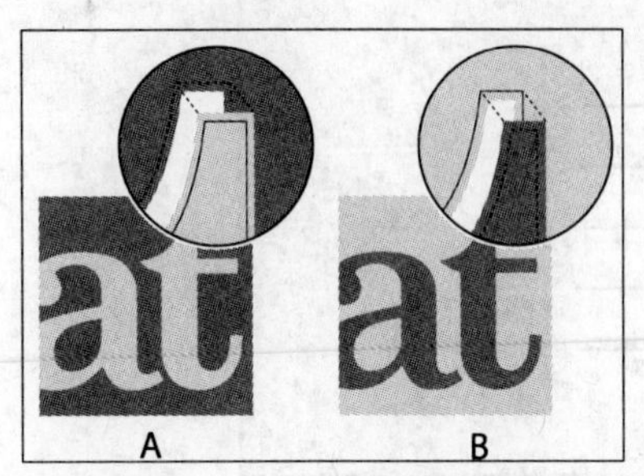

A 黄色外扩（Spread 对象伸展到背景中）到青色中
B 黄色内缩（Choke 背景伸展到对象中）到青色中

图 7-1-6

7.1.3 黑墨的限制

在文档中期望的黑色只有一种——绝对的暗，但是 4 色印刷品中的黑色油墨并不像想象的那样，黑墨和其他套版油墨一样是透明的，它不能完全地覆盖油墨或纸张。通常，黑色块面积越大就越明显。孤立的黑色色块通常不需要特殊处理。当 100% 的黑色叠印到其他颜色上时，下层信息会透过黑色显示出来。

解决方法是使用增强的浓厚黑色油墨，常用两种黑色。

· 丰富黑是套版黑色与另一种套版色的合成。第二种油墨增加了黑色的浓度，使它显得更饱满、更暗。

· 超级黑是 4 种印刷色（C:50，M:50，Y:50，K:100）合成的黑色，这是在印刷机上能得到的最深的、最令人满意的套版黑色，但是超级黑只有在整个对象都在其他颜色里边时才适用。

7.1.4 陷印样式

陷印预设是陷印设置的集合，可以将这些设置应用于文档中的一页或一个页面范围。“陷印预设”面板提供了一个简单的界面，用于输入陷印设置以及将设置集合存储为陷印预设。双击面板中的某个样式将会弹出“修改陷印预设选项”对话框，如图 7-1-7 所示，可以将陷印预设应用于当前文档的任一页或所有页，或者从另一个 InDesign 文档中导入预设。如果没有对陷印页面范围应用陷印预设，则该页面范围将使用“默认”陷印预设。“默认”预设是默认情况下应用于新文档中的所有页面的典型陷印设置的集合。

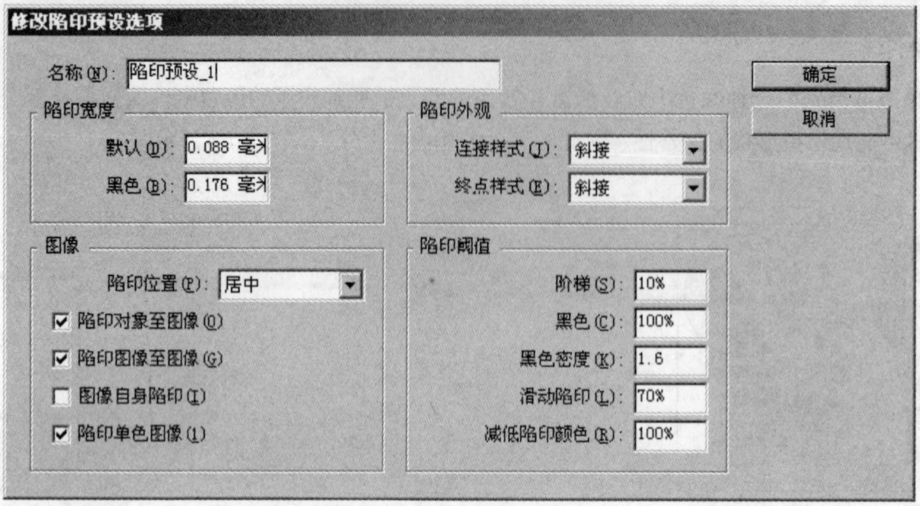

修改陷印预设选项

名称(N): 陷印预设_1

确定

取消

陷印宽度

默认(D): 0.088 毫米

黑色(B): 0.176 毫米

陷印外观

连接样式(J): 斜接

终点样式(E): 斜接

图像

陷印位置(P): 居中

☑ 陷印对象至图像(O)

☑ 陷印图像至图像(G)

☐ 图像自身陷印(I)

☑ 陷印单色图像(1)

陷印阈值

阶梯(S): 10%

黑色(C): 100%

黑色密度(K): 1.6

滑动陷印(L): 70%

减低陷印颜色(R): 100%

图 7-1-7

1. 陷印宽度

“默认”是一个预设选项,数值框中“0.088 毫米”是预设值,它是除了黑色以外的所有颜色的陷印宽度。但是不同的纸张特性、现实标准和印刷条件，会使陷印宽度需要相应的变化，这需要查阅打印机和图像机的说明文件。指示油墨扩展到纯黑色中的距离或者阻碍量——陷印复色黑时黑色边缘与下层油墨之间的距离的默认值是 0.5 点。该值通常设置为默认陷印宽度值的 1.5 ～ 2 倍。

2. 陷印外观

“连接样式”有“斜接”、“圆形”和“斜角”3 个选项,可控制 3 个颜色陷印之间的交叉点连接处的陷印外观,如图 7-1-8 所示。控制两个陷印段外部连接的形状,可从“斜接”、“圆形”和“斜角”中进行选择,默认为“斜接”，它与早期的陷印结果相匹配，主要是为了保持与以前版本的 Adobe 陷印引擎的兼容。

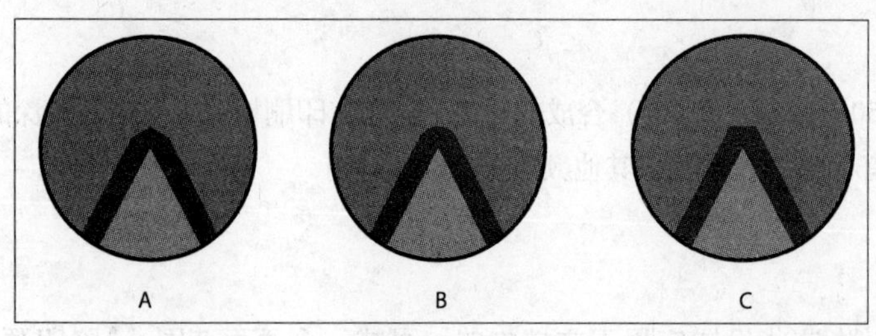

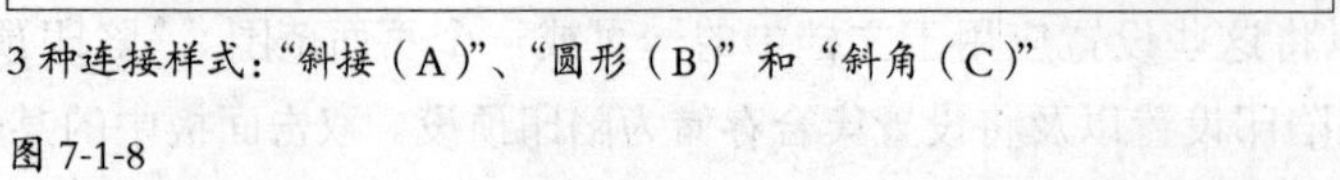

3 种连接样式：“斜接（A）”、“圆形（B）”和“斜角（C）”

图 7-1-8

在“终点样式”中有“斜接”和“重叠”两个选项,可控制转角处陷印的外观,如图 7-1-9 所示。“斜接”(默认选项）是指各相交颜色的末端将保持为“斜接”状态，并不产生重叠；“重叠”是指各相交颜色的末端将保持为“重叠”状态，交迭处的颜色将由 3 种颜色中最浅的颜色和最深的颜色间的重力色决定，最浅的颜色的中端将被包裹在 3 个颜色对象相交点的附近。

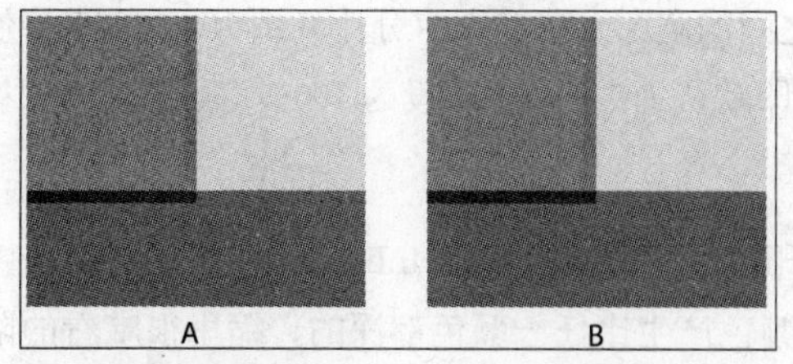

两种“终点样式”:“斜接（A）”和“重叠（B）”

图 7-1-9

3. 图像陷印

用户还可以创造陷印样式并控制陷印在图像之内和图像之间。

陷印位置有居中、收缩、中性密度、扩展 4 个选项。在文字和图形对象之间所设置的陷印样式有以下几个选项可供选择。

“陷印对象至图像”: 保证陷印对象陷印，对图像使用陷印样式设置。“陷印图像至图像”: 设陷印沿界限重叠或紧靠图像，这是默认选项。“图像自身陷印”: 在图像之内设置陷印样式，只有在文档中使用简单、大反差的图像时才使用这个选项。“陷印单色图像”: 因为单色图像只使用一种颜色，故在大部分情况下不选择这个选项，选择这个选项会使图像变暗。

4. 陷印阈值

“阶梯”右边的数值框中为必须陷印的临界值，数值越小百分比就越低，即使对细小的色彩变化，都会执行陷印命令。而在另外的一些情况下，只有大的色彩变化时才需要陷印，这时可将其百分比设得大一些，可输入 1% ～ 100% 的任意整数值，默认值为 10%。为了获得更佳效果，建议使用 8% ～ 20% 的值。

“黑色”: 黑色陷印宽度设置所需达到的最少黑色油墨量，输入值为 0% ～ 100%，默认值为 100%，如图 7-1-10 所示。为了得到最佳的效果，应使用不低于 70% 的值。

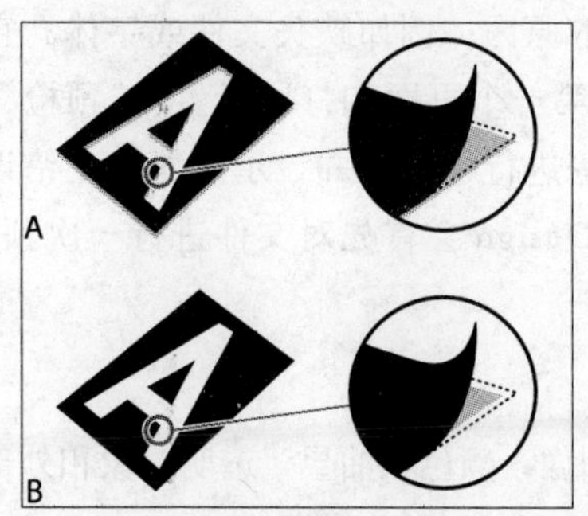

A: 不设置“黑色”宽度值时，辅助色板可能会露出来

B: 设置“黑色”宽度值时，将内缩辅助色板

图 7-1-10

“黑色密度”: 表明中立密度值，可以使用 1 ～ 10 的任意值。为了得到最佳效果，建议这个值设置在 .6 左右。

“滑动陷印”：表明百分比区别于中立密度紧靠的颜色之间的陷印，可输入百分比 0 到 100，或直接使用默认值 70%，如图 7-1-11 所示。如果设置为 0%，则所有陷印默认为中心线；若设为 100%，则滑动陷印被关闭，不管紧靠的颜色的中立密度关系如何。

“减低陷印颜色”：表明 InDesign 从紧靠的颜色降低陷印颜色的程度，指示 InDesign 使用相邻颜色中的成分来减低陷印颜色的深度，这样做有助于防止某些相邻颜色产生比任一颜色都深的、缩小很难看的陷印效果。指定低于 100% 的“减低陷印颜色”会使陷印颜色开始变亮；“减低陷印颜色”值为 0% 时，将产生中立密度等于较深颜色的中立密度的陷印。

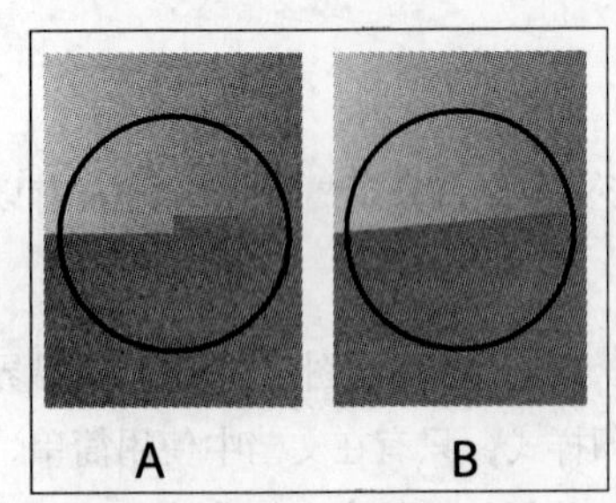

A：渐变色与实色接触时可能会生成不合要求的陷印
B：使用“平滑陷印”可以创建平滑变化的陷印

图 7-1-11

7.2 预检和打包

7.2.1 预检

打印文档或将文档提交给服务提供商之前，可以对此文档进行品质检查，预检是此过程的行业标准术语。预检实用程序会提示可能影响文档或书籍不能正确成像的原因，例如缺失文件或字体。它还提供有关文档或书籍的帮助信息，例如使用的链接、显示字体的第一个页面和打印设置。“预检”能够对需要打印的文件中的所有字体、链接文件、颜色和打印设置等进行检查，并显示可能发生错误的地方。预检前需要打开文件，然后执行“文件 > 打包”命令，InDesign 会首先对文件进行一次预检，并出现“打包”对话框，其中包括以下信息。

1. 小结

在“小结”中，可以了解关于需要打印的文件的字体、链接和图像、颜色和油墨、透明对象和外部增效工具等各个方面的信息，如图 7-2-1 所示。

（1）字体信息

“字体”信息包括字体总数、缺失、嵌入、不完整和限制 5 种。该信息表示当前文件中所采用的字体总数、有无缺失字体、有无嵌入字体、有无不完整字体和受保护字体，确保文档中使用的字体在计算机或输出设备上已获得许可安装并激活。

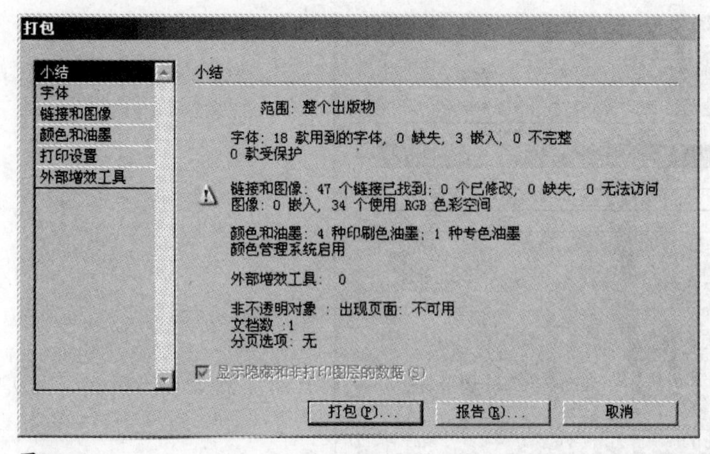

图 7-2-1

· 缺失字体列出文档中使用的但当前计算机上未安装的字体。

· 不完整字体列出在当前计算机上有屏幕字体但没有对应打印机字体的字体。

· 受保护字体列出由于许可证限制无法嵌入 PDF 或 EPS 文件的字体。

(2) 链接和图像信息

“链接和图像”信息包括链接、修改、缺失、嵌入、使用 RGB 色彩空间 5 种。该信息表示该文件链接对象的总数、有无修改过的图像、有无缺失的图像、有无嵌入的图像，有无使用 RGB 色彩空间的图像。

(3) 颜色和油墨信息

“颜色和油墨”包括印刷色油墨、专色油墨和颜色管理系统关启 3 种。

该信息表示当前文件采用的颜色和油墨是否为 4 色油墨，有无专色油墨和 CMS 颜色管理系统开启的状态。

(4) 透明对象信息

“透明对象”出现的页面。

(5) 外部增效工具

“外部增效工具”显示输出文件需要的外部增效工具数。

在“打包”小结对话框的下方，还有一个“显示隐藏和非打印图层的数据”复选框，此复选框适用于具有两个或两个以上的图层的文件。在未被选中时，文件中隐藏图层上的对象信息将被忽略，否则也会被统计在内。

2. 字体

当在“打包”对话框左边的窗格中选取“字体”项时，将会出现“字体”对话框，如图 7-2-2 所示。在对话框中部的列表框中列有当前文件所应用字体的名称、类型和状态。当选中某种字体时，该字体的文件名、字体全名和首次使用的页面等信息将显示在当前字体区域中。

打包
小结
字体
链接和图像
颜色和油墨
打印设置
外部增效工具
字体
18 款用到的字体，0 缺失，3 嵌入，0 不完整，0 款受保护
名称 文字 状态 受保护
方正黑体简体 Regular TrueType 正常 否
方正黑体_GBK Regular TrueType 正常 否
FZKTK--GBK1-0 TrueType (CID) 嵌入 否
方正楷体_GBK Regular TrueType 正常 否
当前字体
文件名：C:\Program Files\Common Files\Adobe\Fons\方正兰
全名：FZHei-B01S
首次使用：出现页面：PB
仅显示有问题项目(S)
查找字体(F)...
打包(P)...
报告(R)...
取消

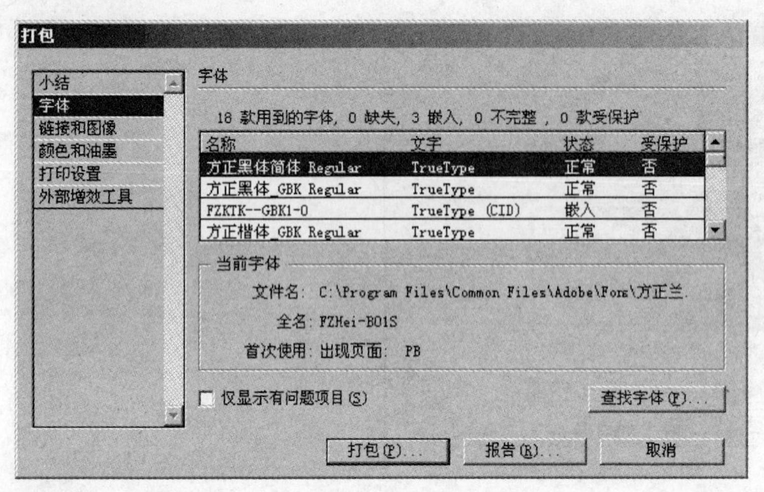

图 7-2-2

“仅显示有问题项目”复选框在后续几个对话框中都有，选中后则只显示有问题的相关项目；未被选中时，则显示文件中所有的信息。

单击“查找字体”按钮与执行“文字 > 查找字体”命令相同，执行后将弹出“查找字体”对话框，如图 7-2-3 所示。在对话框上面的窗格中选中缺失字体，在下面的“替代字体”中可以指定替换的字体。

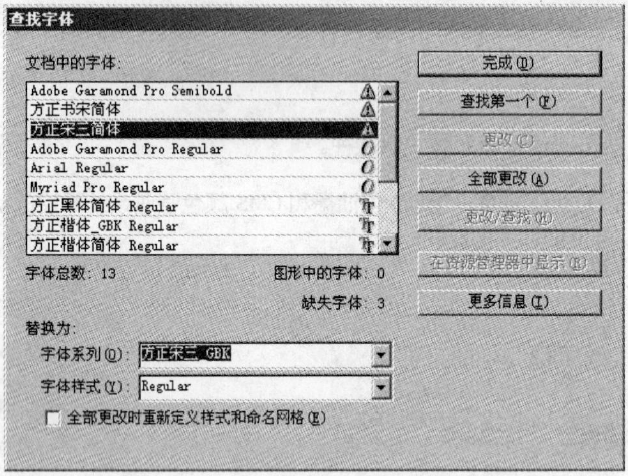

查找字体
文档中的字体：
Adobe Garamond Pro Semibold
方正书宋简体
方正宋三简体
Adobe Garamond Pro Regular
Arial Regular
Myriad Pro Regular
方正黑体简体 Regular
方正楷体_GBK Regular
方正楷体简体 Regular
字体总数：13
图形中的字体：0
缺失字体：3
完成(D)
查找第一个(F)
更改(C)
全部更改(A)
更改/查找(H)
在资源管理器中显示(R)
更多信息(I)
替换为：
字体系列(Q)：方正宋三_GBK
字体样式(Y)：Regular
全部更改时重新定义样式和命名网格(E)

图 7-2-3

注意：在打开缺失字体文件的文档时，单击提示对话框中的“查找字体”按钮，也会弹出“查找字体”对话框。

3. 链接和图像

在“链接和图像”对话框中显示当前文件中所有导入的图片、文本以及其他链接文件。在对话框中部列有导入文件的名称、类型、页面、状态和 ICC 配置 5 项信息，如图 7-2-4 所示。

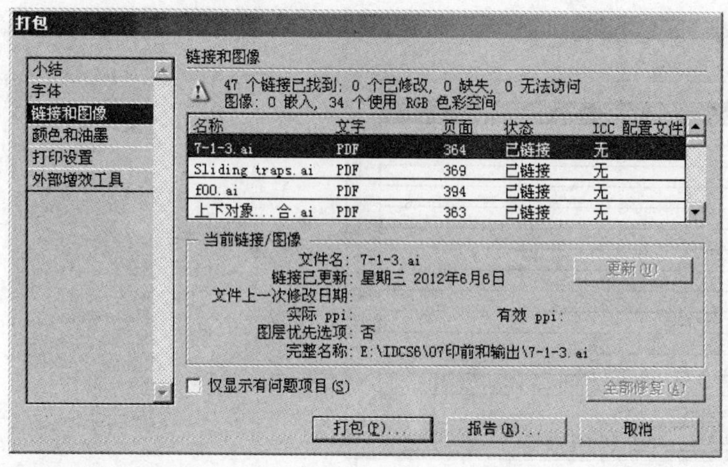

图 7-2-4

如果将某一个链接文件选中，则在“当前链接 / 图像”区域将显示该链接图像的文件名称、链接更新时间、最后修改时间和文件路径等详细信息。利用此命令不仅可以了解链接文件的详细信息，还可以对有问题的置入文件用“更新”、“修改全部”按钮对原文件有修改的链接对象进行更新。

4. 颜色和油墨

在“颜色和油墨”对话框的中部列表框中显示该文件用到的颜色的名称、类型、网角和行 / 英寸等信息，如图 7-2-5 所示。检查带有重复颜色定义的专色，直接复制专色将生成附加的分色板。

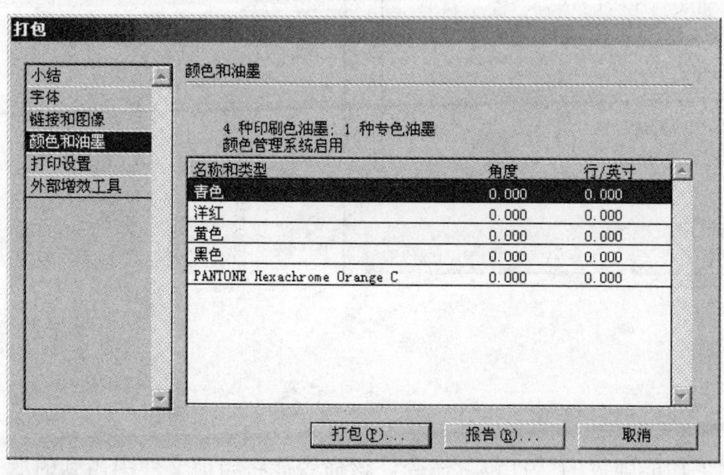

图 7-2-5

5. 打印设置

选取“打印设置”项时，出现“打印设置”对话框，如图 7-2-6 所示。在该对话框中列出了当前文件关于打印的全部信息，如打印驱动程序、打印页面范围、打印比例和页面尺寸等。

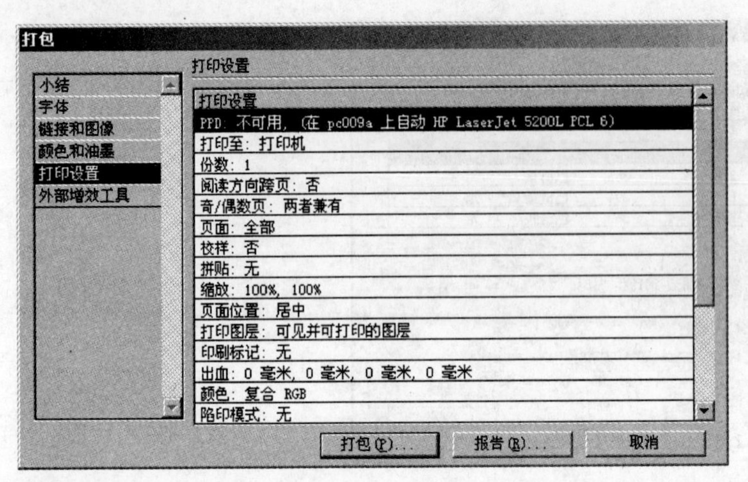

图 7-2-6

6. 外部增效工具

在“外部增效工具”对话框中列出了当前文件使用的外部插件的全部信息，如图 7-2-7 所示。

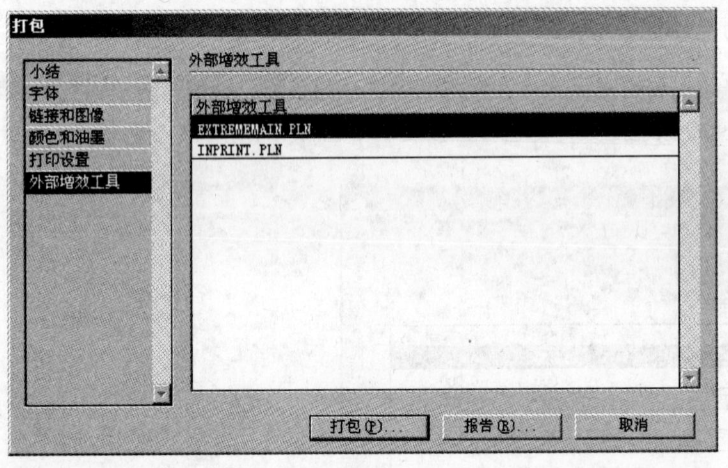

图 7-2-7

7.2.2 打包

为了方便输出，InDesign 提供了功能强大的“打包”命令。该命令能将当前文件中用到的所有字体文件（双字节字体除外）与图像文件复制到指定的文件夹中，同时将打印输出信息保存为一个文本文件。

预检结束后，在“打包”对话框中单击“继续”按钮，将会打开“打印说明”对话框，在该对话框中单击“继续”按钮，将会出现“打包出版物”对话框，如图 7-2-8 所示。

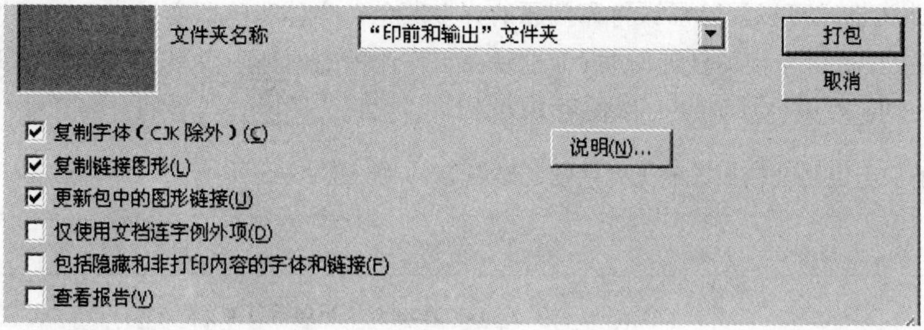

文件夹名称 “印前和输出”文件夹
打包
取消
☑ 复制字体（CJK 除外）(C)
☑ 复制链接图形(L)
☑ 更新包中的图形链接(U)
☐ 仅使用文档连字例外项(D)
☐ 包括隐藏和非打印内容的字体和链接(F)
☐ 查看报告(V)
说明(N)...

图 7-2-8

在“打包出版物”对话框中包含了文件保存的路径等信息。在“文件夹名称”中可以输入新建文件夹的名称，“复制字体（CJK 除外）”用来复制所有必需的各款字体文件，而不是整个字体系列。“复制链接图形”将复制链接的图形文件，链接的文本文件也将被复制。“更新包中的图形链接”将图形链接（不是文本链接）更改为包文件夹的位置。如果要重新链接文本文件，就必须手动执行这些操作，并检查文本的格式是否仍保持原样。“包括隐藏和非打印内容的字体和链接”选项是针对含有两个或两个以上图层的文档，若选中此选项，则打包文件夹包括隐藏图层中的字体和链接对象。选中“查看报告”选项，会在打包完毕后打开并显示文本说明文件，其内容包括文档的名称、创建日期以及在上一步中输入的信息。要在完成打包过程之前编辑打印说明，应单击“说明”按钮。选中“仅使用文档连字例外项”时，则打包出版物文件夹中不包含使用连接符的链接文件。单击“打包”按钮，则 Adobe InDesign 文件被保存在新的指定文件夹中，此文件夹中还包括复制的字体和链接的图像。

提示：使用“打包”命令将会生成一个新的文件夹，文档中使用的链接文件将被复制到“Links”文件夹中，“Font”文件夹中包含所有使用的英文字体。

7.3 输出 PDF

7.3.1 PDF 简介

便携文档格式（PDF）是一种通用的文件格式，这种文件格式保留了在各种应用程序和平台上创建的源文档的字体、图像以及版面。PDF 是全球电子文档和表格进行安全可靠地分发和交换的标准。Adobe PDF 文件经过压缩后还能够保持完整性，任何人都可以使用免费的 Adobe Reader 软件共享、查看和打印这种文件。

Adobe PDF 在打印发布工作流程中是非常有效的。使用 Adobe PDF 格式存储复合图稿后，可以创建压缩的、可靠的文件，用户和服务提供商可以查看、编辑、组织和校样此类文件。然后，在工作流程中，服务提供商可以直接输出 Adobe PDF 文件，或者使用各种工具处理此文件，进行预检、陷印、整版和颜色分色之类的后处理。

在使用 Adobe PDF 格式存储时，可以选择创建 PDF/X 规范的文件。PDF/X（便携文档格式交换）

是 Adobe PDF 的子集，此类格式可以消除导致打印问题的许多颜色、字体和陷印变量。在 PDF 文件作为用于打印产品的数字主页进行交换的任何时候（无论是在工作流程的创建阶段，还是在输出阶段），只要应用程序和输出设备支持 PDF/X，则均可以使用 PDF/X。

Adobe PDF 文档可以解决与电子文档相关的下列问题，如表 7-3-1 所示。

表 7-3-1

常见问题	Adobe PDF 解决方案
接收者无法打开文件，因为没有用于创建此文件的应用程序	任何用户可以在任何地方打开 PDF 文件，所需要的只是免费的 Adobe Reader 软件
合并的纸质和电子文档难以搜索，占用空间，并且需要用于创建文档的应用程序	PDF 文件是压缩且完全可搜索的，并且可以使用 Adobe Reader 随时进行访问。链接使 PDF 文件易于导览
文档在手持设备上显示错误	标记的 Adobe PDF 允许重排文本，以在例如 Palm OS、Symbian 和 Pocket PC 设备的移动平台上显示
视力不佳者无法访问格式复杂的文档	带标签的 PDF 文件包含有关内容和结构的信息，这样可以在屏幕阅读器上访问这些文件

导出为 Adobe PDF

将文档或书籍导出为 Adobe PDF 的方法非常简单，就像使用默认的“高质量打印”设置一样，或者可以根据需要对其进行自定义以适合用户的任务。指定的 Adobe PDF 的导出设置存储在应用程序中，并适用于将导出为 Adobe PDF 的每个新的 InDesign 文档或书籍，直至再次更改这些设置。要将自定义设置快速应用到 Adobe PDF 文件中，可以使用预设。

用户可以将文档、书籍或书籍中选择的文档导出为单个的 Adobe PDF 文件，这样可以保留超链接、目录项、索引项和书签等 InDesign 导航元素，也可以将内容从 InDesign 版面复制到“剪贴板”，并自动创建此内容的 Adobe PDF 文件，这对于将 PDF 文件粘贴到另一个应用程序（例如，Adobe Illustrator）非常有用。InDesign 也包含交互功能，例如超链接、书签、媒体剪贴和按钮，它们可以显著地扩展 PDF 文档的用处。

7.3.2 输出 PDF 选项

在 Adobe InDesign CS6 中打开要输出的文档。

在“文件”菜单中选择“导出”命令，在“保存类型”中选择“Adobe PDF”，在“文件名”中为输出的 PDF 文档输入一个指定的名称，并在上面的文件夹中选择一个要保存的位置，单击“保存”按钮，出现“输出 PDF”对话框。对 PDF 列表选项根据需要分别进行选择，每个选项的设置将影响到 PDF 格式的输出。

“兼容性”指定文件的 PDF 版本，如表 7-3-2 所示。

表 7-3-2

Acrobat 4（PDF 1.3）	Acrobat 5（PDF 1.4）	Acrobat 6（PDF 1.5）	Acrobat 7（PDF 1.6）和 Acrobat 8/9（PDF 1.7）
PDF文件可以在Acrobat 3.0和Acrobat Reader 3.0以及更高版本中打开	PDF文件可以在Acrobat 3.0和Acrobat Reader 3.0以及更高版本中打开。但是，可能缺失或无法查看更高版本特有的功能	大多数PDF文件都可以在Acrobat 4.0和Acrobat Reader 4.0以及更高版本中打开。但是，可能缺失或无法查看更高版本特有的功能	大多数PDF文件都可以在Acrobat 4.0和Acrobat Reader 4.0以及更高版本中打开。但是，可能缺失或无法查看更高版本特有的功能
无法包含使用实时透明度效果的图片。所有透明度必须在转换为PDF 1.3之前拼合	支持在图稿中使用实时透明度效果（Acrobat Distiller 功能拼合透明度）	支持在图稿中使用实时透明度效果（Acrobat Distiller 功能拼合透明度）	支持在图稿中使用实时透明度效果（Acrobat Distiller 功能拼合透明度）
不支持图层	不支持图层	从支持生成分层 PDF 文档的应用程序创建 PDF 文件时保留图层，例如 Illustrator CS 或 InDesign CS 及更高版本	从支持生成分层 PDF 文档的应用程序创建 PDF 文件时保留图层，例如 Illustrator CS 或 InDesign CS 及更高版本
支持包含8种颜料的设备色彩空间	支持包含8种颜料的设备色彩空间	支持包含最多31种颜料的设备色彩空间	支持包含最多31种颜料的设备色彩空间
可以嵌入多字节字体	可以嵌入多字节字体	可以嵌入多字节字体	可以嵌入多字节字体
支持40位RC4安全性	支持128位RC4安全性	支持128位RC4安全性	支持128位RC4和128位AES（高级加密标准）安全性

1. 常规

在“导出 Adobe PDF”对话框中，PDF 的默认选项是“常规”，如图 7-3-1 所示。在该对话框中可以控制 Adobe InDesign 文件的哪一部分生成 PDF 文件，PDF 文件上是否具有页面标识符等。

“说明”显示选定预设的说明，并提供编辑说明所需的位置。可以从剪贴板粘贴说明。编辑预设的说明会将“已修改”一词附加到预设名称。相反，更改预设中的设置将预先考虑“[基于‘[当前预设名称]’]”的说明。

(1) 页面

选择“全部”选项后，Adobe InDesign 的所有页面都将被输出至 PDF 文件中。

选择“范围”选项后，可以在其后输入需要输出成为 PDF 文件的页面范围，如“7–10”、“1,2,5”页等。

选择“跨页”选项后，可以将文件以跨页的方式输出，如文档中有一对页是显示在一起的，那么选择此选项输出为 PDF 后，这些对页会一起输出。

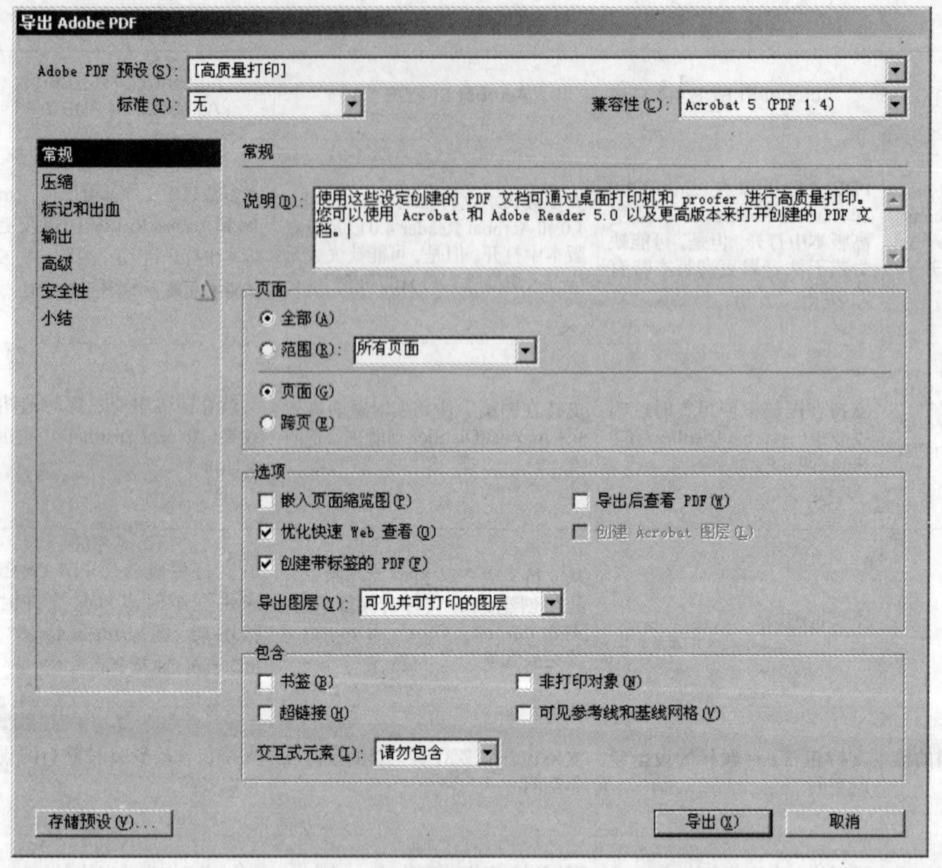

图 7-3-1

（2）选项

“嵌入页面缩览图”：在输出生成的 PDF 文件中自动生成页面缩略图，这样可以在 Acrobat 中浏览时看到 PDF 文件每页的缩略图显示。

“优化快速 Web 查看”：通过重新组织文件以实现一次一页下载（所用的字节），减小 PDF 文件的大小，并优化 PDF 文件以便在 Web 浏览器中更快地查看。此选项压缩文本和线状图，无需考虑“导出 Adobe PDF”对话框的“压缩”面板中选择的压缩设置。

“导出后查看 PDF”：输出 PDF 文件后系统将自动运行 Acrobat Reader 并打开生成的 PDF 文件进行查看。

“创建带标签的 PDF”：生成 Acrobat PDF 文件后，它可在文章中根据 InDesign 支持的 Acrobat 6.0 标记的子集自动标记元素。此子集包括段落识别、基本文本格式、列表和表格。导出到 PDF 之前，可以在文档中插入并调整这些标签。如果为兼容性而选择 Acrobat 6.0（PDF 1.5）或 Acrobat 7.0（PDF 1.6），则会压缩标签以减小文件大小。如果此文件在 Acrobat 4.0 或 Acrobat 5.0 中打开，则不会显示标签，因为这些版本的 Acrobat 不能解压缩标签。

“创建 Acrobat 图层”：在 PDF 文档中，将每个 InDesign 图层（包括隐藏的图层）存储为 Acroba

图层。如果选择“创建 Acrobat 图层”并且在“导出 Adobe PDF”对话框的“标记和出血”面板中选择任一印刷标记，则印刷标记会导出到单独的标记和出血图层。图层是完全可导航的，这允许 Adobe Acrobat 6.0 和更高版本的用户从单个文件生成此文档的多个版本。例如，如果要使用多种语言发布文档，则可以在不同的图层为每种语言放置文本，然后，印前服务提供商可以在 Acrobat 6.0 和更高版本中显示和隐藏图层，以生成不同版本的文档。

(3) 包含

“书签”: 创建目录项的书签，保留 TOC 级别。根据“书签”面板中指定的信息创建书签。

“超链接”: 创建 InDesign 超链接、目录项和索引项的 Adobe PDF 超链接注释。

“非打印对象”: 如果需要在 PDF 中显示或打印 Adobe lnDesign 文档中的辅助线，就可选中此选项。

“交互式元素”: 选中此选项后下方的下拉列表将被激活，通过下拉列表来指定文档中调用的多媒体交互对象（影片或者声音）是通过链接方式还是通过嵌入方式存储在 PDF 文档中。

“可见参考线和基线网格”: 导出此文档中当前可见的边距参考线、标尺参考线、栏参考线和基线网格。网格和参考线以文档中使用的相同颜色导出。

2. 压缩

当将文档导出为 Adobe PDF 时，可以压缩文本和线状图并压缩和缩减像素采样位图图像。根据选择的设置，压缩和缩减像素采样可以明显减小 PDF 文件的大小，而不会影响细节和精度。“导出 Adobe PDF”对话框中的“压缩”面板分为 3 个部分，每个部分提供下列选项，用于在图片中压缩和重新取样颜色、灰度或单色图像，如图 7-3-2 所示。

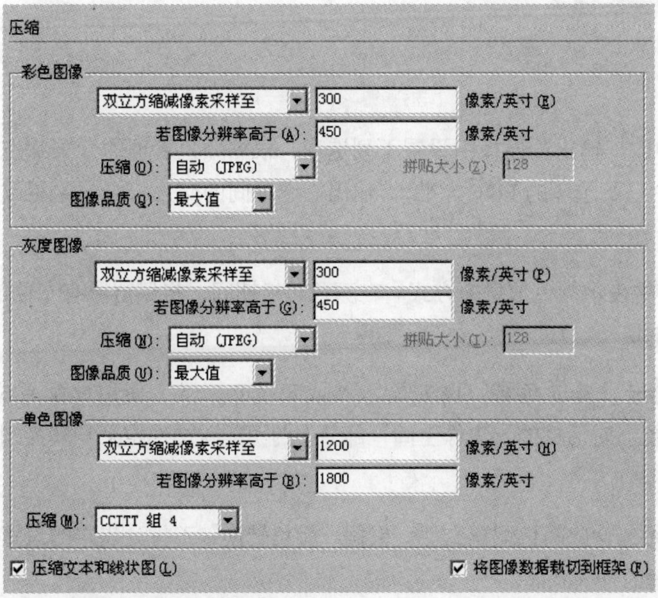

图 7-3-2

“压缩文本和线状图”：将纯平压缩（类似于图像的 ZIP 压缩）应用到文档中的所有文本和线状图，而不损失细节或品质。

“将图像数据裁切到框架”：仅导出位于框架可视区域内的图像数据，而且可能会缩小文件的大小。如果在后续操作中需要其他信息（例如，对图像进行重新定位或出血），请勿选择此选项。

3. 标记和出血位

在“导出 Adobe PDF”对话框左侧的列表中选择“标记和出血”选项,就会显示出“标记和出血”对话框，如图 7-3-3 所示。在此对话框中可以指定页面的打印标记、色样、页面信息，以及出血标志离版面的距离等。此信息的详细介绍请参见打印和输出的相关介绍。

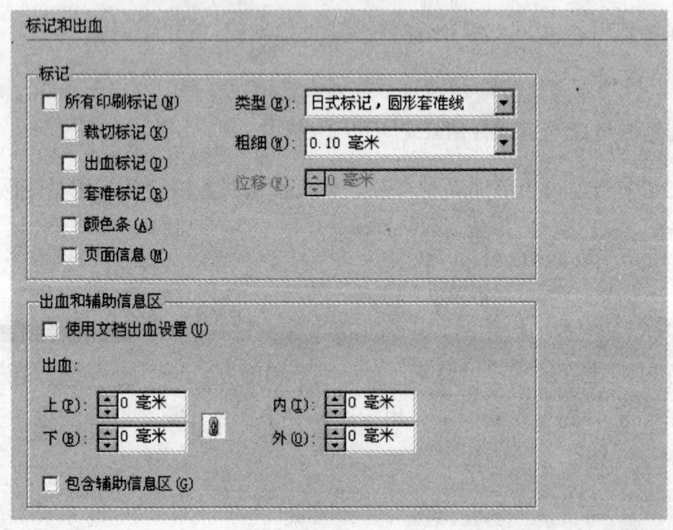

图 7-3-3

4. 输出

可以在“导出 Adobe PDF”对话框中的“输出”面板中设置下列选项，根据颜色管理的开关状态来确定是否使用颜色配置文件为文档添加标签以及选择的 PDF 标准，“输出”选项间的交互将会发生更改，如图 7-3-4 所示。

“颜色转换”：指定在 Adobe PDF 文件中表示颜色信息的方式。在颜色转换期间，将保留所有专色信息，只有进程颜色对应量转换到指定的颜色空间。

“目标”：说明最终 RGB 或 CMYK 输出设备的色域，例如显示器或 SWOP 标准。使用此配置文件，InDesign 将文档的颜色信息（由“颜色设置”对话框的“工作空间”部分中的源配置文件定义）转换到目标输出设备的颜色空间。

“包含配置文件方案”：确定文件中是否包含此颜色配置文件。根据“颜色转换”下拉列表中的设置来确定是否选择 PDF/X 标准之一以及颜色管理的开关状态。

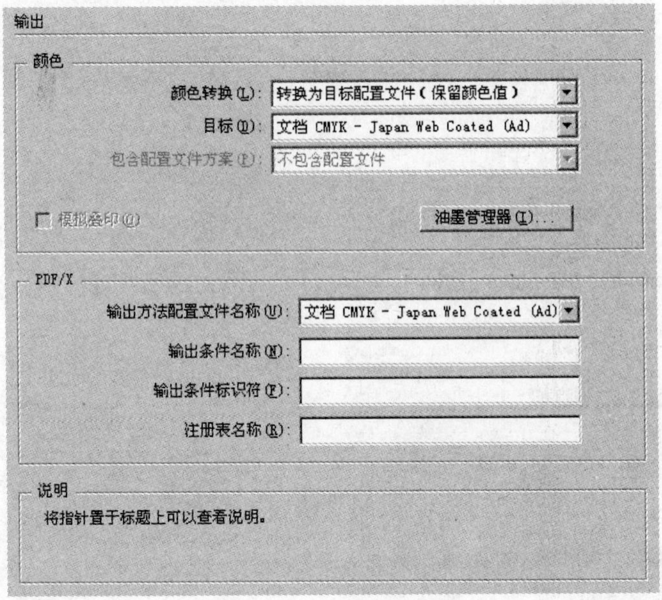

输出

颜色

颜色转换(L): 转换为目标配置文件(保留颜色值)

目标(D): 文档 CMYK - Japan Web Coated (Ad)

包含配置文件方案(P): 不包含配置文件

模拟叠印(O)　油墨管理器(I)...

PDF/X

输出方法配置文件名称(U): 文档 CMYK - Japan Web Coated (Ad)

输出条件名称(N):

输出条件标识符(F):

注册表名称(R):

说明

将指针置于标题上可以查看说明。

图 7-3-4

"模拟叠印":通过保持复合输出中的叠印外观,模拟打印到分色的外观。当取消选择"模拟叠印"时,必须在 Acrobat 中选择"叠印预览"才可以查看叠印颜色的效果。当选择"模拟叠印"时,会将专色更改为它们的进程对应量,并正确地覆盖颜色显示和输出,且无需在 Acrobat 中选择"叠印预览"。当打开"模拟叠印"且将"兼容性"(位于此对话框的"常规"面板中)设置为"Acrobat 4.0(PDF 1.3)"时,则可以在特定输出设备上再现文档之前,直接在显示器上软校样此文档的颜色。

"油墨管理器":控制是否将专色转换为进程对应量,并指定其他油墨设置。如果使用"油墨管理器"更改文档(例如,如果将所有专色更改为它们的进程对应量),则这些更改将反映在导出文件和存储文件中,但设置不会存储到 Adobe PDF 预设中。

"输出方法配置文件名称":指定文档的特殊打印条件。创建 PDF/X 兼容文件需要输出方法配置文件,只有在"导出 Adobe PDF"对话框的"常规"面板中选择 PDF/X 标准(或预设)时,才可以使用此菜单。此可用选项取决于颜色管理开关的状态,例如,如果颜色管理处于关闭状态,则此菜单仅列出与目标配置文件的颜色空间相匹配的输出配置文件。如果打开颜色管理,则输出方法配置文件与为"目标配置文件"选择的同一配置文件相同(只要它是 CMYK 输出设备)。

"输出条件名称":描述所用的打印条件。此项对于 PDF 文档的预期接收者很有用。

"输出条件标识符":通过指针指示有关预期打印条件的更多信息,系统会为 ICC 注册表中包括的打印条件自动输入标识符。在使用 PDF/X-3 预设或标准时,不可以使用此选项,因为在使用 Acrobat 7.0 预检功能或 Enfocus PitStop 应用程序(它是 Acrobat 6.0 的一个增效工具)检查文件时,会出现不兼容问题。

"注册表名称":表明有关注册表更多信息的 Web 地址。系统会为 ICC 注册表名称自动输入此 URL。在使用 PDF/X-3 预设或标准时,不可以使用此选项,因为在使用 Acrobat 7.0 预检功能或 Enfocus PitStop 应用程序检查文件时，会出现不兼容问题。

5. 高级

高级选项如图 7-3-5 所示。

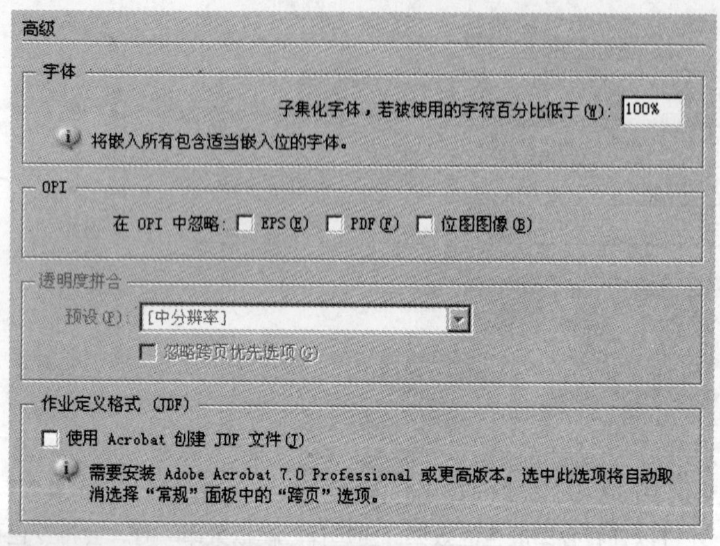

图 7-3-5

子集化字体：根据文档中使用的字体字符的数量，设置用于嵌入完整字体的阈值。如果超过文档中使用的任一指定字体的字符百分比，则完全嵌入特定字体。否则，子集化此字体。嵌入完整字体会增大文件的大小，但如果要确保完整嵌入所有字体，则应输入 0（零）。也可以在“常规首选项”对话框中设置阈值，以根据字体中包含字形的数量触发字体子集化。

“OPI”：使用户能够在将图像数据发送到打印机或文件时有选择地忽略不同的导入图形类型，只保留 OPI 链接（注释）交由 OPI 服务器处理。

“忽略跨页优先选项”：优先选择将拼合设置应用到文档和书中的所有跨页，覆盖单独跨页上的拼合预设。

“使用 Acrobat 创建 JDF 文件”：创建作业定义格式（JDF）文件，并启动 Acrobat 7.0 专业版以处理此 JDF 文件。Acrobat 中的作业定义包含对要打印的文件的引用，以及为印前服务提供商提供的说明和信息。此选项只在装有 Acrobat 7.0 专业版的计算机上才可以使用。

6. 安全性

在“导出 Adobe PDF”对话框的左侧列表中选择“安全性”选项，将会显示“安全性”对话框，如图 7-3-6 所示。

在此对话框中可以控制生成的 PDF 是否具有 PDF 文件的使用权限。

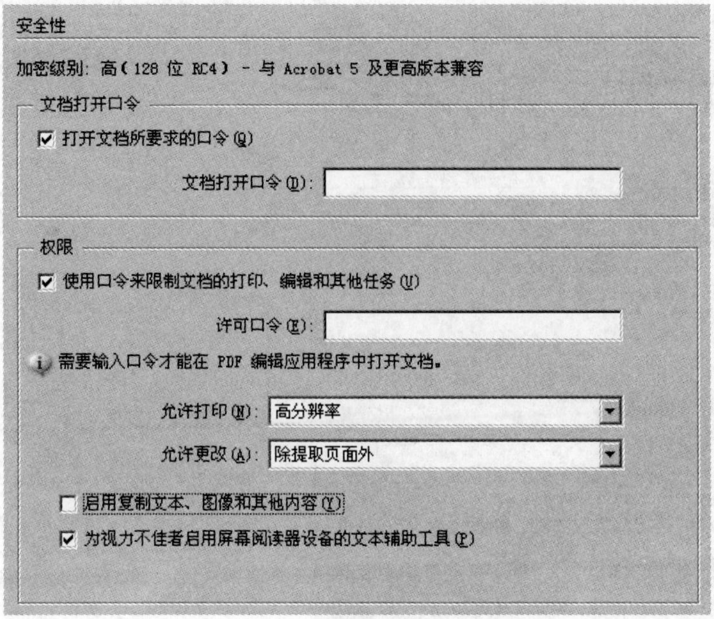

安全性

加密级别：高（128 位 RC4）- 与 Acrobat 5 及更高版本兼容

文档打开口令

☑ 打开文档所要求的口令(Q)

文档打开口令(D)：

权限

☑ 使用口令来限制文档的打印、编辑和其他任务(U)

许可口令(E)：

需要输入口令才能在 PDF 编辑应用程序中打开文档。

允许打印(N)：高分辨率

允许更改(A)：除提取页面外

☐ 启用复制文本、图像和其他内容(Y)

☑ 为视力不佳者启用屏幕阅读器设备的文本辅助工具(P)

图 7-3-6

“打开文档所要求的口令”：用于打开受口令保护的文档的加密类型。Acrobat 4.0（PDF 1.3）使用低加密级别（40 位 RC4），而其他版本则使用高加密级别（128 位 RC4）。Acrobat 6.0（PDF 1.5）和更高版本使用户能够启用元数据搜索功能。

“需要输入口令才能在 PDF 编辑应用程序中打开文档”：要求尝试打开此 PDF 文件的任何用户都要输入指定的口令。

“使用口令来限制文档的打印、编辑和其他任务”：限制访问 PDF 文件的安全性设置。如果在 Adobe Acrobat 中打开文件，用户可以查看此文件，但必须输入指定的“许可”口令，才可以更改文件的“安全性”和“许可”设置。如果在 Illustrator、Photoshop 或 InDesign 中打开文件，则用户必须输入“许可”口令，因为不可能仅在查看模式下打开文件。

7. 小结

在“导出 Adobe PDF”对话框中选择“小结”选项，将会显示“小结”对话框，如图 7-3-7 所示。“小结”对话框中包含了此次设置的所有内容。可以在此小结状态下清楚地看到各设置的情况，如果看到哪一项设置不满意，则可到相应的选项下去修改，也可以将其保存为一个文本文件和生成的 PDF 文件放在一起，以便日后在观看 PDF 文件时了解生成此文件时的设置情况，单击“存储小结”按钮，将会弹出“输出 PDF 小结”对话框。

可以在此对话框中输入要保存小结的文件名和文件夹，单击“保存”按钮，即可将小结保存为文件。

对话框中若各项设置均符合要求，可以单击“输出”按钮将文档输出为 PDF 文件。在输出过程中，Adobe InDesign 将弹出提示框，提示输出 PDF 文件的进度，可单击“取消”按钮来随时取消此次操作。

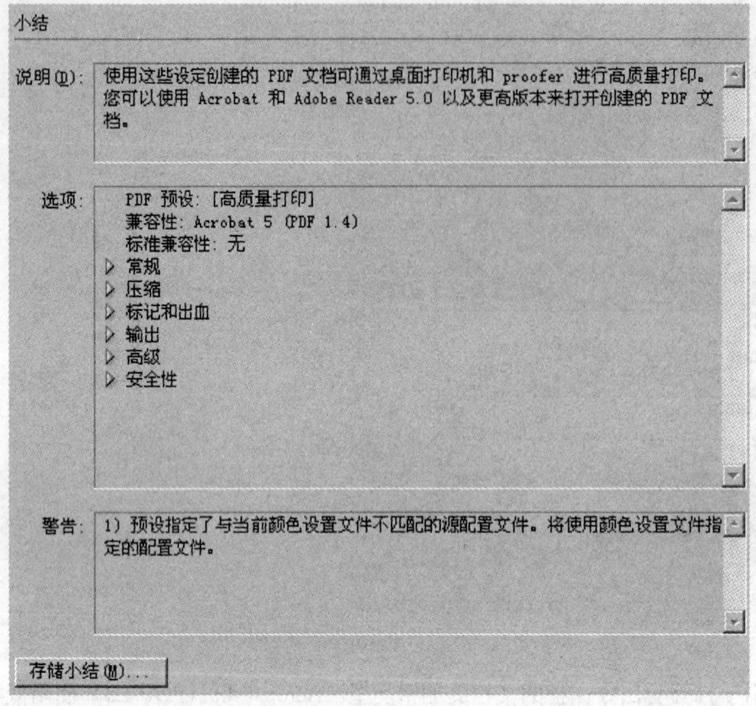

图 7-3-7

8. 关于 PDF 样式

在“导出 Adobe PDF”对话框中若各项设置均已完成，并且以后在输出 PDF 文件时也会用到相同的设置，则可以单击“保存样式”按钮，保存为一种 PDF 样式，以后在“导出 Adobe PDF”对话框顶部的“样式”选项框中可以直接选择相应的样式。

9. Adobe PDF 预设

PDF 预设是预定义的设置集，使用这些设置可以在工作组中创建一致的 Adobe PDF 文件。可以根据 PDF 文件的使用方式设计这些设置以均衡文件大小和品质，也可以创建自定预设。

Adobe PDF 预设是一组影响创建 PDF 处理的设置。这些设置旨在平衡文件大小和品质，具体取决于如何使用 PDF 文件。可以在 Adobe Creative Suite 组件间共享预定义的大多数预设，其中包括 InDesign、Illustrator、Photoshop 和 Acrobat。也可以针对特有的输出要求创建和共享自定义预设。

使用“导出 Adobe PDF”对话框的“小结”面板，定期检查 InDesign Adobe PDF 的设置。InDesign 使用定义的或选择的最后一组 Adobe PDF 设置，而不会自动恢复到默认设置。

高品质打印创建 PDF 文件以在桌面打印机和校样器上高品质打印。此预设使用 PDF1.4，可缩减像素采样颜色和灰度图像至 300ppi、缩减像素采样单色图像至 1200ppi、嵌入所有字体的子集、创建标记的 PDF、保持颜色不变并且不拼合透明度。这些 PDF 文件可以在 Acrobat 5.0 和 Acrobat Reader 5.0 以及更高版本中打开。这是用于 InDesign 的默认预设。

PDF/X-1a(2001 和 2003)检查文件的 PDF/X-1a 兼容性。如果导出的文件不是 PDF/X-1a 的兼容格式则显示警告消息，询问用户是要创建非兼容文件，还是要取消。PDF/X-1a 使用 PDF1.3，缩减像素采样颜色和灰度图像至 300ppi，缩减像素采样单色图像至 1200ppi，嵌入所有字体的子集，创建不带标签的 PDF，使用"高分辨率"设置拼合透明度，并要求使用 CMYK 和专色（或两者之一）。PDF/X 是图形内容交换的 ISO 标准，它可以消除导致出现打印问题的许多颜色、字体和陷印变量。InDesign CS6 支持 PDF/X-1a:2001 和 PDF/X-1a:2003（对于 CMYK 工作流程），以及 PDF/X-3:2002 和 PDF/X-4:2008（对于颜色管理工作流程）。

PDF/X-1a 兼容文件必须包含有关打印条件的信息，输出方法配置文件要与"输出"面板中的"目标"设置紧密关联，这些 PDF 文件可以在 Acrobat 4.0 和 Acrobat Reader 4.0 以及更高版本中打开。如果使用 Acrobat 7.0 专业版的预检功能检查 PDF 文件，则用于创建此 PDF 文件的 PDF/X-1a 配置文件的版本必须与在 Acrobat 中选择进行预检的配置文件相匹配。例如，如果使用 PDF/X-1a:2001 预设创建此文件，则必须使用 PDF/X-1a:2001 配置文件预检此文件（PDF/X1-a:2001 预设位于 Extras 文件夹中）。

PDF/X-3（2002 和 2003）检查文件的 PDF/X-3 兼容性。如果导出的文件不是 PDF/X-3 兼容格式，则显示警告消息，询问用户是要创建非兼容文件，还是要取消。PDF/X-1a 和 PDF/X-3 的主要区别是除 CMYK 和专色之外，PDF/X-3 还允许使用颜色管理和与设备无关的颜色。输出方法配置文件与"输出"面板中的目标设置紧密关联，并且还取决于颜色管理的开关状态。这些 PDF 文件可以在 Acrobat 4.0 和 Acrobat Reader 4.0 以及更高版本中打开。如果使用 Acrobat 7.0 专业版的预检功能检查 PDF 文件，则用于创建此 PDF 文件的 PDF/X-1a 配置文件的版本必须与在 Acrobat 中选择进行预检的配置文件相匹配。例如，如果使用 PDF/X-3:2003 预设创建此文件，则必须使用 PDF/X-3:2003 配置文件预检此文件（PDF/X-3:2003 预设位于 Extras 文件夹中）。

PDF/X-4 支持 PDF 文件中实时透明度，带有透明度的对象不再必须光栅化。它不会像 PDF/X-1a 那样把色彩转化为 CMYK 和专色，而是支持色彩管理流程。其支持嵌入字体图片等需求，和其他 PDF/X 标准一样。对于显示实时透明效果和执行颜色管理，PDF/X-4:2008 是一种非常可靠的格式。此格式最适于 RIP 处理、使用 Adobe PDF 打印引擎的数字打印机以及任何要在 Acrobat 中打印的 PDF 文件。在你的印刷商拥有支持 PDF/X-4 的 RIP 之前，你可能还无法使用 PDF/X-4 预设，然而这是未来 PDF 和印刷流程的趋势。

印刷品质创建用于高品质印刷制作的 PDF 文件（例如，用于数字打印或用于图像设置器或版面设置器的分色），但并不创建 PDF/X 兼容的文件。在此情况下，首先要考虑的是内容的品质，目的是保留 PDF 文件中的所有信息，商业印刷商或印前服务提供商需要这些信息来正确打印文档。这一组选项使用 PDF1.4，将颜色转换为 CMYK，缩减像素采样颜色和灰度图像至 300ppi，缩减像素采样单色图像至 1 200ppi，嵌入所有字体的子集并保留透明度。这些 PDF 文件可以在 Acrobat 5.0 和 Acrobat Reader 5.0 以及更高版本中打开。

注意：创建发送给商业印刷商或印前服务提供商的 Adobe PDF 文件之前，应找出所需的输出分辨率和其他设置，或提供具有推荐设置的 .joboptions 文件。用户可能需要为特殊提供商自定 Adobe PDF 设置，并提供自己的 .joboptions 文件。

用"最小文件大小"预设创建 PDF 文件，以在 Web 或 Intranet 上显示或者通过电子邮件系统分发，此预设使用压缩、缩减像素采样和相当低的图像分辨率，它将所有颜色转换为 sRGB，并且不嵌入字体。它还优化文件以减少所用的字节。这些 PDF 文件可以在 Acrobat 5.0 和 Acrobat Reader 5.0 以及更高版本中打开。

内容丰富的 PDF 创建包括标签、超链接、书签、交互元素和图层的可访问 PDF 文件，此组选项使用 PDF1.5，并嵌入所有字体的子集，它还优化文件以减少所用的字节。这些 PDF 文件可以在 Acrobat 6.0 和 Acrobat Reader 6.0 以及更高版本中打开（内容丰富的 PDF 预设位于 Extras 文件夹中）。

除了可以在“输出 PDF 文件”对话框中保存为样式外，还可以通过“文件”菜单下的“定义 PDF 输出样式”命令来定义新的 PDF 输出样式或编辑已有的 PDF 样式。

用户可以在此对话框中选择已有的样式进行编辑、删除等操作，或建立一个新的样式或从别的文件中输入样式。在左侧的样式名称中选择一个已有的样式，则在其下方会显示此样式的全部设置，可通过其右侧的滚动条观察其未显示完的信息。如果不符合要求，则可通过右侧的“编辑”按钮来对其进行编辑设定。单击“编辑”按钮，将显示“编辑 PDF 样式”对话框。其各个选项均和“输出 PDF 样式”对话框的选项一样，可参看前面的详细介绍。

也可以通过其他的样式文件输入样式名，单击“PDF 样式”对话框中的“输入”按钮，将弹出“PDF 载入样式”对话框。可以在此对话框中选择以前存储的 PDF 样式文件的名称，即可将存储的 PDF 样式文件输入到当前的文档中，同时在左侧的样式名中显示输入的样式名称。

单击“PDF 样式”对话框中的“新建”按钮会弹出“新建 PDF 样式”对话框，可以直接建立一个新的样式，其各项选项均和编辑样式对话框中的内容相同，设定完成后可单击“保存”按钮，将其保存为一个 PDF 样式，同时在左侧的样式名中显示新建立的样式名称。

如果建立或输入的 PDF 样式名称已经不再需要了，则可选中此样式名，单击右侧的“删除”按钮，直接将其删除，同时在左侧的样式名中删除此样式名。

建立编辑完成后可将此样式集合存储为一个样式集文件，以便在以后的日常工作中使用。单击“保存”按钮，将弹出“PDF 保存样式”对话框。用户可以在此对话框中选择要保存的样式集的名称以及保存此文件的文件夹。

一定要注意样式集名称和样式名称的区别，样式集包含多个不同的样式名称，可以保存为单独的文件，以便输入到其他文件中，样式名称只能在本文档中使用。

除了将打开的文档输出为 PDF 文件外，Adobe InDesign 也能将书籍文件输出为一个 PDF 文档，或者将书籍中的某个文档输出为 PDF 文档，以及通过粘贴板将文档的部分对象输出为 PDF 文档。

将书籍文档输出为 PDF 的方法如下所述。

打开一个存在的书籍文档，在书籍面板中选择“输出书籍为 PDF”命令。若在书籍面板中选择了一个或多个文档，则此处的命令变为“输出选择文档为 PDF”命令，单击此命令，将会弹出“输出 PDF”对话框，其中的部分选项设置和文档输出 PDF 设置基本是一样的，按要求进行设置，即可输出书籍或书籍中的文档的 PDF 文档。

在输出书籍为 PDF 文件时，若书籍中的文档设定了不同的颜色设置，则 Adobe InDesign 会弹出警告对话框，提示用户书籍中的不同文档设定了不同的颜色设置，将会导致颜色不一致。

单击“确定”按钮，Adobe InDesign 会显示正在收集书籍中的文档信息的进度提示框，提示用户 Adobe lnDesign 正在收集书籍中的文档信息，此时可单击“取消”按钮来取消此次操作。

7.4 打印

InDesign 的打印对话框是为了协助用户进行打印工作流程而设计的，对话框中的每个选项组都按照进行文件的打印作业的方式组织而成。无论是将彩色文件送到外面的输出中心，还是将草稿由喷墨打印机、激光打印机和喷绘机印出来，多了解一些打印的基本原理，可让打印工作进行得更顺利，并有助于确保最终文档的效果与预期的效果一致。

7.4.1 打印选项

当整个排版文件完成后，用户能够根据需要来对排版文件的内容进行以下的输出操作。

· 采用激光打印机在纸上打印出各种校样或最终产品。

· 采用激光照排机输出供印刷晒版用的胶片。

· 采用直接制版机（CTP）输出供印刷用的印版。

· 通过数字印刷机直接输出印刷品。

在进行打印输出之前，用户必须先安装打印机驱动程序。在 Windows 系统中可通过控制面板中的“打印机 > 添加打印机”命令来完成打印机的安装。当打印机安装完成后，打开文件，执行“文件 > 打印”命令可以调出“打印”对话框。在“打印”对话框中可以设置的参数比大多数打印机驱动提供的参数更丰富，因此 Adobe 建议直接使用“打印”对话框完成打印操作。当单击左下角“打印机”按钮时将会弹出打印警告对话框，如图 7-4-1 所示。“打印机的类型”表示如果安装了多台打印机，则可以在打印文件对话框中的打印机“名称”下拉列表中选择要使用的打印机。值得注意的是，如果只安装了一台打印机或者非 Postscript 打印机，则在 Adobe InDesign 中有一些打印功能将不能使用。

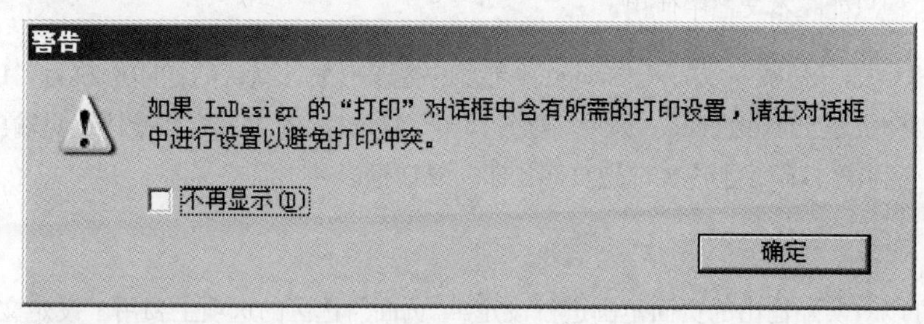

图 7-4-1

若想在以后操作此选项时不显示此对话框，则在此对话框中选中“不再显示”复选框。

在打印机属性对话框中可以设置输出的打印机等选项。

单击中部的“首选项”按钮，在弹出的对话框中可以设置输出时页面的布局方向、页面的先后顺序以及每个输出页面上打印的页数。如果需要对打印机的属性进一步设置,则可以在对话框中单击右下方的“高级”按钮，软件应用的操作系统不同及所应用的打印机不同，弹出的对话框也会略有不同。

1. 常规

在“打印”对话框左侧的列表中选取“常规”选项，将显示“常规”对话框，如图 7-4-2 所示，该对话框也是选择“打印”命令后显示的默认对话框。在“常规”对话框中可以指定打印的份数、顺序和页面范围，这些选项和普通打印机的操作完全相同。

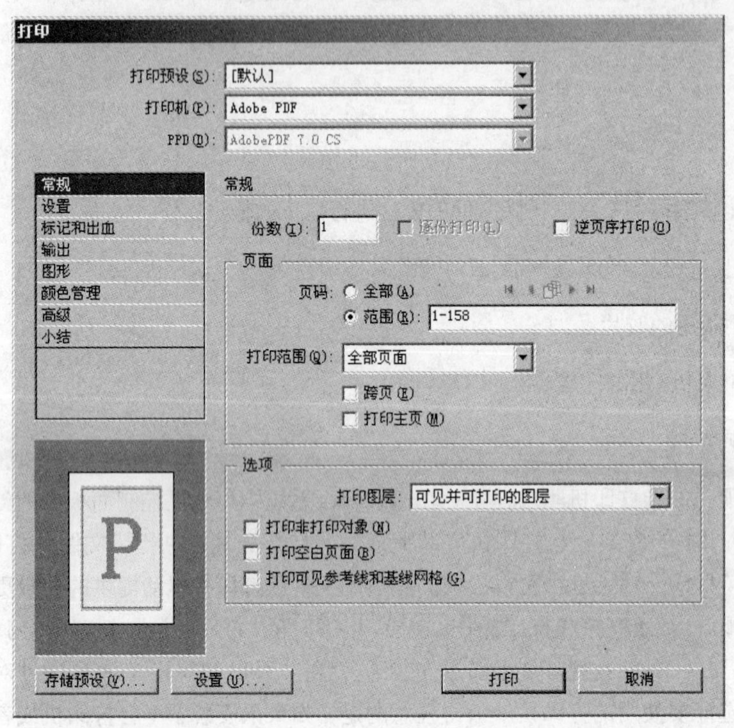

图 7-4-2

(1) 打印份数的设定

用户可以在“常规”对话框中的“份数”文本框内填入所需要的打印份数，默认的打印份数为“1”。在打印多份的情况下，可以设置多份文档的输出形式，选中“逐份打印”复选框，则文件会按顺序逐页输出，并重复输出多次。如果要文件以逆页序打印，则选择“逆页序打印”复选框。

(2) 打印范围的设定

在多页或扩展页情况下，可以对实际输出的页面范围进行设定。“页面”选区的选项主要用于设定文件的打印范围，可以做如下设定。

选择“页面”选区内的“全部”单选钮，即可打印文件的所有页面；选择“范围”单选钮，即可打印文件的部分页面，在范围框中输入需要打印的页面的页码，可以输入的形式有“2-8”或分别输入页码“6，7，8，10”、“2-4，5，7-10”等。用户也可以按奇、偶页的方式来打印，在“打印范围”

下拉列表中选择仅偶数页或仅奇数页即可实现这种打印方式。默认方式是打印“所有页面”。

如果在跨页方式下设计稿样，而各个物理页是独立的且在打印时要打印出整个设计范围，选择跨页打印功能就可以实现将多页扩展页一次并行输出。

选中“打印主页”复选框，则只会将主页的内容输出打印。如果有A主页、B主页，输出的内容即为A、B主页上的内容，而不会输出任何其他页面上的内容。选择此项后，便不能选择打印的范围。

(3) 打印选项

在某些特殊的需求下，页面上的某些对象可能被设置成了“非打印对象”，表示此对象可在页面上显示而不打印出来。若选中“打印非打印对象”复选框，则可打印这些对象。

由于版面编排的需要，在出版物里可能会有一些空白页。如果需要将这些空白页也打印出来，选择“打印空白页面”复选框就可以实现这种需要。

2. 设置

在“设置”对话框中，可以对文件打印的页面尺寸、打印方向和缩扩比例等进行调整，如图7-4-3所示。

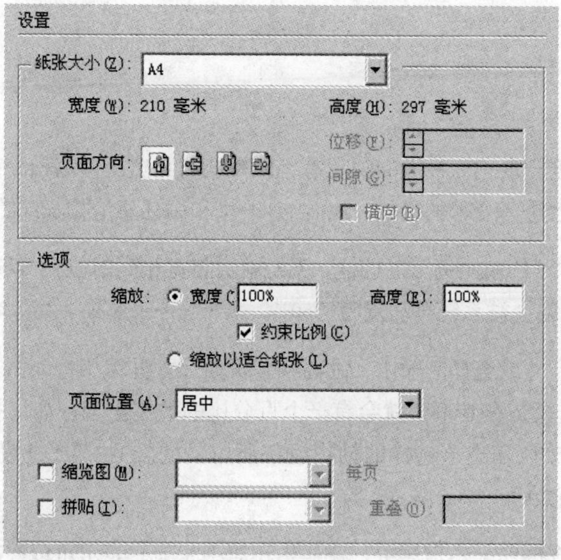

设置
纸张大小(Z): A4
宽度(W): 210 毫米　高度(H): 297 毫米
页面方向:　位移(F):　间隙(G):
横向(R)
选项
缩放: 宽度(: 100%　高度(E): 100%
约束比例(C)
缩放以适合纸张(L)
页面位置(A): 居中
缩览图(M):　每页
拼贴(I):　重叠(O):

图 7-4-3

纸张大小设定

“纸张大小”：单击“纸张大小”右侧的下拉箭头，在弹出的下拉列表中可以选择与当前文件相符的页面尺寸，这里的页面尺寸必须小于输出设备所支持的最大尺寸，否则会在输出时切去多余的内容。在下拉列表中所显示的宽和高即为页面的实际输出尺寸。

“页面方向”：单击选项后面的图标，可以控制文件输出时的方向，有以下几种。

· “直式向上”按钮：以直式方向打印，竖向并由上到下打印页面内容。

- “横式向左”按钮：以横式方向打印，横向并由左至右打印页面内容。
- “直式向下”按钮：以直式方向打印，竖向并由下至上打印页面内容。
- “横式向右”按钮：以横式方向打印，横向并由右至左打印页面内容。

“位移”：输出时可强行将整个页面在输出介质上移动一定尺寸，此项必须在页面尺寸中选择“自定义尺寸”后才可以实现。

“间隙”：指在连续输出两个页面以上时每个页面之间的空隙距离。同样，也必须在选择“自定义尺寸”后才可以实现。

“横向”：打印文件时内容旋转 90°，但纸张仍然为纵向的输出方向，必须使用可支持横向打印和自定页面尺寸的 PPD，才能使用此选项。“横向”选项的效果如图 7-4-4 所示。

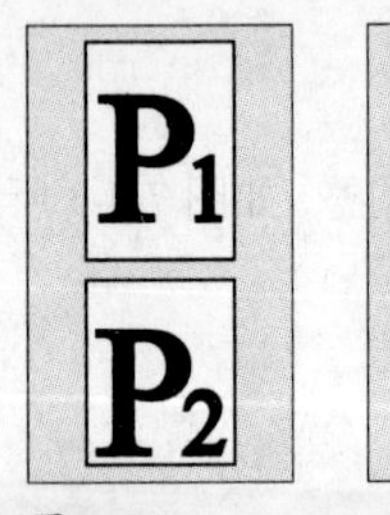

图 7-4-4

“缩放”：此选项的默认方式是“宽度”和“高度”复选框被选中的状态，即默认的输出比例宽和高都为 100%。可以修改此两项后面的数值来达到对输出内容进行变形的目的，即将内容的宽和高任意地拉长或缩小。

“约束比例”：在修改比例中的数值时，如果选中“约束比例”复选框，系统就会将宽和高的值强行统一，如在“宽度”中填入“50%”，在“高度”里的数值就会被系统自动置为“50%”。

“缩放以适合纸张”：在输出时如果输出设备的尺寸或选择的输出尺寸与实际页面尺寸并不相符，而又想让页面内容充满输出后的尺寸，单击该项前的复选框，在其下面就会有一个百分比的数据出现，如“按比例适应：87%”，即表示页面的内容按原有大小的 87% 输出于选择的输出设备所定义的尺寸。“适合宽度”是指将所打印的页面按打印的纸张大小适当缩小或放大。

“页面位置”：在“页面位置”下拉列表中，可选择左上、顶居中、左居中和居中 4 项，表示可以控制页面内容以这 4 种摆放方式于输出纸型面上。

“缩览图”：要在单个页面上显示多个页面，可以创建缩览图（小的文档预览版本）。缩览图对于验证内容和组织很有用。在适当的位置，InDesign 自动更改纸张方向以使页面最好地适合纸张；但是，如果取消选择“缩览图”选项，则需要重置最初的页面方向。

“拼贴”：当输出文件的页面大于所设定的纸张的页面时是不能实现等大输出的，如当制作的版面为四开（A2 幅面）大小时，若要等大打印输出，则必须使用 A2 或大于 A2 幅面的打印机，但大多数用户使用的打印机幅面只有 A3 或 A4，为了实现等大输出，必须采用页面的拆分功能，即把四开大小的版面分成两张 A

或4张A4大小的幅面打印出来，中间留出重叠位置，再把打印出来的纸样根据重叠所提供的重复内容粘贴在一起，组成一个完整的纸样。

在“拼贴”对话框中，可以使用3种拼贴方式，如图7-4-5所示。

①“自动”：不对页面进行拆分。

②“自动对齐”：根据文件中版面的大小和所设定的纸张的页面大小自动进行平铺打印，平铺页面的重叠范围可由其后的“重叠”中的值确定。

③“手动”：采用手动的方式对页面进行拆分。在InDesign中，手动设定打印范围是利用标尺改变版面坐标的零点位置来进行设定的。其操作方法为：当版面上未显示标尺时，执行“显示 > 显示标尺”命令，把标尺显示出来；用鼠标单击标尺的左上方位置，鼠标在不松开的情况下向右方或下方拖动，到目标位置时松开。这个操作将把坐标的零点拖动到合适的位置。

3. 标记和出血

当准备用于打印的文件时，有数种标记是打印机设备在用于精确对齐文件和确认正确颜色时所需的，这些标记包括裁切标记、出血标记、套准标记、颜色条和页面信息等。“标记和出血”对话框主要用于设置在打印输出时的各种标记，如图7-4-6所示，具体设置如下所述。

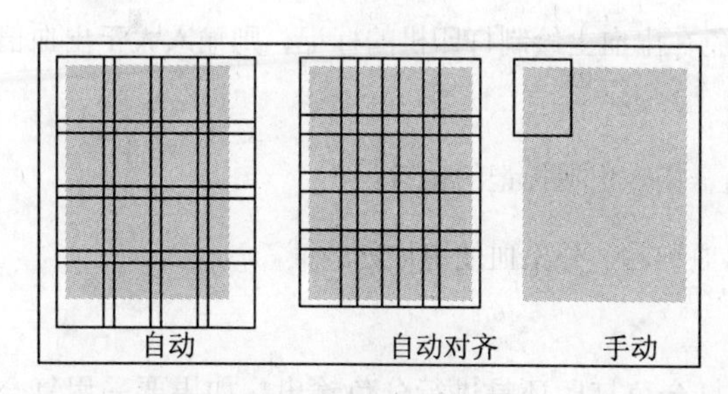

图 7-4-5

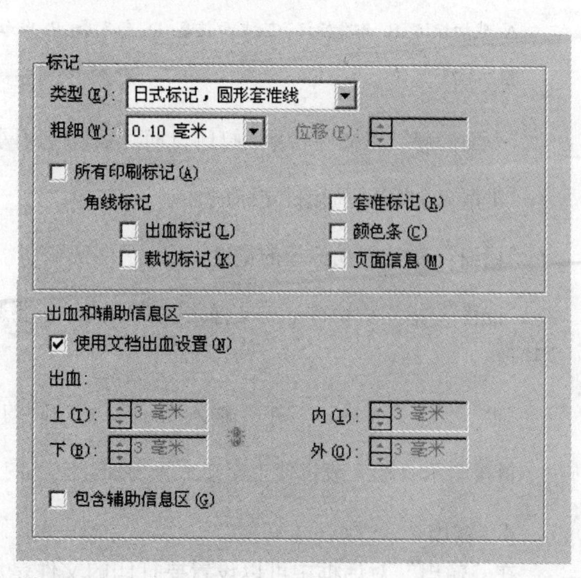

图 7-4-6

“所有印刷标记”：一次选择所有印刷标记，各种标记如图7-4-7所示。

“裁切标记”：加在页面区外，标记页面剪裁区域的水平和垂直细线。裁切标记也有助于进行各分色彼此的拼合（对齐）。

“套准标记”：加在页面区外以对齐彩色文件中不同分色的标记。

“颜色条”：加入代表CMYK墨水和灰色淡印色（以10%为增量）的彩色小方块。服务供应商会使用这些标记来调整印刷时的墨水浓度。

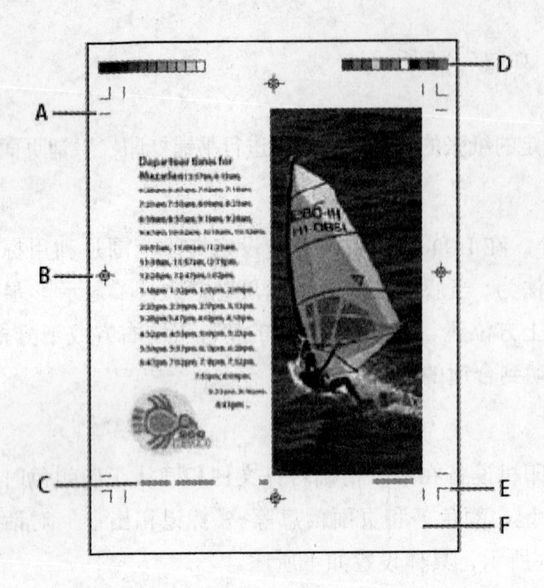

A. 裁切标记 B. 套准标记 C. 页面信息 D. 颜色条 E. 出血标记 F. 辅助信息区

图 7-4-7

“页面信息”：以文件名称、打印日期时间、使用网频、分色片的网角及每个特定通道的颜色来标示底片。

“类型”：打印罗马和日文标记。

“粗细”：指定裁切标记的宽度。

“位移”：指定裁切标记与文件之间的距离。若要避免在出血上绘制打印机的标记，则输入大于出血值的位移值。

“上”、“下”、“内”、“外”：输入 0 ～ 72 点之间的值，指定出血标记的位置。

链接图示（ ）：表示使上出血、下出血、左 / 内出血和右 / 外出血使用相同的值。

4. 输出

在“输出”对话框中可以设置要打印的文件是用复合色打印还是进行分色输出。如果要采用复合色打印，则选择“复合”选项；如果采用 4 色分色输出，则选择“分色”选项，如图 7-4-8 所示。

当采用“输出”时，需要指定各色版在输出时所采用的设备输出分辨率、加网线数（又称网点频率）和加网角度等。

(1) 复合输出或分色输出

在对话框中可以设置要打印的文件是用复合输出还是进行分色输出，对话框中的“颜色”下拉列表中包括如下选项。

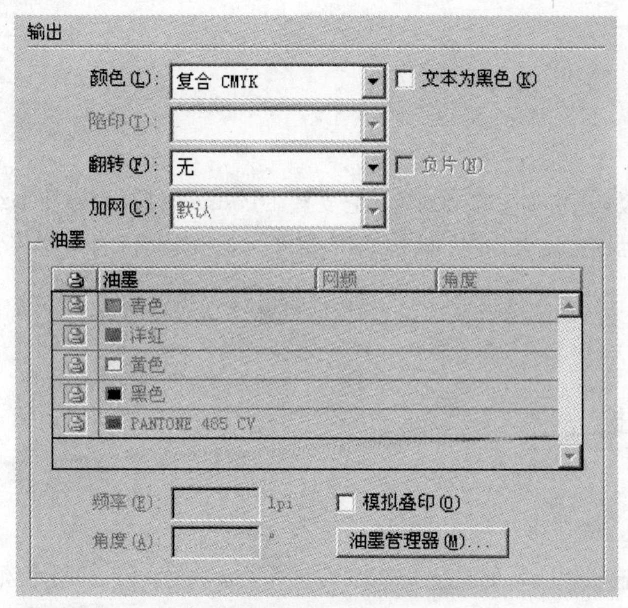

图 7-4-8

· 复合保持不变：将指定页面的全彩色版本发送到打印机，保留原始文档中所有的颜色值。如果选择此选项，则禁用“模拟叠印”。

· 复合灰度：将灰度版本的指定页面发送到打印机，例如，在不进行分色的情况下打印到单色打印机。

· 复合 RGB：将彩色版本的指定页面发送到打印机，例如，在不进行分色的情况下打印到 RGB 彩色打印机。

· 复合 CMYK：将彩色版本的指定页面发送到打印机，例如，在不进行分色的情况下打印到 CMYK 彩色打印机（此选项仅可用于 PostScript 打印机）。

· 分色：为文档要求的每个分色创建 PostScript 信息，并将该信息发送到输出设备（此选项仅可用于 PostScript 打印机）。

· In-RIP 分色：将分色信息发送到输出设备的 RIP（此选项仅可用于 PostScript 打印机）。

· 文本为黑色：将 InDesign 中创建的文本全部打印成黑色，文本颜色为无或纸色，或与白色的颜色值相等。同时为打印和 PDF 发布创建内容时，此选项很有用。例如，超链接在 PDF 版本中为蓝色，选择此选项后，这些链接在灰度打印机上将打印为黑色，而不是半调图案，那样阅读起来会很困难。

（2）陷印处理（补漏白）

对文件进行 4 色分色输出时，在具有重叠对象的文档中，最上面的对象的颜色会替代（或镂空）其他分色对象中下面的颜色。如果用一种或更多的未套准的油墨进行叠印，相邻的对象间就可能出现漏白，这样不仅会出现色偏，而且非常难看。陷印（也叫补漏白）技术就是针对上述问题而设计的，即使用陷印技术通过稍稍扩展一个颜色区域到另一个颜色区域来掩盖这种漏白。选择“颜色”下拉列表中的“分色”或

“In-RIP 分色”即会激活陷印处理功能。

在“陷印”下拉列表中有以下 3 种选项。

· “关闭”: 在输出时不设置陷印。

· “应用程序内建”: 在进行输出时会自动陷印字体和多数对象。它支持在 Postscript Level2 或更高级别的照排机上工作，但要求更多的处理时间和硬盘空间，与 Adobe InRIP 陷印相比，这种陷印的对象种类较小。

· “Adobe In-RIP”: 在进行输出时自动陷印所有字体和图形，使用印前质量陷印规则。

（3）翻转

翻转功能是输出时对页面上的内容进行横向或纵向的镜像处理，有“无”、“水平”、“垂直”和“水平和垂直”4 个选择，可根据需要进行选择。

（4）加网

当采用分色输出时，需要指定各色版在输出时所采用的设备输出分辨率、加网线数（又称网点频率）和加网角度等。

设备输出分辨率和加网线数之间的关系决定了打印输出的质量。设备输出分辨率是指输出设备(打印机、激光照排机）等单位长度上的扫描光点数。输出分辨率的大小制约着网点的精细程度。在输出设备中，输出分辨率一般固定不变或分有限的几级。在“加网”下拉列表中可选择输出设备所允许的分辨率。

加网线数指单位长度内的网点数，它反映了相邻网点中心的距离。加网线数的度量是沿加网角度方向进行的，而非沿水平或垂直方向。加网线数以每英寸的线数（LPI）来表示，数值越大，所再现的图像也就越精美，但由于承印材料（如纸张）、油墨、印刷工艺和网点形成方式等因素的影响，不同的印刷工艺应采用与其相应的加网线数，在平版印刷中多采用 150 线／英寸或 175 线／英寸。一味追求高加网线数会因印刷工艺、材料等达不到要求而不能再现图像的层次使得图像的质量降低。

加网角度指有公共邻边的两网格中心点的连线与网角基准线（水平或垂直线）之间的角，目的是避免在 4 色印刷过程中由于相同频率的网屏相互叠印而出现龟纹。通常对于各向同性的网点（如方形、圆形）取小于 90° 的角度，对于各向异性的网点（如链形、椭圆形）则取与长轴的网格中心点连线方向相同。

加网角度直接影响四色叠印后图像的质量，多种角度加网交叠形成的细微结构对视觉造成的干扰性图案，可以按干扰性强弱分为两种：一种是难以接受的“龟纹”，其干扰性条纹出现的周期大到人眼可以分辨的程度，但又小于印刷品图像的幅面；另一种是可以接受的“环状玫瑰花斑”结构，其出现周期很小。在实际应用中，避免出现强干扰性的条纹，是彩色印刷加网必须满足的前提，即使不同的加网角度和加网线数配置所产生的环状玫瑰花斑结构有差别也是可以接受的，但也给颜色、层次及细节复制等带来不同程度的影响。

（5）油墨管理

在多色加网印刷中，必须考虑加网图像叠印产生的龟纹。较粗的龟纹是印刷中必须避免的，精细的环瑰斑在加网印刷中是很难避免的。经计算和试验，两个加网角度相差 30°～60°时呈现对视觉干扰很小的花纹，角度差为 45°时对视觉干扰最小。所谓对视觉干扰小，就是在图像中不会出现较粗的龟纹，图像色调平滑，舒适不刺眼。根据这个规律在 4 色加网中常用以下加网角度。

· 黄版:使用 0°或 90°。由于 0°或 90°网角对视觉干扰最大，黄色对视觉感觉较弱，因此黄色与青、品红形成的龟纹不明显。

· 青版: 使用 15°或 75°。青色对视觉感应较强，仅次于黑色。

· 黑版: 使用 45°。黑色视觉感应较强，与其他 3 色网角的角度差应在 30°～45°之间。

· 品红版: 使用 75°或 15°。当青版使用 15°网角时，品红色版用 75°; 当青版使用 75°网角时，品红版用 15°。

以上加网角度的设置并不是一成不变的，当黑版阶调很短，为骨架黑版时，可以将黑版放在 15°或 75°，而将青版或品红版放在 45°; 当画面上以风景为主体时，可将青版放在 45°; 当画面上以人物色等红色调为主体时，可将品红版放在 45°。相关设置可在“油墨管理器”对话框中进行调整，如图 7-4-9 所示。

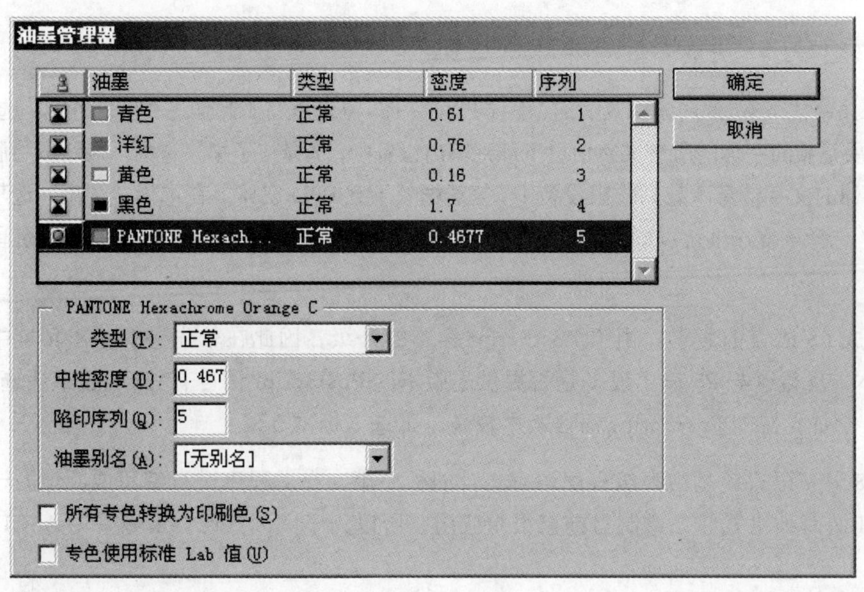

图 7-4-9

5. 图形

在“图形”对话框中，可以指定打印时处理图片的方式、PostScript 的级别和字体下载选项，如图 7-4-10 所示。

发送数据”下拉列表中有“全部”、“优化次像素采样”、“代理”和“无”4 个选项。

“选择“全部”即在打印时采用高精度的图像，用于高质量的输出，如输出胶片。选择“代理”即以版面上的代理显示图像精度输出，可以用于输出校稿等。选择“无”则代表所有图像不会被输出。“优化次像素采样”是指根据打印机设置的分辨率（或最高分辨率）进行取样，比如设置打印机分辨率为100ppi，而72ppi的图片和300ppi的图片数据发送时都会取样到100ppi。“代理”是创建一个低分辨率版本的图片占位符，通常在打样时使用。

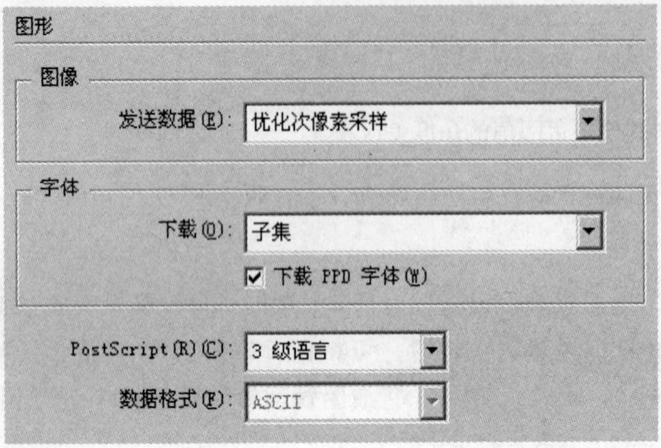

图形
图像
发送数据(E): 优化次像素采样
字体
下载(O): 子集
下载 PPD 字体(W)
PostScript(R)(C): 3 级语言
数据格式(F): ASCII

图 7-4-10

“字体”下拉列表中有“无”、“完整”和“子集”3个选项。

选择“无”表示不采用字体下载，此时紧随其后的“下载 PPD 字体”复选框将不起作用；选择“全部”选项，表示将版面中用到的需要下载的字体的所有文字信息下载到输出设备中；选择“子集”选项，表示只将版面中用到的需要下载的字体的文字信息下载到输出设备中；复选框“下载 PPD 字体”在选择“子集”选项或“全部”选项时起作用，选择该复选框可以确保文件中的字体版本下载到输出设备中（即使那些字体驻留在打印机的内存中）。

PostScript 选择生成 PS 语言的版本。由于 PostScript 语言的升级，因此在较先进的输出环境中可能需要更高的语言版本。当然这与 PS 输出设备是否提供高版本的 PostScript 语言有关，一般默认选“标准 2”即可，如果输出设备支持的 PostScript 语言版本较高，则选“标准 3”。

“数据格式”: PostScript 语言就是由高级程序语言集合的程序集，在对程序进行编写或阅读时一般都采用二进制或 ASCII 码两种格式。二进制目前已很少应用，所以为了阅读方便，最好采用 ASCII 码方式。

6. 颜色管理

“颜色管理”对话框如图 7-4-11 所示。

在“打印”选区下，选择“文档”单选钮。

对于“颜色处理”，选择“由 InDesign 确定颜色”。

对于“打印机配置文件”，选择输出设备的配置文件。配置文件对输出设备的行为及打印条件（如纸张类型）的描述越准确，颜色管理系统对文档中实际颜色的数值的转换就越准确。

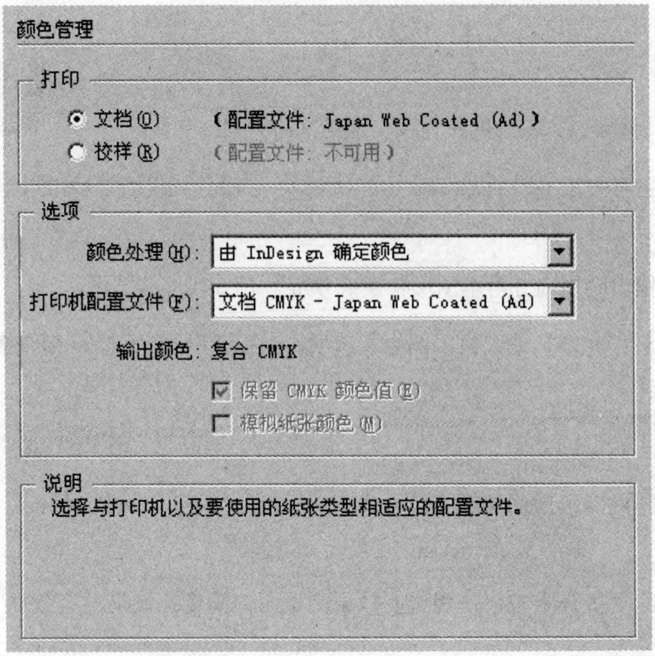

颜色管理
打印
文档(O) (配置文件: Japan Web Coated (Ad))
校样(R) (配置文件: 不可用)
选项
颜色处理(H): 由 InDesign 确定颜色
打印机配置文件(F): 文档 CMYK - Japan Web Coated (Ad)
输出颜色: 复合 CMYK
保留 CMYK 颜色值(E)
模拟纸张颜色(M)
说明
选择与打印机以及要使用的纸张类型相适应的配置文件。

图 7-4-11

选择“保留 RGB 颜色值”或“保留 CMYK 颜色值”。此选项确定 InDesign 在没有颜色配置文件的情况下如何处理颜色和与之相关联的颜色（例如，没有嵌入的配置文件的导入图像）。选择此选项时，InDesign 将颜色值直接发送到输出设备。取消选择此选项时，InDesign 首先将颜色值转换为输出设备的色彩空间。当进行安全 CMYK 工作流程时，建议保留颜色值。打印 RGB 文档时，建议不要保留颜色值。

7. 高级

“高级”对话框如图 7-4-12 所示，相关设置的选项如下所述。

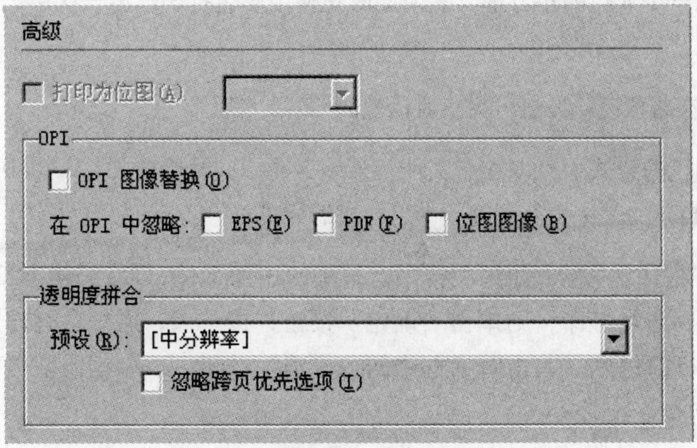

高级
打印为位图(A)
OPI
OPI 图像替换(O)
在 OPI 中忽略: EPS(E) PDF(F) 位图图像(B)
透明度拼合
预设(R): [中分辨率]
忽略跨页优先选项(I)

图 7-4-12

（1）OPI 功能

OPI 是以 Postscript 语言为基础的一级注解规范。

这些注解指明了高分辨率文件的有关几何参数、保存的位置及与通信网络有关的参数。

OPI 是可集中管理大量图像数据，产生有关带 OPI 注解和显示的代表项，并完成输出管理和图像代换功能的专用工作站，一般称作 OPI 服务器。

“OPI 图像替换”启用，InDesign 可在输出时用高分辨率图形替换低分辨率 EPS 代理的图形。

选取“在 OPI 中忽略”选项中的“EPS”、“PDF”或“位图图像”选项，则在打印时将不打印 EPS 格式、PDF 格式或位图图像格式的内容。

（2）透明度拼合

在页面内容中如果使用透明的效果，则可以选择此功能下拉列表中的“高分辨率”、“中分辨率”、“低分辨率”3 项来控制透明效果的输出精度。

选择“忽略跨页覆盖”则表示在跨页或页拼合中如果使用透明效果则透明的精度控制仍然有效。

8. 小结

选择“打印”对话框左侧列表中的最后一项“小结”，在“打印”对话框的右侧即以文字形式将前面所有的设置列出，如图 7-4-13 所示。

小结是对前面所有设置的总结，通过对这些数据的复核来确定设置是否正确，以避免输出的错误。在此对话框的底部有一个“存储小结”按钮，单击此按钮会弹出一个保存对话框，可以将小结保存为文本文件以提供给输出中心或后续的制作者，起到说明的作用。

在对话框左下角的框中以蓝色“P”表明当前打印的设置，表示此打印预设为竖式打印，并有打印标记。在其页面上单击鼠标则会显示另一页面，是指当前打印机的部分设置（如纸张）等。再一次单击则会显示是否为彩色打印，其小页面左下角会显示一个 4 色的小方框，表明此时正使用彩色打印。再一次单击则又回到小页面显示状态。

在设置完成后，可以单击左下侧的“存储预设”按钮，弹出对话框。

如果不去打印，而要更改或设置打印机的样式，可以在“文件”菜单下的“打印机样式”菜单中选择相应的打印机样式来修改，或直接选择“自定义”来重新创建一个打印机的样式。

在所有设置完成后，单击右下侧的“打印”按钮，如果文档中有缺失的图像文件，则会弹出对话框，提示用户文档中有更改过的链接。如果要继续打印，则单击“确定”按钮，接下来，系统会弹出进程对话框，表示打印工作正在进行以及进行的进度。单击对话框中的“取消”按钮可以取消当前的打印任务。

在某些情况下可能需要在视图中显示页面中的对象，但不需要打印出来，如某些批注和修改意见等，该对象可以是文本块、图形和置入的对象等。具体操作方法为：选中不想打印的对象，在“窗口”菜单中选择“属性”，调出属性控制面板，从中选中“非打印”选项，即可将选中的对象设置为非打印属性。此时若按正常选项打印，则此对象将不被打印出来。但如果选中打印选项中的“打印非打印对象”选项，则可将被设置了非打印属性的对象打印出来。

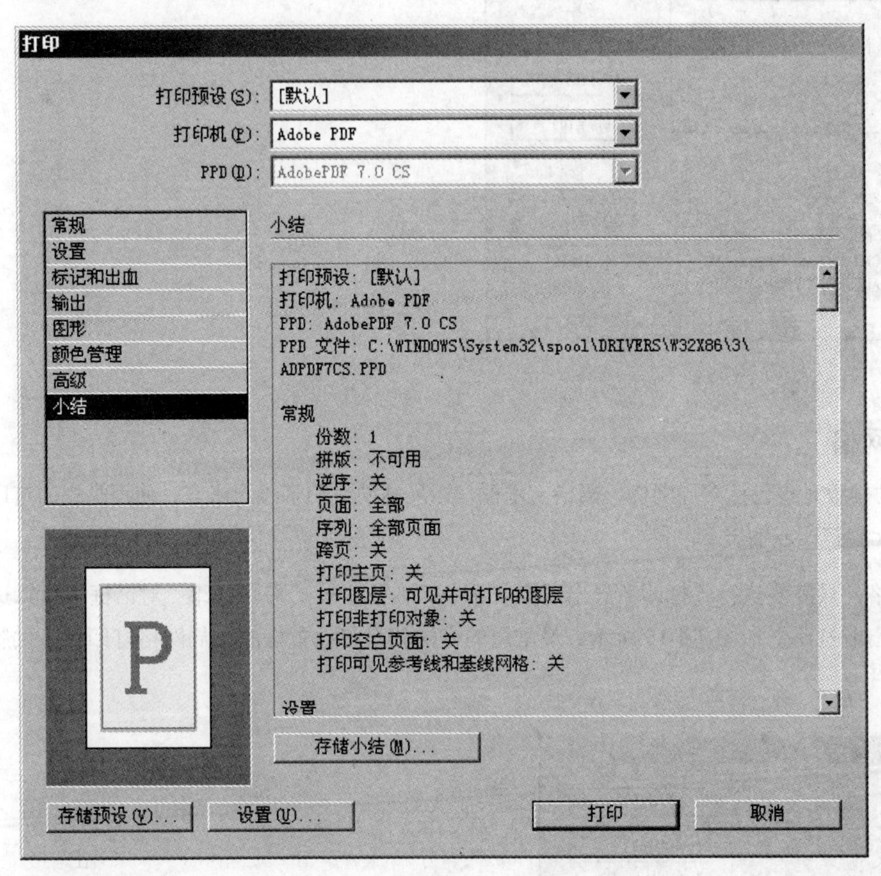

图 7-4-13

7.4.2 打印预设

如果需要经常输出到不同的打印机或是输出不同的作业类型，就可以将所用的设置保存为打印机样式以自动执行打印任务。对于需要在“打印”对话框中设置多项选项，并保持一致的作业，使用打印预设是一个快速可靠的方法。

可以保存和载入打印预设，方便用于备份，或是将其提供给印前服务商、客户或工作组中的其他成员。

执行“文件 > 打印预设 > 定义”命令可以打开“打印预设”对话框，如图 7-4-14 所示。通过这个对话框可以新建、编辑或者删除打印机样式，新建和编辑打印机样式时弹出的设置对话框和“打印”对话框中的选项一致。

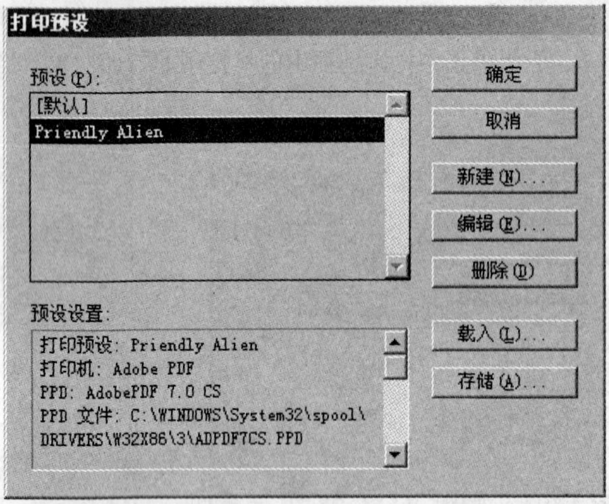

打印预设
预设(P):
[默认]
Friendly Alien
确定
取消
新建(N)...
编辑(E)...
删除(D)
预设设置:
打印预设: Friendly Alien
打印机: Adobe PDF
PPD: AdobePDF 7.0 CS
PPD 文件: C:\WINDOWS\System32\spool\DRIVERS\W32X86\3\ADPDF7CS.PPD
载入(L)...
存储(A)...

图 7-4-14

7.4.3 打印导出网格

InDesign 中的辅助排版元素包括布局网格、网格文本框、标尺辅助线和基线网格等，使用常规的打印或输出命令无法将这些元素打印或输出。

要打印或输出网络，只需要执行“打印 / 导出网格”命令。在弹出的“网格打印”对话框中可以选择哪些辅助元素需要输出或打印，如图 7-4-15 所示。最常用的方法就是将设置好的布局网格打印，以供版面设计时使用。

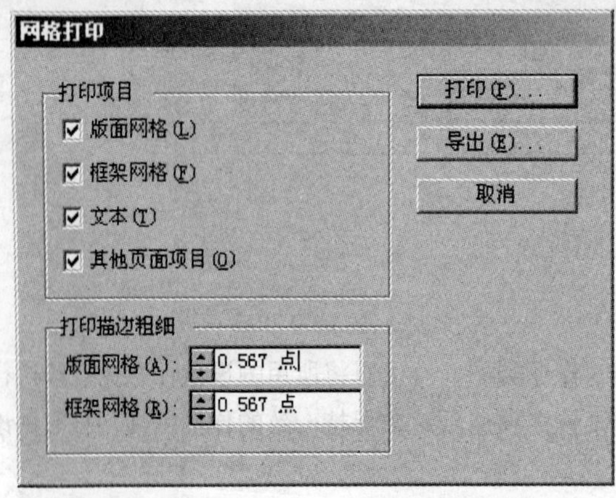

图 7-4-15

7.5 可变数据出版

要创建套用信函、信封或邮寄地址签，可将数据源文件与目标文档合并。在讲解数据合并功能前先了解以下 3 个基本概念。

“数据源文件”中包含的信息在目标文档中每次出现时均不同，例如，信函收信人的姓名及地址。数据源文件由域和记录组成。域是特定信息（例如，公司名称或邮政编码）的集合；而记录是一行行的完整信息集，例如公司的名称、所在街道、城市、省以及邮政编码。数据源文件可以是用逗号分隔的 .csv 文件，也可以是用制表符分隔的 .txt 文件，它们分别用逗号和制表符来分隔每条数据。

“目标文档”是一个 InDesign 文档，其中包含数据域占位符、所有样板材料、文本以及其他在合并文档的每个迭代中保持不变的项目。

“合并文档”是生成的 InDesign 文档，它包含来自目标文档的样板信息，数据源中有多少条记录，样板信息就会重复多少次，如图 7-5-1 所示。

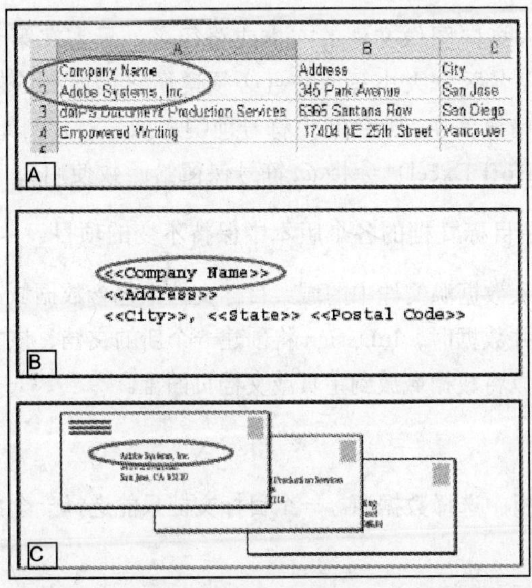

数据合并 A：数据源文件 B：目标文档 C：合并文档

图 7-5-1

合并数据的基本步骤

（1）规划在源文档和目标文档中要使用的数据域。

确定最终文档的外观，以便知道完成合并需要哪些域。例如，要创建邮寄给客户的明信片，可能需要使用下列数据域。

<<Company Name>>

<<Address>>

<<City>>,<<State>> <<Postal Code>>

（2）将数据源文件（通常为电子表格或数据库文件）另存为逗号分隔（.csv）或制表符分隔（.txt）的文本文件。

确保数据源文件的结构便于用户在目标文档中包含相应的域。例如，电子表格的第一行应包含将在目标文档中使用的域名称（“公司”或“地址”）。

虽然数据源通常由电子表格或数据库应用程序生成，但是也可以使用 InDesign 或任何文本编辑器创建自己的数据源文件。数据源文件应当以逗号分隔（.csv）或制表符分隔（.txt）的文本格式存储。在逗号分隔或制表符分隔的文本文件中，记录是用分段符分隔的，域则是用列分隔的。 数据源文件中还可以包含指向磁盘上的图像的文本或路径名。如果希望在逗号分隔文件中包含逗号或引号，则应用引号将文本引起来，例如“Brady, Hunt, and Baxter, Inc.”。 如果不使用引号，则每个名称都将作为单独的域来处理。

通过向数据源文件中添加图像域，可以在每个合并的记录上显示出一个不同的图像。例如，合并包含各个公司的信息的文档时，可能希望将每个公司的徽标图像也合并在内。

在数据域名称的开头，键入“at”符（@）以插入指向图像文件的文本或路径名。只需在第一行中输入 @ 符号，后面的行应包含图像的路径名。路径名区分大小写，并且必须遵循它们所在的操作系统的命名约定。如果在域的开头键入 @ 符号后收到错误信息，则应在 @ 符号前键入撇号 (')(例如'@ Photos）来验证该函数。某些应用程序（例如，Microsoft Excel）会将 @ 符号保留给函数使用。

(3) 创建一个目标文档，其中应包括文本和其他在目标文档的各个版本中保持不变的项目。

创建完数据源文件之后，还需要建立目标文档并插入数据源文件中的域。目标文档中包含数据域占位符文本和图形，例如要在每张明信片上显示的图案。合并数据时，InDesign 将创建一个新的文档，该文档使用用户在数据源文件中指定的数据来替换这些域，可以将数据域放到主页或文档页面上。

(4) 使用数据合并面板选择数据源。

在目标文档中插入域之前，应先在“数据合并”面板中选择数据源。一个目标文档只能选择一个数据源文件。

选择数据源后，“数据合并”面板中将显示数据域名称的列表，这些名称与数据源文件中的列标题完全相同，图标表明该域是文本还是图像。将数据域添加到文档后，它们将变成域占位符，例如 << 公司 >>，可以像对待任何其他文本或图形那样选择这些占位符并设置其格式。

用户可以为一个现有的框架分配一个图像域，以创建一个浮动图像。如果插入点在一个文本框架内，或者插入图像域时已选择了该文本，就会插入一个小的占位符作为随文框架，同时可以调整图像占位符的大小，以确定合并图像的大小。

插入数据域之后，InDesign 将记住它的数据源，域列表中的任何错误（例如键入错误、空域和不需要的域类型等）必须在源应用程序中更正，然后使用“数据合并”面板进行更新。

(5) 将“数据合并”面板中的域插入目标文档中。

可以将数据域添加到文档页面或主页。如果将数据域添加到主页，则相应可以做进一步选择。

(6) 预览记录，确保目标文档看起来和预期的一样。

(7) 将目标文档与数据源文件合并。

设置完目标文档的格式并插入数据源文件中的域后，就可以正式将数据源中的信息与目标文档合并了。合并时，InDesign 会创建一个基于目标文档的新文档，并将目标文档中的域替换为数据源文件中的相应信息。

合并主页上包含数据域占位符的文档时，这些主页项目将被复制到新生成的文档主页中。如果主页上显示占位符，则合并期间将忽略任何空主页面。

8 书籍和长文档

学习要点

- 了解并掌握书籍创建、同步和输出
- 掌握目录制作
- 了解并掌握索引制作

8.1 书籍

8.1.1 长文档综述

InDesign 提供了 3 个管理长篇图书创建项目的工具：目录生成工具、索引创建工具和书籍面板。

目录是通过运用段落类型以及一个智能化的对话框来生成的，用该对话框可根据已生成的一套完整的"目录表"来创建新页。要从一个项目中取得目录只是几分钟的事，而且也比较简单易懂。

InDesign 的索引功能操作还不是很方便，需借助第三方插件以获得更强大的功能。

把所有元素聚到一起就是书籍面板，如图 8-1-1 所示。这是一个文件标签的界面，可以在一个更大的项目中管理多个文档。把文档在书籍面板中拖动即可重新排序变更文档在目录中的编号和位置，还可改变索引。

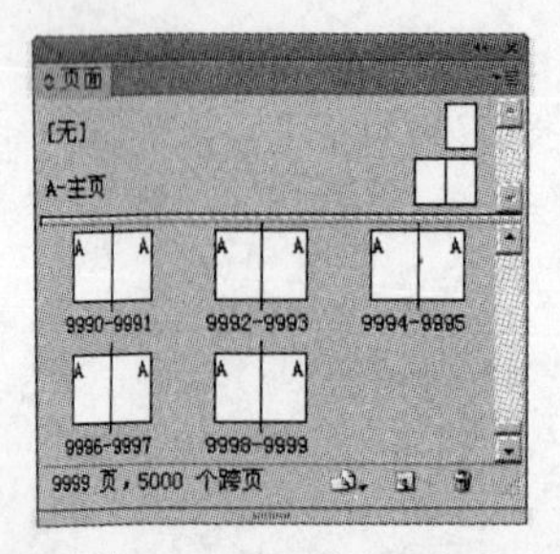

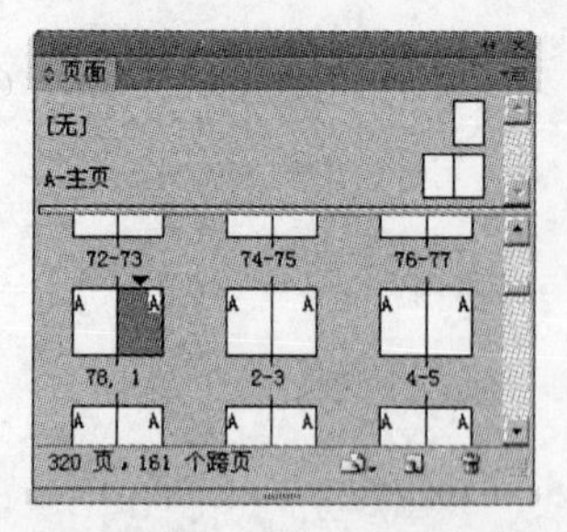

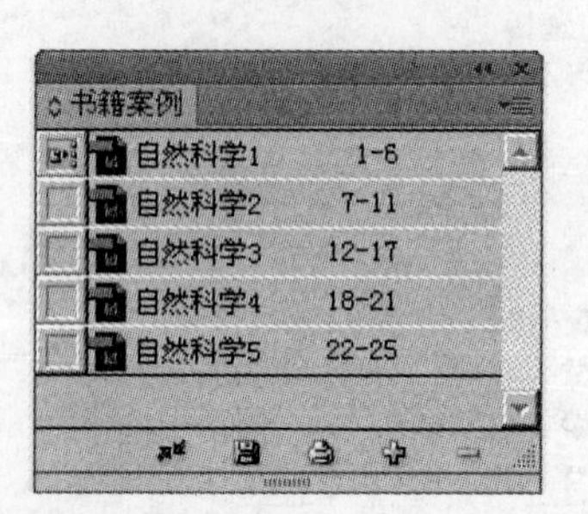

一个普通文档中最多可以包含 9 999 个页面（左），可以将普通文档中的页面分章节，每一个章节可以重新起始页码（中），可以将多个普通文档合并起来成为一本书籍，同一本书籍中的文档页码可以连续（右）

图 8-1-1

使用 InDesign 的书籍功能，可以把一些相关文档群组起来连续编排页码，同步样式和色样以及生成目录、索引和超链接，从而使编辑、打字员和设计师等能够协同工作。

传统的长文档便是书籍，编辑、打字员和设计师等在一起工作时，可能需要同时修改书籍中的不同部分，对索引、目录、页码和样式方面都要求有一致性，这一切 InDesign 都会给出完美的解决方案。通过书籍面板可以把多个单独的 InDesign 文档合并为一个书籍文档，但书籍中的各个文档仍然单独存在并可单独修改。在统筹管理书籍的各章节和页码编排、文件中包含的样式表时，使用书籍面板可以非常容易地完成。

“书籍文件”是一个可以共享样式和色板的文档集，用户可以按顺序给编入书籍的文档中的页面编号、打印书籍中选定的文档或者将它们导出到 PDF。一个文档可以隶属于多个书籍文件。

添加到书籍文件中的某一文档是“样式源”。默认情况下，样式源是书籍中的第一个文档，但可以随时选择新的样式源。“同步”书籍中的文档时，样式源中指定的样式和色板会替换其他编入书籍的文档中的样式和色板。当创建一个书籍文件时，InDesign 会自动打开“书籍”面板，所有群组在书中的文档都会罗列在面板中。同一个文档可以包含在多个不同的书籍文档中，书籍文件只是用来保存文档中各独立文档间的关系和共享的项目。书籍面板可以显示哪些文档在被使用、被丢失或被打开。在面板中通过拖动可以修改章节间的顺序，这样将会影响页码的编排，也可以通过在窗口中拖动文档到书籍面板的方法添加文档。

在默认情况下，“页面自动编码”是开启的。当用户为书中的某个文档添加或删除了页面以及插入了新文档时，书中所有文档的页码将会重新编排。在各个文档中可以通过“页面编码和章节选项”来指定页码的样式和起始。书籍面板中有一个“同步书籍”命令，通过它可以把书籍中各文档的段落样式、字符样式、色样、目录样式和陷印样式统一起来，当然也可以只对选中的文档执行。默认情况下 InDesign 以书籍中的第一个文档作为样式源，进行同步。

在书籍面板的菜单中可以对选中的文档或整本书进行“预检”、“打印”和“输出为 PDF”。

8.1.2 创建书籍

1. 组合多个文档

如果一本完整的出版物分为 3 章，现在它们相互是独立的，为了建立整书目录和索引以及整书打印或将整书输出为 PDF 文件，则必须把它们拼合起来。这就要靠“书籍文件”和“书籍面板”来完成，书籍面板如图 8-1-2 所示。

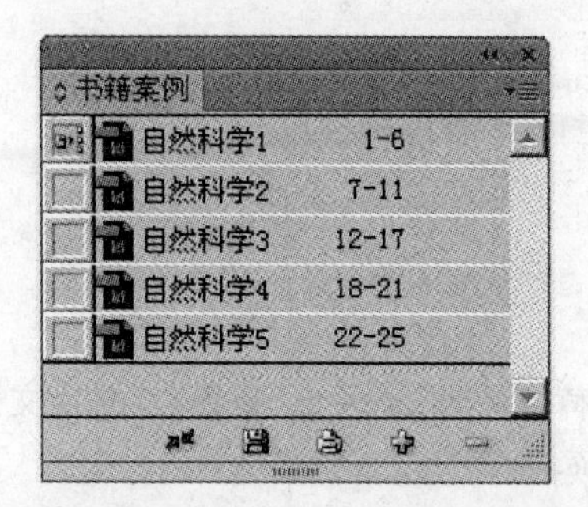

图 8-1-2

在一个书籍中的各个文档之间能够共享样式，可以同步各文档中的样式，并且能够对各文档进行连续的编排页码。一个文档可以属于多个书籍文件。

执行“文件 > 新建 > 书籍”命令可以建立一个新书籍文件。

选择此命令后，可弹出“新建书籍”对话框，在此对话框中键入一个书籍的名称，并指定存放此文档的文件夹，在保存类型中选择“书籍”，单击“保存”按钮，即可新建一个书籍文件，此文件被保存在一个以 .indb 为后缀的文件。

同时在视图中显示“书籍面板”，此面板的名称是该书籍的名称。

（1）在书籍文件中增加文档

在书籍面板菜单中选择“添加文档”，或单击其面板下方的加号图标（+），将弹出“添加文档”对话框。

在此对话框中选择想要增加的 Adobe InDesign 文件或其他文件。如果选择了 InDesign 早期版本的文件，它们将被转换成 CS6 格式；如果需要增加 PageMaker 或 QuakXPress 文件到书籍文件中，则在添加之前必须先将它们转换成 Adobe InDesign 文件。

（2）书籍的创建与管理

选择文件后，单击“打开”按钮，即可将文档添加到书籍文件中。可以用同样的方法将其他文档也添加到书籍文件中，比如一本书的其他章节。

如果在添加文档时将其顺序搞错了，则可方便地进行互调，比如先添加某书籍的第 4 章，后又添加了第 3 章，则第 4 章的页码会安排在第 3 章的前面，这不符合要求，可以将其更改。在“书籍面板”中选择要更改的一个或多个文档，如第 4 章，按住鼠标将其拖放到第 3 章的下面，当下面出现一个粗的水平线指示时，放开鼠标，即可将第 4 章移动到第 3 章的下面。

如果在各文档页码的设定中设定了自动编排页码选项，则会在移动文档时显示重排页码的提示框。

在移动文档后，Adobe InDesign 将对整个书籍中的文档重排页码。

在书籍面板文档的右边页码后的图标显示文档当前的状态，如下所述。

- 图标表示此文件已打开。
- 图标表示找不到文档（被移动了文件夹、已改名或删除）。
- 图标表示已经被修改（如被重定义了页码或在书籍文件没有打开时被编辑过）。
- 图标表示文件正在使用中（如别的用户正在打开此文件）。

（3）在书籍文件中替换文档

在“书籍”面板中选中要替换的文档，选择书籍面板菜单中的“替换文档”命令，将弹出“替换文档”对话框。在此对话框中选中要替换的文档，即可将原来选中的文档替换掉。

(4) 在书籍文件中移除文档

在书籍面板中选中要移除的文档，在书籍面板菜单中选择“移去文档”命令，或直接单击面板右下方的减号图标（-），即可将选中的一个文档移除。如果在移除文档后面的文档中选择了自动编排页码选项，则在移除后将自动重新编排各文档的页码。

2. 在书籍文档中编排页码

在书籍面板中，页码范围出现在各个文件名的后面。编码样式和开始页则根据各个文件在“文件页码编排”对话框中的设置进行编排。如果选择自动编排页码，则书籍中的文档将被连续地编排页码。

在文档做了变动（如增加或删除了页码、重新安排位置、增加或移除文档）后，Adobe InDesign 能够重新排列各文档中的页码。如果文件是缺失的或无法被打开的，则页码范围显示“？”，从这个文档往后的所有文档都将显示为“？”。若其他用户使用另外一台计算机打开了文件，则必须关闭文件后才能重新编排页码。选择书籍面板菜单中的“书籍页码选项”，将会弹出“书籍页码选项”对话框，如图 8-1-3 所示。

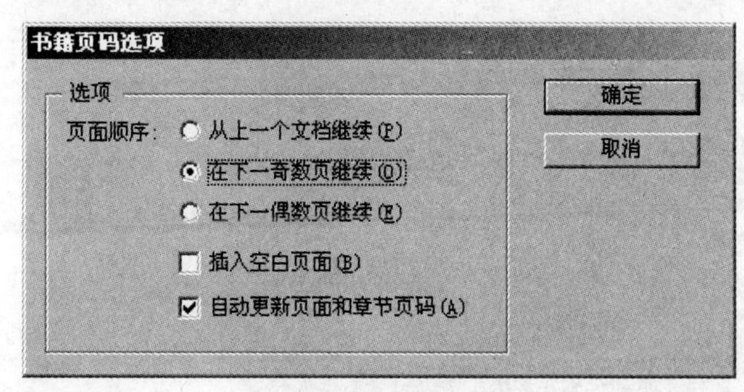

图 8-1-3

在此对话框中可以设定书籍页面的编码方式。其中的“从上一个文档继续”是指页码顺序为连续编码。如第一个文档为 19 页，则第二个文档的第一页被重新编排为 20 页。

若选择“从下一奇数页继续”，则下面的文档将在下一个奇数页开始编排。如第一个文档为 19 页，则第二个文档的第一页被重新编排为 21 页，并在两个文档中添加一个空白页。若第一个文档为 20 页，则第二个文档的第一页也会被重新编排为 21 页，但不在两个文档中添加一个空白页。

若选择“从下一偶数页继续”，则下面的文档将在下一个偶数页开始编排。如第一个文档为 20 页，则第二个文档的第一页被重新编排为 22 页，而且也会在两个文档中添加一个空白页。若第一个文档为 19 页，则第二个文档的第一页被重新编排为 20 页。

若要使以上两个选项“从下一奇数页继续”和“从下一偶数页继续”自动插入空白页，就必须选择“插入空白页面”选项。

选择“自动更新页面和章节页码”，则在其中一个文档有页码更新时就会自动更新书籍的页码。

在弹出的对话框中选择项目文件夹 \InDesign 文件 \ 书籍文件中的 5 个文档，单击“打开”按钮即可加到书籍面板中，页码会自动按顺序排。

8.1.3 同步文档

1. 同步书籍或书籍中的文档

在同步书籍中的文档时，会将样式和色板从样式源复制到书籍中指定的文档，以替换具有相同名称的所有样式和色板。使用“同步选项”对话框可以确定复制的样式和色板。

如果没有在正同步的文档中找到样式源中的样式和色板，则会添加它们。如果正同步文档中的样式和色板不是样式源中的样式和色板，则会保留其原样。

用户可以在关闭书籍中的文档后同步该书籍。InDesign 可打开已关闭的文档，随意进行更改，然后存储并关闭这些文档。在进行同步时，会更改但不存储处于“打开”状态的文档。

2. 同步选项

执行书籍面板菜单中的“同步选项”命令，将弹出“同步选项”对话框，如图 8-1-4 所示。

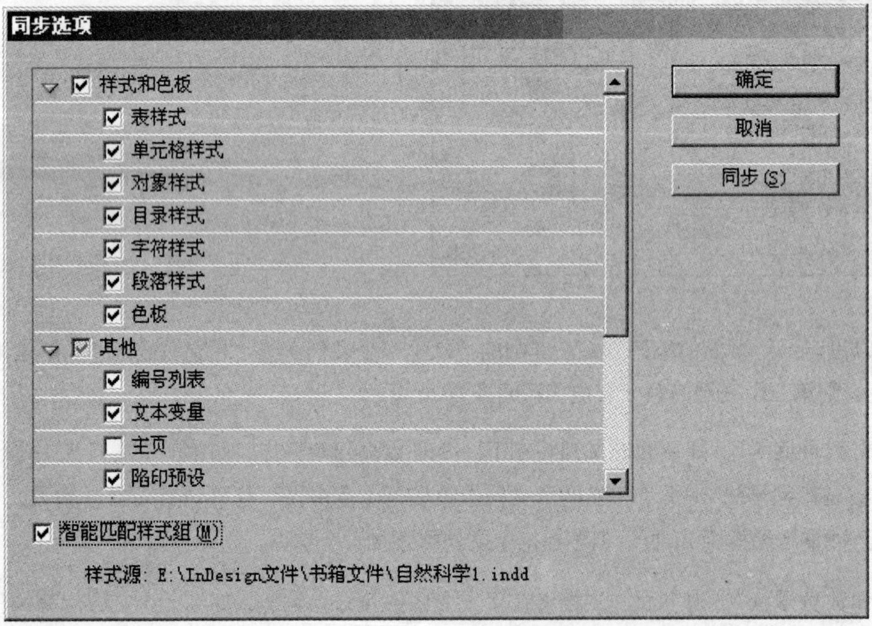

同步选项
样式和色板
表样式
单元格样式
对象样式
目录样式
字符样式
段落样式
色板
其他
编号列表
文本变量
主页
陷印预设
确定
取消
同步(S)
智能匹配样式組(M)
样式源: E:\InDesign文件\书箱文件\自然科学1.indd

图 8-1-4

在此对话框中可以设定同步包括的样式名称（如字符和段落样式等），如其左侧的复选框未选中时则不会同步相应的样式，直接单击“同步”将按此文档中的样式同步其他文档中的样式。若其他文档中的样式和源文档中的样式重名且设定不同，将被同步成与源文档相同的样式。在书籍面板中选中要同步的文档，选择面板菜单中的“同步所选择文档”命令。若未选择文档，则此处的命令变为“同步书籍”命令，“同步书籍”将对书籍中所有的文档进行同步处理。选此命令后，Adobe InDesign 将弹出同步文档进度提示框。

可以单击“取消”按钮来取消此次操作。同步成功后，将弹出同步成功的提示框。

8.1.4 输出和打印书籍

1. 打印和输出书籍文件

使用书籍文件的好处是能够使用单一命令预检、打包输出、输出为 PDF 和打印书籍中所有的文档，当然也可对书籍中选择的文档进行相应的处理。其各选项的具体设置和输出单一文档是一样的。

2. 打开、保存和关闭书籍文件

打开（能够同时打开几本书籍）、保存和关闭书籍文件和操作普通文档是一样的，只是改为选择“书籍面板”菜单中相应的命令。请参见本书相关章节的介绍。

书籍文件和文档文件是有区别的。当选择保存书籍命令时，Adobe InDesign 将保存对书籍文件的变动，而不管书籍中的文档的变化。

8.2 目录

在目录中可以列出书籍、杂志或其他出版物的内容（显示插图列表、广告商或摄影人员名单），也可以包含有助于读者在文档或书籍文件中查找信息的其他信息。在一个文档中可以包含多个目录，例如章节列表和插图列表。

每个目录都是一篇由标题和条目列表（按页码或字母顺序排序）组成的独立文章。条目（包括页码）直接从文档内容中提取，并可以随时更新，甚至可以跨越同一书籍文件中的多个文档进行操作。

目录条目可以自动添加到“书签”面板，以便在输出为 Adobe PDF 格式时生成电子文档的书签。InDesign 可以为文档或书籍生成一个或多个目录，它允许用户通过段落样式映射到目录中。选择“版面 > 目录”命令，在弹出的“目录”对话框中选择某种段落样式，表示将把应用了这种段落样式的文本放到目录中作为一个条目。然后为这个条目指定在目录中出现的外观，即为它应用样式，如图 8-2-1 所示。

1. 创建目录的基本步骤

创建目录时，应遵循以下基本过程。

（1）创建和应用段落样式。将段落样式（如标题、标题 1 和标题 2）应用于目录要包含的项目。

（2）创建目录样式。创建一个目录样式，告诉 InDesign 目录中要包含哪些段落样式标记内容，还可以为目录文章本身指定格式选项，或按字母顺序对条目排序。

（3）生成目录文章。使用所定义的目录样式生成目录文章。

（4）排列目录文章。生成目录后，使用载入的文本图标创建显示目录的文本框架。

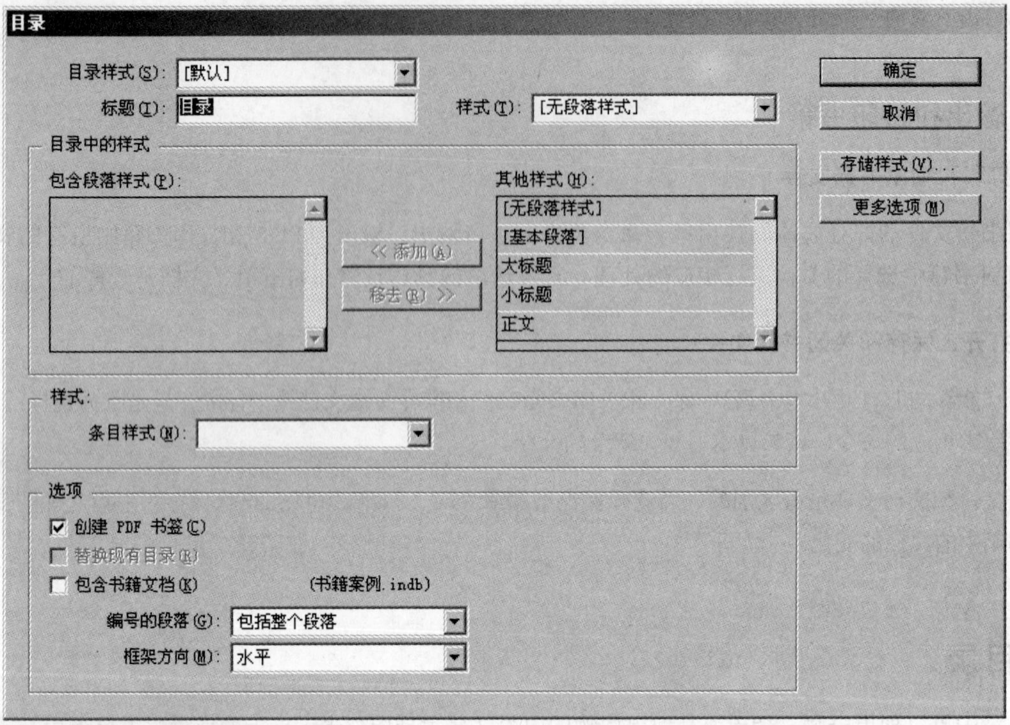

图 8-2-1

2. 目录格式化选项

在“目录”或“新建目录样式”对话框中单击“更多选项”按钮时,会显示用于格式化目录的其他选项。值得注意的是,“样式”选区的设置只应用于在“包含段落样式”下选定的样式。如有必要，可分别为每个样式指定选项。

用户可能需要创建格式化页码的字符样式,之后就可以在“页码”右侧的“样式”弹出列表中选择此样式。

“条目与页码间”指定要在目录条目及其页码之间显示的字符。默认值是 ^t，即让 InDesign 插入一个制表符。可以在弹出列表中选择其他特殊字符（如右对齐制表符或全角空格）。

注意：确保在选择其他特殊字符前选择文本框中的现有文本，以避免同时包含这二者，如制表符字符和全角空格。

用户可能需要创建格式化条目和页码之间空格的字符样式，然后就可以在“条目与页码间”右侧的“样式”下拉列表中选择此样式。如果条目的段落样式包含制表符前导符的设置，并且选择了制表符字符（^t），则所生成的目录中会出现制表符前导符。

选择“按字母顺序对条目排序（仅为西文）”选项将按字母顺序对选定样式中的目录条目进行排序。此选项在创建简单列表（如广告商名单）时很有用。嵌套条目（2 级或 3 级语言）在它们的组（分别是 1 级或 2 级语言）中按字母顺序排序。

默认情况下，“包含段落样式”框中添加的每个项目比它的直接上层项目低一级，可以通过为选定段落样式指定新的级别编号来更改这一层次。

如果希望所有目录条目接排到某一个段落中，则应选择“接排”选项。使用后跟空格的分号(;)分隔条目。

只有打算在目录中包含隐藏图层上的段落时，才能选择“包含隐藏图层上的文本”选项。当创建其自身在文档中为不可见文本的广告商名单或插图列表时，此选项很有用。如果已经使用若干图层存储同一文本的各种版本或译本，则取消选择此选项。

3. 目录样式

设定完成这些选项时可以单击右侧的“存储样式”按钮，将这些设置保存为一个目录样式，以便在以后的工作中直接选择样式。单击“存储样式”按钮，将弹出对话框，可从中输入一个样式名称，或从下拉列表中选择一个已存在的样式名称将其覆盖。除了可以在这里保存目录样式以外，还可以通过“版面”菜单下的“目录样式”命令来编辑和修改以及从别的文件输入样式。选择“目录样式”命令，将弹出“目录样式”对话框，如图 8-2-2 所示。

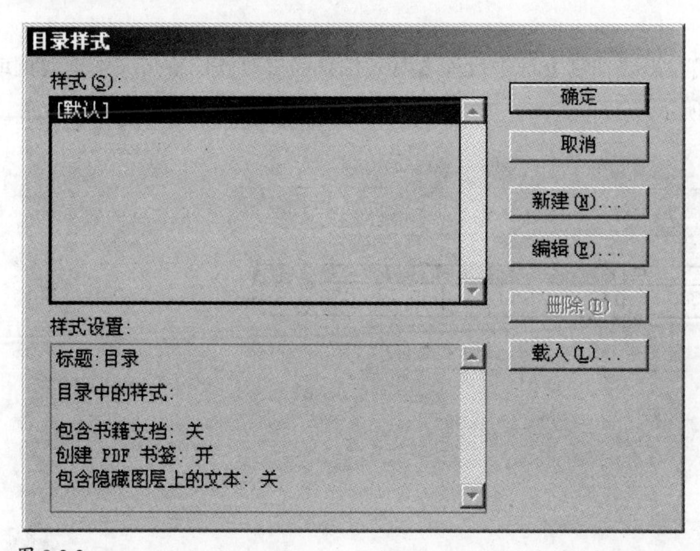

图 8-2-2

可以在“目录样式”对话框中新建目录样式。单击“新建”按钮，将弹出“新建目录样式”对话框，其中各项选项均和“目录”对话框中的一样。也可选中一个已存在的样式，单击“编辑”按钮，将弹出“编辑目录样式”对话框，其中各项选项也和“目录”对话框中的一样，对其进行修改后单击“保存”按钮，即可完成对目录样式的更改。选中某个样式，单击“删除”按钮，即可将其从样式表中删除。

也可从其他文件中输入样式。单击“输入”按钮，将弹出对话框，可以从中选择一个 Adobe InDesign 文件，单击“打开”按钮，即可将此文件中的目录样式输入到本文档中。同样可以对目录中的内容进行编辑，其编辑操作和操作普通的文字块没有什么区别，但如果更新了目录，则这些改动可能会丢失。要对一个已经生成的目录进行更新，其操作为：选中目录文本块，选择“版面”菜单下的“更新”命令，则会按照现在的目录样式将目录更新，如果在更新之前更改了页码，则页码也会被更新在新的目录条目中。

为了加深读者对目录创建的理解，下面我们做一个练习。

① 设置目录专用段落样式。根据设计要求（主要是字体、大小、行距和左缩进等）设置若干种目录专用段落样式，如图 8-2-3 所示。

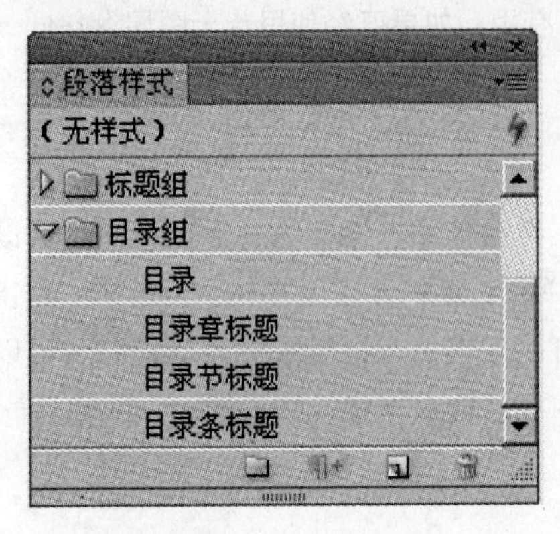

图 8-2-3

对于目录条目后有点线的段落样式，需要在制表符中设置右对齐位置（右对齐位置与文本框同宽或稍小），并设置前导符为“.”，如图 8-2-4 所示。

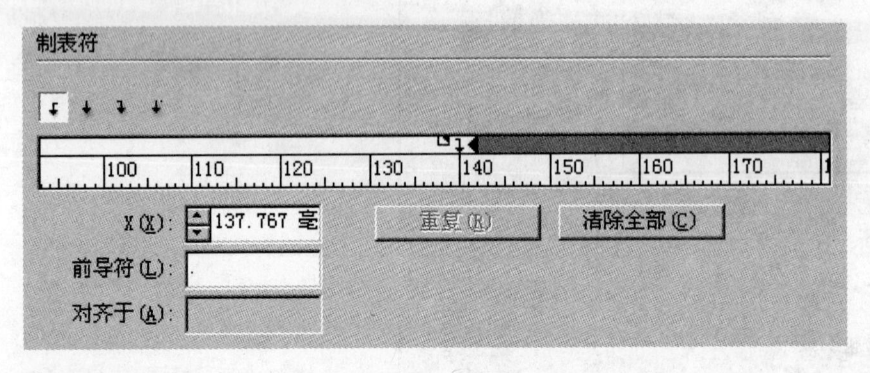

图 8-2-4

② 设置前导符和页码的字符样式。页码的字符样式并没有什么特别，前导符需要向上位移到目录条目的中间，因此需要设置基线偏移，如图 8-2-5 所示。

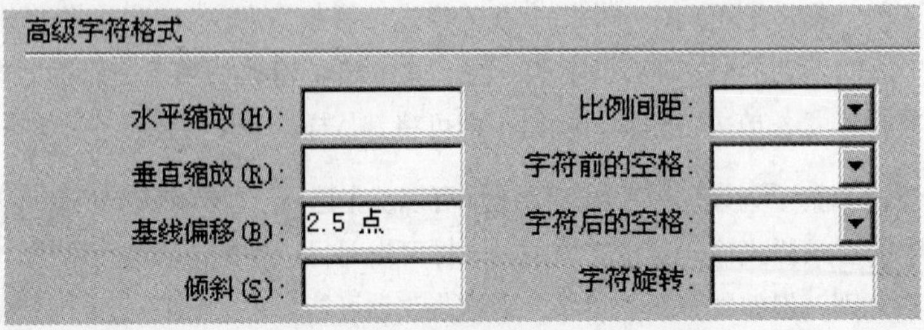

高级字符格式

水平缩放 (H):
垂直缩放 (R):
基线偏移 (B): 2.5 点
倾斜 (S):
比例间距:
字符前的空格:
字符后的空格:
字符旋转:

图 8-2-5

③执行“版面 > 目录”命令，弹出“目录”对话框，如图 8-2-6 所示。在“其他样式”中选择“章标题”样式，单击“添加”按钮，将样式添加到“包含段落样式”列表中。在选择该样式时，将“条目样式”选一个字体较大的样式“目录章标题”，章标题后不用页码。

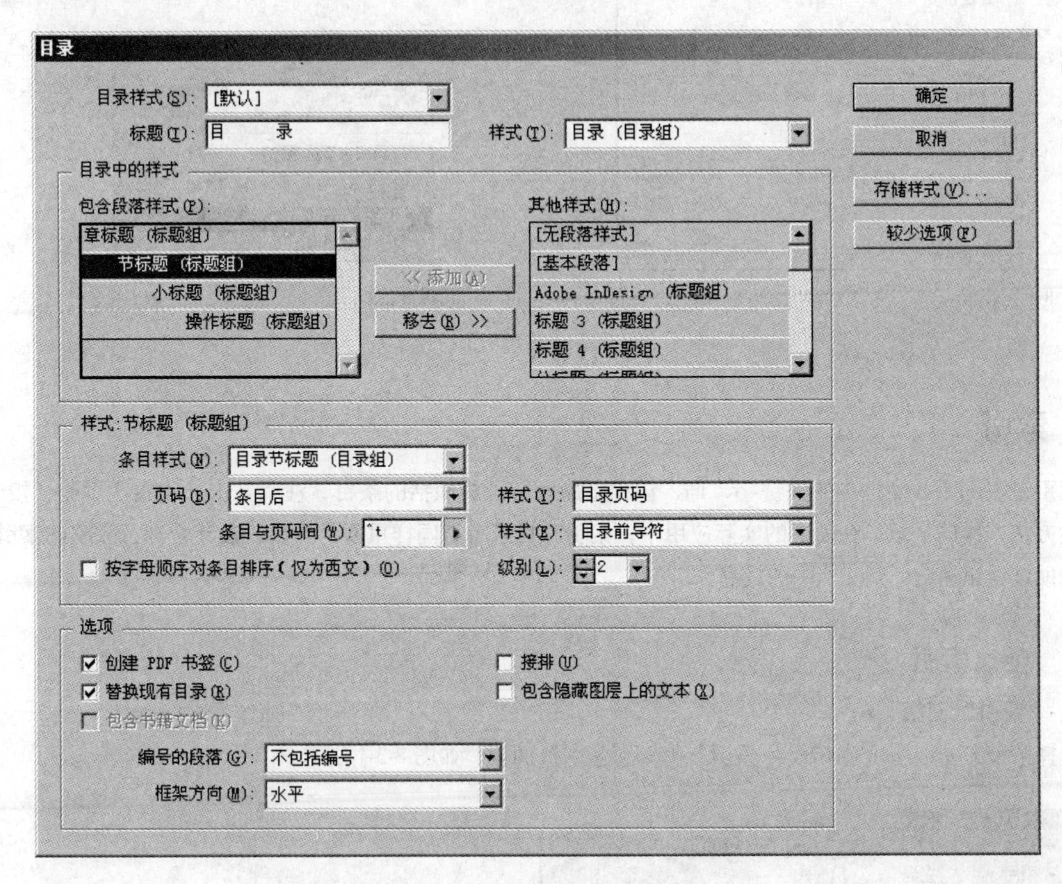

图 8-2-6

同样地，在“其他样式”中选择“节标题”样式，添加到“包含段落样式”列表中。在选择该样式时，将“条目样式”选一个字体较小的样式“目录节标题”，“页码”选择“在条目之后”，“样式”选择“目录页码”，单击“条目和页码间”后边的三角符号，在弹出的菜单中选择“定位符字符”，“样式”设为“目录前导符”。同样地设置好其他条目，单击“确定”按钮，退出对话框。

④ 退出对话框后，光标变为了载入文本光标。跳转到页面 1，在页面上单击并拖曳绘制一个文本框，目录文本会自动注满整个文本框，如图 8-2-7 所示。

⑤当修改了文档或者目录样式后，选择目录文本框，执行“版面 > 更新目录”命令，目录就得到了更新，如图 8-2-8 所示。

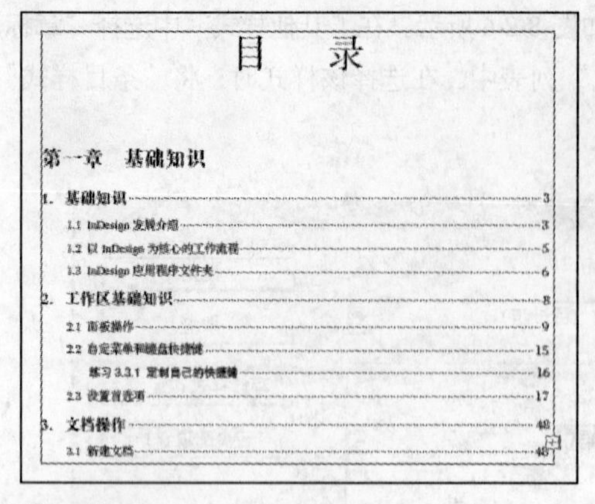

图 8-2-7

图 8-2-8

8.3 索引

索引是将图书或文档中的关键字、词、句和主题等摘录成简括的条目，注明其出处和卷次页码，按一定检索方法编排的文章。在图书的实际应用中，索引和目录有着同样重要的作用，设计合理且完整的索引，可以帮助读者讯速访问到文档中的信息。

8.3.1 创建索引

1．“索引”面板

选择菜单“窗口 > 文字和表 > 索引”打开“索引”面板，如图 8-3-1 所示。

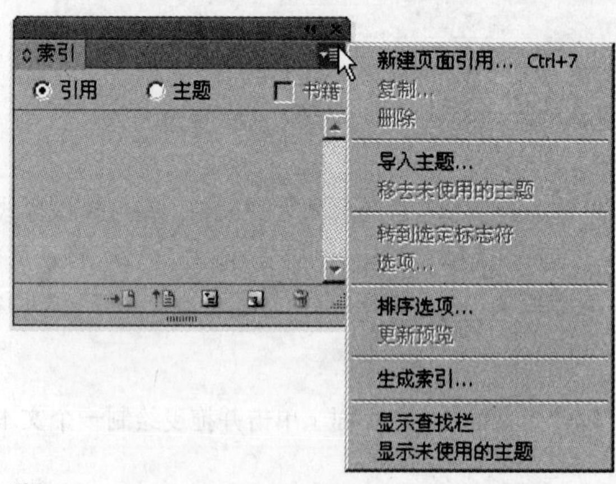

图 8-3-1

可以使用“索引”面板创建、编辑和预览索引。此面板包含两个模式:“引用”和“主题”。在“引用”模式中，预览区域显示当前文档或书籍的完整索引条目。在“主题”模式中，预览区域只显示主题，而不显示页码或交叉引用。“主题”模式主要用于创建索引结构，而“引用”模式则用于添加索引条目。

选择“索引”面板菜单中的“更新预览”可更新预览区域。此选项在对文档进行了大量编辑或在文档窗口中移动了索引标志符的情况下将格外有用。

如果正在创建书籍中多个章节的索引，则需选中“索引”面板上部的“书籍”选项。要使用该选项，必须打开书籍。如果书籍打开而没有选中它，则索引将和当前文档保存在一起，并且不能用该书籍的任何章节打开。

2. 新建页面引用

在“索引”面板中选择“引用”选项，用文字工具选择所要编入索引的文本（如选择了页面中的文本“工具箱”），再选择“索引”面板菜单中的“新建页面引用”命令，则会显示“新建页面引用”对话框。可以看到刚才选择的文本“工具箱”已经显示在“主题级别”下的第一个文本框中，这被称为第一级索引。也可以直接输入主题，如“选择工具”，如图 8-3-2 所示。

对于中文在“排序依据”一栏内会自动显示“拼音 + 音调 + 笔画”排序依据，英文则使用罗马字排序。

在“类型”下拉列表中通常只需要选择该文本出现的当前页，但在某些情况下可能需要指出一个主题跨的许多页码、文档章节、具有某种特殊样式的所有文本或其他选项之一。

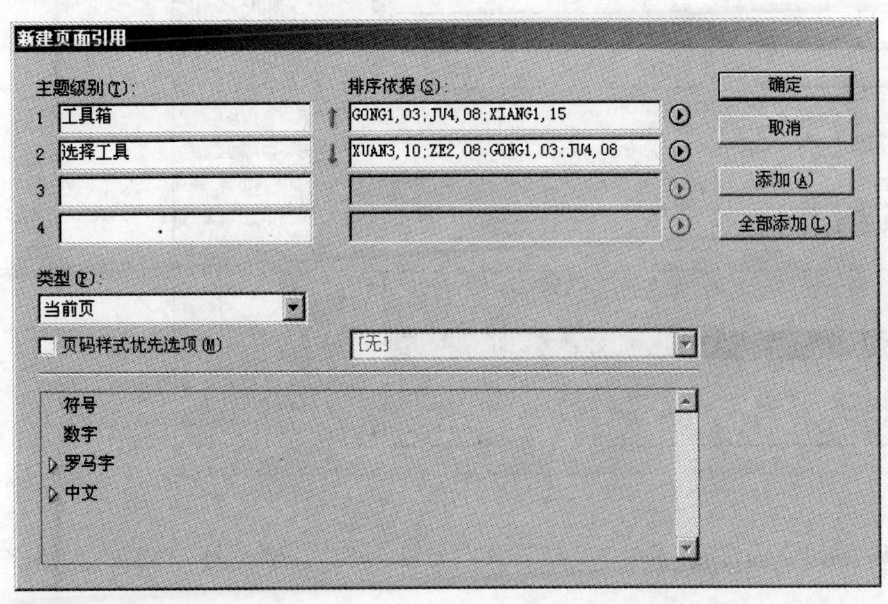

图 8-3-2

选择“页码样式优先选项”，在后面的下拉列表中可为页码选择一种段落样式。设置好后单击“添加”或“确定”按钮关闭对话框，在“索引”面板上就可看到符号、数字、罗马字和中文 4 个默认排序（可以用“索引”面板菜单“排序选项”打开排序选项对话框设置），单击“中文”前的三角形展开可以找到刚才加入的索引条目，如图 8-3-3 所示。

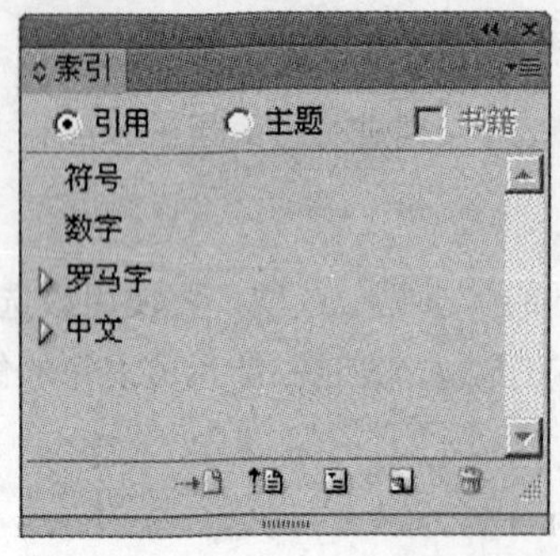

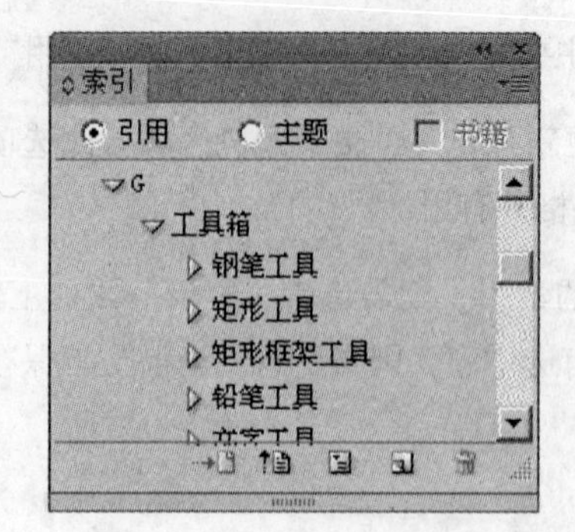

图 8-3-3

3. 新建交叉引用

将光标移出文本框，在“索引”面板菜单中选择“新建交叉引用”，打开“新建交叉引用”对话框，如图 8-3-4 所示。展开下面的中文排序，双击一个条目可将其加入主题，“类型”下拉列表中可以选择“另请参见”，也可自定引用词。

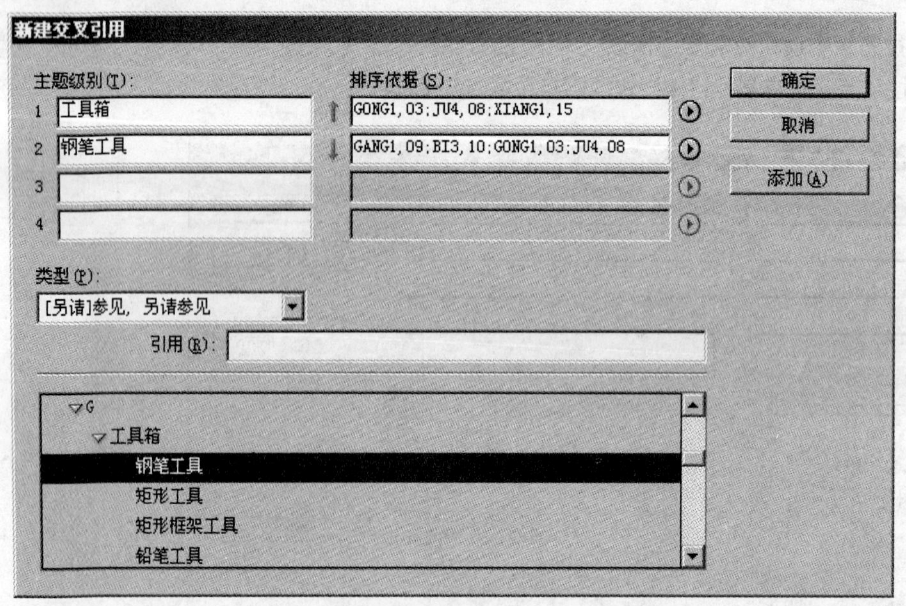

图 8-3-4

将引用的条目拖到“引用”后的文本框中，单击“添加”按钮。可以在一个主题下添加多个引用条目，如图 8-3-5 所示。

4. 生成索引

当输入索引和编辑索引的工作完成后，最后一步是生成索引。方法是选择“索引”面板菜单中的“生成索引”，或直接单击面板下面的生成索引图标命令显示“生成索引”对话框，如图 8-3-6 所示。

“标题”为生成索引的标题，可在其后面的选项框中输入一个标题。如果已有一个索引，则可选“替换索引”的选项。若是整本书的索引，则选第二个选项“包括书籍文档”。如果还要包括被隐藏层中的索引，则选“包含隐藏图层的项目”。如果想显示生成索引的高级选项，则应单击右侧的“高级”选项按钮。

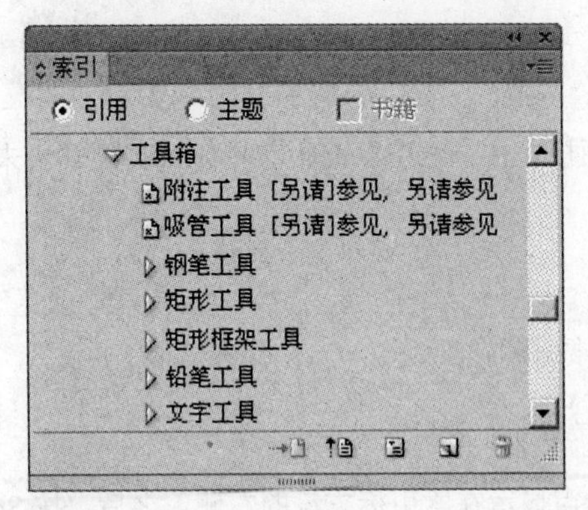

图 8-3-5

其中的部分选项请参考生成目录的部分选项。各项设置完成后，单击“确定”按钮，则光标变为加载文本图标，此时可以像操作一般文字一样将其放置在页面、文本框或图形中，如图 8-3-7 所示。

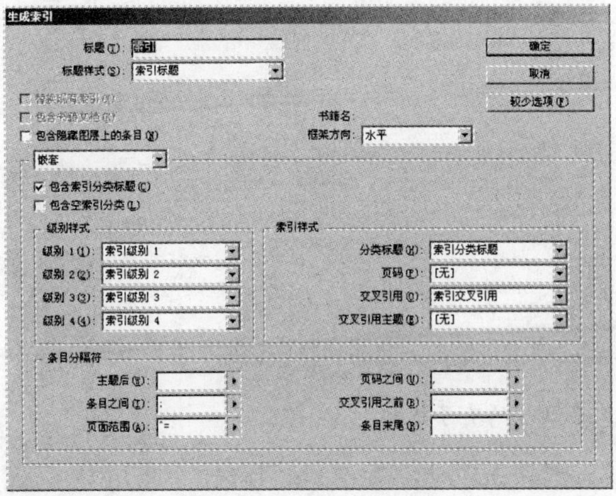

生成索引
标题(T)：索引
标题样式(S)：索引标题
确定
取消
较少选项(F)
替换现有索引(X)
包含书籍文档(K)
书籍名：
包含隐藏图层上的条目(D)
框架方向：水平
嵌套
包含索引分类标题(C)
包含空索引分类(L)
级别样式
级别 1(1)：索引级别 1
级别 2(2)：索引级别 2
级别 3(3)：索引级别 3
级别 4(4)：索引级别 4
索引样式
分类标题(H)：索引分类标题
页码(P)：[无]
交叉引用(O)：索引交叉引用
交叉引用主题(E)：[无]
条目分隔符
主题后(K)：
条目之间(T)：;
页面范围(A)：^=
页码之间(W)：,
交叉引用之前(B)：.
条目末尾(R)：

图 8-3-6

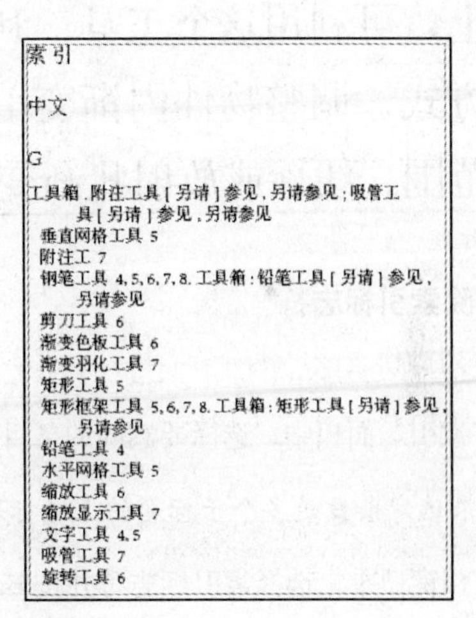
索引

中文

G

工具箱，附注工具[另请]参见，另请参见；吸管工具[另请]参见，另请参见
垂直网格工具 5
附注工 7
钢笔工具 4, 5, 6, 7, 8. 工具箱：铅笔工具[另请]参见，另请参见
剪刀工具 6
渐变色板工具 6
渐变羽化工具 7
矩形工具 5
矩形框架工具 5, 6, 7, 8. 工具箱：矩形工具[另请]参见，另请参见
铅笔工具 4
水平网格工具 5
缩放工具 6
缩放显示工具 7
文字工具 4, 5
吸管工具 7
旋转工具 6

图 8-3-7

8.3.2 管理索引

在设置索引并向文档中添加索引标志符之后，便可通过多种方式管理索引。可以查看书籍中的所有索引主题、从“主题”列表中删除“引用”列表中未使用的主题、在“引用”列表或“主题”列表中查找条目以及从文档中删除索引标志符。

1. 查看书籍中的所有索引主题

在选中“书籍”选项后，“索引”面板将显示整本书中的条目，而不只是当前文档中的条目。

打开书籍文件以及它所包含的所有文档，选择“索引”面板顶部的“书籍”。

如果其他人需要在索引创建过程中访问书籍中的文档，则可以在一个独立文档中创建主题主列表，然后将主题从主列表导入书籍的每个文档。如果主列表发生变化，就需要重新将主题导入每个文档。

2. 从主题列表中删除未使用的主题

创建索引后，可以删除索引中未包含的主题。

选择“窗口 > 文字和表 > 索引”命令，以显示“索引”面板。在“索引”面板菜单中选择“移去未使用的主题”，删除所有未与页码关联的主题。

3. 在文档中定位索引标志符

选择“文字 > 显示隐含的字符”命令，在文档窗口中显示索引标志符。

(1) 在“索引”面板中，选择“引用”单选钮，然后选择要定位的条目。

(2) 在“索引”面板菜单中选择“转到选定标志符”，插入点显示在索引标志符的右侧。之后，按 Shift + 向左箭头键可以选择用于剪切、复制或删除的标志符，如图 8-3-8 所示。

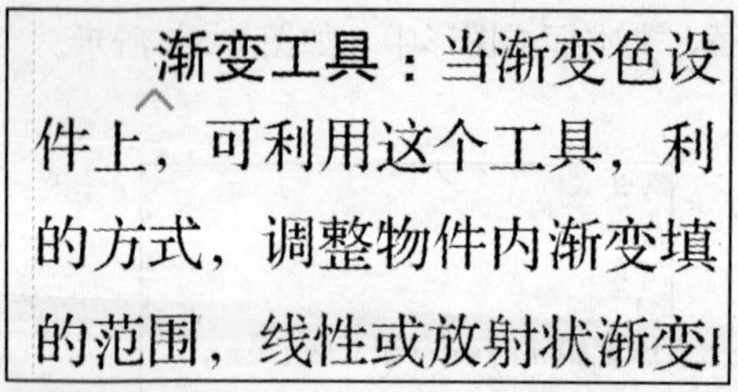

渐变工具：当渐变色设
件上，可利用这个工具，利
的方式，调整物件内渐变填
的范围，线性或放射状渐变

图 8-3-8

4. 删除索引标志符

执行下列操作之一。

· 在“索引”面板中，选择要删除的条目或主题，单击“删除选定条目”按钮。

注：如果选定条目是多个子标题的上级标题，则会删除所有子标题。

· 在文档窗口中，选择索引标志符并按 Backspace 键或 Delete 键，如图 8-3-9 所示。

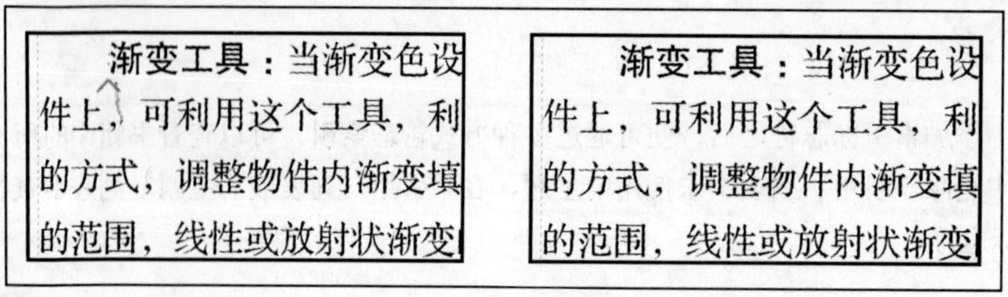

渐变工具：当渐变色设
件上，可利用这个工具，利
的方式，调整物件内渐变填
的范围，线性或放射状渐变

渐变工具：当渐变色设
件上，可利用这个工具，利
的方式，调整物件内渐变填
的范围，线性或放射状渐变

图 8-3-9

注：要在文档窗口中查看索引标志符，应选择“文字 > 显示隐含的字符”命令。

5. 在“索引”面板中查找索引条目

(1) 在“索引”面板菜单中选择“显示查找栏”。

（2）在“查找”框中，键入要定位的条目名称，然后单击向上箭头键或向下箭头键。

6. 更改索引的排序顺序

可以更改语言和符号的排序顺序。这对于希腊语、西里尔语和亚洲语言尤其有用。

更改排序顺序会影响“索引”面板和之后生成的索引文章中的排序顺序。

（1）从“索引”面板菜单中选择“排序选项”。

（2）确保选中要排序的项目。

（3）要更改某种语言或符号的顺序，应在列表中选中它，然后单击列表右下部的“向上”或“向下”按钮。

列表中靠上的项目会排在靠下的项目之前。未包括在“排序选项”对话框中的语言中的任何字符都会排在符号下面。

鉴于特定的排版规则，亚洲语言使用不同的排序约定。InDesign 对罗马语、日语、朝鲜语和汉语索引提供了支持，其他索引解决方案则可能由第三方资源提供。

跨媒体出版 9

学习要点

- 了解 XML
- 了解并掌握 HTML 导出
- 了解 InDesign 与 InCopy 的关系
- 了解并掌握 PDF 书签
- 了解超链接、影片和声音、按钮以及表单

9.1 跨媒体出版

9.1.1 XML

1. XML 简介

XML 是 eXtensible Markup Language（可扩展标记语言）的缩写。可扩展标记语言（XML）为标准标记语言(SGML)的一款子集,它是描述网络上的数据内容和结构的标准。一个 XML 元素是由开始标签、结束标签以及标签之间的数据构成的。开始和结束标签用来描述标签之间的数据，标签之间的数据被认为是元素的值。开发人员可用其创建自定义标签，为整理和提供信息提供了灵活性，使其能够以以前不可能或很难实现的方式组织和处理文档和数据。使用自定义 XML 架构，可以从普通商业文档中识别并提取出特定的商业数据片段。

2. 标记

人们对文档进行标记（mark up）的历史可以说与人们创建文档的历史一样长。例如，学校老师总是需要对学生的试卷进行标记，告诉学生改变段落顺序、对语句进行润色、纠正错别字等。对文档进行标记是我们控制和更改文章结构、含义和外观的一种方式。Microsoft Office Word 中的“修订”功能其实就是一种计算机形式的标记。

3. XML 和 HTML 的不同

XML 文档也包含标记，但这仅是这两种语言的唯一类似之处，有以下不同之处。

· HTML仅定义数据的外观，它是一款纯粹的显示语言。

· XML描述数据的结构和含义，通过使用描述数据结构和含义的标记可以不限方式地重复利用数据。例如，如果有一个销售数据块，并且数据块中的每一项目都明确地区分开来，则可以只将需要的项目加载到销售报表中，而将其他项目加载到财务数据库中。

· HTML仅限于供所有用户使用的一组预定义标记集。

· XML允许创建任何所需标记，以描述数据及数据结构。

XML的文档是有明确语义并且是结构化的。XML是一种通用的数据格式。

4. 架构简介

架构只不过是一种包含某些规则的XML文件，这些规则用来定义XML数据文件中能包含哪些内容，不能包含哪些内容。架构文件通常使用.xsd作为文件扩展名，而XML数据文件使用.xml作为扩展名。

程序可以使用架构来验证数据。架构为数据提供了结构框架，可以帮助创建者和任何其他用户理解数据。例如，如果用户输入无效数据（如在日期字段中输入文本），程序就会提示用户输入正确的数据。只要XML文件中的数据遵从给定架构中的规则，支持XML的任意程序就都可以使用该架构读取、解释和处理这些数据。

示例架构中的项目称为声明。声明对数据结构具有很大的控制能力，声明也可以控制用户输入的数据类型。

当XML文件中的数据遵从架构所提供的规则时，数据就是有效数据。根据架构检查XML数据文件的过程称为（逻辑意义上）验证。使用架构的突出优点是可以防止数据损坏。使用架构也可以很容易地发现损坏的数据，因为XML遇到错误时就会停止运行。

9.1.2 使用XML

1. XML与设计

为什么把XML引入设计领域？主要目的是为了让设计与内容分离，让同样的内容可以在不同的媒体上发布，如图9-1-1所示。

为了容易理解，我们做一个比喻。将我们要处理的一本产品目录比作一个商业城，在没有应用XML标签以前商业城中就只有一家店，这家店什么都卖。因为没有组织，所以没有任何购物区的划分，产品也都随意放置在一起。这样的商业城纷乱芜杂，要从中找到自己需要的东西恐怕是非常困难的。那么我们使用InDesign将文档中各个产品的名称指定了一个标记“Name”，为产品的介绍指定了一个标记“Instruction”；为产品所属的分类指定了另一个标记“Type”；然后为所有“Name”标记的文本指定了“产品名称”的段落样式；为所有“Instruction”标记的文本指定了“产品说明”的段落样式；为所有“Type”标记的文本指定了“产品分类”的段落样式，这样这本产品说明就层次分明、架构明晰了。这家商业城通过我们的重新组织之后，首先有了产品分区（“Type”标记），并且每个分区整齐划一，因为它们都有了各自的风格（“产品名称”的段落样式）。然后各个产品都挂起了招牌（“Name”标记），让买家很容易就能找到它们。每个产品的下面都有一个小标签（“Instruction”标记），上面写着该产品的说明。商业城通过整改让购物者很容易找到自己需要的产品。

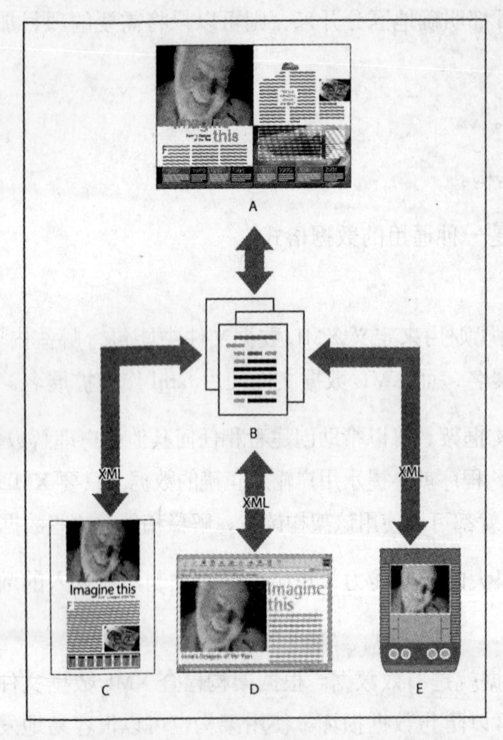

A: InDesign 文档　B: XML 文档　C: 其他 InDesign 文档　D: Web 页面　E: PDA

图 9-1-1

2. 自动排版流程

在 InDesign 中推出一个自动排版流程：XML 内容 +Tag+ 样式表 = 自动排版。XML 内容由内容创建者创建，样式表由设计者创建，两者通过 Tag 联系在了一起。XML 内容会根据指定的 Tag 自动应用不同的样式。图 9-1-2 所示为在 InDesign 中设计的模板里为占位符指定了 XML 标记，当输入带有合适的 XML 内容时，自动将版面填充。

图 9-1-2

3. 结构和标签

InDesign 包含了所有导入、编辑和输出 XML 的全部工具。“结构”视图提供了一种浏览 InDesign 文档内容的方法。在视图中用户可以非常容易地查看文档的层级关系（或者说是组织结构）和标记内容，可以查看和浏览文档结构，导入和布局 XML 文件的内容，向现有的文档添加内容，为自动流入的 XML 内容创建模板,重新调整 XML 内容的层级结构等。在元素下级的黑色点代表指定给这个元素的属性。当使用“视图 > 结构 > 显示标签标志符”命令时，可以很容易地看到哪些元素是被标记的，显示的颜色和“标签”面板中的指定相对应。

“标签”面板让用户在创建文档结构时创建、导入和管理标记。就像对文本使用段落样式或字符样式一样，把插入点放置在文本中便可以添加或修改标签。使用不同的颜色是为了方便区分不同的标记项目，双击标签名称就可以修改它。删除一个项目和它相关的子元素和选中的“属性”也将会从结构和布局中删除。结构视图中元素的右下角带有一个蓝色方形图标表明文本和图片元素已被置入到布局（实际上是我们使用的文档窗口）中。结构视图和“标签”面板如图 9-1-3 所示。

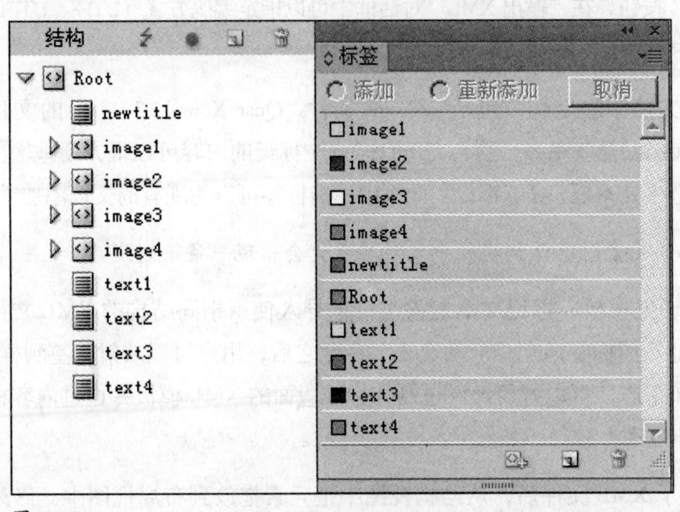

图 9-1-3

InDesign 允许用户映射标签为段落样式，这样可以快速格式化导入的 XML 内容。对文本应用段落样式，然后把这些样式映射为导入的标签，这样可以快速地结构化设计。在映射样式为标签或映射标签为段落样式时,可以一一指定样式和标签的映射关系。如果对样式和标签都使用相同的描述性名称,就可以直接在“映射”对话框中按下“通过名称映射”按钮。

InDesign 提供了多种不同的方式标记或重新标记内容：从结构视图中拖曳到页面中或相反。当拖动一个没有标签的元素到结构视图中时，InDesign 会显示一个上下文关联菜单让你选择标签。从“标签”面板拖曳一个标签到页面或结构视图中的元素，可以激活一个上下文关联菜单，从中选择对应的标签名称。也可以映射段落样式为标签名称：在页面中选中一个项目，接着单击标签面板中的标签或结构视图中的元素。对标记的文档应用样式可以通过指定或映射标记为段落样式而实现。

可以为任意元素指定属性并在“结构”视图中浏览。可以单击元素左边的三角形图标显示或隐藏它。属性是一个字串，包含了“名称”和“值”，可以对标记的元素提供附加信息。比如，当标记了一幅链接的图片时，InDesign 将会自动创建一个“href”的属性，它指定了链接的路径，可以为标记的文本应用关键词搜索——可以把新建的属性命名为关键词，并指定对应的文本。这些属性将自动包含在导出的 XML 文档中。

“文本片段”包含每个文章的前 32 个字符。显示文本片断将会在结构视图中得到体现，有助于定位对应的文本框。

提示：从结构视图中选择“显示文本片段”或右键单击结构视图中的图标并选择显示文本片段。

可以在结构化的文档中重新安排内容、鉴别和浏览标记的元素。要改变元素的层级结构，可以直接在结构视图中拖曳元素到新的位置。比如：可以标记多个元素并把它们编成一个组，当双击某个元素的时候，它的内容会在布局视图中高亮显示。

当标记完内容后，可把文档输出为 XML 文件，方法是选择“文件 > 导出”命令，在弹出的对话框中选择 XML 格式，指定文件的名称和保存位置，单击“保存”按钮。在“输出 XML”对话框中可以指定编码方式（UTF8、UTF16 和 Shift-JIS），选择是否使用浏览器预览，添加注释和样式表、DTD 等选项。

可以为任何可在 InDesign 中打开的文档添加结构，包括 InDesign 文件、QuarkXpress 3.3 ～ 4.0 的文件和 PageMaker6.5 ～ 7.0 的文件，而不需要在文档间复制粘贴内容。在 InDesign 中标记的内容可以很方便地输出为 XML，并在其他 XML 编辑软件中调用。选中文本框，在“标记”面板中单击标签可以为现有的文档添加结构。

提示：在布局视图中编辑或双击标记的元素时，结构视图中的对应元素会出现一条下划线。

所有这些功能都可以让用户流畅地通过模板、标记文本框占位符把导入使用相同结构的 XML 文件标准化。在置入的过程中 InDesign 会自动地按照标签匹配和流动文本。在此之后，用户可以映射标签到样式，自动为内容应用预先设置好的格式。比如杂志社可以方便地通过制作标准版面的 XML 模板并通过内容标记来自动生成标准化的版面，以此提高工作效率。

置入 XML 文件时是交互性的：导入了 XML 文件后，从结构视图中把元素拖放到布局视图中。修改布局后可以把文档发布到 Web 或其他媒体，而它们都是用同一个 XML 文档作为数据源的，更新和修改都非常方便。

提示：InDesign 还提供了使用上下文关联菜单标记内容的方法。

4. 输出 XML

利用“文件 > 导出”命令可以把当前文档输出为 PDF、EPS、FLA、SWF、HTML、JPEG、PNG、RTF、XML 等格式。当光标在某个文本框中处于输入状态时，使用导出命令还可以输出纯文本文件（*.txt）、InDesign 标记文本和 InDesign Markup（IDML）交换格式。

“导出 XML”对话框的“常规”标签中的选项如图 9-1-4 所示。

· 包含 DTD 声明：将对 DTD 的引用与 XML 文件一起导出。只有在“结构”窗格中存在 DOCTYPE 元素的情况下，该选项才可用。

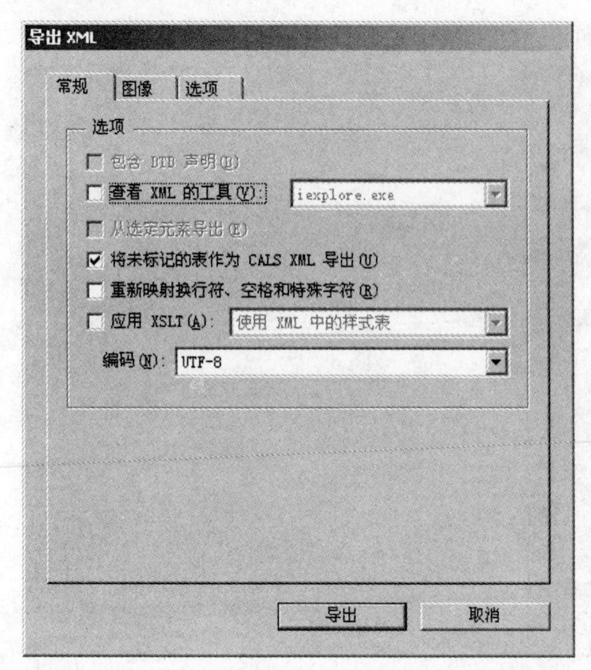

图 9-1-4

· 查看 XML 的工具：在浏览器、XML 编辑应用程序或文本编辑器中打开导出的文件。从列表中选择浏览器或应用程序。

· 从选定元素导出：自“结构”窗格中选定的元素起开始导出。仅当在选择“文件 > 导出”命令之前选定了某元素时，此选项才可用。

· 将未标记的表作为 CASL XML 导出，将未添加标签的表以 CALS XML 格式导出。只有当表位于带有标签的框架中并且表不具有标签时，才能将表导出。

· 重新映射换行符、空格和特殊字符：将换行符、空格和特殊字符作为十进制字符实体而非直接字符导出。

· 应用 XSLT：应用样式表以定义从导出的 XML 向其他格式（例如，经过修改的 XML 树或 HTML）的变换。选择“浏览”（Windows）或“选择”（Mac OS），以便从文件系统中选择一个 XSLT 文件。默认设置“使用 XML 中的样式表”使用 XSLT 变换指令（如果在导出时应用的 XML 中引用了该指令）。

· 编码：选择编码类型。

“导出 XML”对话框的“图像”标签中（如图 9-1-5 所示）的“复制到图像子文件夹”：从 InDesign 文档中复制到“图像”子文件夹中，以便以后打包，可以选择以下 3 种方式。

· 原始图像：将原始图像文件的一个副本置入 Images 子文件夹中。

· 优化的原始图像：优化并压缩原始图像文件，然后将文件副本置于 Images 子文件夹中。

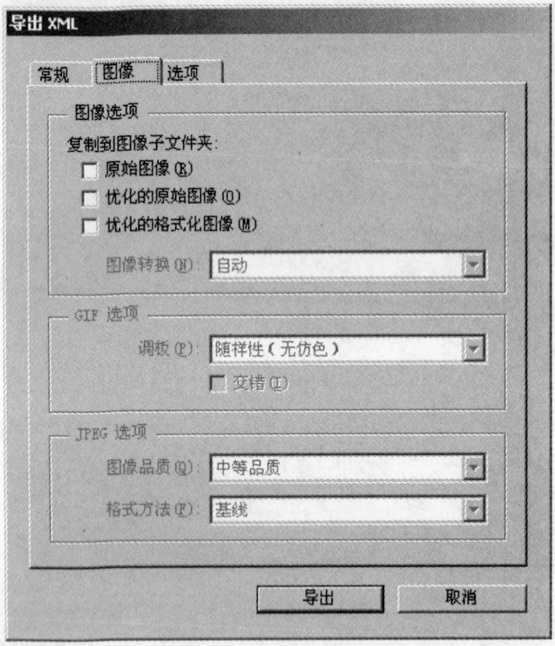

图 9-1-5

· 优化的格式化图像：优化包含所应用变换（如旋转或缩放）的原始图像文件，然后将文件置于 Images 子文件夹中。例如，如果文档包含两幅图像，一幅已裁切；一幅未裁切，那么只有已裁切图像会被优化并复制到 Images 子文件夹中。

9.1.3 导出 HTML

可以将文档或书籍导出为 Adobe Dreamweaver 等支持 CSS 的 HTML 编辑器所用的 XHTML，也可以导出为与 Adobe Digital Editions 读取器软件兼容的、基于 HTML 的可重排 eBook。

将内容导出为 HTML 是一种将 InDesign 内容变为适用于 Web 之格式的简单方法。将内容导出为 HTML 时，可以控制文本和图像的导出方式。通过使用具有相同名称的 CSS 样式类来标记 HTML 内容，InDesign 可保留应用于导出内容的段落、字符、对象、表格以及单元格样式的名称。使用 Adobe Dreamweaver 或任何支持 CSS 的 HTML 编辑器，可以迅速将格式和版面应用到内容。

1. 导出内容

InDesign 导出所有文章、链接图形和嵌入图形、SWF 影片文件、脚注、文本变量（作为文本）、项目符号列表和编号列表、内部交叉引用以及跳转到文本或网页的超链接。还可以导出表，但不导出某些格式（如表描边和单元格描边）。表格都分配了唯一的 ID，因此在 Dreamweaver 中表格可以称为 Spry 数据集。置入的音频和 h.264 视频文件被包在 HTML5<audio> 和 <video> 标签中。

2. 不导出的内容

InDesign 不导出绘制的对象（例如矩形、椭圆形和多边形）、超链接（指向网页的链接、应用于跳至同一文档中文本锚点的文本的链接除外)、粘贴的对象(包括粘贴的 Illustrator 图像)、转换为轮廓的文本、XML 标签、书籍、书签、SING 字形模板、页面过渡效果、索引标记、粘贴板上未选定且未触及页面的对象,以及主页项目(除非其在导出前被覆盖或选定)。

3. **读取顺序**

InDesign 根据文档装订(从左至右还是从右至左)来确定页面对象的读取顺序。在某些情况下,尤其是在复杂的多栏文档中,导出的设计元素可能无法按所需读取顺序显示。使用 Dreamweaver(或其他 HTML 编辑器)对内容进行重排和格式设置。

9.1.4 InDesign 和 InCopy

Adobe InCopy 软件是一款建立在 Adobe InDesign 专业页面设计软件基础上的编辑应用程序。它是与 InDesign 集成的专业复制编辑软件。通过 Adobe InCopy LiveEdit Workflow 增效工具,作者和编辑人员可以在设计人员在 Adobe InDesign 中准备版面的同时,在 InCopy 中开发副本。该工作流程包括用于对相关内容进行分组的容器文件(称作任务),以及用于在共享网络或压缩包(可通过电子邮件分发)中共享和更新 InCopy 或 InDesign 中的文件的文件锁定和通知工具。

在共享网络工作流程中,InDesign 用户将文本和图形导出到文件系统上的共享位置,位于此共享位置的文件可供将要编写和编辑内容的 InCopy 用户使用。所选文本框架和图形框架会被导出到任务文件中或导出为单独的 InCopy 文件,这样它们就成为受管理流程的一部分并链接到 InDesign 文档。这些共享文件称作受管理文件。当用户处理本地服务器上的任务文件或 InDesign 文件时,对关联版面或内容的更改会被传送到该文档的工作流程涉及的所有用户。

多个 InCopy 或 InDesign 用户可以同时打开同一个内容文件,多个 InCopy 用户还可以同时打开同一个任务文件。但是,一次只允许一个用户注销 InCopy 文件以进行编辑。其他用户只能以只读方式查看该文件。注销受管理的 InCopy 文件的用户可以与其他用户共享他 / 她所做的工作,方法是将文件存储在共享服务器上或将文件返回给 InDesign 用户。但是,在文件被重新登记前,其他用户无法更改此文件。该系统允许多个用户访问同一文件,但是不允许用户相互覆盖彼此的工作。

如果安装了 Adobe InCopy CS6,即可在 InCopy 中编辑修改 InDesign 导出的 incx 文件,编辑保存后在 InDesign 中更新链接即可得到修改。在输出所有文章为 incx 文档后,可以由编辑人员查看和编辑文档中的文本信息,而设计师仍然在设计版面。当编辑人员修改完毕后,设计师只需要更新文本即可,这样编辑和设计同时进行,可以提高工作效率。

9.1.5 交互式 Flash Web 文档

要创建可以在 Flash Player 中播放的幻灯片类型的内容,既可以导出 SWF,也可以导出 FLA。SWF 文件可以在 Adobe Flash Player 中立即进行查看而无法进行编辑,其中可能含有一些交互式元素(如页面过渡效果、超链接、影片剪辑、声音剪辑、动画和导航按钮)。导出的 FLA 文件只包含一些交互式元素,FLA 文件必须先在 Adobe Flash Professional 中进行编辑后,才能在 Adobe Flash Player 中查看。

1. 创建用于 Web 的 SWF 文件

(1) 创建或编辑 InDesign 文档以准备导出 Flash。

添加导航按钮，以便允许用户在导出的 SWF 文件中进行页面导航。可以创建按钮，方法是:先使用“按钮”面板（选择“窗口 > 交互 > 按钮”命令）绘制一个对象,然后将该对象转换为按钮。也可以使用“示例按钮”面板向文档中拖入预定义的导航按钮。

使用“页面过渡效果”面板（选择“窗口 > 交互 > 页面过渡效果”命令）可以添加诸如擦除、溶解之类的页面过渡效果。导出 SWF 时，也可以选择“包含交互卷边”选项，通过该选项，查看者可以拖动一个页角来翻页。

使用“动画”面板（选择“窗口 > 交互 > 动画”命令）可以添加移动预设。

(2) 要将文档导出为 SWF 格式,应选择“文件 > 导出”命令。从“保存类型”（Windows）或“格式”（Mac OS）菜单中选择“Flash Player(SWF)”，然后单击“保存”按钮。

(3) 在“导出 SWF”对话框（如图 9-1-6 和图 9-1-7 所示）中，指定选项，然后单击“确定”按钮。

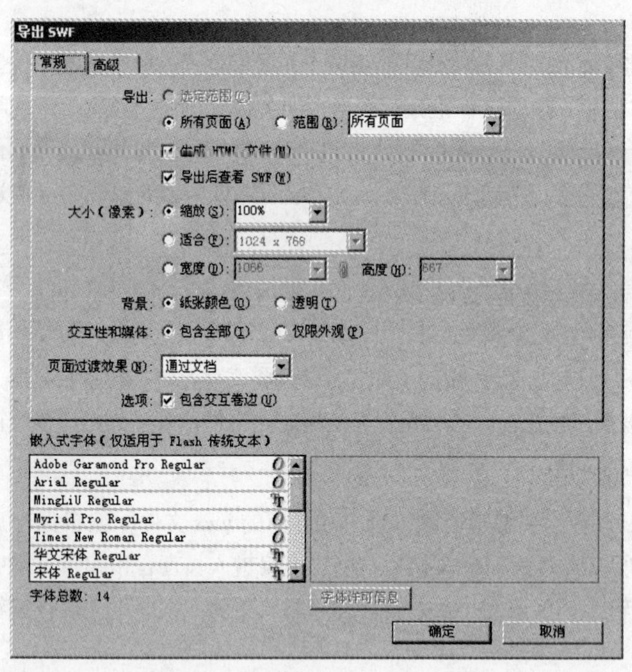

图 9-1-6

导出 SWF 文件时，会创建单独的 HTML 和 SWF 文件。如果 SWF 文件包含影片和声音剪辑，则同时还会创建一个 Resources 文件夹。要向 Web 递交或上传文件，应确保发送所有资源。

导出：指示导出文档中的选定范围、所有页面或页面范围。

生成 HTML 文件：选择此选项将生成回放 SWF 文件的 HTML 页面。对于在 Web 浏览器中快速预览 SWF 文件，此选项尤为有用。

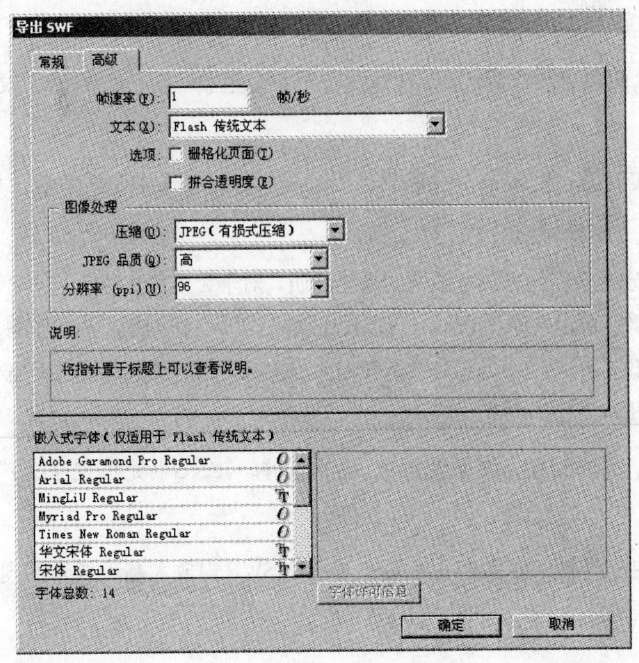

图 9-1-7

导出后查看 SWF：选择此选项将在默认 Web 浏览器中回放 SWF 文件。只有生成 HTML 文件才可使用此选项。

大小（像素）：指定 SWF 文件是根据百分比进行缩放，适合指定的显示器大小，还是根据指定的宽度和高度调整大小。

背景：指定 SWF 的背景是透明的，还是使用“色板”面板中的当前纸张颜色。选择“透明”将会停用“页面过渡效果”和“包含交互卷边”选项。

交互性和媒体：选择“包含全部”，允许影片、声音、按钮和动画在导出的 SWF 文件中进行交互。选择“仅限外观”，会将正常状态的按钮和视频海报转变为静态元素。如果选中“仅限外观”，则动画将以其导出时版面的显示效果导出。在“高级”面板中选中“拼合透明度”时，会选中“仅限外观”。

页面过渡效果：指定一个页面过渡效果，以便在导出时将其应用于所有页面。如果使用“页面过渡效果”面板来指定过渡效果，就应选中“通过文档”选项来使用这些设置。

包含交互卷边：如果选中此选项，则在播放 SWF 文件时用户可以拖动页面的一角来翻转页面，从而展现出翻阅实际书籍页面的效果。

帧速率：较高的帧速率可以创建出较为流畅的动画效果，但这会增加文件的大小。更改帧速率不会影响播放的持续时间。

文本：指定 InDesign 文本的输出方式。选择“Flash 传统文本”可以按照最小的文件大小输出可搜索的文本；选择“转换为轮廓”可以将文本输出为一系列平滑线条，类似于将文本转换为轮廓；选择“转换为像素”可以将文本输出为位图图像，转换为像素的文本在放大时可能会显示锯齿效果。

栅格化页面：此选项可将所有 InDesign 页面项目转换为位图。选择此选项将会生成一个较大的 SWF 文件，并且放大页面局部的时候可能会有锯齿现象。

拼合透明度：此选项会删除 SWF 中的实时透明度效果，并保留透明外观。但是，选中此选项后，导出的 SWF 文件中的所有交互性都将会删除。

压缩：选择“自动”可以让 InDesign 来确定彩色图像和灰度图像的最佳品质。对于大多数文件，此选项可以产生令人满意的结果。对于灰度图像或彩色图像，可以选择“JPEG（有损式压缩）”。JPEG 压缩是有损式压缩，这意味着它会删除图像数据并且可能会降低图像的品质。然而，它会尝试在最大程度减少信息损失的情况下缩小文件的大小。选择“PNG（无损式压缩）”可以导出无损式压缩的文件。

JPEG 品质：指定导出图像中的细节量。品质越高，图像就越大。如果选择“PNG（无损式压缩）”作为压缩方式，则此选项将不可用。

分辨率：指定导出的 SWF 中位图图像的分辨率。如果查看者要在导出的 SWF 内放大基于像素的内容，则选择高分辨率尤为重要。选择高分辨率会显著地增加文件的大小。

2. 创建用于 Web 的 FLA 文件

如果将 InDesign 文档导出为 FLA 文件格式，则可以在 Adobe Flash CS6 Professional 中打开导出的文件以进行编辑。在 InDesign CS6 中，“导出 Flash CS6 Professional (FLA)”取代了 InDesign CS4 中的“XFL 导出”。使用 Flash 创作环境可以编辑或添加视频、音频、动画和复杂的交互性内容。导出 FLA 对话框如图 9-1-8 所示。

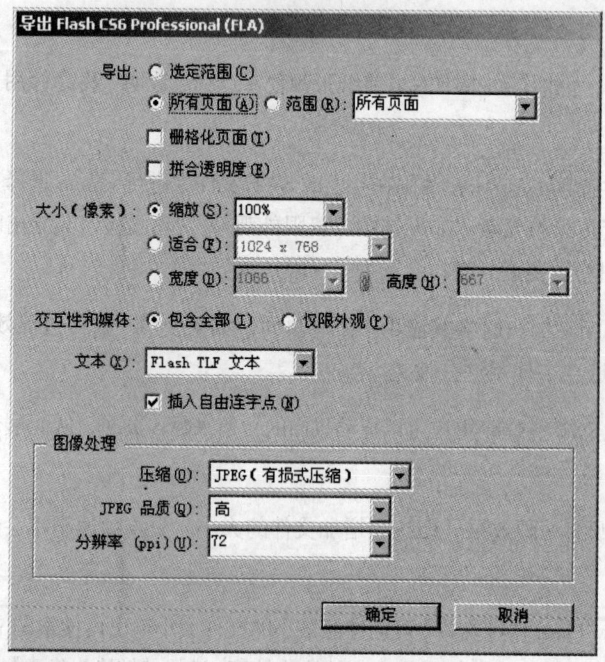

图 9-1-8

导出：指示导出文档中的选定范围、所有页面或页面范围。

栅格化页面：此选项可将所有 InDesign 页面项目转换为位图。选择此选项会生成较大的 FLA 文件，并且在放大页面项目时会出现锯齿现象。

拼合透明度：选择此选项将会拼合所有具有透明度的对象。在 Adobe Flash Pro 中，可能难以对拼合的对象实施动画处理。

大小（像素）：指定 FLA 文件根据百分比进行缩放、适合指定的显示器大小，或者根据指定的宽度和高度来调整大小。

交互性和媒体：选择“包含全部”，可以在导出的 FLA 文件中包含影片、声音、按钮和动画。如果文档包含多状态对象，则该对象会转换为影片剪辑符号，其中每种状态都以独立的帧显示在时间轴中。

选择“仅限外观”，将正常状态的按钮和视频海报转变为静态元素。如果选中“仅限外观”，则动画将以其导出时版面的显示效果导出。如果选取“拼合透明度”，则会选中“仅限外观”。

文本：指定 InDesign 文本的输出方式。选择“Flash TLF 文本”，可以利用 Flash Professional 中丰富的“文本布局框架”属性集。如果选中此选项，就应选择“插入自由连字点”以允许使用连字。选中“Flash 传统文本”,可以采用最小的文件大小输出可搜索的文本。选择“转换为轮廓”可以将文本输出为一系列平滑线条，类似于将文本转换为轮廓。选择“转换为像素”可以将文本输出为位图图像。转换为像素的文本在放大时可能会显示锯齿效果。

压缩：选择“自动”可以让 InDesign 确定彩色图像和灰度图像的最佳品质。对于大多数文件，此选项可以产生令人满意的结果。对于灰度图像或彩色图像，可以选择“JPEG（有损式压缩）”。JPEG 压缩是有损式压缩，这意味着它会删除图像数据并且可能会降低图像的品质。然而，它会尝试在最大程度减少信息损失的情况下缩小文件的大小。选择“PNG（无损式压缩）”可以导出无损式压缩的文件。

JPEG 品质：指定导出图像中的细节量。品质越高，图像大小就越大。如果选择“PNG（无损式压缩）”作为压缩方式，则此选项将不可用。

分辨率：指定所导出的 FLA 文件中位图图像的分辨率。如果查看者要在导出的 SWF 内放大基于像素的内容，则选择高分辨率尤为重要。选择高分辨率会显著地增加文件的大小。

3. Flash 导出问题

(1) 文档设置问题

创建适用于 Web 的文档时，应从“新建文档”对话框的“用途”菜单中选择“Web”。

如何转换 InDesign 页面：如果导出 SWF 或 FLA，InDesign 跨页就会成为时间轴中的单独剪辑，类似于幻灯片放映中的幻灯片，每个跨页都将映射到一个新的关键帧。在 Flash Player 中，按下箭头键或单击交互式按钮可以浏览导出文档的跨页。

页面大小：创建文档时，可以从“新建文档”对话框的“页面大小”菜单中选择特定分辨率，例如，

800×600。导出过程中，还可以调整导出的 SWF 或 FLA 文件的缩放比例或分辨率。

（2）交互功能

导出的 SWF 和 FLA 文件中可以包含按钮、页面过渡效果、超链接、动画和媒体文件。

按钮：对于导出的 SWF 或 FLA 文件中的按钮，“下一页”和“上一页”动作控件对于在 Flash Player 中执行回放功能尤为有用。然而，PDF 交互文件中的某些有效动作会在 Flash Player 中失效。在“按钮”面板中选择动作时，不要选择“仅限 PDF”部分中的选项。

页面过渡效果：所有页面过渡效果都能在 Flash Player 中正常使用。除了翻页时所显示的页面过渡效果，还可以在导出期间添加交互卷边效果，从而可以通过拖动页角进行翻页。

超链接：创建指向网站或文档中其他页面的链接。FLA 文件中的超链接是断开的。

影片和声音剪辑：如果影片和声音剪辑属于被支持的格式（如用于影片的 SWF、FLV、F4V 和 MP4 格式以及用于声音剪辑的 MP3 格式），则导出的 SWF 文件中可以包含这些内容。

导出 FLA 时，FLA 文件中只会包含海报图像。支持的媒体文件显示在与导出的 FLA 文件存储在同一位置的资源文件夹中。

（3）转换问题

颜色：SWF 和 FLA 文件使用 RGB 颜色。将文档导出为 SWF 或 FLA 时，InDesign 会将所有色彩空间（如 CMYK 和 LAB）转换为 RGB。InDesign 会将专色转换为等效的 RGB 印刷色。

若要避免在包含透明文本的图稿中发生不必要的颜色变化，应选择“编辑 > 透明混合空间 > 文档 RGB”命令。为了避免在具有透明度的图像中发生不必要的颜色更改，不要在导出过程中使用有损式压缩。

文本：导出 SWF 或 FLA 时，可以决定是将文本输出为 Flash 文本，还是将其转换为轮廓或像素。如果将文本导出为 Flash 传统文本，则在 Adobe Flash CS6 Professional 中打开 FLA 文件之后仍然可以彻底地对其进行编辑；如果存储为 SWF 文件，则可在 Web 浏览器中搜索该文本。

图像：将图像导出为 SWF 或 FLA 时，可以更改导出过程中的图像压缩方式、JPEG 品质和分辨率设置。

将图像导出为 FLA 时，如果 InDesign 文档中存在置入多次的图像，则会使用一个共享位置将该图像存储为单个图像资源。注意，InDesign 文档中的大量矢量图像可能会产生导出文件中的性能问题。

若要减小文件大小，应将重复图像放在主页上，并避免复制和粘贴图像。如果同一图像在文档中多次置入且未经转换或裁切，则 FLA 文件中只会导出该文件的一个副本。复制和粘贴的图像将被视为单独对象

默认情况下，置入的 Illustrator 文件在 FLA 文件中将作为单个图像处理，而复制和粘贴的 Illustrator 文件则会生成许多单独的对象。若要获得最佳效果，应将 Illustrator 图像以 PDF 文件置入，而不要从 Illustrator 复制和粘贴。复制和粘贴将会产生多个可编辑的路径。

可以更改首选项的选项，以确保 Illustrator 对象作为一个对象而不是小矢量的集合进行粘贴。在

Illustrator 的“文件处理和剪贴板”首选项中，选择“PDF”并取消选择“AICB”（不支持透明度）。在InDesign 的“剪贴板处理”首选项中，同时选择“粘贴时首选 PDF”和“将 PDF 复制到剪贴板”。

透明度：在导出为 SWF 之前，应确保透明对象不与任何交互式元素（例如按钮或超链接）重叠。如果某个透明对象与交互式元素重叠，则导出过程中有可能会丧失交互功能。可能需要在导出 FLA 之前拼合透明度。

在某些情况下，选择有损式压缩会降低具有透明度的图像品质。导出时，选择“PNG（无损式压缩）”可以提高品质。

3D 属性：导出的 SWF 和 FLA 文件不支持 3D 属性。

4. 动画

通过动画效果，可以使对象在导出的 SWF 文件中移动。例如，可以在图像中应用移动预设，使其动感十足地从屏幕的左边缓缓飞入。使用以下工具和面板，可以为文档添加动画效果。

“动画”面板：应用移动预设并编辑“持续时间”和“速度”等的设置。

“直接选择工具”和“钢笔工具”：编辑动画对象经过的路径。

“计时”面板：确定页面上对象执行动画的顺序。

“预览”面板：在 InDesign 面板中查看动画。

（1）使用动画预设为文档添加动画

动画预设是可以快速地应用于对象的预制动画。使用“动画”面板可以应用动画预设并更改诸如持续时间和速度之类的动画设置。也可以通过“动画”面板指定执行动画对象的时间。

这些动画预设与 Adobe Flash CS6 Professional 中提供的动画预设相同。可以导入任何在 Flash Professional 中创建的自定动画预设，也可以存储自己创建的动画预设，然后在 InDesign 或 Flash Professional 中使用这些预设。

提示：动画功能仅在导出 Adobe Flash Player（.SWF）时受到支持。导出交互式 PDF 时不支持这些功能。要向 PDF 文件添加动画效果，应从 InDesign 中将选定内容导出为 SWF 文件，然后将该 SWF 文件置入 InDesign 文档。

① 将要添加动画效果的对象置入文档。

② 在“动画”面板（“窗口 > 交互 > 动画”命令）中，从“预设”列表中选择一个动画预设，如图 9-1-9 所示。

③ 指定动画预设选项。

④ 要编辑动画路径，应使用“钢笔工具”和“直接选择工具”。

⑤ 使用“计时”面板可以确定这些动画效果的顺序。

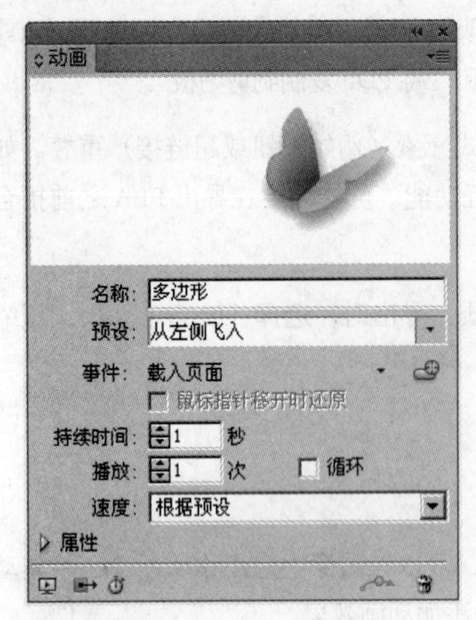

图 9-1-9

⑥ 使用“预览”面板可以在 InDesign 中预览动画。

⑦ 要删除对象的动画效果，应选中该对象，然后单击“动画”面板中的“删除”图标。

当某些动画效果（如渐显效果）与页面过渡效果或卷边效果结合使用时，在“预览”面板或导出的 SWF 文件中，动画可能不会按预期的效果显示出来。例如，在翻页时，设置为“渐显”的对象最初本不该显示，但这些对象会显示出来。要避免这种冲突，就不要在具有动画效果的页面上使用页面过渡效果，并关闭“SWF 导出”对话框中的“包含交互卷边”选项。与页面过渡效果和卷边效果一起使用时，可能无法按预期效果显示的预设包括“显示”、“渐显”、各种“飞入”预设、“放大（2D）”和“迅速移动”。

(2) 将选定的对象转换为移动路径

可以通过先选择一个对象和路径，然后将该路径转换成移动路径的方式来创建动画。如果选择了两个闭合路径（如两个矩形），则上层的路径会成为移动路径。

① 选中要添加动画效果的对象和要用作移动路径的路径。最多只能转换两个选定的对象。

② 在“动画”面板中，单击“转换为移动路径”按钮。

③ 更改“动画”面板中的设置。

(3) 预设选项

预设选项显示在“动画”面板中。单击“属性”选项可以显示高级设置，如图 9-1-10 所示。

名称: 指定动画的名称。当设置触发动画的动作时，指定一个描述性的名称将会特别有用。

预设: 可以从预定义的移动设置列表中进行选择。

事件: 默认情况下，“载入页面”是选中的，即当页面在 SWF 文件中打开时就会播放动画对象选择“单击页面”则可以在单击页面时触发动画。选择“单击鼠标（自行）”或“悬停鼠标（自行）”，可以分别在单击对象或将鼠标悬停在对象上时触发动画。如果创建了可以触发动画的按钮动作，则“按钮事件”就会处于选中状态。可以指定多个事件来触发动画。

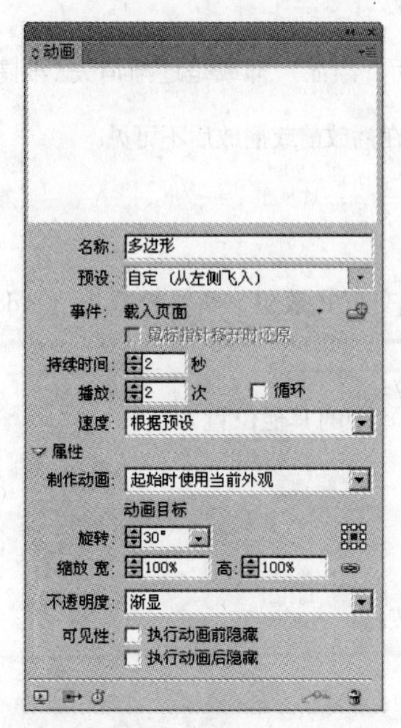

图 9-1-10

如果选中了“悬停鼠标（自行）”事件,则还可以选择“鼠标指针移开时还原”。当鼠标指针移开对象时，此选项会还原动画的动作。

创建按钮触发器: 单击此按钮可以通过现有对象或按钮触发动画。在单击“创建按钮触发器”后，应单击触发动画的对象。如有必要，该对象会转换为一个按钮，且同时会打开“按钮”面板。

持续时间: 指定动画发生时持续的时间。

播放: 指定播放动画的次数，或者可以选择“循环”，使动画重复播放直至被终止。

速度: 选择一个选项以确定动画是以稳定速率（无）执行，还是开始时缓慢然后逐渐加速（渐入），抑或是结束时逐渐减速（渐出）。

制作动画: 选择“起始时使用当前外观”，可以使用对象的当前属性（缩放比例、旋转角度和位置）作为动画的起始外观。

选择“结束时使用当前外观”，可以使用对象的属性作为动画的结束外观。此选项非常适合在幻灯片中使用。例如，从页面外飞入的对象可以显示在页面上而不显示在粘贴板上，从而改善了印刷文档的外观。

选择“结束时回到当前位置”可以使用当前对象的属性作为运行时动画的起始外观，并使用当前位置作为结束位置。此选项类似于“起始时使用当前外观”，只是结束时对象回到了当前位置，且移动路径发生了偏移。此选项对于特定的预设（如模糊和渐隐）非常有用，可以防止对象在动画结束时显示不正常。

旋转：指定动画期间对象完成的旋转角度。

原点：使用代理以指定动画对象上移动路径的原点。

缩放：指定播放期间对象放大或缩小的百分比。

不透明度：选择一个选项以确定动画是始终显示（无），还是逐渐显示（渐显），抑或是逐渐消失（渐隐）。

可见性：选择"执行动画前隐藏"或"执行动画后隐藏"，可以使对象在播放前或播放后不可见。

9.2 交互性 PDF

InDesign 提供多种交互功能，可以在 InDesign 中创建、编辑和管理交互式效果，将文档导出为 Adobe PDF 时，这些交互式行为在 PDF 文档中处于活动状态。

- 超链接允许跳转到导出 PDF 文档（或从 InDesign 导出的其他文档）中的其他位置。
- 可以添加 Acrobat 的"书签"选项卡中显示的书签，以便导航。
- 可以添加能够在 PDF 文档中播放的影片和声音剪辑。
- 可以添加执行诸如转至某一页面、打开文件或播放影片等动作的按钮。

9.2.1 PDF 书签

书签是一种包含代表性文本的链接，可以方便地导航导出的 Adobe PDF 文档。在 InDesign 文档中创建的书签显示在 Acrobat 或 Adobe Reader 窗口左侧的"书签"选项卡中，每个书签都能跳转到文档中的某一页面、文本或图形。生成的目录中的条目可自动添加到"书签"面板中。此外，可以使用书签进一步定制文档，以引导读者的注意力或使导航更容易。

创建 PDF 书签

① 跳转到第一页，通过"窗口 > 交互 > 书签"命令打开"书签"面板。在文章中选择章标题"第一章 工作区域"，单击面板底部的"创建新书签"按钮，一个名称为"第一章 工作区域"的书签即创建，如图 9-2-1 所示。

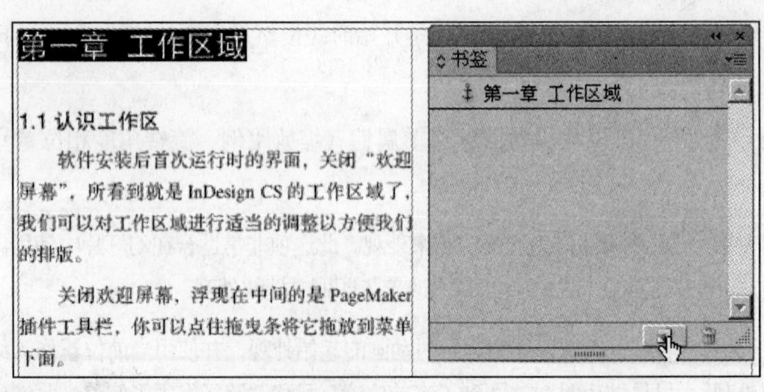

图 9-2-1

② 保持刚创建的书签为选取状态，在文章中选择节标题"1.1 认识工作区"单击面板底部的"创建新书签"按钮，一个名称为"1.1 认识工作区"的书签即创建，并且在书签"第一章 工作区域"的次级，依次跳转到页面，使用"书签"面板依次为各个页面创建书签，如图 9-2-2 所示。

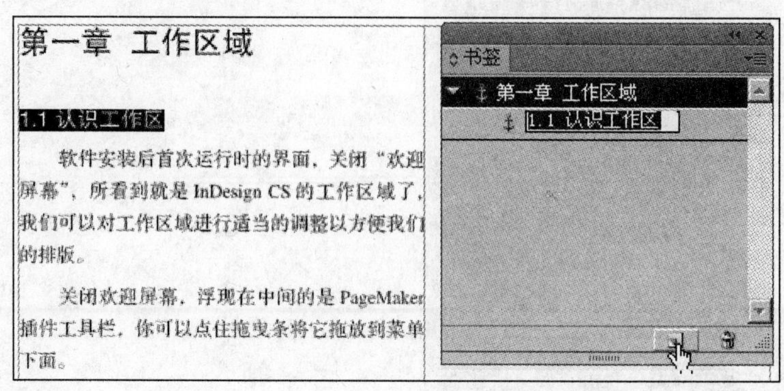

图 9-2-2

③ 在"书签"面板的空白处单击以取消选择状态，在文章中选择下一章标题创建一个与上一章同级的书签，如图 9-2-3 所示。

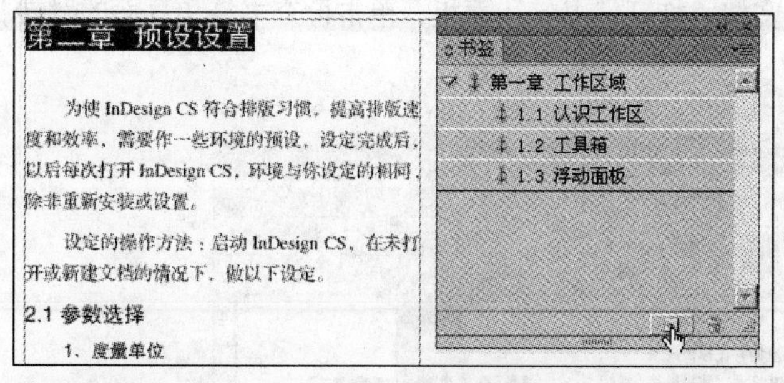

图 9-2-3

④ 如果创建的书签嵌套错误，可以用鼠标指针点住书签拖动放到正确的位置，如图 9-2-4 所示。

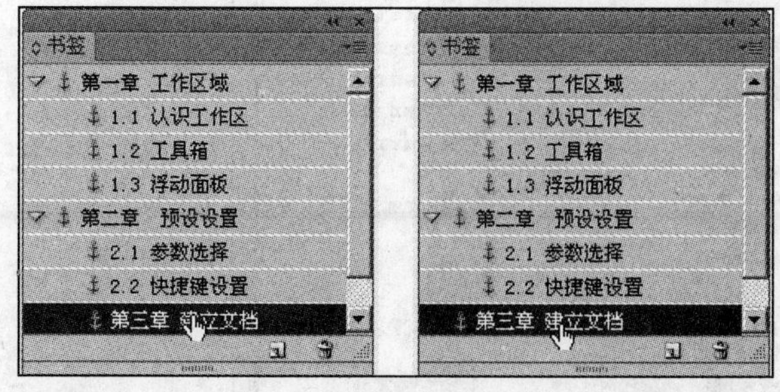

图 9-2-4

⑤ 在输出 PDF 时，在"导出 Adobe PDF"对话框中选中"包含"中的"书签"和"超链接"选项，如图 9-2-5 所示。

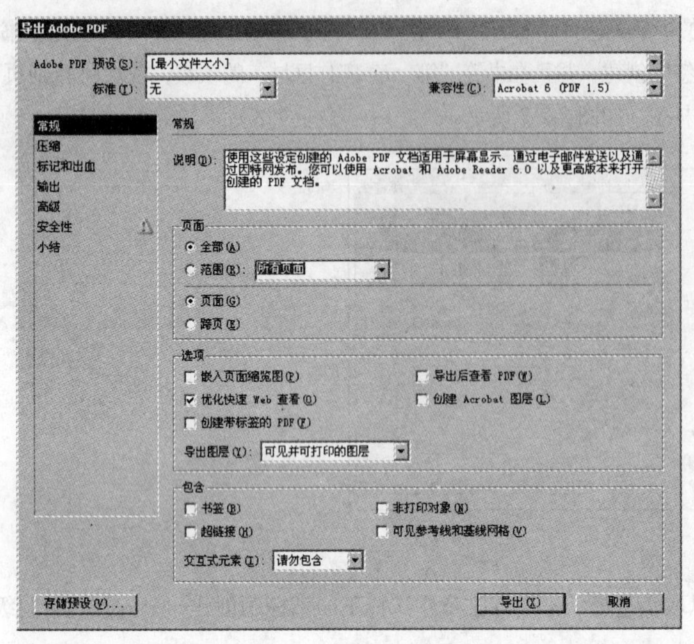

图 9-2-5

⑥ 在 Adobe Acrobat 中打开输出的 PDF 文档，打开“书签”面板，单击检查书签和页面的跳转，如图 9-2-6 所示。

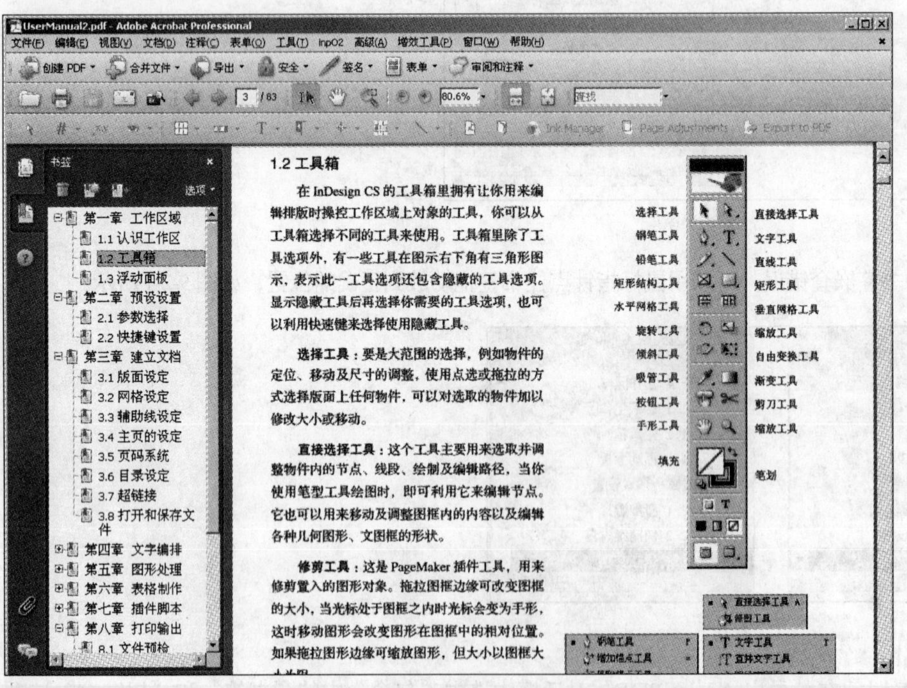

图 9-2-6

注意：更新目录时，书签将重新排序，这会导致任何自定义书签显示在列表末尾。

9.2.2 超链接

可以创建超链接，以便在导出为 Adobe PDF 时，查看者单击某个链接即可跳转到同一 PDF 文档中的其他位置、其他 PDF 文档或网站。

要创建指向文本中的某个位置或指向具有特定视图设置的页面的超链接，应先创建一个目标，然后创建指向该位置的超链接。不需要为跳转到未命名页面或 URL 的超链接创建目标。

源可以是超链接文本、超链接文本框架或超链接图形框架。目标是超链接跳转到的 URL、文本中的位置或页面。一个源只能跳转到一个目标，而任意数目的源可以跳转到同一目标。

1. 关于超链接目标

创建超链接前，有时必须设置超链接将跳转到的目标。InDesign 支持以下 3 种类型的超链接目标。

- 文档页面：创建页面目标时，可以指定跳转到的页面的缩放设置。
- 文本锚点：它可以是文档中的任何选定文本或插入点位置。
- URL 目标：它指示 Internet 上的资源（如 Web 页、影片或 PDF 文件）的位置。URL 目标的名称必须是有效的 URL 地址。当读者单击 URL 超链接时，默认浏览器将使用此 URL 启动。

注意：超链接目标不在“超链接”面板中显示，它们显示在“新建超链接”对话框的“目标”部分中。

2. 创建超链接

选择菜单“窗口 > 交互 > 超链接”打开“超链接”面板。

(1) 如有必要，可事先创建一个超链接目标，选择要作为超链接源的文本或图形。在“超链接”面板菜单中选择“新建超链接”，或单击位于“超链接”面板底部的“创建新超链接”按钮，弹出“新建超链接”对话框，如图 9-2-7 所示。

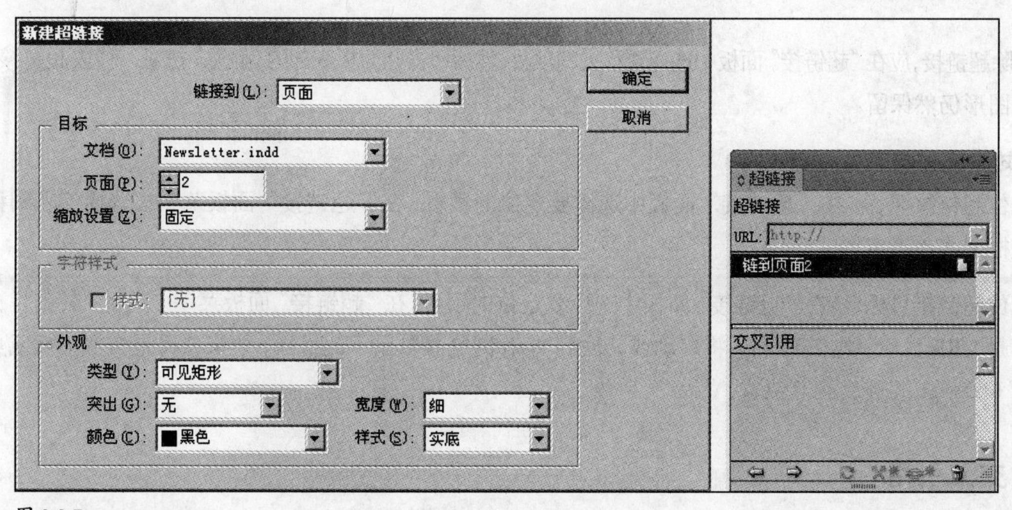

图 9-2-7

(2) 键入超链接的名称，键入的名称将显示在“超链接”面板中。

“文档”，选择包含要跳转到的目标文档。弹出式菜单中将列出已存储的所有打开文档。如果要查找的文档未打开，则在弹出式菜单中选择“浏览”，找到该文件，然后单击“打开”按钮。

“类型”，选择“页面”、“文本锚点”或“URL”以显示该类别的可用目标。要显示所有目标，应选择“所有类型”。

(3) 对于“名称”(位于“目标”下)，执行下列操作之一。

要创建指向已创建的目标的超链接，应选择目标名称。

要创建指向未命名目标的超链接，应选择“未命名”。如果为“类型”选择了“页面”，则指定页码和缩放设置。如果为“类型”选择了“URL”，则指定要跳转到的 URL。选择“无”将创建无目标的超链接。

(4) 要指定超链接在 InDesign 和导出的 PDF 文件中的外观，应执行下列操作，然后单击“确定”按钮。

对于“类型”，选择“可见矩形”或“不可见矩形”。

对于“突出”，选择“反转”、“轮廓”、“内陷”或“无”。这些选项将决定超链接在导出的 PDF 文件中的外观。

对于“颜色”，为超链接矩形选择一种颜色。

对于“宽度”，选择“细”、“中”或“粗”以确定超链接矩形的粗细。

对于“样式”，选择“实底”或“虚线”以确定超链接矩形的外观。

以上各项设置好后，单击“确定”按钮即可在超链接面板创建一个超链接。

3. 编辑或删除超链接

要编辑超链接，应在“超链接”面板中双击要编辑的项目，对超链接进行必要的更改，然后单击“确定”按钮。

要删除超链接，应在“超链接”面板中选择要移去的项目，然后单击此面板底部的“删除”按钮。移去超链接时，源文本或图形仍然保留。

4. 转到超链接源或锚点

要定位超链接源，应在“超链接”面板中选择要定位的项目，在“超链接”面板菜单中选择“转到源”，该文本或框架将被选定。

要定位超链接目标，请在“超链接”面板中选择要定位的项目，在“超链接”面板菜单中选择“转到目标”。如果项目是 URL 目标，则 InDesign 将启动或切换到 Web 浏览器以显示此目标；如果项目是文本锚点或页面目标，则 InDesign 将跳转到其位置。

9.2.3 交叉引用

编写手册或参考文档的时候，可能需要添加交叉引用，用以将读者从文章的一个部分引导到另一个部分。例如:有关更多信息,请参阅第 67 页的“路径”。可以指定交叉引用是源于段落样式(如标题样式),还是源于已创建的文本锚点。还可以确定交叉引用的格式，如“仅页码”或“整个段落和页码”。

1. 插入交叉引用

使用“超链接”面板在文档中插入交叉引用。被引用的文本称为“目标文本”。从目标文本生成的文本为“源交叉引用”。

在文档中插入交叉引用时，可以从多种预先设计的格式中选择格式，也可以创建自己的自定格式。可以将某个字符样式应用于整个交叉引用源，也可以应用于交叉引用中的文本。交叉引用格式可在书籍内部同步。交叉引用源文本可以进行编辑，并且可以换行。

(1) 将插入点放在要插入交叉引用的位置。

(2) 执行下列任何一项。

· 选择“文字 > 超链接和交叉引用 > 插入交叉引用”命令。

· 选择“窗口 > 文字和表 > 交叉引用”命令，然后从“超链接”面板菜单中选择“插入交叉引用”。

· 在“超链接”面板中单击“新建交叉引用”按钮。

(3) 在“新建交叉引用”对话框中(如图 9-2-8 所示),从“链接到”下拉列表中选择“段落”或“文本锚点”。

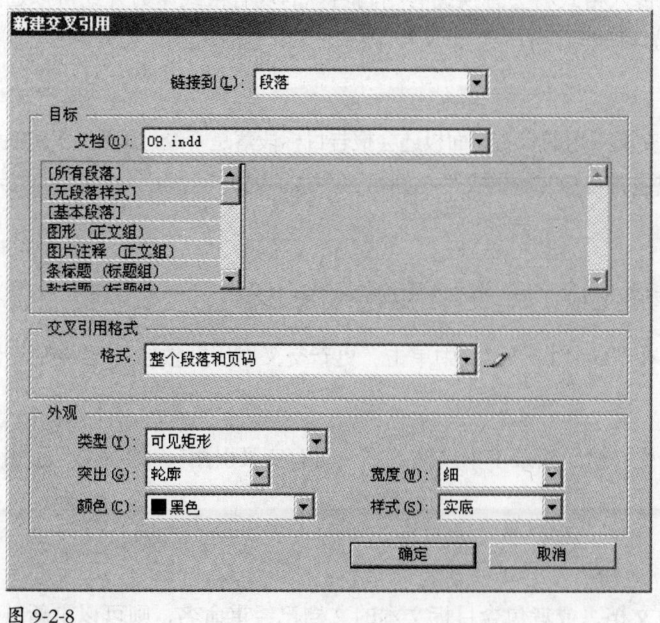

图 9-2-8

如果选择“段落”，则可以创建对指定文档中的任何段落的交叉引用。

如果选择“文本锚点”，则可以创建对包含有您创建的超链接目标的任何文本的交叉引用。如果要使用实际目标段落以外的文本，那么创建文本锚点尤为有用。

(4) 对于“文档”，选择包含要引用的目标的文档。弹出式菜单中将列出已存储的所有打开的文档。如果要查找的文档未打开，就选择“浏览”，找到该文件，然后单击“打开”按钮。

(5) 单击左侧框中的段落样式（例如 Head1）以缩小选择范围，然后选择要引用的段落。（或者，如果选择了“文本锚点”，就选择文本锚点。）

(6) 从“格式”菜单中选择要使用的交叉引用格式。

可以编辑这些交叉引用格式，也可以创建您自己的交叉引用格式。

(7) 指定源超链接的外观。单击“确定”按钮。

插入交叉引用时，目标段落的开头将会出现一个文本锚点标志符。选择“文字 > 显示隐藏的字符”命令即可查看此标志符。如果移动或删除了此标志符，则无法解析交叉引用。

2. 交叉引用格式

默认情况下，“新建交叉引用”对话框中会显示数种交叉引用格式。可以编辑、删除这些格式，也可以创建您自己的格式。

与其他预设不同，交叉引用格式可以进行编辑或删除。编辑某个交叉引用格式时，使用该格式的所有源交叉引用均会自动更新。

可以从其他文档载入交叉引用格式，传入格式将会替换拥有相同名称的现有格式。另外还可以通过同步书籍，在不同文档中共享交叉引用格式。可删除没有应用于文档中的交叉引用格式。

3. 管理交叉引用

插入交叉引用时,“超链接”面板会显示交叉引用的状态。面板还会报告目标段落是否经过编辑（又称为“过时”）或是否缺失 。如果找不到目标文本或包含目标文本的文件，则目标文本“缺失”。

(1) 更新交叉引用

更新交叉引用十分简单。如果目标移动到其他页面，交叉引用则会自动更新。

选择一个或多个已过时的交叉引用，在“超链接”面板中单击“更新交叉引用”按钮 。若要更新所有交叉引用，就不要选择任何交叉引用。

若要更新书籍中的所有交叉引用，应从书籍面板菜单中选择“更新所有交叉引用”。如有交叉引用仍然不可解析，则会收到通知。

(2) 重新链接交叉引用

如果缺失的目标文本已经移动到其他文档，或者包含目标文本的文档已经重命名，则可以重新链接交叉引用。重新链接时将会删除源交叉引用的所有变更。

① 在“超链接”面板的“交叉引用”部分中，选择要重新链接的交叉引用。

② 从“超链接”面板菜单中选择“重新链接交叉引用”。

③ 找到其中显示目标文本的文档，然后单击“打开”按钮。

(3) 编辑交叉引用

若要更改源交叉引用的外观或指定其他格式，可以编辑交叉引用。如果编辑链接到另外一个文档的交叉引用，该文档将会自动打开。

① 执行下列任何一项。

· 选择“文字 > 超链接和交叉引用 > 交叉引用选项”命令。

· 在“超链接”面板的“交叉引用”部分中，双击要编辑的交叉引用。

· 选择交叉引用，然后从“超链接”面板菜单中选择“交叉引用选项”。

② 编辑交叉引用，然后单击“确定”。

(4) 删除交叉引用

删除交叉引用时，源交叉引用将转换为文本。

① 在“超链接”面板的“交叉引用”部分中，选择要删除的交叉引用。

② 单击“删除”图标，或者从面板菜单中选择“删除超链接 / 交叉引用”。

③ 单击“是”按钮进行确认。

若要完全删除某个交叉引用，也可以选择并删除交叉引用源。

(5) 编辑交叉引用源文本

可以编辑交叉引用源文本。编辑交叉引用文本的好处是可以根据版面组排的需要而更改字偶间距或单词间距，另外还可以设定其他更改。不足之处是更新或重新链接交叉引用之后将会删除所有本地格式设置变更。

9.2.4 影片和声音

可以将影片和声音剪辑添加到文档中，也可以链接到 Internet 上的流式视频文件。尽管媒体剪辑无法直接在 InDesign 版面中播放，但它们可以在您将文档导出为 Adobe PDF 或者导出为 XML 并重定位标签时播放。

可以导入以下格式的视频文件：Flash 视频格式（.FLV 和 .F4V）、H.264 编码的文件（如 MP4）和 SWF 文件。可以导入 MP3 格式的音频文件。QuickTime（.MOV）、AVI 和 MPEG 等媒体文件类型在导出的交互式 PDF 文件中受支持，但在导出的 SWF 或 FLA 文件中不受支持。为了充分利用 Acrobat 9、Adobe Reader 9 和 Adobe Flash Player 10 或更高版本中提供的丰富的媒体支持，建议使用 FLV、F4V、SWF、MP4 和 MP3 等文件格式。

跟踪在生产周期中添加到 InDesign 文档的媒体文件。如果在将媒体剪辑添加到文档后移动了所链接的媒体剪辑，就必须使用“链接”面板重新链接它。如果将 InDesign 文档发送给其他人，则需包含添加的任何媒体文件。

注：对于要在 PDF 文档中查看媒体的其他用户，他们必须安装 Acrobat 6.x 或更高版本以播放 MPEG 和 SWF 影片，或者必须安装 Acrobat 5.0 或更高版本以播放 QuickTime 和 AVI 影片。

1. 添加影片或声音文件

（1）选择“文件 > 置入”命令，通过“打开文件”对话框选择一个影片或声音文件，单击要显示影片的位置。

注：放置影片或声音文件时，框架中将显示一个媒体对象。此媒体对象链接到媒体文件，可以调整此媒体对象的大小来确定播放区域的大小。

（2）使用“媒体”面板（选择“窗口 > 交互 > 媒体”命令），可以预览媒体文件并更改设置。

（3）将文档导出为 Adobe PDF 或 SWF 格式。在导出为 Adobe PDF 时，应确保在“导出 Adobe PDF”对话框中选择了“交互式元素”选项。

2. 影片选项

选中文档中的影片对象，使用“媒体”面板可更改影片设置，如图 9-2-9 所示。

图 9-2-9

载入页面时播放：当用户转至影片所在的页面时播放影片。如果其他页面项目也设置为“载入页面时播放”，则可以使用“计时”面板来确定播放顺序。

循环：重复地播放影片。如果源文件为 Flash 视频格式，则循环播放功能只适用于导出的 SWF 文件，而不适用于导出的 PDF 文件。

海报：指定要在播放区域中显示的图像的类型。

控制器：如果影片文件为 Flash 视频（FLV 或 F4V）文件或 H.264 编码的文件，则可以指定预制的控制器外观，从而让用户可以采用各种方式暂停、开始和停止影片播放。如果选择“悬停鼠标时显示控制器”，则表示当鼠标指针悬停在媒体对象上时，会显示这些控件。使用“预览”面板可以预览选定的控制器外观。

如果影片文件为传统文件（如 AVI 或 MPEG），则可以选择“无”或“显示控制器”，后者可以显示一个允许用户暂停、开始和停止影片播放的基本控制器。

置入的 SWF 文件可能具有其相应的控制器外观。使用“预览”面板可以测试控制器的选项。

导航点：要创建导航点，应将视频快进至特定的帧，然后单击加号图标。如果希望在不同的起点处播放视频，则导航点非常有用。创建视频播放按钮时，可以使用“从导航点播放”选项，从所添加的任意导航点开始播放视频。

3. 声音选项

选中文档中的声音对象，使用“媒体”面板可以更改声音设置，如图 9-2-10 所示。

载入页面时播放：当用户转至声音对象所在的页面时播放声音文件。如果其他页面项目也设置为“载入页面时播放”，则可以使用“计时”面板来确定播放顺序。

翻页时停止：当用户转至其他页面时停止播放 MP3 声音文件。如果音频文件不是 MP3 文件，则此选项灰显处于不可用状态。

循环：重复地播放 MP3 声音文件。如果源文件不是 MP3 文件，则此选项灰显处于不可用状态。

海报：指定要在播放区域中显示的图像的类型。

4. 更改交互式 PDF 文件的媒体设置

从“媒体”面板菜单中选择“PDF 选项”，如图 9-2-11 所示。

说明：键入一条说明，如果媒体文件无法在 Acrobat 中播放，则会显示该说明。该说明还可以充当视力不佳用户的替代文本。

在浮动窗口中播放视频：在单独的窗口中播放影片。如果选择此选项，则应指定大小比例和屏幕上的位置。增加浮动窗口大小可能会降低图像品质。浮动窗口的缩放是基于原始影片的大小，而非文档版面中缩放后的影片的大小。此选项不适用于 SWF 文件或音频文件。

5. 通过 URL 置入视频

通过有效的 URL 置入视频，可以在导出的 PDF 或 SWF 文件中播放流式视频。视频必须为有效的 Flash

视频文件（FLV 或 F4V）或 H.264 编码的文件（如 MP4）。

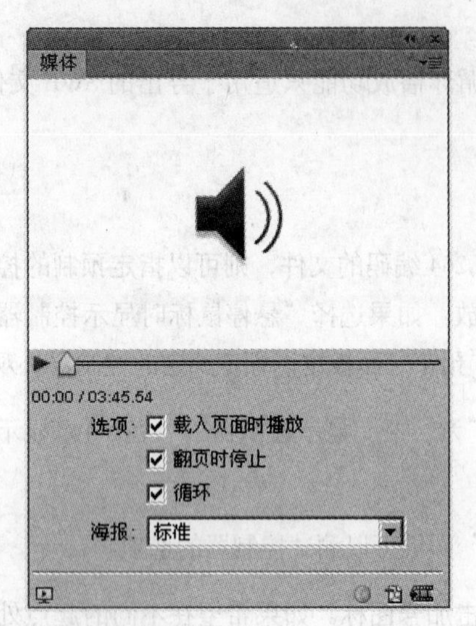

图 9-2-10

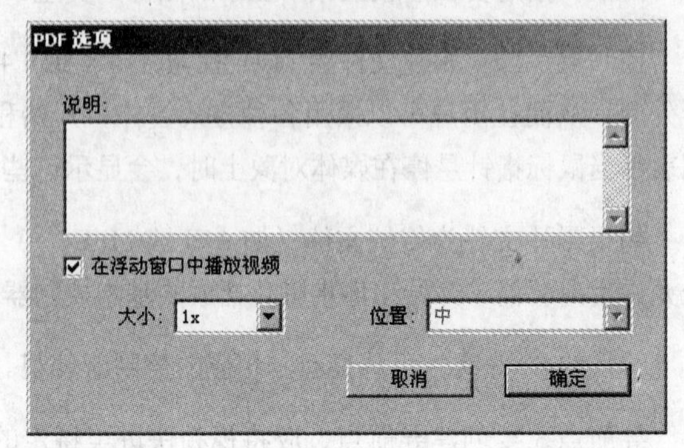

图 9-2-11

选择一个空白框架或选择一个包含要替换的视频的视频对象。

从“媒体”面板菜单中选择“通过 URL 获取视频”。指定 URL，然后单击“确定”按钮。

6. 调整影片对象、海报或框架的大小

向 InDesign 文档中添加影片时，框架中将显示影片对象和海报。导出为 PDF 时，影片对象的边界决定 PDF 文档中影片的大小，而不是框架大小或海报大小，如图 9-2-12 所示。

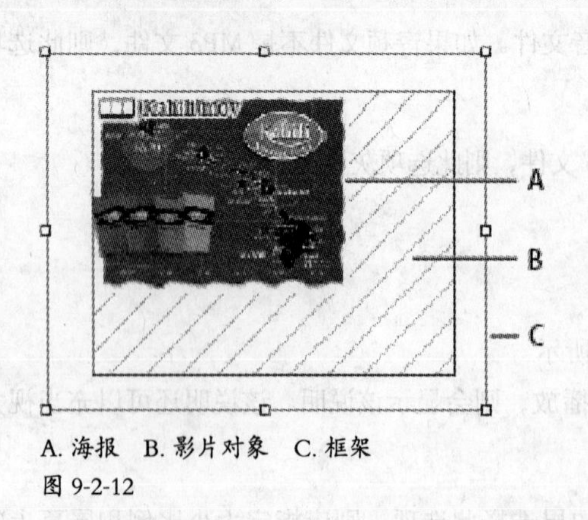

A. 海报　B. 影片对象　C. 框架
图 9-2-12

要调整影片对象、海报和框架的大小，可使用缩放工具并拖动其中一个角点手柄（按住 Shift 键可保持比例不变）。

要只调整框架的大小，可使用选择工具拖动某个角点手柄。

要调整海报或媒体对象的大小，可使用直接选择工具选择海报，切换到选择工具，然后拖动某个角点手柄。

要获得最佳效果，应使海报大小和尺寸与影片相同。如果应用剪切路径或调整图像大小，则导出的PDF文档可能不包含这些更改。

7. 选择PDF版本

在将InDesign文档导出为便携文档格式（PDF）时，可以确定要使用的PDF版本。PDF版本决定可用的交互式选项。导出前，应注意下列限制。

① 如果导出为PDF 1.3/1.4。

· 非RGB影片或声音海报在导出的PDF文档中不可见。

· SWF和MPEG影片无法在导出的PDF文档中播放。

· 应用于影片或声音海报的剪切路径不会显示在导出的PDF文档中。海报的大小被调整为匹配影片页面项目。

· 无法嵌入影片。

· 无法链接声音。

② 如果导出为PDF 1.5或更高版本。

· 导出为PDF时，QuickTime被指定为首选播放器。要更改首选播放器，必须在Acrobat 6.0或更高版本中编辑播放控制。

③ 如果导出为任何PDF版本。

· 非矩形媒体框架不会显示在导出的PDF文档中。

· 应用于影片、声音或按钮的超链接在导出的PDF文档中处于不活动状态。但是，可以使用Acrobat Professional添加这些超链接。

· 旋转或切变的影片和海报在导出的PDF文档中可能无法正确显示。

· 不支持应用于影片框架或海报的任何蒙版。

9.2.5 按钮和表单

可以创建将文档导出为SWF或PDF格式时执行相应动作的按钮；可以在导出PDF前直接在InDesign内创建表单域，如：复选框、组合框、列表框、单选按钮、签名域、文本域。

在创建按钮后，可以执行下列操作。

· 使按钮成为交互按钮。如果用户单击SWF或PDF导出文件中的某个按钮，就会执行相应动作。

· 使用“按钮和表单”面板的“外观”区域可以定义用于响应特定鼠标动作的按钮外观。

· 使用“对象状态”面板可以创建多状态对象。

· 创建一个“热点区域”或“热链接”效果，当鼠标指针悬停在按钮上或单击按钮时，该效果可以显示一个图像。

注：如果将超链接目标设置给按钮，则超链接在导出的 PDF 文档中将无效。

1. 创建按钮

(1) 使用示例按钮面板创建按钮

① 单击菜单“窗口 > 交互 > 按钮和表单”命令，打开“按钮和表单”面板，如图 9-2-13 所示。

② 单击“按钮和表单”面板菜单的“样本按钮和表单”，打开“样本按钮和表单”面板，如图 9-2-14 所示。

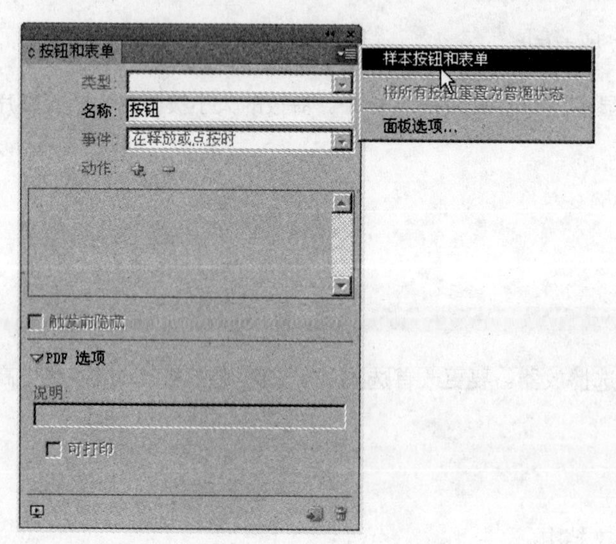

图 9-2-13

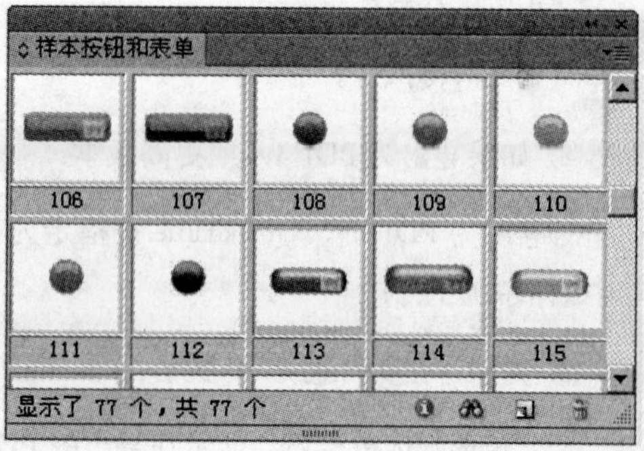

图 9-2-14

③ 将某个按钮从“样本按钮和表单”面板拖到文档中，使用选择工具选择该按钮，然后根据需要使用“按钮和表单”面板编辑该按钮。

(2) 从对象转换为按钮

① 使用文字工具或绘制工具（例如矩形工具或椭圆工具）绘制按钮形状。如有必要，可使用文字工具为按钮添加文本。

② 使用选择工具选择要转换的图像、形状或文本框架。

③ 在“按钮和表单”面板的“类型”下拉列表中选择“按钮”，将所选对象转换为按钮。

(3) 定义按钮属性

打开“按钮和表单”面板，如图 9-2-15 所示，使用选择工具选择按钮。

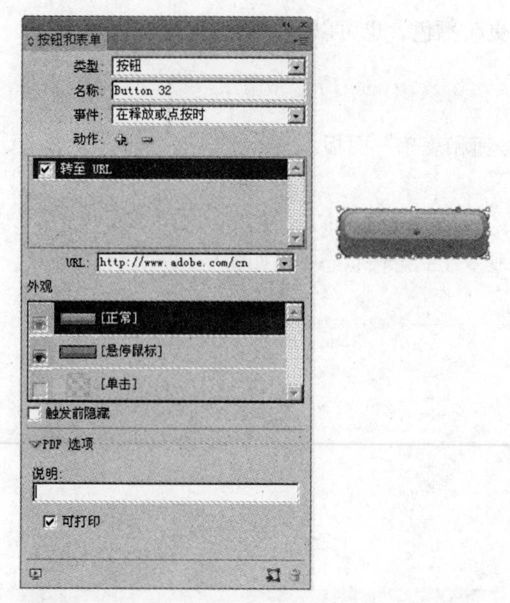

图 9-2-15

· 在"名称"文本框中，为按钮指定名称。

· 为按钮指定一个或多个动作，从而确定在 PDF 或 SWF 导出文件中单击按钮时将会发生什么情况。

· 激活其他状态并更改这些状态的外观，从而确定在 PDF 或 SWF 导出文件中使用悬停鼠标按钮或单击按钮时的按钮外观。

· PDF 中的可见性：在"按钮和表单"面板中指定按钮在导出的 PDF 文档中是否可见，以及是否可打印。

2. 按钮的状态外观

就像图像包含在图形框架中以及文本包含在文本框架中一样，按钮外观包含在按钮框架中。但与其他框架不同，按钮框架可以包含多个应用于不同状态的子级对象。

一个按钮由一组单个对象组成，其中每个对象均表示一种按钮状态。每个按钮最多可有 3 种状态：正常、悬停和单击。在导出文件中，除非将鼠标指针移到区域中（悬停）或在按钮区域上单击鼠标，否则将显示正常状态。可以对这 3 种状态中的每一种状态应用不同的外观，从而相互区分，如图 9-2-16 所示。

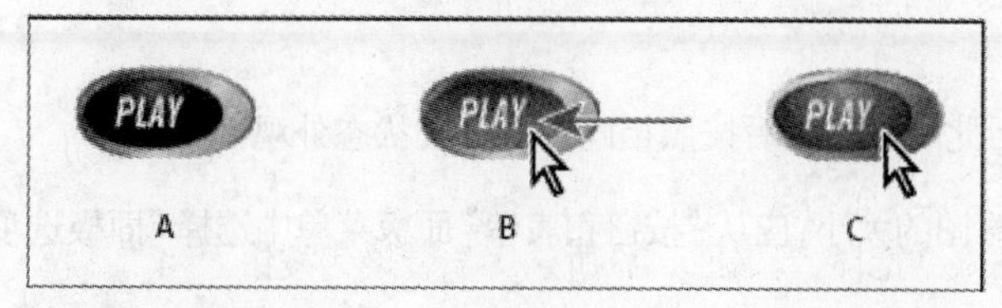

A. 指针不在按钮区域上（向上）B. 指针进入按钮区域（悬停）C. 指针单击（向下）
图 9-2-16

默认情况下，创建的任何按钮都被定义成具有正常状态，这种状态包含按钮的文本或图像。激活新状态时将会复制正常状态的外观。若要区分每种状态，可以更改颜色，也可以添加文本或图像。

更改按钮的状态外观的方法如下。

① 选择“窗口 > 交互 > 按钮和表单”命令以显示“按钮和表单”面板。

② 使用选择工具选择版面中要编辑的按钮。

③ 单击“[悬停鼠标]”以激活翻转状态，正常状态的外观复制到悬停状态中，如图 9-2-17 所示。

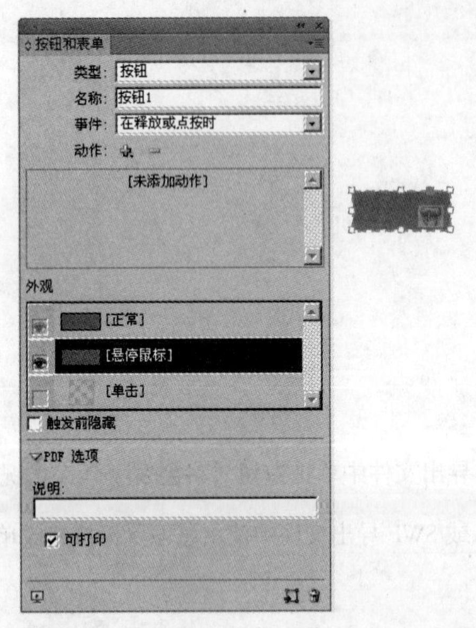

图 9-2-17

④ 仍然选择“翻转”，同时更改按钮的外观。

· 若要更改颜色，可单击工具栏中的“描边”或“填色”图标，然后单击“色板”面板中的色板颜色。

· 若要将图像置入状态中，可选择“文件 > 置入”命令，并双击文件。

· 若要粘贴图像或文本框架，可将其复制到剪贴板，在“按钮”面板中选择状态，然后选择“编辑 > 粘贴到”选项。

· 若要键入文本，可选择“文字”工具，单击按钮，然后键入文本。还可以选择“编辑 > 粘贴到”命令，复制粘贴的文本框架。

⑤ 若要添加单击状态，单击“[单击]”激活此状态，然后按照相同步骤更改状态外观。

若要在“按钮和表单”面板中更改“外观”缩略图的大小，应从“按钮和表单”面板菜单中选择“面板选项”，然后单击“确定”按钮。

3. 使按钮成为交互式按钮

可以在 InDesign 中创建、编辑和管理交互式效果。将文档导出为 Adobe PDF 或 SWF 时，这些交互动作在 PDF 文档中处于活动状态。例如，假设要创建一个可在 PDF 文档中播放声音的按钮。可以将声音文件置于 InDesign 文档中，然后创建一个在单击 PDF 文档中的按钮时即播放声音的按钮。

在本例中，单击鼠标按钮是“事件”，而播放声音是“动作”，如图 9-2-18 所示。

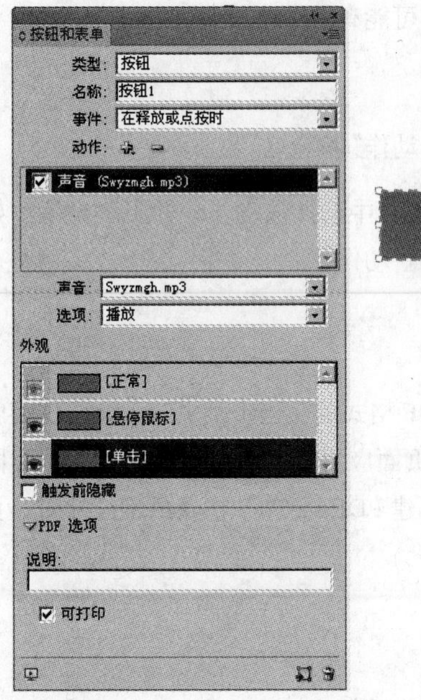

图 9-2-18

(1) 创建交互式按钮动作

可以为不同的事件指定动作。例如，可以指定一个要在鼠标指针进入按钮区域时播放的声音，以及一个要在单击和释放鼠标按钮时播放的影片。还可以为同一事件指定多个动作。例如，可以创建一个播放影片并将视图缩放设置为“实际大小”的动作。

① 使用“选择”工具选择您创建的按钮。

② 在“按钮和表单”面板中，选择确定如何激活动作的事件，例如“释放鼠标时”。

③ 单击“动作”旁边的加号按钮，然后选择要指定给该事件的动作。

④ 指定该动作的设置。

例如,如果选择“转至第一页”,就应指定缩放比例。如果选择“转至 URL”,就应指定网页地址。某些动作（例如“转至下一视图”）没有附加设置。

⑤ 如有必要，应继续为任意事件添加任意数量的动作。

若要测试您添加的动作,则将文档导出为 PDF 或 SWF,然后查看导出文件。在导出为 PDF 时,应确保选中“交互式元素”选项。若要导出为 SWF，则应确保选择“包含按钮”。

（2）编辑或删除按钮动作

① 使用选择工具选择按钮。

② 在“按钮和表单”面板中，执行下列任何一项。

· 要停用动作，应取消选择项目旁边的复选框。停用事件和动作可能有助于执行测试。

· 要更改顺序，应拖放动作。

· 要删除动作，应在列表框中选择该动作，然后单击“删除所选动作”按钮 。

· 要编辑某个动作，应选择为其指定该动作的事件，然后在列表框中选择该动作，并更改设置。如果需要替换现有事件的某个动作，则应删除该动作，然后向事件中添加新动作。

9.2.6 页面过渡效果

页面过渡效果显示的是一种装饰效果，例如在导出为 SWF 或 PDF 格式的文档中翻页时，会出现溶解或划出效果。可以对不同的页面应用不同的过渡效果，也可以对所有页面应用同一种过渡效果。无法对同一跨页中的不同页面应用过渡效果，也无法对主页应用过渡效果。当创建 PDF 或 SWF 格式的幻灯片时，页面过渡效果尤为有用。

1. 创建页面过渡效果

（1）在“页面”面板中，选择要为之应用页面过渡效果的跨页。

确保选择跨页，而不只是确定跨页目标。“页面”面板中这些页面下的页码应当突出显示。

（2）若要显示“页面过渡效果”面板，应选择“窗口 > 交互 > 页面过渡效果”命令，面板如图 9-2-19 所示。

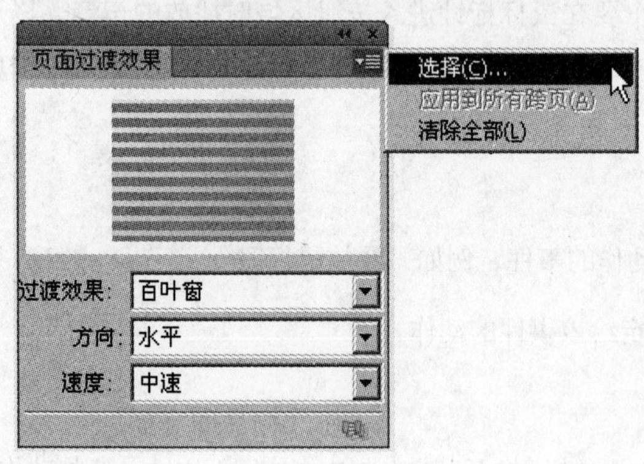

图 9-2-19

（3）从面板菜单中选择“选择”，选择过渡效果或从面板“过渡效果”下拉列表中选择。

将鼠标指针放在面板缩略图上即可查看所选过渡的动画预览。

（4）从“方向”和“速度”列表中选择适当的选项，从而根据需要自定过渡。

（5）若要将所选过渡效果应用于文档中的当前所有跨页，应单击“应用于全部跨页”图标，或从“页面过渡效果”面板菜单中选择“应用于全部跨页”。

（6）在“页面”面板中选择其他跨页，并应用其他页面过渡效果。

如果对跨页应用页面过渡效果，则在“页面”面板中该跨页的旁边将会显示“页面过渡效果”图标。在“面板选项”对话框中取消选择“页面过渡效果”选项可以隐藏“页面”面板中的这些图标。

2. 清除页面过渡效果

在“页面”面板中，选择要从中清除过渡的跨页，然后从“页面过渡效果”面板的“过渡效果”菜单中选择“无”。

要删除所有跨页中的过渡，应从“页面过渡效果”面板菜单选择“清除全部”。

3. 查看 PDF 中的页面过渡效果

要在导出 PDF 文档时包含页面过渡效果，应从“导出至交互式 PDF”对话框的“页面过渡效果”菜单中选择一种页面过渡效果。

若要查看导出的 PDF 中的页面过渡效果，应在 Adobe Acrobat 或 Adobe Reader 中按快捷键 Ctrl+L（Windows）或 Command+L（Mac OS），从而将 PDF 置入全屏模式。按 Esc 键可退出全屏模式。